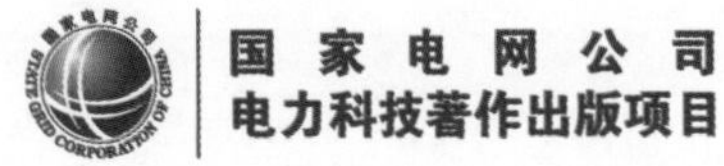

KEY TECHNOLOGY AND APPLICATION FOR
POWER TRANSMISSION AND TRANSFORMATION EQUIPMENT

输变电装备关键技术与应用丛书

电力信息通信技术与应用

主　编 ◉ 王继业
副主编 ◉ 胡江溢　周振宇

中国电力出版社
CHINA ELECTRIC POWER PRESS

内 容 提 要

该书为“输变电装备关键技术与应用丛书”之一，共 11 章，主要内容包括概论、电力信息通信基础技术、多媒体关键技术与应用、生产管理关键技术与应用、信息运维关键技术与应用、电力大数据关键技术与应用、电力通信网络技术与系统、通信网络管理关键技术与应用、移动通信应用系统、电力信息通信安全关键技术与应用、电力信息通信新技术展望。

本书较为全面地反映了电力信息通信技术研究的最新成果，可供从事智能电网、电力物联网等领域电力信息通信技术研发、生产、运维等技术人员和管理人员使用，同时也可作为高等院校电气工程、信息与通信工程等专业师生的教学参考书。

图书在版编目（CIP）数据

电力信息通信技术与应用 / 王继业主编. —北京：中国电力出版社，2021.6
（输变电装备关键技术与应用丛书）
ISBN 978-7-5198-5427-0

Ⅰ. ①电… Ⅱ. ①王… Ⅲ. ①电力通信系统 Ⅳ. ①TN915.853

中国版本图书馆 CIP 数据核字（2021）第 035339 号

出版发行：中国电力出版社
地　　址：北京市东城区北京站西街 19 号（邮政编码 100005）
网　　址：http://www.cepp.sgcc.com.cn
责任编辑：周　娟　王杏芸　杨淑玲（010-63412602）
责任校对：黄　蓓　朱丽芳
装帧设计：王红柳
责任印制：杨晓东

印　　刷：北京盛通印刷股份有限公司
版　　次：2021 年 6 月第一版
印　　次：2021 年 6 月北京第一次印刷
开　　本：787 毫米×1092 毫米　16 开本
印　　张：16.5
字　　数：423 千字
定　　价：98.00 元

《输变电装备关键技术与应用丛书》

编　委　会

《电力信息通信技术与应用》

编委会及编写组成员

总　序

电力装备制造业是保持国民经济持续健康发展和实现能源安全稳定供给的基础产业，其生产的电力设备包括发电设备、输变电设备和供配用电设备。经过改革开放40多年的发展，我国电力装备制造业取得了巨大的成就，发生了极为可喜的变化，形成了门类齐全、配套完备、具有相当先进技术水平的产业体系。我国已成为名副其实的电力装备大国，电力装备的规模和产品质量已迈入世界先进行列。

我国电力建设在20世纪50～70年代经历了小机组、小容量、小电网时代，80年代后期开始经历了大机组、大容量、大电网时代。21世纪开始进入以特高压交直流输电为骨干网架，实现远距离输电，区域电网互联，各级电压、电网协调发展的坚强智能电网时代。按照党的十九大报告提出的构建清洁、低碳、安全、高效的能源体系精神，我国已经开始进入新一代电力系统与能源互联网时代。

未来的电力建设，将伴随着可再生能源发电、核电等清洁能源发电的快速发展而发展，分布式发电系统也将大力发展。提高新能源发电比重，是实现我国能源转型最重要的举措。未来的电力建设，将推动新一轮城市和乡村电网改造，将全面实施城市和乡村电气化提升工程，以适应清洁能源的发展需求。

输变电装备是实现电能传输、转换及保护电力系统安全、可靠、稳定运行的设备。近年来，通过实施创新驱动战略，已建立了完整的研发、设计、制造、试验、检测和认证体系，重点研发生产制造了远距离1000kV特高压交流输电成套设备、±800kV和±1100kV特高压直流输电成套设备，以及±200kV及以上柔性直流输电成套设备。

为了充分展示改革开放40多年以来我国输变电装备领域取得的许多创新成果，中国电力出版社与中国电工技术学会组织全国输变电装备制造产业及相关科研院所、高等院校百余位专家、学者，精心谋划、共同编写了“输变电装备关键技术与应用丛书”（简称“丛书”），旨在全面展示我国输变电装备制造领域在“市场导向，民族品牌，重点突破，引领行业”的科技发展方针指导下所取得的创新成果，进一步加快我国输变电装备制造业转型升级。

“丛书”由中国西电集团有限公司、南瑞集团有限公司、许继集团有限公司、中国电力科学研究院等国内知名企业、研究单位的 100 多位行业技术领军人物和行业专家共同参与编写和审稿。“丛书”编写注重创新性和实用性，作者们努力编写出一套我国输变电制造和应用领域中高水平的技术丛书。

“丛书”紧密围绕国家重大技术装备工程项目，涵盖了一度为国外垄断的特高压输电及终端用户供配电设备关键技术及应用，以及我国自主研制的具有世界先进水平的特高压交直流输变电成套设备的核心关键技术及应用等内容。“丛书”共 10 个分册，包括《变压器 电抗器》《高压开关设备》《避雷器》《互感器 电力电容器》《高压电缆及附件》《换流阀及控制保护》《变电站自动化技术与应用》《电网继电保护技术与应用》《电力信息通信技术与应用》《现代电网调度控制技术》。

“丛书”以输变电工程应用的设备和技术为主线，包括产品结构性能、关键技术、试验技术、安装调试技术、运行维护技术、在线检测技术、故障诊断技术、事故处理技术等，突出新技术、新材料、新工艺的技术创新成果。主要为从事输变电工程的相关科研设计、技术咨询、试验、运行维护、检修等单位的工程技术人员、管理人员提供实际应用参考。

周鹤良

2020 年 12 月

序　言

随着我国电力工业的不断发展，电力信息通信技术已经成为电力生产、经营、管理和运行的重要基础。特别是国家提出“2030碳达峰，2060碳中和”发展目标，要求构建以新能源为主体的新型电力系统，更加需要数字技术与能源技术的深度融合，推动电网向能源互联网转型升级。在此背景下，传统电力系统架构将会发生重大转变，新能源发电占比将逐步提高，新型电力设备将大量涌现，各环节实时感知与智能分析需求日益迫切，这些都对电力信息通信技术的标准化、智能化及先进性、安全性提出了新的要求。国家电网公司自“十一五”发展至今，先后建设并投运了SG186、SG－ERP等企业级信息系统，形成以光纤通信为主，微波、电力载波、卫星及移动通信为辅的多种类、功能齐全的通信网络，建立了“可管可控，精准防护；可视可信，智能防御”的网络安全防护体系，很好地支撑了国家电网公司的安全稳定运行和客户优质服务，也为电力行业数字化发展奠定了良好的基础。

为适应电力行业发展新要求，按照“输变电装备关键技术与应用丛书”的整体框架安排，作者团队深入研究了电力大数据、多媒体、生产管理、设备管理、信息运维、电力通信、移动通信、电力信息通信安全等多方面的技术、设备及系统等内容，深入浅出地介绍了各类技术、系统与设备的功能、架构、技术核心和典型应用，并对最新的信息通信技术进行了展望，可以帮助读者更好地了解电力信息通信技术的现状、需求、应用以及发展趋势，相信本书的出版会为推动电力行业的技术进步起到重要作用。

本书较为全面地反映了电力信息通信技术及其应用的新成果，凝聚了作者团队在电力信息通信技术原理、技术实现和工程应用上的宝贵经验，值得与读者一起分享。基于此原因，我推荐本书给从事智能电网、能源互联网等领域电力信息通信技术研发、生产、运维等专业技术人员使用。同时本书也非常适合作为高校电气工程、信息与通信工程等专业师生的参考资料。

是为序。

中国工程院院士

华北电力大学原校长

刘吉臻

2021年1月13日

前　言

中国电工技术学会和中国电力出版社共同组织编撰了“输变电装备关键技术与应用丛书”，该“丛书”主要由设备制造企业、电网企业、科研院所和高等学校的专家学者共同参与编写。《电力信息通信技术与应用》分册是在总结电力行业众多信息通信工程、新技术应用的基础上，以用户的角度，针对电力行业关键通信设备、信息应用系统等产品的关键技术、主要结构、性能指标、产品特点，以及设备部件材料和工艺、设备运行维护、事故处理的关键技术及要求等编纂而成。该分册对电网企业从事生产运行和设备检测的技术人员、装备制造企业技术人员、高等院校相关专业师生以及从事电力行业信息通信系统的设计、运行、维护具有重要的参考价值。

本书共 11 章，内容主要包括：第 1 章概论；第 2 章电力信息通信基础技术；第 3 章多媒体关键技术与应用；第 4 章生产管理关键技术与应用；第 5 章信息运维关键技术与应用；第 6 章电力大数据关键技术与应用；第 7 章电力通信网络技术与系统；第 8 章通信网络管理关键技术与应用；第 9 章移动通信应用系统；第 10 章电力信息通信安全关键技术与应用；第 11 章电力信息通信新技术展望。

本书的编写内容涉及业务面广、专业跨度大，编写过程困难较多，为保障本书编写质量，专门成立了由华北电力大学电气与电子工程学院周振宇教授、南瑞集团公司资深专家汪晓岩博士牵头的编写工作组，编写工作组成员包括南瑞信息通信科技有限公司从事信息通信研究、工程经验丰富的信息通信领域专家，也包括华北电力大学具有坚实理论功底的教授、博士研究生和硕士研究生。

编者对关注本书出版的国网电力科学研究院原副总工程师、全国电力系统管理及其信息交换标准化技术委员会（SAC/TC82）秘书长张官元先生，国网电力科学研究院原首席信息专家俞刚先生，对支持本书编写的南瑞信息通信科技有限公司以及公司领导张强、刘爱华，白义传、蒋元晨和杨文清，以及为编写大纲审核把关的常宁处长、郝悍勇处长表示衷心感谢！

欢迎读者对本书的疏漏之处给予批评指正！

编　者

2021 年 1 月

目 录

第1章 概　　论

1.1 电力信息化发展概述

电力信息化是指应用计算机、通信、自动控制、网络、传感等信息技术，结合企业管理理念，驱动电力工业从传统工业向知识、技术高度密集型工业转变的全过程，为电力企业生产稳定运行和提升管理水平提供支撑。电力行业独有的生产及经营方式决定了其电力信息化发展的模式，建设电力行业专用信息通信网络是保障电网安全、稳定、清洁、高效运行的基础。目前，电力行业专用信息通信网络是我国最大的专网之一，范围涵盖全国的发电厂、变电站、供电所、输电线路及营业厅，是电力生产、营销、调度等电力业务数据传输的“高速公路”。

电力信息化从1960年开始，最初是应用在电力实验数字计算、发电厂自动监测及变电站监测等方面。1980年至1990年为专项业务应用阶段，主要是计算机系统在辅助设计、电网调度自动化、电力负荷控制预测及计算机仿真系统等方面的使用。1990年至2000年是电力信息化加速发展时期，电力信息技术的应用从业务操作层扩展至业务管理层，各级电力企业开始开展信息安全相关内容建设。2000年至今，电力信息化建设重点为管理信息化，同时电力物联网等数字化工作也逐步展开，主要包括企业资源计划、安全生产管理、人财物集约化、集团控制、全面预算管理等内容。国家电网公司进行了“SG186”“SG-ERP”等信息化工程的建设，充分发挥信息化在促进生产自动化、管理现代化和决策科学化中的重要作用，全面推进了国家电网公司可持续发展。南方电网公司和其他发电企业也进行了统一规划和集中建设。

现阶段，电力信息化已渗透到电力生产运行的各个阶段，促使电力企业进行业务创新和管理创新。信息技术的发展将带动业务与管理创新能力的提升，促使企业研发更多新的应用和面向用户的增值服务；同时，管理能力的创新也将对信息技术提出更高的要求。二者互相促进，形成良性螺旋式上升的状态。在电力生产运营的营销收费、企业资源分配、自动化办公、调度自动化管理、电能生产管理、需求侧管理等方面，电力信息化是各业务环节实现流程自动化、业务数字化、辅助决策智能化的有力手段，大幅度提高了电力系统的生产效率及经营管理水平。

经过多年的发展建设，电力行业专用通信网络已经形成了以光纤通信为主，微波通信、电力载波通信、卫星通信及移动通信等为辅的多种类、功能齐全的通信网络。基于电力行业专用通信网络可打破各电力企业之间的“资源孤岛”和“信息孤岛”，实现统一高效、互联互通、安全可靠的电力工业运行、管理和指挥体系。然而，随着通信业务不断扩展，业务量不断增加，传统的信息通信网络已不能满足时代发展的新要求，需要对传统信息通信网络进行新一轮的建设、扩容、优化和改造。除此之外，电力信息化在信息通信安全方面也提出了更高的要求。电力信息安全性将直接影响到电力系统运营的平稳性，以及电力自动化调度、继电保护、电力营销和电力负荷等系统运行安全。但由于信息化管理意识不足、企业专业技术人员缺乏、网络与信息安全防护能力薄弱等因素，传统的信息安全管理体系仍然亟须改进。

电力信息化是电力系统实现智能转型变革的重要驱动力，从发电到用电的多个电力环节均离不开电力信息技术的广泛深入应用，尤其是电力设备的广泛互联和智能感知，从而实现电力数据的全面感知、高效传输处理及海量电力信息分析等方面。未来电力信息化建设步伐将不断加快，各电力企业为适应新的企业环境要求也将加快网络建设和互通互联进程，同时并行注重信息网络安全建设。新一轮电力信息化建设已在数字化、网络化、智能化等方面快速推进，电力企业的生产管理水平将得到进一步提升。

1.2 电力信息技术

1.2.1 国外电力信息技术发展概况

国外电力企业信息技术应用最早可追溯到 20 世纪 20 年代，1940 年国外已可以利用模拟技术将电力数据展现在模拟盘上；至 1950 年，自动发电控制将调度员从烦琐的操作中脱解出来，这一时期电力信息技术发展的重要标志是提出了电网调度自动化系统的概念，这是现代电网自动化开始的标志，在此之前电网中只有远动装置及机电式的调频装置，尚不足以构成系统。到 1960 年，电力系统中开始使用计算机控制技术，这是电力系统控制手段现代化开始的标志；随着计算机控制技术在电力系统的使用，电力系统企业管理也开始进入信息化进程，1964 年 4 月，国际商业机器公司 IBM（International Business Machines Corporation）研发的 360 系统和其他大型机的应用，使得开发成本低廉的管理信息系统变成可能，这些早期的管理信息系统侧重于为经理人提供结构化的定期报告和资料，并没有提供交互支持、管理决策等功能。1970 年，电力自动调频、有功功率经济分配和自动调节系统以自动发电控制（Automatic Generation Control，AGC）/经济调度控制（Economic Dispatch Control，EDC）软件包的形式和电网监视控制与数据采集（Supervisory Control and Data Acquisition，SCADA）系统相结合，成为 SCADA/AGC-EDC 系统，同时面向电力调度员使用的在线潮流、开断仿真和校正控制等电网高级应用软件（Power Application System，PAS）也被开发出来，从 PAS 综合电网调度自动化系统，形成了 SCADA/AGC-EDC/PAS 系统，电网调度自动化系统从 SCADA 系统升级为能量管理系统（Energy Management System，EMS），同时，国外电力公司开始使用管理信息系统（Management Information System，MIS），实现了管理流程的信息化。从 1980 年到 1990 年，随着制造资源计划Ⅱ（Manufacture Resource Plan，MRP－Ⅱ）系统的普遍应用，市场竞争日趋激烈，一些企业认为传统的 MRP－Ⅱ软件所包含的功能已不能满足企业全范围管理信息的需要，企业资源计划（Enterprise Resource Planning，ERP）理论便应运而生，国外电力公司同期开始使用 ERP 系统。ERP 扩展了管理信息集成的范围，除了财务、营销和生产管理，还集成了企业的其他管理功能，如人力资源、质量管理、决策支持等，并支持国际互联网（internet）、企业内部网（intranet）、外部网（extranet）和电子商务

（E-Business）等。ERP 不仅着眼于供应链上各个环节的信息管理，还能满足具有多种生产类型企业的需要，扩大了软件的应用范围。

国外电力信息化建设经历了从分散到集中的建设过程，多采用面向服务架构（Service Oriented Architecture，SOA）形式，通过数据中心对信息系统进行有效的整合，构建包括信息网络、数据交换、数据中心、应用集成和企业门户在内的一体化企业信息集成平台，为其他各类业务应用提供支撑。此外，国外电力公司在信息化发展过程中尤其重视信息网络等基础设施建设，他们通常会建设自有的信息网络，并通过建设备用通道确保信息网络的高可用性。

借助于自有信息网络资源，许多欧美电力公司也经营 IP 网络接入服务，并在电力系统的信息化上已经处于了领先地位，由美国科技公司研发的电力系统仿真软件（Electrical Power System Analysis Software，ETAP）已经在全球范围内得到了广泛应用，该软件能根据电网设备状态实现精确的潮流计算。目前，ETAP 已经将各类传感器和数据采集器融合到了系统接口中以实现全天候的设备状态监控，可及时发现系统中尤其是二次保护方面的故障并精确定位，提供相应的解决方案，极大地减轻了系统停电影响，保证了电力设备的安全有效监控。西班牙电力公司将地理信息系统（Geographic Information System，GIS）和 SCADA 同时接入电力生产管理系统，并实现 SCADA 和 GIS 的数据交换，进一步提升了生产管理的效率，推动电网设备运行、监控、分析、决策一体化。瑞士 ABB（Asea Brown Boveri）公司所研发的电力管理系统不仅完成了 SCADA 与系统融合及实现辅助决策功能，而且将电力公司的网上招标系统、电力交易系统全部纳入了系统，开发了一整套完整的电力生产、交易和管理系统，给电力信息技术的应用带来了新的思路。

电力信息技术的应用还体现在智能电网的发展上，智能电网是建立在集成的、高速双向通信的基础上，通过先进的传感和测量技术、设备技术、控制方法、决策支持系统技术的应用实现电网可靠、安全、经济、高效环境友好和使用安全的目标。美国通过先进的通信和控制技术应用和电力输送基础设施的现代化大力发展“立体”式智能电网，将基于分散的智能电网结合成更大型的网络体系，主要包括：实现美国电网的智能化，解决分布式能源体系的需求，以长短途、高低压的智能网络连接客户电源，实现可再生能源的优化分配。德国主推“互动”式智能电网，它集创新工具和技术、产品与服务于一体，利用高级感应、通信和控制技术，为用户的终端装置及设备提供发电、输电和配电一条龙服务，实现与用户的双向交换，从而提供更多信息选择、更大的能量输出、更高的需求满足率及能源效率。近年来，德国不断加大智能电网和储能技术的创新和发展，并以现代信息和通信手段，将智能电网和储能技术应用于大量微电网、节能建筑等多种分布式能源示范项目。

1.2.2 国内电力信息技术发展概况

电力信息技术是我国电网企业在规划、建设、运行、检修、营销等环节实现信息化的关键技术，是驱动电网企业由传统工业向高度集约化、高度知识化工业转化的重要因素。其结合应用通信、自动控制、计算机、网络、传感等信息技术和企业管理理念，推进电网企业信息化管理和生产稳定运行。20 世纪 60 年代开始应用以来，信息技术在电力行业逐步广泛而深入地渗透到各环节，2000 年以后更是进入高速发展阶段。自“十一五”发展至今，我国电力系统的规划设计、基建、发电、输电、供电等各个环节均有信息技术的广泛应用。

“十一五”期间，电力行业正处于信息化和工业化融合的起步阶段，一些有代表性的电网企业已经开始电力信息化的大规模统一建设阶段。智能电网发展战略对电力信息化的整合化、集成化发展提出了更高的要求。为实现智能电网建设框架下企业信息发展的业务需求，电网企业通过整合企业资源计划、管理信息系统、财务管理、办公自动化（Office Automation，OA）、企业资产管理（Enterprise Asset Management，EAM）等系统功能推出了一系列一体化解决方案。其中，国家电网公司建成 SG186 工程，完善已有业务系统功能，推进应用集成和数据共享，着力深化应用。国家电网公司结合智能电网整体规划，完成智能电网信息化总体框架和建设方案，开展共性关键技术的研究，基本完成一体化企业级信息模型设计、六个环节智能信息化试点和资产全寿命周期信息系统建设，推进用户用电信息的自动采集并实现生产控制与企业管理的信息联动。南方电网公司推出南方电网生产管理系统，该系统通过数据工作站与电网监视控制与数据采集系统进行串行数据通信，实现对电力系统的运行状态和信息的便捷查询，其信息技术投资在“十一五”期间也实现了超过 50%的增长。调度生产自动化和管理系统也在电力行业初步实现，全面规划、全面推广的信息化系统开始进入到了各个业务环节。

“十二五”期间，随着电力建设投资的大幅增加，电力行业实现了跨越式发展，信息化与电力产业深度融合，整个电力行业信息化水平跨上了一个新的台阶。根据“两化融合”示范单位申报材料统计，电力行业信息化建设水平大幅度提高，各电力企业加快应用信息系统的建设，基本完成信息化的业务全覆盖，电力行业“两化融合”向深层发展。信息应用系统与企业生产、管理密切融合，信息技术深入到电网企业的电力生产、电力调度、公司经营、企业管理、工程项目、建设施工、规划设计、服务和决策的各个环节。在实践信息化与电力工业化的融合中，信息技术推动了电网企业的增长方式和管理方式的改变。其中，国家电网公司提出了“三集五大”发展战略。其中“三集”指人、财、物集约化，“五大”指大规划、大建设、大运行、大生产（大检修）、大营销。国家电网公司通过“大规划”建立起企业中长期发展远景，明确信息化建设实际目标和方向。同时，国家电网公司建设公司级三地数据中心，使得数据更加集中、数据管理更加标准化。南方电网公司重点搭建综合技术平台及信息化标准、安全、管控保障体系，支撑企业应用系统和分析决策系统协同共享。南方电网公司建成信息集成平台并完成试点建设、全网推广、升级完善等工作，在全网建立了面向服务架构服务运维管控体系并有效运作，推动“南网云”完成试点建设。电力信息技术作为电力行业强大生产力，已成为电力行业发展的有力支撑。

“十三五”期间，电力行业持续深化“两化融合”工作，电力信息化总体呈现向智能化发展趋势。以互联网融合关键技术应用为代表的电力生产智能化、以国家电网公司统一企业公共信息模型为代表的企业管理信息化和以手机移动应用为代表的电力营销移动化，使现代前沿信息技术在电力系统中得到广泛应用。电网企业在大量科技研究的基础上，对工业控制网、物联网、互联网、云平台进行集成创新，打造电力“互联网＋”平台，进一步建设统一的数据仓库和业务流程。其中，国家电网公司继承发展“十二五”建设成果，全面建成信息化企业，积极拓展“大云物移”等新技术应用的深度和广度，全面提升信息平台承载能力和业务应用水平，建设一体化“国网云”平台，建成数据资产集中管理、数据资源充分共享、信息服务按需获取、信息系统安全可靠的新一代国家电网企业资源计划系统（SG-ERP 3.0）。南方电网公司提出“4321”建设方案实现电网状态的全面感知、企业的全在线管理和运营数据的全面管控。其中，“4”指建设电网管理平台、客户服务平台、调度运行平台、企业级运营管控平台四大业务平台，“3”指建设南网云平台、数字电网和物联网三大基础平台，“2”指实现与国家工业互联网、数字政府相关方的两个对接，“1”指建设完善公司统一的数据中心。

各大发电集团全面完善电力信息化工作标准与相关制度，稳步推进网络安全技术标准化建设，并逐步制定了一系列网络安全、项目管理的信息化标准。

中国大唐集团有限公司持续推进制度与标准建设，发布并贯彻执行《信息化项目管理办法（修订版）》《信息化投资管理办法（修订版）》，促进集团公司信息化发展以及电力信息化建设。

中国三峡集团有限公司通过健全完善信息网络安全制度体系，从而加强信息化标准建设，2017 年编制发布 10 项企业信息化标准并参与编制 4 项国家标准、1 项银行标准。

国家电力投资集团有限公司以“战略导向与需求驱动”为原则，重点开展云平台、大数据、电力营销、审计内控、燃料管理、国际业务等信息化项层设计工作，为信息化规划落地打下坚实基础。

中国华电集团有限公司以管控体系优化调整和物资采购管理改革为工作突破重点，持续推进规范信息化管理工作，2017 年修订下发《信息化管理办法》并研究起草《信息化项目管理实施细则》。

广东省粤电集团有限公司针对电力信息标准制度进行评估梳理工作，完善修订《广东省粤电集团信息安全管理办法》《广东省粤电集团信息化水平评价管理办法》等 11 个标准制度。此外，集团公司持续推进粤电信息化整体框架建设，包括六大管理平台、三大应用领域、两大基础支撑及两大保障机制建设。

中国广核集团有限公司确定了“全面建设 U-e 工程，打造信息化核电”的信息化强企战略，按照“统一领导、统一规划、统一标准、统一建设、统一投资、集中运维”（“五统一集”）的原则使信息化与核电业务全面融合，建立了较为完善的信息系统架构和信息化管理体系。

我国多年来的电力信息化建设已取得了很多不容忽视的成绩，但电力信息技术的发展仍然存在不平衡现象，部分企业缺乏战略规划与科学组织，导致信息化水平不高、信息资源分散、实用化水平较低。同时，信息技术与各业务的融合不深，尚未形成涵盖全行业的精细化、统一化信息平台，影响了电力行业资源整合和企业管理现代化的进程，制约了电力信息技术的进一步发展。

1.3 电力通信技术

1.3.1 国外电力通信技术发展概况

欧美等发达国家有关电力通信技术的研究和应用起步较早。其中，美国最先开始实施并形成完备的电力无线专网，为美国电力业务发展提供支撑，从而促进电力网络架构的快速升级更新，提高电力系统运行管理的智能化水平。美国的专家学者提出，电力通信技术是发展电力系统智能化的关键技术，有利于推动电网运行现代化的发展。具有智能通信能力的电网能够更加有效、更加安全地运行，为工业、生活等提供便利的电力能源。专用无线技术是美国目前最具影响力的电力通信技术，使用 900MHz 或 2.4GHz 频段，采用网状或者星形拓扑结构。相对于电力线载波技术而言，专用无线技术对噪声和干扰不敏感，有更高的可靠性和更快的传输速率。

欧洲电力工业联盟也提出要加强电力通信技术在电网中的应用，以此实现电网的数字化、自动化和交互化。由于欧洲各国的电网运行模式不同，导致各个国家之间的电网通信困难，这也是欧洲电力通信在建设过程中需要解决的首要问题。欧洲电网运行协调技术的研发也大大提高了电力通信技术的水平，通过这些革新，满足了新形势下对电网数字化、自动化的需求，提供了更多能够满足电力用户多样化、个性化需求的增值业务，确保了全部电力设备的连接畅通，实现了分布式可再生能源的快速并网，推动了电动汽车等新兴产业发展。目前，欧洲智能电网的区域网络为电力通信技术开启了一个独特的市场，在现场总线部署中最流行的应用技术包括宽带电力线、专用无线、公共无线等通信技术。各通信技术在各层采用的技术和标准有所不同，其特点也各不相同，可对智能电网中不同业务与环境的通信需求进行定量的分析，之后选择合适的通信方案解决电网智能交互难题。

随着电力通信技术蓬勃发展，电力通信与电力业务联系更加紧密，融合程度更高。电力行业在通信技术体制、网络架构等方面发生了根本性的变革，光纤、数据网络等宽带通信技术发展迅速，成为电力通信网建设的主流方向，并在此基础上发展数据网、语音交换网、时钟同步网、视频会议系统等。目前，与继电保护、安全自动装置、自动化相关的电力通信网已普遍使用光通信技术，通信通道在带宽、时延、可靠性等方面均有较大的提高，使跨区域的控制、跨系统的监视分析成为现实。光纤通信和电力系统独有的电力载波作为电网的主要通信手段，卫星通信、公网通信作为应急通信或辅助通信手段，并且光纤网络覆盖范围不断扩大，为完善通信网络完善架构、提高业务承载能力、加强网络可靠性及安全性奠定了坚实的基础。

1.3.2 国内电力通信技术发展概况

在我国电力企业当中，电力通信技术拥有长久的发展历史，是构成现代化电力系统的重要因素之一，也是整个电网运行的重要枢纽所在，是智能电网里面所采用的核心技术之一，被广泛应用到发电、输电、变电、配电、用电、调度等多个不同的环节当中，能够有效保障整个电力系统的安全可靠运行。

“十一五”期间，国家电网公司通信传输网网络规模及承载能力显著提升，网络架构也得到进一步优化，其数据网、交换网、电视电话会议网络的覆盖范围及服务水平大幅提高。国家电网公司数字同步网建成并发挥重要作用，极大提高了电力通信网安全水平及业务传送质量。此外，国家电网公司应急通信系统也投入使用，近半数的省公司完成了备调通信系统建设，使得各地电力通信应急保障能力大幅提高。传输网方面，一级骨干光通信网在初期“三纵四横”的网络架构基础上，进一步形成了结构稳定、层次清晰的骨干光纤环网。业务网方面，调度电话交换网、行政电话交换网、会议电视系统、数据通信网等业务网络不断扩充容量、提升覆盖能力。支撑网主要用于保证数字网络传输时钟同步，各单位结合传输网和业务网的相关特点，对应开展时钟同步系统、通信网管系统等支撑网络建设，形成了由自主基准时钟和非自主基准时钟相结合的多基准时钟混合控制数字同步网。在此期间，南方电网公司电力通信系统的传输技术采用自动交换光网络（Automatically Switched Optical Network，ASON）技术，提供了更大的单节点带宽容量、更灵活和更快捷的电路调度方案，提高了电路可靠性和路由自动选择能力，降低了信息传输时间和延迟，从而提高了整个电网的运行可靠性，满足广域测量系统和广域稳定控制系统的严格要求。南方电网公司电力通信以“十一五”规划为指导，通信网络结构得到了极大的优化，通信光缆架设 13 000km 以上，比初期增长约 233%；110kV 及以上变电站的光缆成环率高达 77.6%；110kV 以上厂站光通信网络覆盖率为 95.52%；光传输网、省两级均采用双平面结构。电网生产实时控制业务采用 A、B 双传输网分担继电保护业务的双网双通道配置，电网远动信息业务由光传输网、数据网共同承载，大大提高了电网业务的可靠性。此外，南方电网公司还提出了继电保护双通道配置模式，制定了继电保护装置与通信传输设备互联的 2Mbit/s 光接口技术标准。

“十二五”期间，国家电网公司以加快建设“三集五大”体系为战略重点，推动国家电网公司和电网创新发展、集约发展、安全发展。电力通信网主要由骨干通信网和终端通信接入网两部分组成。其中，传输网、业务网和支撑网被通称为骨干通信网，主要用于覆盖 35kV 及以上电网，由跨区、区域、省、地市（含区县）共 4 级通信网组成。传输网负责对业务网及其他业务应用系统提供传输通道，共分为 4 级骨干网，仍采用以光纤通信为主，微波、载波、卫星为辅，多种传输技术并存的技术架构。业务网由数据网和交换网组成，涵盖了国家电网公司各总部、省公司、地（市）公司建成的调度数据网、综合数据网、行政交换网、调度交换网。支撑网由网管系统、同步网、信令网和电源设备等组成，用于实现系统数据交换和业务应用及时钟同步功能。终端通信接入网（简称“接入网”）是骨干通信网络的延伸，提供配电与用电业务终端与电力骨干通信网络的连接，具有业务承载和信息传送功能。终端通信接入网由 10kV 通信接入网和 0.4kV 通信接入网两部分组成，分别覆盖 10kV（含 6kV、20kV）和 0.4kV 电网。在此期间，南方电网公司提出了“一个目标”“两个转变”“三步走”“四个战略取向”“五个核心能力”的整体思路，按照“集团化管理模式、一体化管理制度”战略，遵循“统一规划、分级建设、网络互联、资源共享”原则，建设智能、高速、全覆盖的电力通信专网，并利用公网通信资源作为补充。南方电网公司在此期间运用先进的计算机技术、通信技术、控制技术，致力于建设覆盖城乡的智能、高效、可靠的绿色电网。南方电网公司以电网运行、企业管理业务为基础，达到了建设以中低压配电网业务为延伸的“广域覆盖、高速宽带、安全可靠、适度超前、技术先进”的电力通信网目标。此外，南方电网公司还对调度数据网、调度交换网、综合数据网、行政交换网、同步网等通信网络制定了相关规划原则。

“十三五”期间，国家电网公司进一步明确电力通信网总体发展目标，继续完善 4 级骨干通信网和配用电通信网的分阶段建设目标及规划重点，提出相关建设原则和保障措施。在此期间，国家电网公司致力于实现以下三个目标：① 打造坚强可靠的通信通道，实现所辖35kV及以上变电站、营业厅、供电所等站点100%电力光纤专网覆盖。② 实现电力配电设施的通信全覆盖，包括利用光纤通信实现“三遥”配网设备全覆盖，利用4G公网实现其他“一遥”“二遥”配网设备全覆盖。③ 以现有通信网络为基础，整合网络资源，优化网络结构，提高网络带宽，解除通道传输瓶颈，打造坚实、合理、先进的电力通信传输网络。在此期间，南方电网公司以打造安全、可靠、绿色、高效的智能电网为发展愿景，以“5个环节+4个支撑体”作为南方电网公司智能电网架构体系。5个环节分别为：清洁友好的发电、安全高效的输变电、灵活可靠的配电、多样互动的用电智慧能源、能源互联网。4个支撑体系分别为：全面贯通的通信网络、高效互动的调度及控制体系、集成共享的信息平台、全面覆盖的技术保障体系等。并且围绕九大领域，特别提出32项重点任务和16个系统性工程。

面向“十四五”，国家电网公司出台发展战略纲要，进一步重视电气与通信的交叉融合，提出“一个目标、两个要求、三个关键、四个关系、五个思维”的战略要求，全面推动坚强智能电网与电力物联网建设。南方电网公司同样启动“十四五”发展规划工作，提出未来将全面构建战略管理体系，加快推动战略重点实施落地，同时高质量开展“十四五”智能电网发展规划，巩固提升新一轮电力通信网络改造升级，全面满足脱贫攻坚用电通信需求。

目前我国各地区虽然都重视电网建设，努力发展本地区的电力通信事业，但仍然存在着诸多问题。其中，电网质量建设一直是发展的重点，由于一些地区的电力系统目前仍然存在着管控力度不足、技术落后等问题，使电力通信的发展受到限制。此外，在我国电力通信系统中，主要是以树型和星型结构模式为主的网络，网络结构的复合性较为明显，但是互联性较差，增加了电路迂回构成的难度，电力通信网络具备的可靠性和灵活性也较差。在电力通信系统中，网络体制发展的不完善，严重制约了电力通信技术的发展，需要对其进行改进和完善。

1.4 电力信息通信安全技术

1.4.1 国外电力信息通信安全技术发展概况

随着公共互联网进入电力系统，电力信息通信的安全性不断受到挑战。然而，电力系统的安全性和可靠性达不到标准，往往会造成电力系统发生故障。为应对日益复杂的电力信息通信安全挑战，世界各国从国家战略、制度标准等多方面采取了措施。美国、日本、俄罗斯等国家已经或正在制订自己的电力信息通信安全发展战略和发展计划，确保电力信息通信安全沿着正确的方向发展。美国根据相应的方针和政策结合本部门的情况实施网络与信息安全保障工作。2000年初，美国出台了电脑空间安全计划，旨在加强关键基础设施免受威胁的防御能力。2000年7月，日本信息技术战略本部及网络信息安全会议拟定了网络与信息安全指导方针。2000年9月，俄罗斯批准了《国家信息安全构想》，明确了信息安全的措施。同时，欧盟于2004年就开始为应对网络安全威胁成立了欧洲网络和信息安全局，以保证欧盟内部网络信息的安全高效传输。此外，严峻的电力信息通信安全形势驱动安全市场的快速增长。发达国家注重于电力信息通信安全技术的研发和投入，引领技术发展趋势。电力企业包含在内的数字化企业的多个要素日益推动全球关注电力信息通信安全，尤其是云计算、移动计算和物联网等，错综复杂、影响重大的高级针对性攻击同样对电力信息通信起到了推动作用。

国际电工委员会（International Electrotechnical Commission，IEC）发布了一系列信息通信标准，为有效实施信息通信安全措施提供了有力保证。1999 年 IEC TC57 WG15 工作组成立并致力于电力系统控制以及其数据信息通信安全的研究，负责制定与 IEC TC57 的信息通信协议相关的安全标准。2007 年开始逐步发布 IEC 62351 标准规约，是电力系统管理及关联的信息交换的数据和信息通信安全标准，以保证电力系统常用信息通信协议的安全运行。在该标准中，第 3、第 4、第 5 和第 6 部分涉及电力信息通信安全机制。IEC 62351-3 为电力信息通信中基于 TCP/IP 的信息通信协议提供安全保障，该标准采用因特网广泛应用的传输层安全协议，以提供包括认证、加密和完整性在内的电力信息安全通信。IEC 62351-4 为电力信息通信中基于制造业报文规范（Manufacturing Message Specification，MMS）的信息通信协议提供安全保障。IEC 62351-5 为串行通信版本和网络版本的电力信息通信协议分别提出了不同的解决方案。IEC 62351-6 针对 IEC 61850 标准提出安全解决方案，建立在 TCP/IP 协议上的 MMS 报文，采用 IEC 62351-3 和 IEC 62351-4 的安全机制；其他建立在 TCP/IP 上的应用层协议，使用 IEC62351-3 和相关应用层协议的安全机制，但应用层的安全机制不在 IEC 62351-6 的讨论范围，由用户根据需要设置。IEC 62351 标准为相关的电力信息通信提供了安全解决方案。

虽然在过去的几年里，国际上对电力信息通信安全的研究成果颇为丰富，但至今仍然存在一些严重的电力信息通信安全问题。

2019 年 3 月，黑客利用思科防火墙中的已知漏洞针对美国犹他州的可再生能源电力公司发起了拒绝服务攻击。同年 9 月，北美电力可靠性公司 NERC（The North American Electric Reliability Corporation）表示，该安全漏洞影响了受害者使用的防火墙 Web 界面，攻击者在这些设备上触发了拒绝服务条件，导致它们重新启动，这导致该组织的控制中心和各个站点现场设备之间的通信中断。

2019 年 3 月 7～9 日，连续三天，委内瑞拉电力系统遭到网络攻击，出现了 3 次大范围停电事件，委内瑞拉大部分州都受到了影响。2019 年 7 月，委内瑞拉首都加拉加斯及 10 余个州再次发生大范围停电，地区供水和通信网络也因此受到极大影响。2020 年 3 月，委内瑞拉遭受严重停电，影响多个州和城市，导致互联网连接中断。2020 年 5 月，委内瑞拉国家电网 765 干线遭攻击，造成全国大面积停电，除首都加拉加斯外，全国 11 个州均发生停电事故。

2019 年 7 月，南非最大的城市约翰内斯堡发生了一起针对 City Power 电力公司的勒索软件攻击，导致若干居民区的电力中断。该病毒加密了所有数据库、应用程序、Web Apps 以及官方网站。攻击使得预付费用户无法买电、充值、办理发票、访问 City Power 的官方网站。

2019 年 7 月，位于乌克兰南部的 Yuzh-noukrainsk 市附近的核电站出现严重安全事故，数名雇员将核电站内部网络连上了公共网络，以供其挖掘加密货币，此次事故被列为国家机密泄露事故。

2019 年 9 月，印度核电公司 NPCIL（Nuclear Power Corporation of India Ltd）证实，印度

泰米尔纳德邦的 Kudankulam 核电站内网感染了恶意软件。该软件由知名朝鲜黑客组织 Lazarus 开发，属于 Dtrack 后门木马的变体。据 NPCIL 的声明显示，Dtrack 变体仅仅感染了核电站的管理网络，并未影响到用于控制核反应堆的关键内网。

2020 年 4 月，葡萄牙跨国能源公司 EDP（Energias de Portugal）遭 Ragnar Locker 勒索软件攻击，赎金高达 1090 万美金。根据 EDP 加密系统上的赎金记录，攻击者能够窃取有关账单、合同、交易、客户和合作伙伴的机密信息。目前针对 Ragnar Locker 勒索软件加密文件尚无法解密。

2020 年 6 月，巴西电力公司 Light S.A 遭黑客使用 Sodinokibi 软件攻击，被勒索 1400 万美元，该软件可以通过利用 Windows Win32k 组件中 CVE－2018－8453 漏洞的 32 位和 64 位漏洞来提升特权。此外，该勒索软件没有全局解密器，需要攻击者的私钥才能解密文件。

电力行业涉及面广，是国家经济社会发展的基础之一，其信息通信安全要求更是走在其他行业前列，需要在公共通用安全技术的基础上增加调度、生产、控制安全、客户信息安全防护、专用通信网安全等。因此，重点加强电网设施的安全建设及电力企业内部的安全防护显得尤为重要。

1.4.2 国内电力信息通信安全技术发展概况

电力信息通信网络作为电网的重要支撑系统，其安全保障尤为重要。近年来国家电网公司高度重视信息通信安全工作，全面加强信息通信安全建设，通过公司上下共同努力，建成了电网信息通信安全等级保护纵深防御体系。信息通信安全作为生产自动化和管理信息化深入推进的重要保障，其基础性、全局性、全员性作用日益增强，对电网安全有着重大影响。在信息安全防护方面，电力二次系统按照“安全分区、网络专用、横向隔离、纵向认证”的安全防护策略，全面开展电力二次系统安全防护，推进国产智能电网调度技术支持系统建设。管理信息系统按照“可管可控、精准防护、可视可信、智能防御”安全防护策略，建立了信息内网和信息外网，信息系统按照边界、网络、主机、应用、数据五个层次进行等级保护纵深防护，研发部署了信息内外网逻辑强隔离装置和内网信息安全接入平台，建设了信息内外网安全监测系统，应用安全移动存储介质、桌面保密自动检测系统、邮件系统及网站页面敏感信息过滤与审计，强化信息化条件下的保密技术措施。电力企业不断推进信息系统国产化与自主安全可控管理，并在多地建成灾备中心，电力企业信息安全防护能力与保密能力不断提升。

总体上，在过去的几年中，国内电力企业在电力二次系统安全防护和信息安全方面取得丰富的成果，但通信网安全防护工作相对滞后一些。相比之下，为了指导电信运营商保障网络安全，工业和信息化部电信研究院从 2008 年开始制定了《电信网和互联网安全防护标准体系》，其中涉及了 IP 承载网、传送网、固定通信网、互联网、同步网、接入网、移动通信网、物理环境等的安全防护要求和检测要求。目前，《电信网和互联网安全防护标准体系》是我国通信行业覆盖最广、内容最丰富的安全标准，今后还将随着网络和业务的发展不断补充和完善。经过实践论证，该系列标准有助于当前运营商从业务安全、网络安全、数据安全等方面对通信网络进行加固，提高网络运行的稳定性和安全性、运营企业安全管理的规范性。从 2008

年至今，运营商单位依据标准要求抽查出较多网络单元在业务、网络、设备、物理环境、管理、灾难备份及恢复等方面存在安全隐患，甚至存在一些高危安全问题。因此，电力企业也有必要同步开展通信网安全方面的研究，提出电力通信网安全防护体系，形成电力通信网安全标准规范系列，为相关部门提供指导意见，解决实际的安全问题。

1. 信息安全等级保护

信息安全等级保护的基本思想是确定需要保护的对人民生活、经济建设、社会稳定和国家安全等起着关键作用的涉及国计民生的基础信息网络和重要信息系统，按其重要程度及实际安全需求，合理投入，分等级实行安全保护，对信息系统中使用的信息安全产品实行按等级管理，对信息系统中发生的信息安全事件分等级响应和处置；目标是通过分级保护、分类指导、分阶段实施，保障信息系统安全正常运行和信息安全，提高信息安全综合防护能力。

目前已经发布的信息安全等级保护的国家标准有 GB/T 28449—2018《信息安全技术信息系统安全等级保护测评过程指南》、GB/T 28448—2019《信息安全技术信息系统安全等级保护测评要求》、GB/T 25058—2019《信息安全技术信息系统安全等级保护实施指南》、GB/T 22239—2019《信息安全技术信息系统安全等级保护基本要求》和 GB/T 22240—2020《信息安全技术信息系统安全等级保护定级指南》，内容涵盖信息系统的定级方法、不同安全等级信息系统的信息安全要求和根据要求对信息系统进行测评的流程。

2. 电力二次系统安全防护

电力二次系统安全防护的范围涵盖调度中心、变电站、发电厂以及配电网中的电力二次系统。目前已经发布的防护方案与补充规定包括《电力二次系统安全防护总体方案》《省级以上调度中心电力二次系统安全防护方案》《地市级调度中心电力二次系统安全防护方案》《配电网电力二次系统安全防护方案》《变电站电力二次系统安全防护方案》《发电厂电力二次系统安全防护方案》《电力负荷管理系统安全防护补充技术规定》和《中长期电力交易系统安全防护暂行技术规定》。电力二次系统的总体防护原则是“安全分区、网络专用、横向隔离、纵向认证”。

（1）安全分区。电力二次系统安全防护从整个电力系统的角度，通过对各业务系统功能进行优化以及安全需求分析，将电力二次系统划分为不同安全分区，根据业务系统或其功能模块的实时性、使用者、主要功能、设备使用场所、各业务系统间的相互关系、广域网通信方式，以及对电力系统的影响程度等，将业务系统或其功能模块置于相应的安全分区，并针对不同安全分区采取相应强度的安全防护措施，有效地兼顾了电力生产监控系统对安全防护强度和数据传输实时性的要求。

（2）网络专用。电力企业通过在专用通道上使用独立的网络设备组建专用于承载电力实时控制、在线生产交易等业务的电力调度数据网，并采用基于光纤通信技术不同通道、不同光波长、不同纤芯等方式，在物理层面上实现与电力企业其他数据网及外部公共信息网的安全隔离。

（3）横向隔离。通过在生产控制大区和管理信息大区之间部署电力专用横向单向安全隔离装置，在生产控制大区内安全区Ⅰ和安全区Ⅱ之间部署硬件防火墙等相应强度的安全防护设备，对各安全区进行有效隔离。

（4）纵向认证。电力企业通过采用认证、加密、访问控制等技术措施实现数据的远方安全传输以及纵向边界的安全防护。

3. 电力通信网安全防护

电力通信网随着规模的壮大，承载业务量的快速膨胀，其自身对于可靠性与安全性的要求逐步提高。同时，电网安全稳定运行越来越依赖通信网，对通信网的安全可靠性要求也不断提高。电力通信网的迅猛发展，其安全风险与驾驭难度也日益增加。由于电力通信网从规划、建设、运行维护到管理全生命周期各个环节都是一个复杂、长期的过程，因此，在各个环节中和环节之间产生的安全风险都会对电力通信网整体安全稳定造成了一定的潜在危害。一方面，从技术的角度，电力通信网中包含了光通信、电交换、微波、载波等多种通信技术，通信设备种类庞杂，各种通信接口类型众多，既能保障一种通信设备的安全稳定运行，又能保障多种设备的协同稳定运行，切实保障设备、网络及其所承载业务的安全性，是电力通信网安全防护要解决的重要问题。另一方面，电力通信网结构复杂，涉及通信机房、变电站内通信设备、通信运维系统等多种设备，如何实现智能化的综合管理，从整体上实现对电力通信网风险和安全性的分析与防护工作，也是电力通信网面临的一个重要问题。同时，考虑到电力通信网中各组成网络的不同特点和一定的独立性，还应从传输网、业务网、接入网及支撑网几个层面应对在设备、网络及其承载业务中可能出现的物理安全风险。

1.5 电力信息通信标准化

目前，信息通信技术（Information and Communication Technology，ICT）融合已成为行业的发展趋势，建立信息通信融合的标准体系已成为国际通行做法，尽管具体名称各不相同，但其作用、实质和权威性是基本一致的。

国际电信联盟（International Telecommunication Union，ITU）为推进智能电网标准化工作，于2010年正式成立智能电网焦点组（Focus Group on Smart Grid），从ICT角度出发对智能电网标准进行了研究，我国工信部电信研究院为焦点组的副主席单位。从发展趋势看，信息技术服务与通信技术服务的结合和交融，将影响从基础设施到应用系统构建的全过程，需要标准体系直到技术实践。

焦点组从ICT角度出发，提出了智能电网的三层模型。业务/应用层由各种系统构成，包括计算机、程序、数据库、应用管理等。通信层由网络和信息结构构成，使得业务/应用与电力层可以相互通信。电力层由电力设备、传感器和控制器构成，为业务/应用层提供信息并接受指令影响对电力设备的控制。国内电力信息通信标准体系借鉴了ITU焦点组的多维度分层划分的思想，从基础、安全、管理等角度找到信息、通信标准体系融合的三个着力点，建立信息通信标准体系。

1.5.1 国外电力信息通信标准体系

国际电力信息通信标准体系制定组织主要包括ITU、国际电工委员会（International Electrotechnical Commission，IEC）和国际标准化组织（International Organization for

Standardization，ISO）。

ITU在电力信息通信方面标准的制定主要由无线电通信部门（ITU－R）和电信标准化部门（ITU－T）两个部门负责。其中，ITU－R负责协调与无线电通信业务、无线电频谱管理和无线业务有关的事宜。ITU－T旨在确保及时高效地制定涉及电信各个领域的高质量的国际标准，并为国际电信业务确定资费和结算原则。

IEC是世界上成立最早的国际性电工标准化机构，主要负责有关电气工程和电子工程，电信、电子系统和设备及信息技术标准化工作，如无线电通信、信息技术设备、数据处理设备、测量和控制系统用数字数据通信、无线电干扰的测量。

ISO除了其具有自身特色的ISO 9000标准体系外，还单独设立了关于安全的ISO 27000标准族（技术、管理），突出了安全的重要性。

1.5.2 国内电力信息通信行业标准体系

国内电力信息通信行业标准化体系以科学化、实用化、合理化为目标，促进电力行业信息化建设的规范化，并推动信息资源的共享与交流。该标准化体系可满足电力行业信息化建设与管理的需要，确保电力企业信息系统的建设有标准可遵循，从技术上保障电力行业信息化的可持续建设，以实现电力行业信息通信系统的开放性、可扩充性、可交换性和可持续发展性。为解决电力企业信息通信系统的数据奇异性和多重性问题，该标准化体系可提供系统集成依据和信息采集、传输、交换、存储、处理和共享等环节制定或采用的相关技术标准，补充和完善电力信息通信化标准，满足应用系统开发和信息通信系统建设需求。同时，该标准化体系是电力行业和企业制定与修订电力信息化标准的主要依据之一，也是监督检查电力行业信息化标准制定、修订工作进展情况的重要依据。

国内电力信息通信行业标准化体系的建立应在国家信息化标准体系的框架内，结合我国电力行业系统的特点，提出具有本行业自身特点的信息化标准体系，并据此形成指导全国电力行业信息化建设的指导性文件，作为电力行业信息化建设的重要依据。在电力信息通信行业标准化体系编制过程中，一方面应结合我国信息化标准化有关成果和国际信息化标准化发展现状与趋势；另一方面要突出电力行业信息化的特点和需求，充分考虑电力行业信息化的发展规律，为电力行业信息化建设服务。

为推动电力行业各类企业信息化建设，直观反映信息通信行业各标准体系，国内电力信息通信行业标准化体系框架以树型目录为结构，结合了信息、通信各专业的划分特点，进行科学、系统的标准制定，主要包括基础标准、技术标准、产品标准、应用标准、信息技术服务标准、信息安全标准和管理标准7个方面。

1. 基础标准

信息通信基础标准由术语标准、产品分类和代码标准两部分构成。

（1）术语标准。主要收录了各种常用信息通信术语标准，如地理信息术语、信息技术词汇、条码术语、计算机应用词汇、通信术语等。

（2）产品分类和代码标准。主要收录了通信设备材料中的一些通用基础综合标准，如电力设备分类和代码、电力设备部件分类与代码，以及电力设备缺陷分类与代码等。

2. 技术标准

信息通信技术标准由传感器网络、卡和身份识别、条形码制和识读设备、射频识别、生物特征识别、数字记录媒体、网络云存储技术、系统间远程通信和信息交换、信息技术设备互连、程序设计语言和接口、计算机图形图像处理和环境数据表示、多媒体信源编码、中文信息处理、数据管理与交换、文档描述与处理语言、软件和系统工程、用户界面、分布式平台、云计算软件技术、可持续发展、物联网、大数据和人工智能等技术标准组成。

3. 产品标准

信息通信产品标准由设备设施标准和软件产品标准两部分组成。

（1）设备设施标准。主要收录了电力计算机场地通用规范、电力行业信息机房设计与建设规范和电力行业信息机房管理规范等。

（2）软件产品标准。主要收录了软件过程标准、软件质量标准、软件产品技术与管理标准、软件测试规范以及软件产品开发的相关标准等。

4. 应用标准

信息通信应用标准主要由电子政务软件应用、教育软件应用、智慧城市、智能制造、工业互联网和其他软件应用标准组成，主要收录了相关信息通信服务在各行业的实际应用准则，全面规范了相关应用软件的基础架构与操作实施，用于指导相关领域软件开发。

5. 信息技术服务标准

信息技术服务标准由服务基础、咨询设计服务、集成实施服务、运行维护服务、服务管控、服务外包、云服务、数据中心服务、数字化营销服务、行业应用指南、服务测评等组成，全面规范了信息技术服务产品及其组成要素，用于指导实施标准化的信息技术服务。

6. 信息通信安全标准

信息通信安全标准由安全基础标准、物理安全标准、通信安全标准、网络安全标准、系统安全标准、数据安全标准、应用安全标准七个部分构成。

（1）安全基础标准。主要收录了与安全密切相关的基础标准，例如，安全的基本术语表示，安全模型，安全框架、可信平台等。

（2）物理安全标准。主要收录了从物理角度阐述安全的保障标准，包括通信和信息系统实体安全的标准（如设备安全、机房的安全技术要求等）。

（3）通信安全标准。主要收录通信数据网络等方面的安全标准。

（4）网络安全标准。主要收录与通信、信息网络系统安全相关的标准与规范。

（5）系统安全标准。主要收录操作系统安全、数据库系统安全和病毒防范等方面的标准与规范。

（6）数据安全标准。主要收录防止对信息的非法访问、修改和破坏，以及数据加密、备份和安全管理等方面的标准与规范。

（7）应用安全标准。主要收录应用系统的安全机制、安全模型标准和安全开发标准。

7. 信息通信管理标准

信息通信管理标准由信息管理标准、通信管理标准、信息运行维护标准、通信运行维护标准和信息通信调度标准五个部分构成。

（1）信息管理标准。主要收录公司的信息项目规划、设计、建设、验收、评价、知识产权保护，以及机房、网络、安全管理等方面的标准与规章制度。

（2）通信管理标准。主要收录公司通信项目的机房、安全、网络管理标准，以及在建设、设计、规划、评价、验收、知识产权保护等方面的制度。

（3）信息运行维护标准。主要收录公司的网络与信息系统的运行维护标准。

（4）通信运行维护标准。主要收录公司的通信系统内传输、交换等系统及电源、通信设备、光缆线路等运行维护的标准。

（5）信息通信调度标准。主要收录信息调度系统和通信调度系统中的调度技术、调度自动化、调度管理等方面的标准与规范。

第 2 章　电力信息通信基础技术

2.1　概述

电网建设要求电网具有智能化的通信架构和信息管理，以实时、安全、灵活的信息流支撑电网能量流动，为广大电网用户提供可靠、经济的电力服务。其中，电力信息技术指用于管理和处理电力信息数据所采用的各种信息技术的总称，各种信息技术的融合发展为电网提供了“即插即用”的技术保障。电力通信技术则指服务于电力系统运行、维护和管理的通信网络，由遍布电力全产业的信息传输交换系统和终端设备构成，是电网二次系统的重要支撑技术。

随着近几十年来信息通信技术的快速发展，我国电力行业已经形成了包括高速双向通信系统、数字化量测系统、高精度控制系统、实时交互系统等在内的相对完善的电力信息通信网络和平台，实现了对发、输、变、配、用、调度六大电力环节的全覆盖。近几年来，在我国经济不断发展以及国际能源革命的带动下，提高能源利用率、发展清洁能源、优化调整能源消费结构已经成为解决能源安全与环保问题的重中之重。适应国家能源发展战略，提高电网的资源优化配置能力已经成为如今电网企业面临的一个重要挑战，同时也是一个重要机遇。在此背景下，现代信息通信技术（包括信息通信安全技术在内）为解决上述问题奠定了技术基础，大力发展以先进信息通信技术为支撑的坚强智能电网和电力物联网将进一步促进电网的升级转型，保障安全、优质、可靠的电力供应，提供灵活、高效、便捷的电力服务，为社会经济发展提供助力。

本章主要介绍了目前在电力行业已经得到广泛应用的电力信息通信基础技术概念及原理，并介绍了电力信息通信安全技术体系，为后续章节提供基础理论支撑。

2.2　信息技术

2.2.1　地理信息系统

地理信息系统（Geograghic Information System，GIS）结合了地理学、地图学以及遥感和计算机科学等学科，主要用于实现地理数据的输入、存储、查询、分析和显示。电力 GIS 是将电网企业的电力设备、变电站、输配电网络、电力用户与电力负荷等连接形成电力信息化的生产管理综合信息系统，并将电力设施信息、电网运行状态信息、电力技术信息、生产管理信息、电力市场信息与山川、河流地势、城镇、公路街道、楼群，以及气象、水文、地质、资源等自然环境信息集中于统一系统中。

从实际情况看，电网中的各种资源信息与空间地理环境联系密切，对此类信息进行有效管理，将有助于提高电力系统生产效率、管理质量和科学决策水平。电力 GIS 系统可通过采集高速数据实现电网的安全预警，利用图像的虚拟三维系统理论，构建全景一体化信息模型，进而建立设备间的连接关系，并支持动态潮流计算、稳态计算等功能。与 SOA 平台架构融合后，电力 GIS 系统可通过网络化数据共享，提供开发的虚拟三维系统平台。此外，随着电力系统的发展，面对越来越密织的电网、复杂的电力设备、时刻变化的负荷信息、不断变迁的道路和建筑，以及人们对供电质量、环保状况、电力市场化体制改革等问题的日益关注，电力系统规划、运行、营业部门必须对其庞大而繁杂的信息进行采集、存储、分析和快速处理，传统的电力图形系统难以满足电网的建设和安全经济运行的要求。而 GIS 可以最大限度地将有关信息集成起来，为电力系统决策人员提供一个多元化的决策依据。

2.2.2 云计算技术

云计算技术是网格计算、虚拟化、分布式计算、网络存储等技术融合发展的产物。在电力信息化建设中应用云计算技术，可提高电力信息化管理水平，满足电力业务数据的计算处理需求。云计算技术体系中的资源调度技术主要针对的是系统运行过程中各类云资源的处理工作，而传统的数据处理技术无法高效、高质量完成海量数据的处理，且成本和错误率都较高。通过将电力信息系统接入云计算平台，可以在资源调度技术的支持下，辅以一系列虚拟化技术和方法，高效处理海量数据，并在互联网平台的支持下及时将其传递给用户，在保证信息质量的同时提高信息传递效率，促进电网企业工作效率和工作质量的提高。目前云计算主要的云服务模式可以被分为软件即服务（Software as a Service，SaaS）、平台即服务（Platform as a Service，PaaS）和基础架构即服务（Infrastructure as a Service，IaaS）三种，具体如下所述。

（1）软件即服务。SaaS 代表了云市场中电网企业用户最常用的选项。SaaS 利用互联网向其电网企业提供应用程序，这些应用程序由第三方供应商管理。大多数 SaaS 应用程序直接通过 Web 浏览器运行，不需要在客户端进行任何下载或安装。通过 SaaS，供应商可以管理所有潜在的技术问题，例如，数据、中间件、服务器和存储。

（2）平台即服务。云平台服务或平台即服务为某些软件提供云组件，这些组件主要用于应用程序。PaaS 为开发人员提供了一个框架，使他们可以基于它创建自定义应用程序。所有服务器、存储和网络都可以由电网企业或第三方提供商进行管理，而开发人员可以负责应用程序的管理。PaaS 的交付模式类似于 SaaS，除了通过互联网提供软件，PaaS 还提供了一个软件创建平台，该平台通过 Web 提供，使开发人员可以自由地专注于创建软件，同时不必担心操作系统、软件更新，存储或基础架构。

（3）基础架构即服务。云基础架构服务称为基础架构即服务，由高度可扩展和自动化的计算资源组成。IaaS 是完全自助服务，用于访问和监控计算、网络、存储和其他服务等内容，它允许企业按需求购买资源，而不必购买全部硬件。IaaS 通过虚拟化技术为组织提供云计算基础架构，包括服务器、网络、操作系统和存储等。这些云服务器通常通过仪表盘或应用接口提供给客户端，IaaS 客户端可以完全控制整个基础架构。IaaS 提供与传统数据中心相同的技术和功能，而无须对其进行物理上的维护或管理。

2.2.3 大数据处理技术

大数据信息量庞大、计算复杂度高，往往无法在一定时间范围内用常规软件工具进行获取、处理、储存和传输。大数据生命周期处理的核心技术主要包括大数据采集、大数据预处理、大数据存储和大数据分析。其中，大数据采集指对各种来源的结构化和非结构化数据进行采集，例如，数据库采集、网络数据采集、文件采集等。大数据预处理指在进行数据分析之前，先对采集到的原始数据进行“清洗、填补、平滑、合并、规格化、一致性检验”等一系列操作，旨在提高数据质量，为后期分析工作奠定基础；大数据预处理主要包括四个部分，即数据清理、数据集成、数据转换、数据规约。大数据存储指的是用存储器，以数据库的形式，存储采集到的数据的过程，包含三种典型路线，即基于大规模并行处理（Massively Parallel Processing，MPP）架构的新型数据库集群、基于 Hadoop 的技术扩展和封装、大数据一体机；大数据分析是从可视化分析、数据挖掘算法、预测性分析、语义引擎、数据质量管理等方面对杂乱无章的数据进行萃取、提炼和分析。

利用大数据技术将有助于实现电网状态运行评估与控制、设备故障监测、新能源并网等功能。电网数据中的设备运行数据、用电数据、安全管理数据等急剧增长，大数据技术有利于实现快速可靠性评估和实时电网控制，实现对电网运行的全天候信息监测和分析。在电网设备故障监测方面，传统电网运维时间、人力成本高，利用大数据技术可结合海量历史数据与实时监测数据及时发现设备运行异常并完成初步故障判别，通过大数据挖掘与分析，还可以对故障的发生时间及可能性进行预测，指导电力运维工作。在新能源并网方面，新能源发电量往往在时空分布上具有很强的不确定性，将大数据系统应用于新能源并网中，能够减少新能源大量接入电网带来的波动性和不稳定性，保障电网稳定运行，提高电力资源利用率，减轻环境压力。

2.2.4 人工智能技术

人工智能技术是通过计算机来模拟人的思维和行为（如学习、推理、思考、规划等）的新兴技术，使计算机实现更高层次的应用，主要分为计算智能、感知智能和认知智能三个层次。其中，计算智能指计算机具有远超越人的高性能运算能力，常用于处理海量数据；感知智能指计算机通过传感器感知外界信号来模拟人的感知系统，比如图像识别和语音识别；认知智能指计算机具有类人类的理性思考能力，并在特定场景下做出正确决策判断。

在电力系统故障分析中，人工智能技术，如专家系统、BP 神经网络、贝叶斯网络、支持向量机等机器学习算法被用于特征数据的处理环节，有利于非线性映射关系的拟合，相比于阈值分析和人为判断，大大提高了计算性能和识别精度。将人工智能技术应用于在电力及综合能源系统，可实现智能传感与物理状态相结合、数据驱动与仿真模型相结合、辅助决策与运行控制相结合，有效提升驾驭复杂电力系统的能力，提高运营的安全性和推动经营服务模式变革，改变能源传统利用模式，推动能源革命。

2.2.5 流媒体技术

流媒体技术也称流式媒体技术，是网络技术和多媒体技术的交叉产物。该技术可将完整的音频和视频数据压缩处理后保存在服务器上，然后以流的方式在网络上传送音频和视频数据。使用流媒体技术，用户可一边下载一边观看、收听，而不必等到整个文件下载完毕，这是狭义的流媒体。广义上来说，流媒体系统是使音频和视频形成稳定和连续的传输流和回放流的一系列技术、方法和协议的总称。流媒体是以流式传输技术通过网络传送的、在时间上具有连续性的媒体文件。

我国南方部分地区经常遭遇冰雪灾害，在遭受灾害时，借助流媒体通信技术可在关键地区部署定制的摄像头，将电力线路或者电力设备的运行状态实时地传送回监控主站，形象、直观地监测灾害发生的情况。此外，在电力系统设备防盗、变电站值守等方面，流媒体技术也可以充分发挥其实时监控的优势。特别是针对山高人少、地势复杂的区域，在遭遇冰雪、台风灾害后，电力线路巡检与变电站值守将非常困难。采用流媒体技术后，通过配置摄像头与流媒体网络管理系统，即可实现灾害性天气下的在线监测。将流媒体技术与虚拟现实技术结合后，还可用于电力系统的远程教学培训，使得学员可以通过视频流、音频流等多种途径获取教师的授课内容，并且可以根据自己的需要反复点播学习，实现从物理仿真教学向计算机仿真教学转变。

2.2.6　并行与分布式计算技术

并行计算又称平行计算，指一种能够让多条指令同时进行的计算模式，可分为时间并行和空间并行。时间并行是指利用多条流水线同时作业，空间并行是指使用多个处理器执行并发计算，以降低解决复杂问题所需要的时间。分布式计算则可以将一个需要大量计算资源计算密集型任务分解为多个部分，并交付不同的服务器进行分别求解，最后把这些计算结果综合起来得到最终的结果，其中，共享数据资源和平衡计算负载是分布式计算的核心思想。

随着电网数字化、智能化水平的日益提高，各类数据的分析处理压力呈指数态势增长，其中涉及计算密集型任务规模也更加庞大（例如对电力大数据的分析挖掘）。在电网控制与调度系统平台中，并行与分布式计算技术可以高效处理数据实现资源共享、协作工作的优势，将有助于解决电力数据平台应用中的信息孤岛、资源孤岛、底层异构问题，实现各个系统资源整合、信息互通。此外，利用并行与分布式计算技术使得电网数据平台不需要把所有数据全部集中，而是按照数据原有的位置、格式及自然特性直接进行整合与共享，这极大地减少了数据后续分析处理的工作量。

2.2.7　计算机视觉技术

计算机视觉技术是一项使计算机通过模拟人类的视觉过程以具有感受环境能力和人类视觉功能的技术，涉及神经生物学、心理物理学、计算机科学、图像处理、模式识别等诸多领域。计算机视觉技术的核心问题在于研究如何对输入的视觉信息进行组织，实现对物体和场景的检测与识别，进而对视觉内容给予解释。计算机视觉横跨感知智能与认知智能，具有广泛的应用基础和巨大的算法潜力。

电力视觉技术是计算机视觉技术在电力行业的落地应用，可通过结合电力专业领域知识解决电力系统各环节中的场景感知问题。电力视觉技术主要面向新一代电力系统发展的需求，以输电线路设备的空中飞行平台巡线、发电设备移动平台检测、变电设备的固定视频监控和巡检机器人、输电线路和变电站的卫星遥感监测等所产生的海量多源图像视频大数据为数据源，基于人工智能技术，有机协调数据驱动和模型驱动，并结合逻辑与推理、先验知识，研究巡检图像视频的处理、分析及理解的方法，可实现电力设备视觉缺陷的智能检测，保障电网安全运行。

2.3 通信技术

2.3.1 传输网通信技术

1. 同步数字体系

同步数字体系（Synchronous Digital Hierarchy，SDH）是一整套以同步方式复用、交叉连接、传输的标准化数字传送结构。SDH 网络是一个高度统一的、标准化的、智能化的网络，规定了数字信号的帧结构、信息速率等级、复用方式以及网络节点接口，在全程全网范围实现高效协调一致的管理和操作，实现灵活的组网与业务协调，提高网络资源利用率，大大降低了设备运行维护费用。SDH 技术至今已经是一种成熟、标准的技术，在电力传输骨干网中被广泛采用，且价格越来越低。

SDH 帧结构是一种以字节为基础的矩形块状帧结构，如图 2-1 所示，共由 $9\times270\times N$ 个字节组成。其中，同步传输模块（Synchronous Transport Module，STM）是用来支持 SDH 段层连接的一种标准信息结构，在 STM-N 系统中，再生段开销（Regenerator Section Over Head，RSOH）占用了 3 行 $9\times N$ 列，管理单元指针占用了 1 行 $9\times N$ 列，复用段开销（Multiplex Section Over Head，MSOH）占用了 5 行 $9\times N$ 列，而净负荷占用了 9 行 $261\times N$ 列，帧结构中字节的传输是从左到右按行进行的，首先由图中左上角第 1 个字节开始，从左到右，自上而下按顺序传送，直至所有字节都送完再转入下帧。其最基本的结构模块为 STM-1，传输速率为 155.520Mbit/s。对于 STM-1，帧长度为 2430 个字节，相当于 19 440bit，即时间长度为 125μs。

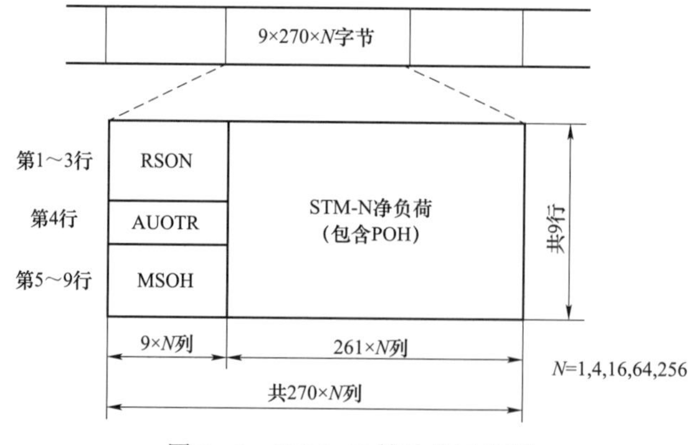

图 2-1 STM-N 帧结构示意图

2. 光传送网技术

随着多类型电力业务的广泛开展，电力通信网络对组网能力、光波分段自由调度能力、网络管理维护能力的要求越来越高，而传统波分复用（Wavelength Division Multiplexing，WDM）技术已无法有效满足这些需求。因此，为了实现对电网业务进行灵活的映射和复用，同时实现良好的维护和管理功能，结合 WDM 和 SDH 这两种技术优点的光传送网（Optical Transport Network，OTN）技术应运而生。该技术具有波分技术的大容量传输能力，能保证长距离的传输，兼具灵活的接入方式，可实现不同颗粒电力通信业务的映射和复用，不仅可以有效解决大粒度业务承载、调度和保护的效率问题，还可以为 WDM 系统提供运维管理和灵活组网能力，提高 IP 等业务的生存性和资源利用率。

OTN 是以波分复用技术为基础、在光层组织网络的传送网，OTN 技术可构成一个大的光网络，这个光网络由各个子网通过 3R 再生器连接。OTN 层次结构如图 2－2 所示，主要包括客户层和光层，其中客户层主要通过 IP、异步传送模式（Asynchronous Transmission Mode，ATM）交换技术、以太网等技术实现电层或非标准光层的各类业务信号接入与转换，光层可划分为光信道层（Optical Channel Layer，OCH）、光复用段层（Optical Multiplex Section Layer，OMS）和光传输段层（Optical Transmission Section Layer，OTS）。

3. 分组传送网技术

分组传送网（Packet Transport Network，PTN）技术是一种面向分组业务的光传送网网络架构，该技术定位于城域网汇聚接入层，以分组交换为核心，并提供多业务支持能力。PTN 技术具备数据通信网组网灵活和统计复用传送的特性，同时具有传统光传送网面向连接、快速保护、操作维护管理（Operation Administration and Maintenance，OAM）能力强等优点，可实现最大限度地利用光纤资源。另外，PTN 中融合了光传输的传统优势，具有高可用性、可靠性、易管理性、易拓展性、安全性等特点。

在 PTN 中，主要采用分层结构。如图 2－3 所示，可分为三个层次，即传输业务层、传输通道层和传输媒介层，不同层次中包含不同的内容。传输业务层主要指客户业务层，传输通道层中包含 PTN 电路层和 PTN 通路层。PTN 电路层可实现客户信号到虚电路信道的封装及传输，满足客户信号端到端的传送需求；PTN 通路层主要对复用电路进行封装、传送，满足多个虚电路业务的汇聚、扩展性需求。传输媒介层中包含 PTN 段层和物理媒介，其中 PTN 段层提供物理连接，如以太网、波长通道等，物理媒介包括光纤、微波等。

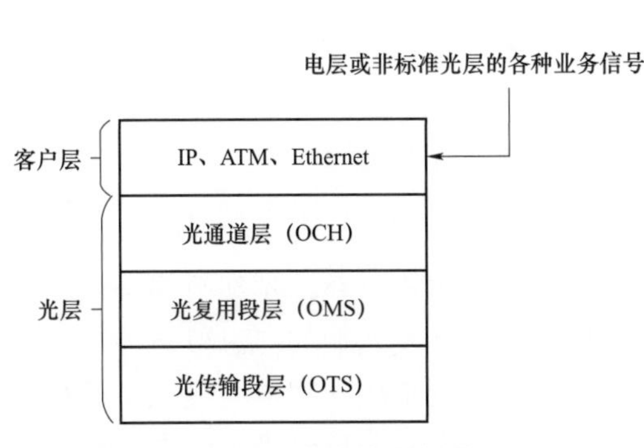

图 2－2　OTN 层次结构示意图

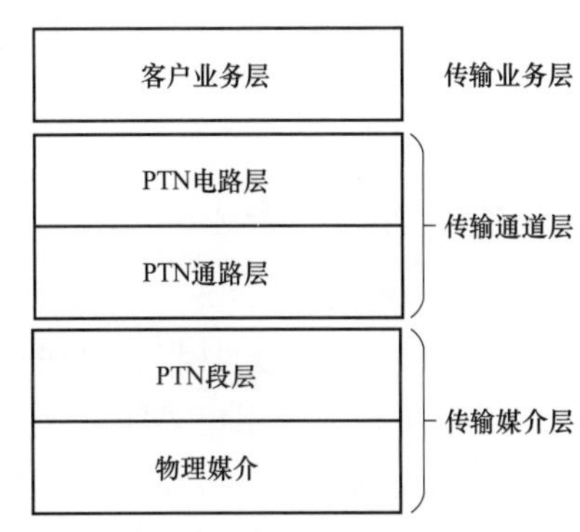

图 2－3　PTN 网络层次示意图

4. 微波通信技术

微波通信使用波长在 0.1mm～1m 之间的微波进行通信，该波长段电磁波所对应的频率范围为 300MHz～3000GHz。与同轴电缆通信、光纤通信和卫星通信等现代通信网传输方式不同的是，微波通信是直接使用自由空间作为介质进行的通信，不需要固体介质，当两点间直线距离内无障碍时就可以使用微波传送。利用微波进行通信具有容量大、质量好并可传至很远距离的特点。

相对于传统的电力通信技术，微波通信特点明显，主要体现在以下方面：无线传输是微波通信最明显的一个特点，这主要是由微波通信的传输方式决定的，电磁波的传播可以依靠空气作为媒介，以粒子和信号的方式进行信息传播；抗干扰性强是微波通信的另一大特点，由于微波通信的电磁波其频率较高，一般在几百到几千兆赫，因此在传输过程中信号的能量较大，信号穿透能力较强，在电力通信过程中其信号抗干扰性能力较强；传输距离远是微波通信的第三个特点，由于其在自由空间的传输距离优势，常被用于跨海电力通信或山区电力通信中，通过在海域或山头架设微波中继站，可有效克服有线通信带来的成本高、部署难等问题。

5. 卫星通信技术

卫星通信作为无线通信技术的一种形式，其基础是地面微波中继通信和空间电子技术。卫星通信具有覆盖范围广、通信容量大、通信距离远、不受地理条件限制、性能稳定可靠、传输质量高等优点，在航空、导航等领域得到了广泛的应用。卫星通信具有覆盖区域广泛的特点，在山地探险和缺乏陆地通信基础设施的地区中，易于组网和接入。地面网管中心根据用户的应用服务进行相应的数据处理。在定位应用中，通过中央控制系统、一颗卫星和用户机计算信号的往返时间。然后对用户机自身的高度信息和中央控制系统中存储的高程图进行综合分析。根据几何定位原理，可以计算出用户所在点的三维坐标。

北斗卫星系统是由我国独立研发而成的卫星通信导航系统，传输可靠性高、数据容量大，已经在电力应急救援、救援车辆调度等方面获得了广泛的应用。北斗卫星系统包括数据传输终端、网管中心及中心站等，在通信过程中，首先加密处理询问信号，随后信号通过 L 波段由中心站发射向卫星一号和卫星二号。卫星接收到信号之后，转发器首先转化信号为 C 波段，再向服务区用户转发广播，网管中心负责接收询问信号，解密之后再进行加密，并将之转化为 S 波段信号后发送给用户终端。用户接受询问信号之后，再向通信卫星发送响应信号，并由该卫星转至中心站。

2.3.2 终端接入网通信技术

1. 电力线载波通信技术

电力线载波通信技术是指利用已有的电力线网络作为传输媒介，实现数据传递和信息交换的一种通信手段。应用电力线载波通信方式发送数据时，发送端的信息数据经过调制解调器调制后形成高频信号，再经过功率放大后通过信号耦合网络耦合到电力线上。此高频信号经线路传输到接收侧，载波通信设备通过耦合网络将高频信号分离出来，滤去干扰信号后放大，再通过接收端的调制解调器解调恢复出原始的数据信息，完成通信过程。

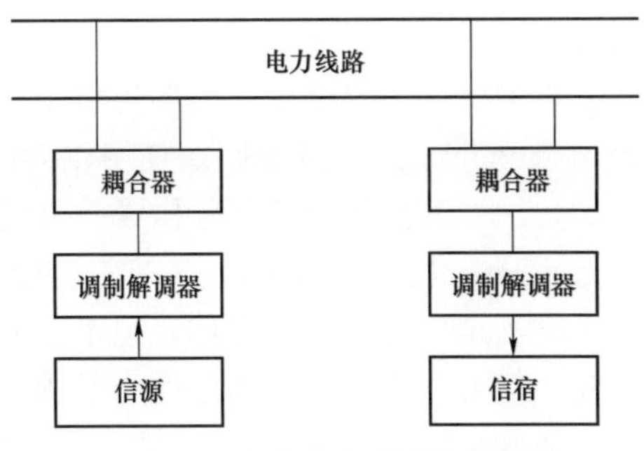

图 2-4　电力线载波通信原理图

由于电网工频信号对通信系统的影响，在实际应用中，通常采用的载波频率能达到几百兆赫兹以上。电力线载波通信原理如图 2-4 所示，一个完整的电力线载波通信系统由调制解调器、电力线路、耦合器等组成。其中，调制解调器作为电力线载波通信系统的主要组成部分，主要利用高频载波对信息源送来的信息进行调制，再由接收端的调制解调器进行还原；电力线路作用为信号的传输信道，用于传输 220V 的工频电流；耦合器的作用主要是用于隔离电力线中的工频交流电，使载波信号可以畅通无阻的通过电力线传输。

中低压电力线载波通信技术具有线路阻抗小、噪声干扰大、时变性大、信号衰减强、工作环境恶劣等信道特点。中低压电力线载波通信的信道特性复杂多变，且与接入中低压配电网中的负载有着密切关系。由于电力线载波信号的传输距离随着电网负荷的变化而呈现出时变性和随机性，故难以用一个相对准确的数学模型或者函数加以描述。目前，在我国应用范围较广的芯片基本上都采用正交频分复用多载波通信技术和扩频通信技术对载波通信信号进行处理。这两种技术的成熟运用在一定程度上可以克服通信信道中的强干扰、强衰减的特性，大大提高了通信可靠性。

2. LTE 230MHz 无线专网

LTE 230MHz 无线专网采用第四代移动通信时分—长期演进（Time Division Long Time Evolution，TD-LTE）技术在电力负荷专用频点 223～225MHz 开发出电力无线宽带通信系统，涉及的无线通信关键技术包括：正交频分多址（Orthogonal Frequency Division Multiple Access，OFDMA）、自适应调制编码（Adaptive Modulation and Coding，AMC）、时分双工（Time Division Duplex，TDD）、混合自动重传请求（Hybrid Automatic Repeat Request，HARQ）、动态资源分配（Dynamic Resource Allocation，DRA）、干扰协调（Inter-Cell Interference Coordination，ICIC）、全 IP 网络架构、安全加密、光纤拉远技术等，并根据 230MHz 无线频谱衰减模型、电力业务流量分布规律、电力设施部署情况，开展网络规划、协议改进、时延控制等专业设计，确保电力无线宽带系统可靠、稳定运行。系统由光纤拉远基站、多制式通信终端、网管系统、核心网设备等组成，具有广覆盖、大容量、低成本等组网优势，能有效解决现有电力无线通信系统频谱效率低、组网能力弱、实时性差等问题，是构建智能电网信息通信体系的重要技术。针对电力设施环境和电力业务开展无线通信网络规划，可有效减少公网 GPRS/CDMA 网络的覆盖盲区，提高电力无线通信系统的可靠性和稳定性，大幅缩短电力业务信息采集时间，提高电力业务传输效率；针对特殊区域，提供无线视频传输业务，解决重点区域监控问题。

3. 以太网无源光网络技术

以太网无源光网络（Ethernet Passive Optical Network，EPON）技术是一种采用 MAC 多点控制协议（Multi-Point Control Protocol，MPCP）和波分复用技术实现单纤双向数据传输的新型光纤接入网技术，它采用点到多点结构、无源光纤传输，在以太网之上提供多种业务。

EPON 综合了无源光网络（Passive Optical Network，PON）技术和以太网技术低成本、高带宽、扩展性强，灵活快速的服务重组、与现有以太网的兼容性、方便管理等优点，在物理层采用了 PON 技术，在链路层使用以太网协议，可通过复杂性相对较低的技术来进行高质量业务的传送。其主要由三部分构成：分别为光线路终端（Optical Line Terminal，OLT）、光网络单元（Optical Network Unit，ONU）和光分配网络（Optical Distribution Network，ODN）。EPON 媒介既不是单纯的共享媒体，也不是单纯的点到点网络，它是这两种性质的结合体。在下行方向，拥有共享媒体的连接性；而在上行方向，它的行为特性表现为点到点网络的特性。

在应用方面，根据 ONU 的位置不同，EPON 的应用模式可分为光纤到路边（Fiber to The Curb，FTTC）、光纤到大楼（Fiber to The Building，FTTB）和光纤到家（Fiber to The Home，FTTH）等多种类型。在 FTTC 结构中，ONU 放置在路边或电线杆的分线盒边，从 ONU 到各个用户之间采用双绞线铜缆传输，而传送宽带图像业务，则采用同轴电缆；在 FTTB 结构中，ONU 被直接放到楼内，光纤到大楼后可以采用非对称数字用户线路（Asymmetric Digital Subscriber Line，ADSL）、局域网（Local Area Network，LAN）等方式接入用户家中；在 FTTH 结构中，无源分光器设置在路边，并将 ONU 移至用户的办公室或家中，可以被视作是全透明的光纤网络，是发展光纤接入网的优先选择。

4. 千兆无源光网络技术

千兆无源光网络（Gigabit-Capable Passive Optical Networks，GPON）技术是基于国际电联电信标准化部门发布的 G.984 标准的最新一代宽带无源光综合接入技术，采用了独特的帧技术，能够支持多种封装格式。GPON 系统协议分层模型示意图如图 2－5 所示，主要由控制/管理（C/M）平面和用户（U）平面组成。C/M 平面主要用于管理用户数据流，完成 OAM 功能；U 平面完成用户数据流的传输功能，由物理媒质相关层（Physical Medium Dependent Sublayer，PMD）、GPON 传输汇聚层（GPON Transmission Convergence，GTC）和高层组成。GPON 技术特征主要体现在 GTC 层，其中 GTC 层又分为 PON 成帧子层和适配子层。成帧子层完成 GTC 帧的封装功能和其他特定功能（如测距、带宽分配等）；GTC 的适配子层提供 PDU 与高层实体的接口，不同协议数据信息在各自的适配子层完成业务数据单元与协议数据单元的转换。GTC 层的 C/M 平面包括内嵌的 OAM 通道、物理层 OAM（Physical Layer OAM，PLOAM）通道和光网络单元管理控制接口（ONU Management and Control Interface，OMCI）通道三部分，可实现对高层进行统一的管理。OAM 通道功能包括上行带宽授权、密钥切换指示信息报告；PLOAM 通道使传送物理层和 TC 层中不会通过 OAM 通道传送的所有信息；OMCI 通道用于管理高层定义的业务。

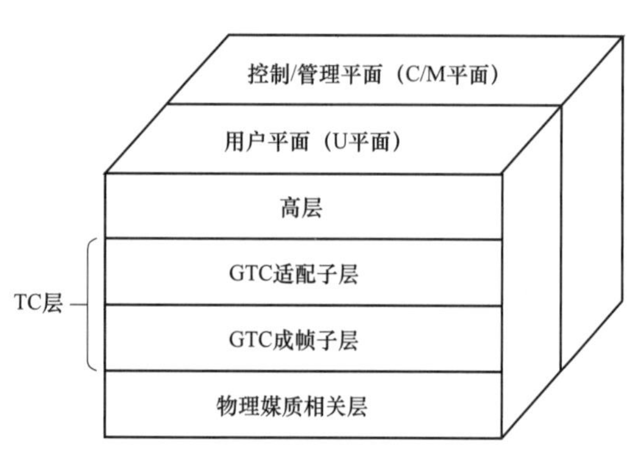

图 2－5　GPON 系统协议分层模型示意图

5. WDM－PON 技术

WDM－PON 技术采用波分复用方式接入，是电力通信传输网建设的发展方向。该技术利用不同的波长区分不同 ONU，利用 WDM 技术实现上行接入，可避免带宽抢占的问题，实现对称宽带机制。WDM－PON 相比于时分多址接入（Time Division Multiple Access，TDMA）方案，完全消除了 ONU 测距的工作，无须进行快速比特同步动作，因此在系统的管理上更为方便。WDM－PON 技术在结构上普遍选择 20－40 的分路比，在网络结构上采用虚拟的点对多点方式，可提供上下行对称的 1.25Gbit/s 带宽，业务透明性好。同时，该网络的每个波长通道完全隔离，使得数据安全性得到保证。此外，WDM－PON 采用灵活的动态自适应方式区分波长，主要包括如下三种方案：第一种是每个 ONU 分配一对波长，分别用于上行和下行传输，从而提供了 OLT 到各 ONU 固定的虚拟点对点双向连接；第二种是 ONU 采用可调谐激光器，根据需要为 ONU 动态分配波长，各 ONU 能够共享波长；第三种是采用无色 ONU，即不论在哪个波长下，ONU 都会自动调制发送特定波长的光，而不需要人为设定。

如图 2－6 所示，WDM－PON 技术系统上下行业务使用不同的波长传输。典型的 WDM－PON 网络结构由 OLT、ODN 和 ONU 三部分组成。OLT 主要包括光源、接收机、波分复用器和解复用器，主要完成网络交换、传输控制、波长管理等任务；ODN 位于 OLT 与 ONU 之间，为二者的物理连接提供光传输媒介，关键器件是由阵列波导光栅（Arrayed Waveguide Grating，AWG）组成的波长路由器，取代了原 TDM－PON 中的分光器；ONU 是连接接入网与用户驻地网之间的重要器件，主要由 WDM 光收发机组成。

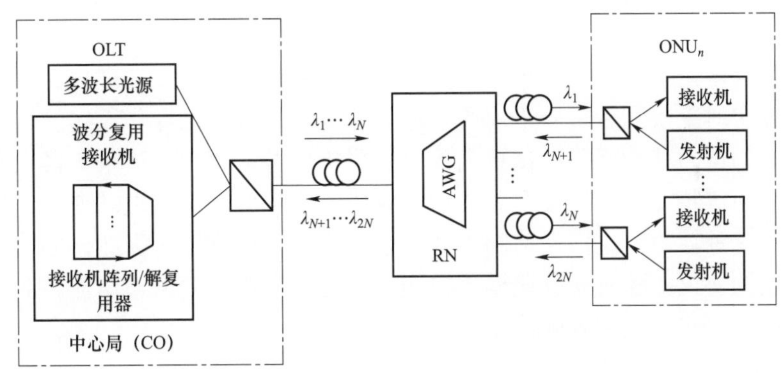

图 2－6　WDM－PON 技术原理图

6. 工业以太网技术

工业以太网技术是由电气和电子工程师协会（Institute of Electrical and Electronics Engineers，IEEE）制定、面向工业控制应用的一种新型以太网技术。由于商用计算机普遍采用的应用层协议不能适应工业过程控制领域现场设备之间的以太网要求，所以必须在以太网和 TCP/IP 协议的基础上，建立完整有效的通信服务模型，制定有效的以太网服务机制，协调好工业现场控制系统中实时与非实时信息的传输，形成被广泛接受的应用层协议，即工业以太网协议。工业以太网技术直接应用于工业现场设备之间的通信，真正实现了从企业网上层到下层的统一。目前，工业以太网技术已经成为控制系统网络发展的主要方向，在电力行业具有很大的发展潜力。

工业以太网在电力行业的应用程度随着变电站自动化技术和网络通信技术的发展不断提

高，很好地解决了现场总线不能胜任变电站内部通信系统要求的问题。在 110kV、220kV 和 500kV 等不同级别变电站，采用工业以太网技术和现场总线技术混合组建变电站通信系统是比较常见的组网方式，其中工业以太网作为自动化数据传输的骨干网，可利用现场总线实现各种自动化数据的接入。工业以太网主要采用分段冗余、相交环、相切环等方式，可以进一步提高组网的可靠性，实现多种光电口的灵活配置和高度集成，全方面提高智能电网各个环节的信息感知深度和广度，为实现电力系统的智能化以及信息流、业务流、电力流融合提供高可用性的支持。

2.3.3 物联网通信技术

1. 蓝牙技术

蓝牙是一种开放性的无线通信标准，可实现固定设备、移动设备和楼宇个人域网之间的短距离数据交换。蓝牙技术最初由爱立信公司创制，作为 RS232 数据线的替代方案，蓝牙支持多个设备连接，并克服了数据同步的难题。目前，蓝牙技术已经被应用在智能家居、消费电子、智能穿戴设备、智慧交通等各类场景中，渗入到多个行业及领域。蓝牙技术使用全球通行的工业及医学（Industrial Scientific Medical，ISM）频段，其收发信机采用跳频扩谱技术，并通过查询和寻呼过程来同步跳频频率和不同蓝牙设备的时钟。除采用跳频扩谱的低功率传输外，蓝牙还采用鉴权和加密等措施来提高通信的安全性。

电网信息采集主要包括以下两种方式：① 利用移动作业终端的现场人工采集；② 通过固定安装的智能终端采集。随着对供电服务要求的不断提高，需要在现场完成对用电信息和多种设备信息的实时采集和管理。采用蓝牙通信方式与运行不同操作系统的智能手机或平板电脑连接，能够为电力移动应用提供更高效信息采集服务。利用蓝牙采集器成本低、扩展性好、信息采集全面等特点，能够使电力移动作业成本大幅度降低，现场使用灵活方便，有效提升工作效率。此外，由于电力通信网中涉及小型设备和传感器，因此，低功耗蓝牙已成为系统中较为常见的协议。随着新高速模式的加入，更多潜在的电网通信业务变得更加可行，包括音频流、视频流和突发大数据传输等。

2. ZigBee 技术

ZigBee 是基于 IEEE 802.15.4 标准的低功耗个域网协议，其应用较为广泛。根据这个协议规定的技术是一种短距离、低功耗的无线通信技术。目前，ZigBee 已被广泛应用于无线传感领域中，促进了信息采集技术的发展。在 ZigBee 网络中，定义了三种网络角色，分别是网络协调器节点、网络路由器节点和网络终端节点。网络协调器节点负责组建、维护和管理网络。网络路由器节点负责找寻和维护数据的路由路径，转发数据资料包并为网络终端节点和网络协调器节点间的通信进行接力。ZigBee 技术具有短距离、自组织、低功耗、高数据速率等特点，主要适合用于自动控制和远程控制领域，能够嵌入各种设备。

无线传感器网络是电力通信网络建设的重点之一，主要是利用集成化的微型传感器对被电网设备进行动态的监测并负责信息参数的采集，然后以无线通信的方式将上述所采集的信息发送到用户接收端。而 ZigBee 技术则是无线传感器网络的热门技术，作为一种低速率、短距离的无线传感器网络技术，可以广泛应用在电网通信领域。电力通信网的网络边缘应用最多的就是传感器或控制单元，这些是构成电力传感网最广泛的单元细胞，而 ZigBee 能够在数千个微小的传感传动单元之间相互协调实现通信，并且这些单元只需要很少的能量，以接力的方式通过无线电波将数据从一个网络节点传到另一个节点，因此，能够有效提升通信效率。该技术以低功耗、抗干扰、高可靠、易组网、易扩容、易使用、便于快速大规模部署等特点顺应了电力行业通信网络发展的要求和趋势。

3. LoRa 技术

LoRa 技术是一种基于扩频技术的远距离无线传输技术，主要在 ISM 频段运行，包括 433MHz、868MHz、915MHz 等。许多传统的无线系统使用频移键控（Frequency Shift Keying，FSK）调制作为物理层，因为它是一种实现低功耗的非常有效调制方法，但却存在通信覆盖范围有限的缺点。LoRa 是基于线性调频扩频的一种调制方案，它保持了相同的低功耗特性，但明显地增加了通信距离。

在电力通信网络建设中，部分电力通信终端布局在复杂的建筑环境或者人员稀少的地方，采用传统无线技术时会造成信号难以穿透或者抵达，而且很多电力物联网应用场景并没有持续电力供应的条件，大多传感设备仍采用电池供电的方式。与 ZigBee、WiFi、蓝牙等技术相比，LoRa 技术能够实现低功耗和远距离的统一，单个网关或基站可以覆盖数百平方千米范围，专为远距离、低带宽、低功耗、大连接的电力物联网应用而设计，满足了电力物联网长距离、低功耗、低数据速率通信需求。

4. NB－IoT 技术

窄带物联网（Narrow Band Internet of Things，NB－IoT）是物联网领域新兴技术之一，最初是在长期演进技术（Long Term Evolution，LTE）基础上发展起来的，针对自身特点做了相应的修改，能够支持低功耗设备在广域网的蜂窝数据连接。目前，NB－IoT 主要使用授权频段，可采取带内、保护带或独立载波等三种部署方式，与现有网络共存。NB－IoT 具备以下几大特点：广覆盖，将提供改进的室内覆盖，在同样的频段下，NB－IoT 比现有的网络增益 20dB，相当于提升了 100 倍覆盖区域的能力；具备支撑连接的能力，支持低延时敏感度、低设备功耗和优化的网络架构；低功耗，NB－IoT 终端模块的待机时间可长达 10 年。

在电力通信网实际应用中，由于 NB－IoT 技术具有覆盖面广、能耗低等特点，可实现全天候实时数据感知和监控，能够为智能电网提供智能通信和信息处理支撑。目前，NB－IoT 技术已经在电网基础设施监控、电力生产和电网运维、电力业务数据采集和智能业务应用等领域表现出了良好的应用前景，例如，在智能抄表、智能井盖等方面。此外，基于 NB－IoT 技术的电力物联网可实现城域范围内组网，由于链路预算增益高，单个扇区可支持 10 万个节点组网。在电力物联网中应用还能够大幅降低节点能耗，从而实现高密度大量节点的实时在线。

2.3.4　移动通信技术

1. 4G 技术

4G 技术相比于 3G 具有传输速率高、频谱宽、灵活性强、用户共存性高、兼容性高的优势，具体表现为：① 4G 通信传输速率从 3G 的 2Mbit/s 提高到 100Mbit/s；② 4G 每个信道的频谱带宽最大可达 100MHz；③ 可在信道条件不同的环境下进行自适应资源分配；④ 可根据高、低速终端进行自适应处理，满足多类型终端的需求。

利用 4G 通信技术构建电力无线专网，可实现电力系统的智能化控制。目前，4G 电力无线专网已经在多个领域得到了广泛应用，针对电力系统中的应急抢险、负荷管理、智能抄表、无线视频传输等网络业务，采用 4G 电力无线专网可实现数据的高速、稳定、实时采集以及远程视频信息的高清晰度、实时传递，在电力数据中心完成智能化决策的制定与管控，保障电网的安全稳定运行。

2. 5G 技术

5G 以全新的网络架构为终端提供超高带宽、超低时延、超高密度连接，实现网络性能的跃升。5G 移动通信技术从频谱效率、工作频段、网络密度三个维度进行演进：① 频谱效率，采用高阶调制技术和多天线技术使频谱利用率尽可能接近香农极限；② 工作频段，引入多载波聚合技术提升小区带宽（200MHz），将无线频段扩展至毫米波段；③ 网络密度，小区覆盖范围小，蜂窝网络密度增大。在 5G 标准化工作方面，第三代合作伙伴计划（Third Generation Partnership Project，3GPP）于 2016 年年初启动 5G 标准研究，2018 年下半年完成 5G 标准第一版，期间依次启动 R15、R16、R17 标准，并于 2019 年 6 月宣布 R15 标准冻结，2020 年 7 月宣布 R16 标准冻结，标志着 5G 第一个演进版本标准完成。

ITU 为 5G 定义了三大应用场景，即超高可靠低时延通信（Ultra Reliable Low Latency Communication，URLLC）、增强型移动宽带（Enhanced Mobile Broadband，eMBB）及大规模机器类通信（Massive Machine Type of Communication，mMTC）。5G 不仅覆盖了传统的低时延、大带宽应用场景，还能满足工业中的设备互联和远程交互的需求，渗透到了更多行业中。URLLC 具有超低时延和超高可靠的特性，其关键性能指标包括低时延（小于 1ms）、高可靠性（误码率小于 10^{-4}），主要面向对时延和可靠性具有极高要求的场景，如工业控制、无人驾驶、无人机控制等。eMBB 具有高带宽、超高传输速率的特性，其关键性能指标包括用户体验速率（可达 100Mbit/s）、峰值速率（可达数十 Gbit/s）、流量密度（可达每平方千米数十 Tbit/s）、移动速率（500km/h 以上）等，主要面向需要更高数据传输速率的应用场景，如 4K/8K 超高清视频、虚拟现实、增强现实等。mMTC 具有数据包小、功耗低、海量连接的特性，其关键性能指标为每平方千米要求连接数，其典型应用包括智能电网、智慧城市等。

上述三大类技术在电网中具有广泛的应用前景。其中，URLLC 相关技术可以满足智能分布式配电自动化、用电负荷需求侧响应等控制类业务需求，保障业务信息实时有效传递，实现线路故障毫秒级的精准预判和用户内部可中断负荷的毫秒级业务响应，提升电源侧与终端负载侧的协调适配能力。eMBB 相关技术可以满足变电站机器人巡检、应急现场自组网综合应用、移动式现场施工作业管控等移动类业务的大带宽和毫秒级时延需求，实现指令的快速传达和视频信息的实时回传，保障电网的安全稳定运行。mMTC 相关技术可以满足电网高级计量业务和分布式能源调控业务等采集类业务需求，保证大量终端采集数据的实时接入，提高业务的可靠、安全和开放程度，为智能电网与用户间的双向互动提供坚实保障。

2.4 信息通信安全技术

2.4.1 电力信息通信安全防护总体需求

智能电网将先进的信息技术、通信技术、自动控制技术与电网基础设施有机融合，可获取电网的全景信息，及时发现、预见可能发生的故障，故障发生时，电网可以快速隔离故障，实现自我恢复，从而避免大面积停电的发生。但是，大数据、云计算、物联网、移动互联和软件定义网络、宽带无线等信息通信技术的应用，也使得智能电网面临病毒、木马、系统漏洞、拒绝服务等网络攻击，对原先以物理防护为主的电网安全防护体系带来了挑战。在信息通信融合的背景下，电力系统信息通信安全性包含更广泛的意义，包括电力信息网安全、电力通信网安全和网络边界安全等方面。

1. 电力信息网安全

电力信息网作为一种电网企业内部私有的专用信息网络，除了具有信息共享与信息交互的服务功能外，还是企业业务系统的运行平台和协同工作的操作平台。电网企业信息网的安全不但要保护网络中数据内容的安全，而且要保障运行于网络之上的业务系统的安全。

电力信息网包括电力调度自动化系统网络和电力管理综合信息网，电力调度自动化系统网络安全就是确保运行于电力调度信息网之上的电力调度控制系统的正常运行，不能有一次侵害产生。由于电力信息安全的特殊要求，基于数据保护的安全理论和安全模型与实际的安全防护要求不相适应。例如，在电网企业信息安全防护应用中，调度自动化系统是电网企业的核心系统，其安全等级最高，需要保证不受侵害、绝对安全。由传统的安全理论来看，调度自动化系统的安全保密级别最高，不得向比它密级低的网络传输数据。但是在实际应用中，由于电网企业的生产指挥和管理业务必须以从调度数据网中获取的电网运行状态的实时数据为基础，必须将调度网中的数据实时传输到管理信息网中，即要求安全级别高的网络向安全级别低的网络传输数据，这就违反了 BLP（Bell-lapadula）模型私密性原则。

虽然目前国内外对电力信息安全进行了大量的研究并取得了一定的成果，但距达到保障电力信息系统安全的要求还有很大差距。与此同时，网络技术和黑客攻击技术飞速发展，对电力系统的安全构成了更大的压力。再加上电力信息化建设的快速推进，电力工业的生产和管理向着智能化和管控一体化的方向发展。电力工业的新应用和新要求，无疑也对电力信息系统的安全提出了更高的要求。

2. 电力通信网安全

电力通信网是现代电力系统的第二张实体物理网，是电力系统的重要基础设施，也是电网安全生产的重要组成部分。电力通信网的迅猛发展，其安全风险与驾驭难度也日益增加。由于电力通信网从规划、建设、运行维护到管理全生命周期各个环节都是一个复杂、长期的过程，因此在各个环节中产生的安全风险和各个环节之间综合产生的安全风险都对电力通信网整体的安全稳定问题造成了一定的潜在风险。一方面，从技术的角度，电力通信网中包含了光通信、电交换、微波、载波等多种通信技术，通信设备种类庞杂，各种通信接口类型众多，既能保障一种通信设备的安全稳定运行，又能保障多种设备的协同稳定运行，切实保障设备、网络及其所承载业务的安全性，是电力通信网安全防护要解决的重要问题；另一方面，电力通信网结构复杂，涉及了通信机房、变电站内通信设备、通信运维系统等多种设备，如何实现智能化的综合管理，从整体上实现对电力通信网风险和安全性的分析与防护工作，也是电力通信网面临的一个重要问题。同时，考虑到电力通信网中各组成网络的不同特点和一定的独立性，还应从传输网、业务网、接入网及支撑网几个层面应对在设备、网络及其承载业务中可能出现的物理安全风险。

综上所述，从电力通信网络整体架构上分，电力通信安全防护总体框架包括传输网络安全需求、业务网安全需求、支撑网安全需求、接入网安全需求，具体描述如下：

（1）传输网络安全需求。在传输网中，传输通道主要以光传输网为主，电力线载波与微波通信作为补充。因此，电力通信传输网网络安全防护要求主要是以光传输网为主。为保障电力业务传输的可靠性，根据传输网网络相关风险分析，需要考虑传输光网络链路的物理安全、传输网络设备安全和传输网络安全。

（2）业务网安全需求。业务网安全主要涉及数据通信网（简称数据网）和行政电话交换网（简称交换网）大安全。

数据网安全主要包括物理安全和信息安全，在物理安全方面，需要考虑线路、通信设备等；在信息安全方面，需要考虑网络安全分区、网络边界分区、网络环境安全和传输数据安全等。

交换网主要包括调度交换网与行政交换网。交换网安全需要考虑线路的物理安全、网络安全和交换设备安全等。

（3）支撑网安全需求。支撑网安全涉及通信设备网管系统及网管网，通信设备网管系统及网管网是公司调度数据网的基础保障系统，因此通信设备网管系统及网管网的安全防护应遵循《电力二次系统安全防护总体方案》对网络分区和边界的安全要求。

（4）接入网安全需求。接入网主要包括光接入通信（PON 设备与工业以太网交换机）、无线专网、无线公网、电力线载波等。接入网安全主要考虑线路物理安全、分区边界安全、传输通道安全和同学数据安全等。

3. 网络边界安全

随着智能电网、全球能源互联网、“互联网+电力”、新电改的全面实施，分布式能源、新能源、电力交易、智能用电等新型业务不断涌现，运营模式、用户群体都将发生较大变化，电力市场由相对专业向广域竞争转变，民营等各种主体也参与到电力市场，使得智能电网系统的标准、开放、互联特性进一步增强，同时也使得智能电网网络安全、业务安全和数据安全防护战线不断延伸，给安全防护带来新压力，增加了“一点突破，影响全网”的风险。为此，网络边界安全需要考虑如下因素。

（1）网络安全边界面临模糊化不可控风险。无线局域网、移动通信网络、卫星通信等多种通信方式、多种网络协议并存，电力通信网络更加复杂。无线通信技术和智能传感技术信息传输过程中存在被非法窃听、篡改和破坏的风险，网络边界变得模糊，由于业务发展需要和地理位置限制，部分电力终端采用无线网络连接上级系统，使得网络攻击途径有所增加。

因此迫切需要正确梳理防护需求，提出适应性更强的网络边界安全防护架构。

（2）海量异构终端存在安全接入风险。现代电网比传统电网具有数量更庞大的异构智能化交互终端、更泛在的网络安全防护边界、更灵活多样的业务安全接入需求，用户终端存在信息泄露、非法接入、被控制的风险，这对电网异构终端自身完整性保护、攻击防御、漏洞挖掘等各方面都提出了更高的挑战，也对不同种类智能、移动终端的安全控制、安全接入提出了更高的要求。在国家电网公司安全检查中发现，部分电力终端仍存在弱日令、远程服务防护策略不足等问题，终端安全防护亟待增强。

2.4.2　电力信息通信安全技术

电力信息通信安全技术包括用于保障网络安全、信息系统安全、内容安全的相关技术，被应用于电力系统的信息通信安全防护中。采用对称密码、非对称密码、防火墙和入侵检测等信息通信安全技术能够满足电网在物理安全、数据安全、网络安全和系统安全四个层面的需求，具体如下所述。

1. 对称密码技术

对称密码技术指加密密钥和解密密钥完全相同的加密技术。基于对称密码技术，可确保电力系统控制中心向其控制网络中的远程终端所发送的控制指令具有机密性、可鉴别性，保障会话双方的可用性，实现控制中心与远程终端之间的安全通信。对称密码技术主要包含序列密码算法、分组密码算法和数据加密标准算法，具体如下所述。

（1）序列密码算法。序列密码算法是对明文（原始数据，算法的输入）的单个位（或字节）进行运算的算法，又称流密码算法。具体加密过程为：① 将明文划分成单个位（数字 0 或 1）作为加密单位产生明文序列；② 将其与密钥流序列逐位进行模二加运算，产生的结果作为密文。序列密码算法具有实现简单、加解密处理速度快并且错误传播概率小的优势。

（2）分组密码算法。分组密码算法是把明文信息划分为不同的块结构，然后分别对每个块进行加密和解密的算法。分组密码算法的实现是采用“混乱与扩散”两个主要思想进行设计，具体操作包含替代、置换和乘积变化。相比于序列密码，分组密码具有扩散性好、插入敏感等优点。

（3）数据加密标准算法。数据加密标准算法促进了分组密码的发展，主要对 64 位的明文分组进行操作。具体加密过程为：① 将明文分组通过一个初始置换，分成各 32 位长的左、右半部分；② 进行 16 轮完全相同的运算，在运算过程中数据与密钥结合；③ 经过 16 轮运算后，左、右半部分结合经过一个末置换即初始置换的逆置换，从而实现数据的加密。

2. 非对称密码技术

非对称密码技术主要是利用公钥来对数据进行加密，利用私钥进行解密，加密与解密使用两种不同的密钥，相互独立，且公钥与私钥必须存在唯一对应的数学关系。非对称密码技术在电力生产安全和管理安全各个方面发挥着重要作用，能够提高原始数据的安全性和可靠性，避免因为保护不完善遭受客户的侵入，有效保障电力系统安全，提高电力系统的经济效益。非对称密码技术主要包括 RSA（Rivest Shamir Adleman）密码算法、Diffie-Hellman 密钥交换算法和 EIGamal 加密算法，具体如下所述。

（1）RSA 密码算法。RSA 密码算法是既能用于数据加密，也能用于数字签名的公开密钥密码算法。具体过程为：① 产生密钥对，选取两个大素数，并计算其乘积及欧拉函数值；② 随机选取整数，利用扩展的欧几里得算法求出公钥和私钥；③ 使用接收方的公钥进行加密；④ 使用发送方的私钥进行解密。

（2）Diffie-Hellman 密钥交换算法。Diffie-Hellman 密钥交换算法是一种密钥协商算法，只能用于密钥分配，而不能用于加密或解密信息，其安全性原理主要基于有限域的离散对数问题，在两用户进行通信时，加密和解密均使用协商后的密钥。

（3）EIGamal 加密算法。EIGamal 加密算法既可用于加密，又可用于数字签名，是除 RSA 密码算法之外最有代表性的公钥密码算法之一。具体过程为：① 选择一个大素数和一个随机数，生成公钥和私钥；② 利用接收方的公钥和私钥进行加密；③ 接收方收到密文后，由私钥进行解密。

3. 防火墙技术

防火墙技术是建立在现代通信网络技术和信息安全技术基础上的应用性安全技术，防火墙一般部署于内部网络与外部网络之间、专用网与公共网之间，由软件设备和硬件设备组合而成。根据电网企业有关的安全规则，利用防火墙技术可以控制企业内的信息流，保障电网企业信息化管理的安全与稳定，其工作模式主要分为路由模式、透明模式和混合模式，具体如下所述。

（1）路由模式。防火墙工作在路由模式下，所有接口都配置 IP 地址，且防火墙接口与相连的内部网络、外部网络以及隔离区域需要被划分到对应子网当中。当报文在接口间进行转发时，防火墙相当于一台路由器，根据报文的 IP 地址来查找路由表进行报文转发。采用路由模式时，防火墙支持访问控制列表（Access Control List，ACL）规则检查、应用层报文过滤（Application Specific Packet Filter，ASPF）状态过滤、防攻击检查、流量监控等功能。

（2）透明模式。防火墙工作在透明模式下，所有接口都不配置 IP 地址，与相连的外部用户属于同一子网。当报文在接口间进行转发时，防火墙根据报文的 MAC 地址来寻找接口，此时防火墙相当于一个透明网桥，对于子网用户和路由器来说是完全透明的。但与传统网桥不同，防火墙中的 IP 报文需要通过检查会话表或 ACL 规则进行过滤处理。

（3）混合模式。防火墙工作在混合模式下，部分接口配置 IP 地址，部分接口不配置 IP 地址。混合模式主要用于透明模式做双机备份的情况，一方面，配置 IP 地址的接口启动虚拟路由冗余协议功能，用于双机热备份；另一方面，未配置 IP 地址的接口与相连的外部用户同属于一个子网，报文转发过程与透明模式的工作过程完全相同。

4. 入侵检测技术

入侵检测技术是利用网络或系统上可以获得的信息发现非法入侵或攻击行为，进行主动保护的一种安全技术。利用入侵检测技术，可以对电网企业的外部以及内部数据进行分析，判断入侵企图，在电力系统遭受攻击前发出警报。主要包括误用检测、异常检测和混合型检测，具体如下所述。

（1）误用检测。误用检测预先对攻击情况和系统漏洞进行分析和分类，然后根据编写的相应检测规则进行特征编码。具体而言，误用检测按照预先定义好的入侵模式和特征编码进行检测，并通过捕获攻击及重新整理，确认入侵活动是基于同一弱点进行攻击的入侵方法的变种。误用检测对已知的攻击检测准确度很高，但对于未知攻击效果有限，需要不断地更新入侵模式库来保证系统的安全。

（2）异常检测。异常检测通过分析正常用户行为特征轮廓作为先验知识，将信息采集获得的实际用户行为与正常行为模式进行比较，并标识出正常与非正常的偏离，如果差异偏离不超出阈值，则认为系统正常；如果差异偏离超过阈值，则判定为入侵行为。异常检测可以有效地检测未知入侵行为，并进行调整优化，但随着检测精确度的增加，异常检测会消耗更多的系统资源。

（3）混合型检测。混合型检测结合误用检测与异常检测，将误用检测技术作为第一级过滤机制，通过过滤的网络数据再进入下一级的异常检测分析，进一步发现未知的入侵行为。混合型检测可以结合误用检测与异常检测的优点，在提高已知入侵检测准确度的同时，可以有效地检测未知入侵数据，从而提高系统检测的准确率和自适应能力。

2.4.3　信息安全主动防御保护体系

主动防御新技术主要是指在网络信息系统中，我们要加强本地网络的安全性管理，要保证电力系统的内网不被外力恶意攻击。在有非法入侵情况产生的时候，有一个安全性较好的系统能够及时发现并检测到非法入侵行为，能够科学预测并进行高效识别未知的侵害。另外，最主要的是通过采取积极有效的措施，达到阻止攻击者入侵的目的。

1. 主动防御总体防护策略

国家电网公司贯彻落实国家和行业网络安全要求，主动适应“互联网+”、新电改等新形势业务发展以及信息化应用需求，推进电力关键信息基础实施安全防护提升，基于“可管、可控、可知、可信”的总体防护策略，打造下一代智能电网安全主动防御保障体系，全面提升信息安全监测预警、边界防护、系统保障和数据保护能力。

2. 主动防御管理机制

依据网络安全法，健全公司网络安全管理机制。强化信息安全“三同步”，以业务全生命周期安全保障为目标，健全覆盖规划、可研、设计、开发、测试、实施、运行、下线等各个阶段的网络安全管控工作机制。建立风险报告和情报共享、研判处置和通报应急、网络安全运行、安全稽查、评价考核等网络安全工作机制。完善内控监督评价，常态开展内控达标治理工作。强化网络安全专业队伍建设，健全网络安全人才培训体系建设，完善网络安全职业认证，持续开展网络安全意识与能力建设。

3. 主动防御的网络边界安全防控

实施“安全分区、网络专用、横向隔离、纵向认证”的防护策略，分区部署、运行和管理各类电力监控系统，建设专用的电力调度数据网，生产控制大区与管理信息大区采用物理级别的横向隔离措施，同一级别的安全区纵向上落实加密认证措施。管理信息大区内网和外网通过自主研发的信息网络隔离装置进行隔离。深化互联网出日统一归集管理，提升互联网边界防护水平。按照等保要求区分系统安全域，各安全域的网络设备按该域所确定的安全域的保护要求，采用访问控制、安全加固、监控审计、身份鉴别、备份恢复、资源控制等措施。

4. 主动防御的全方位安全态势感知体系

开展基于大数据的信息安全事件深度分析、安全态势感知、智能预警分析、在线实时分析响应等信息安全监控预警技术研究与应用。重点从点(安全基线维度)、线(合规、预警、审计维度)、面(态势分析维度)三个功能层次，构建公司统一的网络与信息安全监控预警体系，并充分利用云计算和大数据分析技术，统筹开展信息安全情报收集、巡检、监测、预警、分析、研判与处置等工作，增强公司资产感知、脆弱性感知、安全事件感知和异常行为感知等网络与信息安全全景可视能力。

5. 主动防御新技术

主动防御新技术作为一种全新的积极有效的新技术应用于现代网络信息安全管理中，它主要在传统防御技术的基础上，结合当前阶段的先进的尖端仪器，从而能够使之相互协调融合，进而保证电力网络信息系统的安全性。主动防御技术主要还是以传统防御技术为基础，通过增加先进的技术手段，形成先进的网络防御新技术。下面是几种主要的主动防御新技术：

（1）漏洞扫描技术。在主动防御新技术当中，漏洞扫描功能不同于传统的技术功能，可以对任何形式的技术漏洞作出全面的分析处理，在漏洞扫描的过程中会进一步识别现有的系统连接设备以及部分外网连接是否会对电力信息统网络是否会产生安全干扰，然后会通过系统进行精准的技术判断。技术人员可以根据漏洞扫描的结果对系统存在的问题进行逐一处理，大大提升了解决系统安全问题的针对性。

（2）基线扫描技术。在主动防御新技术的应用中，基线扫描功能的运用是系统安全技术发展的一个重要成就，可以有效保持电力网络系统的稳定性，并且实现了对整体系统的安全防护升级。基线扫描功能的主要技术应用过程中，能够实现对电力信息系统各类细节问题的处理，并且可以实现对各类漏洞的干预和应对，避免系统漏洞问题进一步扩散。

（3）应用安全扫描功能的应用。应用安全扫描可以对于日常电力信息系统的工作进行有效监督，对于任何运行的应用软件进行安全扫描，扫描成功后才能够进行系统应用。对于电力系统来说，系统日常防护工作的开展，能够有效确保系统运行的安全和稳定，在软件应用之前可以及时发现问题，巩固系统的安全性。

（4）防攻演练技术。虽然电力系统的安全防护功能在不断提升，但是并不意味着任何系统病毒或者漏洞都不会存在。在信息技术不断发展的现代社会当中，电力信息系统是在不断朝前发展和进步的，在这一过程中还需要处理各类电力系统问题，确保系统在更新升级中保持安全和稳定运行。在防御技术的应用过程中，任何安全防御技术的应用都不能完全保障系统的安全运行，因此主动防御新技术的防攻演练功能可充分发挥作用，在系统技术构建应用过程中，工作人员会结合以往的系统设计经验以及电力系统运行情况，发挥防攻演练功能，在功能启动后可发现系统运行问题，可进行主动防御新技术的优化创新，充分发挥技术的各类应用功能。

第 3 章　多媒体关键技术与应用

3.1　概述

多媒体关键技术以数字化为基础，涉及计算机技术、图像处理技术、音频处理技术、网络通信技术及信号处理技术等多种技术，可对多种媒体信息进行采集、加工处理、存储和传递。该技术是信息时代当中的典型代表产物，最初产生军事领域，之后这种技术因其优异的信息处理和传递的功能特性而迅速发展，逐步成为一种进行信息交流的关键方式。进入 21 世纪，多媒体技术发展更加快速，极大地改变了人们获取信息的传统方法，满足了人们读取信息方面的需求。基于多媒体技术的系统平台具有良好的集成性，能够对信息进行多通道统一获取、存储、组织与合成，并可以实现良好的人机交互，便于用户进行信息的读取和响应。

多媒体技术的发展促进了计算机的使用领域改变，使计算机系统的人机交互界面和手段更加友好和方便，对多行业的自动化和信息化水平的提升具有重要意义，包括工业生产管理、学校教育、公共信息咨询、商业广告、军事指挥与训练，甚至家庭生活与娱乐等，多媒体技术已经成为信息社会的通用工具。在电力行业，利用多媒体技术可综合处理电网日常生产管理中的文字、声音、图形、动画、图像、视频等多种信息，并将这些不同类型的信息以超媒体结构有机地结合在一起，进而实现管理维护人员和电力设备的数据交互。除此之外，多媒体技术提供了易于操作、十分友好的界面，使计算机更直观、更方便、更亲切、更人性化，可方便地与各种外部设备挂接，以实现数据交换、监视控制等多种功能。利用多媒体技术在音效、视频、动画等方面可闻、可视、可录、可编、可存储、可查询的特征，电网企业正在电力巡检、电力抢修、日常维护、远程会商等多个方面大力推广相关技术平台的实践应用。为满足电网企业日常生产运营需求，以国家电网公司和南方电网公司为代表的电网企业均开展了相关电网多媒体平台的建设运营，如国家电网公司的统一视频平台、视频会商系统，南方电网公司的视频会议系统等。

现代化的精细企业管理与精确工业控制对于多媒体技术的普适度和智能化水平提出了更高要求，多媒体平台需要向以用户业务为中心转变，综合考虑应用场景，提供个性化、差异化服务。随着现代信息通信技术的进一步发展，人工智能、大数据、云计算、边缘计算等新兴技术的日益成熟为多媒体平台技术的深度应用奠定了基础，多媒体平台与各个行业的深度融合，将产生出前所未有的社会价值和经济价值。就电力行业而言，新一代多媒体技术呈现出深度学习、跨界融合、人机协同、群智开放、自主操控等特征，在感知智能、计算智能和认知智能方面表现出强处理能力，与电力系统相结合将有助于改变能源电力生产和利用方式，将成为智能互动、安全可控的新一代电力系统发展所必需的基础性支撑技术之一，有助于提升电力系统的安全性、可靠性和灵活性，促进电力行业的质量变革、效率变革和动能变革，推动产业升级，实现降本增效。

本章着重以电网中应用广泛的多媒体平台（即统一视频平台和视频会商系统）为例阐述多媒体平台的系统架构及系统功能，并分析相关的多媒体关键技术，最后介绍其在电网企业中的典型应用。

3.2 统一视频平台

3.2.1 系统架构

统一视频平台基于“标准、开放、迭代、兼容”的思想研发设计，主要分为视频微应用/微服务及视频基础服务两大部分。其中视频微应用/微服务包括设备管理微应用、运维管理微应用、事件管理微应用、视图库管理微应用、运营管理微应用、质量诊断微应用、音视频互动微应用和智能分析微应用等，这些应用服务采用容器和虚拟机进行部署。视频平台服务包括用户代理网关、状态注册中心、通信服务、流媒体服务、存储服务、智能分析装置接入服务等。其中用户代理网关作为负载均衡和协议转换组件用于分发应用微服务对视频平台的请求协议，状态注册中心作为全局性节点保存了诸如用户状态等全局性信息，用于平台内系统维护。平台支持纵向两级互联，提供两级服务扩展能力，平台内部媒体处理支持横向扩展，提供服务处理扩展能力，平台微服务支持横向扩展，支撑电网运检智能分析系统、安全生产风控系统等业务系统的视频和分析应用。

统一视频平台软件架构如图 3－1 所示，由通信协议层、基础支撑层、服务实现层和应用展现层组成。通信协议层主要实现超文本传输协议（Hyper Text Transfer Protocol，HTTP）、会话初始协议（Session Initiation Protocol，SIP）、实时传输协议（Real-time Transport Protocol，RTP）、实时流传输协议（Real Time Streaming Protocol，RTSP）、文件传输协议（File Transfer Protocol，FTP）等协议封装，简化协议应用，支撑平台协议通信；基础支撑层可进行公共组件封装，提高平台的模块化和代码共享能力，支撑平台服务组件实现；服务实现层包含多种平台核心服务组件，可独立式部署并提供企标 A、B 接口功能，支撑各业务场景应用；应用展现层提供平台管理、视频应用展现及典型应用控件，支撑相关人员日常工作。

3.2.2 系统功能

统一视频平台通过完善智能分析微服务和智能分析服务，为运检、安监、基建等业务视频图像智能化应用提供有力支撑。通过开展外网视频平台深化应用，进一步实现支撑各业务外网视频的应用需求。通过对视频平台进行微服务化改造，开放服务能力，重点满足基建全过程管理、“三率合一”、安全生产风险管控的相关视频应用需求，支撑各专业灵活快速构建自身电力视频应用，实现 H.265 编码设备的接入和解码，有效地降低网络流量，提高视频显示效果，更好地支持各业务系统视频应用需求。其系统功能架构如图 3－2 所示。

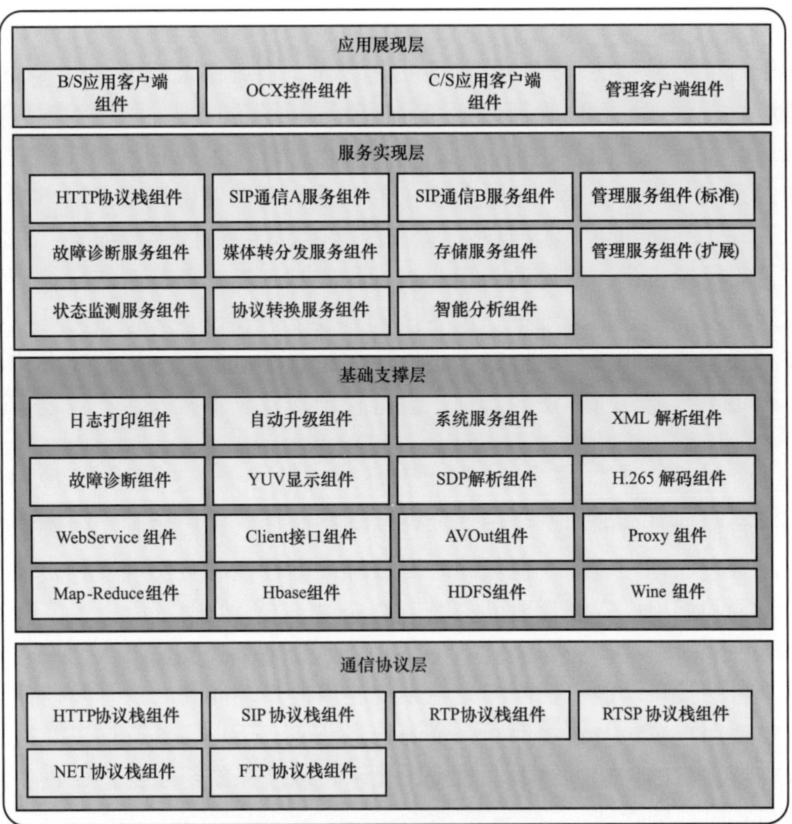

图 3－1　统一视频平台架构图

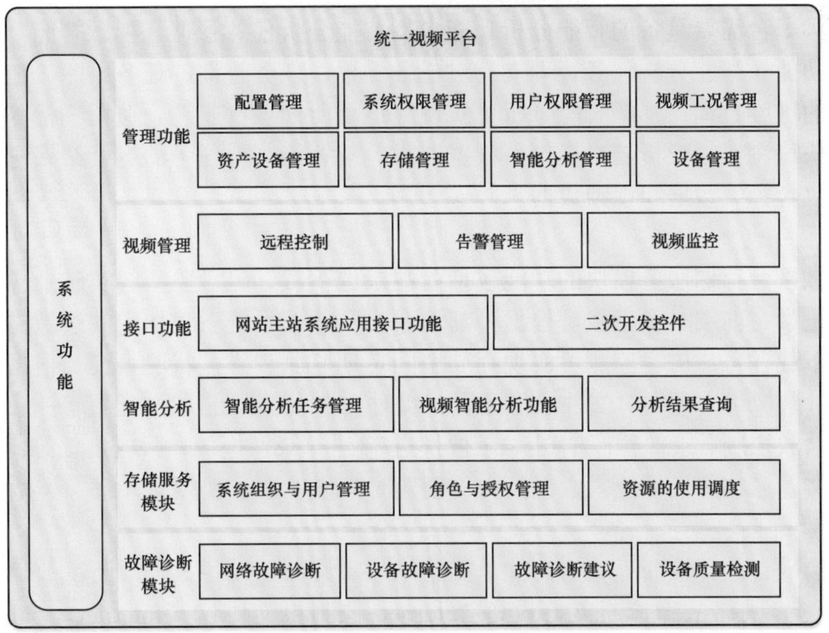

图 3－2　统一视频平台功能架构

1. 管理功能

统一视频平台需要具备的管理功能包括配置管理、系统权限管理、用户权限管理、视频工况管理、资产设备管理、存储管理、智能分析管理和设备管理。配置管理可实现站端系统配置及资源推送、系统日志配置、省级主站平台接入管理及系统参数配置管理；系统权限管理可实现系统的组织与用户管理、角色与授权管理及资源的使用调度；用户权限管理可实现系统角色信息管理、系统角色资源授权管理、账号预警及系统的参数配置；视频工况管理可实现资源通道占用情况查询、资源访问用户查询、实时工况管理及系统运行数据统计；资产设备管理可实现系统的基础信息维护、设备技术参数维护及设备运行履历维护；存储管理可实现集中存储级联配置、磁盘信息检索、录像计划配置等；智能分析管理支持对智能分析任务、智能分析设备及智能分析算法的管理；设备管理支持设备接入、平台设备的远程配置、通道配置、设备能力配置等功能。

2. 视频管理

统一视频平台需要具备的视频应用功能包括视频监控、远程控制和告警管理。视频监控可实现视频资源管理、视频调阅、视频即时回放等；远程控制可实现视频云镜控制，以及预置位的显示、设置和调用；告警管理可实现告警订阅、告警处理及历史告警查询等。

3. 接口功能

统一视频平台的接口功能包括网级主站系统应用接口功能和二次开发控件。网级主站系统应用接口可实现用户登录及连接保活、资源信息获取、历史告警查询以及视频录像检索；二次开发控件支持窗口的创建、销毁、隐藏、显示，以及系统组织结构、设备的资源获取、历史视频管理与实时视频管理。

4. 智能分析

统一视频平台需要具备的智能分析功能包括智能分析任务管理、视频智能分析功能和分析结果查询功能。智能分析任务管理支持对任务配置、任务查询、任务删除、任务启停及智能分析任务的进度查询；视频智能分析可实现高危场所的入侵监测、遗留物检测、离岗稽查及视频文件快速浏览；分析结果查询可根据请求，对智能分析任务的运行结果进行返回，所返回的信息包含标签数据和视频数据。

5. 存储服务模块

统一视频平台存储服务模块的功能包括前端录像下载、磁盘监测、实时录像、录像回放和录像文件检索。前端录像下载可根据外部信令，从前端系统下载指定的录像文件、手动停止或者取消下载任务；磁盘监测可实现存储空间定期监测、磁盘状况查询及根据配置删除过期文件；实时录像可实现实时文件录像配置、实时文件录像停止/取消配置等；录像回放可实现录像回放播放控制、录像暂停/停止、录像快进/慢进、录像拖放、回放定位等；录像文件检索支持视频文件名称的模糊检索、视频文件创建时间段检索、视频文件录像类型检索等。

6. 故障诊断模块

统一视频平台故障诊断模块的功能包括网络故障诊断、设备故障诊断、故障诊断建议和设备质量检测。网络故障诊断支持设备 Internet 控制报文协议（Internet Control Message Protocol，ICMP）故障诊断及设备路由故障诊断；设备故障诊断支持设备登录故障诊断及设备播放控制故障诊断；故障诊断建议可实现故障错误信息分级、故障错误信息统一及故障诊断信息查询；设备质量检测可实现检测标准配置、检测分组、检测方案配置、清晰度检测、亮度过亮/过暗检测等检测功能。

3.3　视频会商系统

3.3.1　系统架构

如图 3－3 所示，视频会商系统主要由业务架构、应用架构、数据架构、技术架构、物理架构、安全架构和应用集成等部分组成。其中物理架构涵盖了主机、存储、网络、软件等硬件软件系统，为上层架构提供了物理基础。技术架构包括服务通信、服务支撑、服务实现、服务管理等功能。数据架构用于实现实时数据、历史数据、资源数据、管理数据的交汇。应用架构提供接口功能、管理功能和服务功能。安全架构用于保障视频会商系统的数据安全、应用安全、系统安全、网络安全、物理安全，并为系统提供安全管理体制。应用集成直接面向电网实际应用场景，包括运检管控、应急指挥、基建系统、安监一体化等。最终形成包括桌面会商应用、移动会商应用、点对点会商应用、音视频共享应用、会商录像应用、即时通信应用、两级会商应用等在内的完善业务架构。

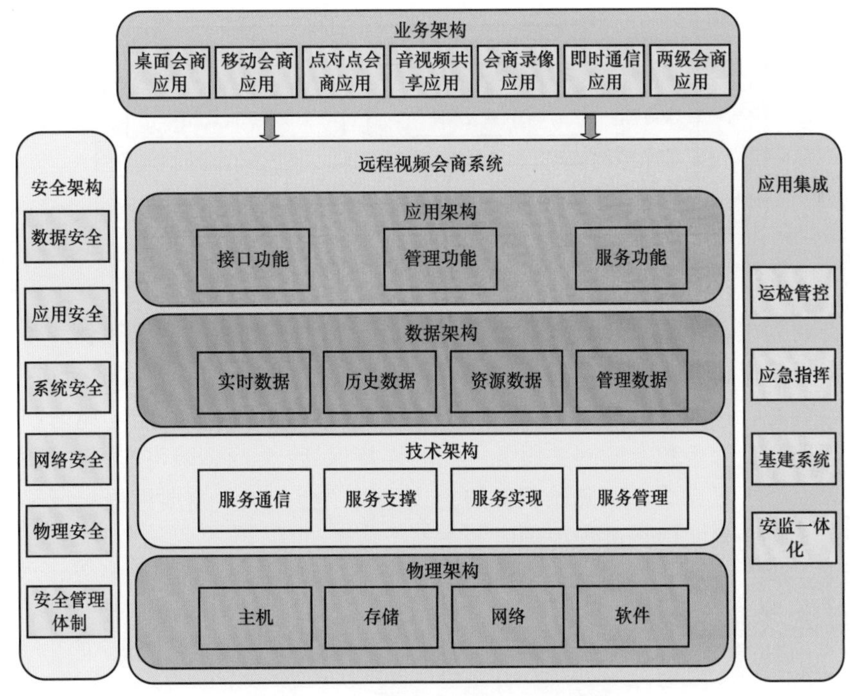

图 3－3　视频会商系统体系架构图

视频会商系统各组成部分既独立地支撑视频会商系统的某个部分，又协调配合，共同构成视频会商系统体系架构。其技术架构采用分层和组件化的实现方式，包括服务通信层、服务支撑层、服务实现层和服务管理层。该系统内置标准 Opus 音频编解码器和 VP8、VP9 视频编解码器，使用网络地址转换穿透技术以及带反馈机制的音视频配置，通过融合多应用纵向隔离、多任务调度、音视频同步等关键技术，保证系统具有平台和设备无关性、音视频传输安全性、音视频媒体高质量、网络状态自适应、会话建立高可靠性等特点。

3.3.2 系统功能

作为电网各业务平台的重要组成部分，通过远程会商可以发起集群对讲或多端视频会议，实现多个移动终端设备与系统之间的语音视频数据通信及互动。同时远端可以对现场多业务作业终端发起集群对讲或多端视频会议，同步录制会议动态屏幕内容，并对录制的文件进行点播和管理，实时共享远程桌面、资料文件及系统其他业务功能产生的数据与报表，远程会商应用功能示意图如图 3－4 所示。

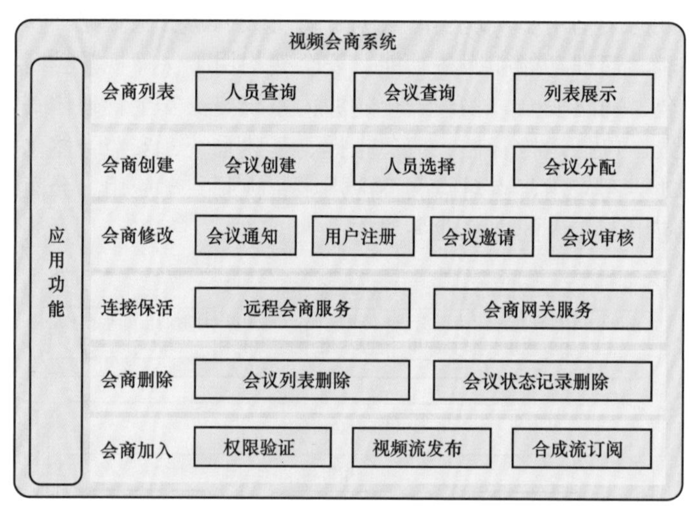

图 3－4 远程会商应用功能示意图

其中，会商列表可以根据会议名称查询受邀请人和本人创建的会议列表，并以时间轴方式展示会议列表信息；会商创建支持创建会议，选择参会人员，自动分配会议室号；会商修改支持创建、查看、修改会议，以及创建会议通知，用户加入会议注册、邀请和审核；连接保活可实现远程会商服务和会商网关服务之间的连接保活；会商删除可实现在授权的条件下，删除会商列表中处于已完成、未开始状态的会议记录；会商加入需要根据验证码进行权限验证，并对加入会商场景的用户进行视频流发布与合成流订阅。

3.4 多媒体关键技术

3.4.1 统一视频平台关键技术

1. 网络资源调度技术

（1）流媒体转分发技术。统一视频平台在电网巡检运维、日常监控等方面应用广泛，其中涉及大规模高清视频流的产生与转发。流媒体转分发技术可以实现实时窄带网络的视频、音频传输，解决有限的带宽与爆炸式增长的网络流量需求之间的矛盾。电网中多监控终端有/无流媒体服务器时请求相同视频对网络带宽占用的对比情况如图 3－5 所示。当没有流媒体服务器时，终端请求数据来源于视频提供单元，相同请求在网络中存在冗余数据。因此，当视频数据流量较大时，冗余数据会对网络产生一定影响。当有流媒体服务器时，终端请求数据来源于流媒体服务器分发转发，避免了监视部分与设备部分的冗余视频数据。流媒体转分发技术实现了流媒体模块纵向级联，当不同层级同时进行相同视频调阅时，同层级流媒体服务模块转发处理相应用户请求的媒体数据，从而解决不同层级间网络资源冗余占用的问题，降低网络资源需求，实现系统动态负载均衡。

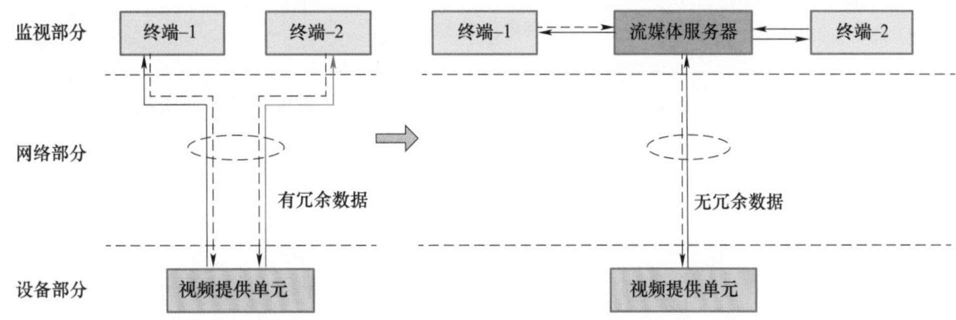

图 3－5　网络带宽占用情况对比图

（2）基于多业务系统调用的资源竞争仲裁与资源共享技术。在输变电设备状态检测、营销稽查、基建管控、大屏可视化等不同业务系统视频应用需求中，由于每个摄像机的预置点数量有限（通常为 128 个或 256 个），当多个业务系统访问或控制时，不同业务系统间无法进行消息通信和资源请求协商，导致不同业务系统预置位设置相互竞争和冲突。多业务系统调用的资源竞争仲裁与资源共享技术可满足不同业务系统的视频应用需求，并对视频监控应用中资源需求进行统一管理和仲裁。基于多业务系统调用的资源竞争仲裁与资源共享技术原理如图 3－6 所示，通过采用聚合矩阵算法，按请求时间不同进行动态映射，实现业务系统预置位编号动态分配。当业务系统进行预置位设置时，其所设置的预置位编号（如编号 A）经平台映射为另一个未被使用的编号（如编号 B），并将其设置至前端编码设备。同样，当该系统通过编号 A 进行预置位调用时，平台实际通过预置位编号 B 调用前端编码设备预置位信息。通过映射矩阵机制，解决多业务系统进行视频监控应用时对有限资源控制的冲突问题，增强统一视频平台实用化效果。

（3）多缓冲任务调度数据处理技术。统一视频平台用户广泛，涉及多种电网业务视频流的同时涌入，极易造成网络拥堵，多缓冲任务调度数据处理技术可以有效调度任务数据队列，其基本原理如图 3－7 所示。首先，通过多缓冲技术分别设置接收缓冲、数据处理缓冲和网络发送缓冲区，利用缓冲区保存待处理用户的并发请求任务。其次，根据用户优先级、任务优先级进行任务调度处理。通过此技术，既可避免平台在处理任务时无法接受新任务的请求，提高多路用户并发访问数量，又可确保高优先级任务被优先处理。

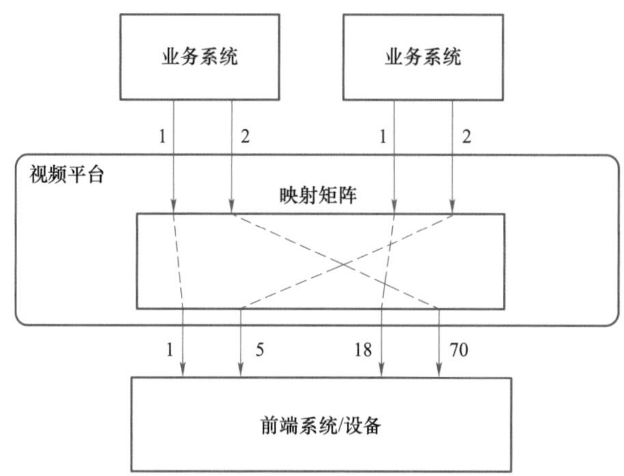

图 3－6　基于多业务系统调用的资源竞争仲裁与资源共享技术原理图

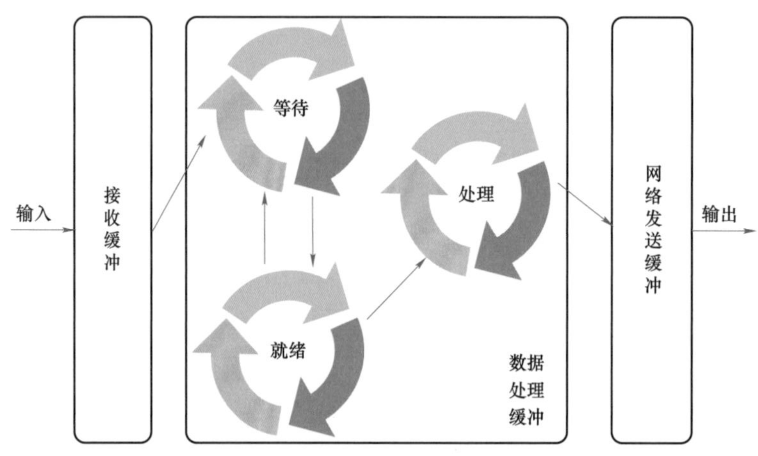

图 3－7　多缓冲任务调度数据处理技术原理图

（4）海量视频/图片云存储技术。随着电网中各类高清图像采集设备的广泛应用，高分辨率视频和图片被大量摄取，而设备本地存储空间往往有限，不能够支持长期的图片视频采集，因此需要开发海量视频/图片云存储技术，以保证各类图像资源的有效存储。如图 3－8 所示，基于 Hadoop 的分布式文件系统（Hadoop Distributed File System，HDFS）可以通过构建分布式存储集群和自定义视频文件分割机制实现视频等大文件的快速存储与高效获取，支撑视频分析、录像点播等业务应用展开。基于 Hbase 数据库，可以建立一种包括一个行主键及两个列族的小文件表，以搭建适合小文件存储的网络环境，实现海量小文件的低时延读写。云存储方式通常采用无目录层次结构、无数据格式限制，可容纳海量数据且支持多协议访问，无须分区管理，适用于海量视频/图片等数据资源的分发、万象处理等多种场景，有力保障了电力现场视频采集或远程操控的资源快速调取分析。

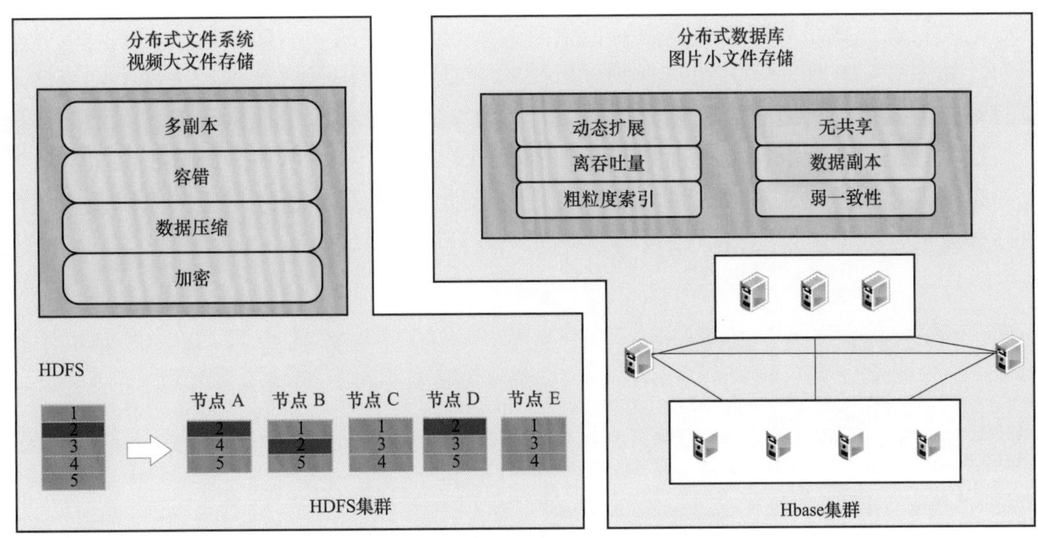

图 3－8　海量视频/图片云存储技术原理图

2. 视频处理技术

（1）视频标签化与快速浏览技术。电网中常需要借助多媒体平台查找视频文件中的特定信息（如某段视频中在特定时间是否有人员出入），传统人工方式对所有视频文件逐个进行播放，无法通过结构化检索的方式进行快速定位，耗费大量时间及人力、财力，且通常采用拖拽方式进行文件查找，容易遗漏掉查找的内容。视频标签化与快速浏览技术可以通过对视频内容进行结构化描述，支持采用常规结构化方式检索，对于有效提升视频应用体验极为重要。通过基于视频图像局部不变特征提取、稀疏编码、视觉单词的方法，可以建立具有判决力的图像描述算子，进一步利用语义对象及其场景信息描述方法实现图像特征点的高准确度匹配，概括图像主要内容信息，挖掘对象的类别和空域分布信息，有效提取中层语义信息，实现视频数据结构化描述，以及对输电线路、变压器等电力设备设施的视频语义标注和检索功能。

（2）帧识别及强插 I 帧技术。电网场景传输环境复杂，难以完全保持信号畅通，多媒体平台采集的视频往往需要经过处理以补偿在传输中的数据丢失与信号干扰，避免丢帧或者卡顿现象的产生。帧识别技术往往需要根据视频编码特点，建立基于校验多项式和编码特征串的卷积编码识别方法和同步方案，对于较长码字的编码，采用帧长特征初步判断交织深度，利用快速傅里叶变换进行验证和识别。如图 3－9 所示，强插 I 帧技术基本原理就是采用动态映像系统，在传统的两帧图像之间加插一帧关键补偿帧（I 帧），提升视频播放的刷新率。这样，运动画面更加清晰流畅，达到清除上一帧图像残影、提高动态清晰度的效果，将影像拖尾降至人眼难以感知的程度。通过基于视频内容分析的帧识别及强插 I 帧技术，实现媒体数据转分发方法功能，解决视频数据在用户终端展现延迟的问题，提升视频访问速度和流畅度性能。

（3）分布式视频分析技术。基于分布式视频分析技术的精准视频分析可以实现在复杂环境下对电力设备、线路等物体的多重特征信息提取和事件检测，从而有效辨别故障或分析动作行为。如图 3－10 所示，分布式视频分析技术主要通过应用管道技术，实现不同算法运算过程的对接与编排，构造综合视频分析网络，为复杂视频分析应用提供有效、灵活的解决方案。该技术首先需要获取待分析视频的基础分析结果，进一步将所述基础分析结果与所述待分析视频的视频图像建立对应关系，最后将所述基础分析结果、所述对应关系以及所述待分析视频形成混合数据流发送给后端设备以供进一步分析处理。

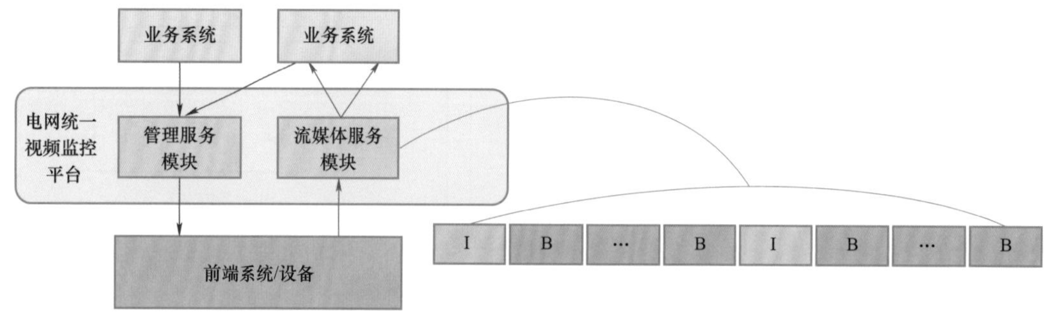

图 3－9　强插 I 帧技术原理图

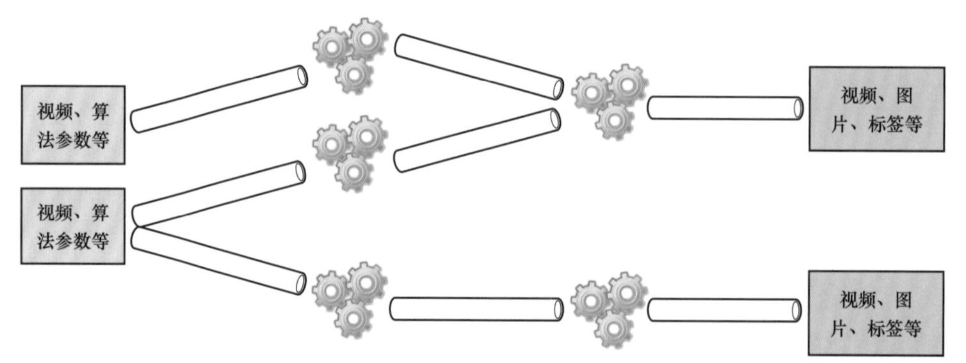

图 3－10　基于管道技术的分布式视频分析技术原理图

（4）视频数据特征提取技术。视频数据特征提取技术主要用于将采集到的电网现场人员与设备视频关键帧结构化，并且把图片的构成元素变成可存储到数据库中的元数据，进而作为大数据手段研究的基本数据信息。该技术首先对电网现场人员与设备的特征属性进行提取、分析和识别，组织成可供计算机和人理解的数据信息，并进一步实现视频数据向信息、情报的转化。视频数据特征提取可以采用深度学习方法，其基本原理如图 3－11 所示，通过建立多层神经元网络可以形成属性分类和分割网络模型，进而建立输入与输出之间的非线性关系并组合低层特征，形成高层的数据抽象以表示属性类别或特征。这些分布式特征便可以表示数据的分布结构，实现视频数据结构化描述，完成对人员、设备等电力场景视频图像的语义标签检索功能。

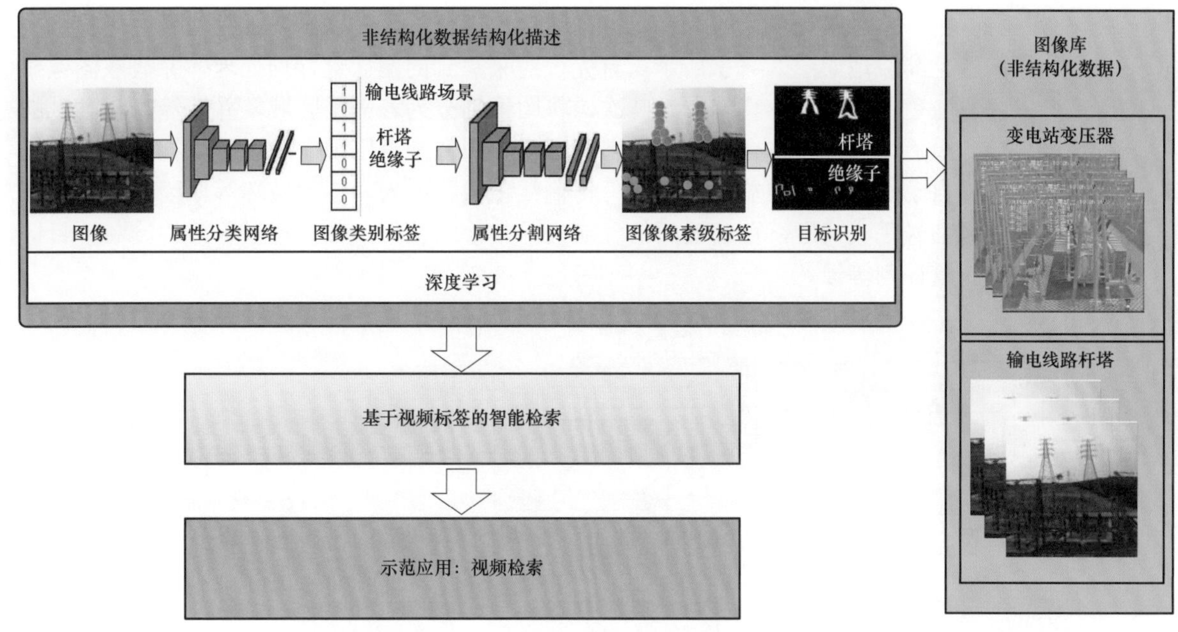

图 3－11　视频数据特征提取技术原理图

（5）基于帧识别的关键数据帧修复技术。电网中采集到的视频在传输过程中会产生丢帧和卡顿，例如，重要数据流的丢失，这将严重影响对电网的日常维护与检修。因此，需要对视频中涉及设备运行状态关键数据帧进行修复，保障视频接收端质量。目前的视频编码方式针对视频序列图像按 IPP…PPIPP…PP 方式进行压缩，其中，I 帧为帧内帧、P 帧为帧间帧。一个 I 帧和一组 P 帧统称为一组序列，解码 I 帧时利用自有帧信息即可复原原始图像，解码 P 帧时需该组序列内的 I 帧作为参考帧。前端设备到平台以及平台到访问用户间的网络类型和网络结构较为复杂，视频图像序列按 IPPP 进行压缩和传输时，会出现部分帧信息丢失的情况。当丢失数据为 P 帧时，不会明显影响后续其他图像帧。丢失 I 帧时，则会导致两个 I 帧数据前的中间图像序列无法界定和显示，进而出现画面停顿、马赛克、蓝屏等现象。基于帧识别的关键数据帧修复技术的原理如图 3－12 所示，在网络接收图像序列的同时，通过数据缓冲区实时保存最近关键帧（I 帧），当出现 I 帧丢失时，通过结合缓冲区中最新保存的 I 帧数据与最新接收的 P 帧，利用运动估计算法进行数据修复，以修复后的 I 帧数据代替丢失的 I 帧数据，减小丢帧带来的不良影响。

（6）视频和画面质量自动检测技术。视频和画面质量自动检测技术是一种智能化视频故障分析技术，可以对由于摄像头故障、视频信号干扰、视频质量下降等原因造成的视频丢失、画面冻结、清晰度异常等情况进行准确分析、判断和报警。该技术主要包括视频信号丢失检测技术、视频画面冻结检测技术、视频清晰度异常检测技术，具体介绍如下。

1）视频信号丢失检测技术。电网中常出现前端摄像机工作异常、损坏、人为恶意破坏或视频传输环节故障，这会导致间发性或持续性视频缺失，包括黑屏、蓝屏或出现无视频信号、无视频、无信号等字样的各类视频问题。当视频出现上述无信号异常问题时，帧图像一般只会包含某种颜色，或者某种颜色的像素点占据图像大部分。因此，需要视频信号丢失检测技术解决该问题，其原理如图 3－13 所示。首先，对采集到的图像进行预处理，并截取图像某一部分，提取灰色图像的颜色直方图。其次，将图像划分为若干子区域，并计算每一区域的图像颜色熵。最后，通过设置合适的阈值来判定视频图像是否出现缺失现象。视频信号丢失检测技术能够自动检测由于前端设备故障、传输线路故障或人为恶意破坏等原因引起的黑屏或蓝屏等视频信号丢失问题，自动返回信号缺失异常诊断结果，并根据设置好的诊断项目评价模板输出质量评判等级。

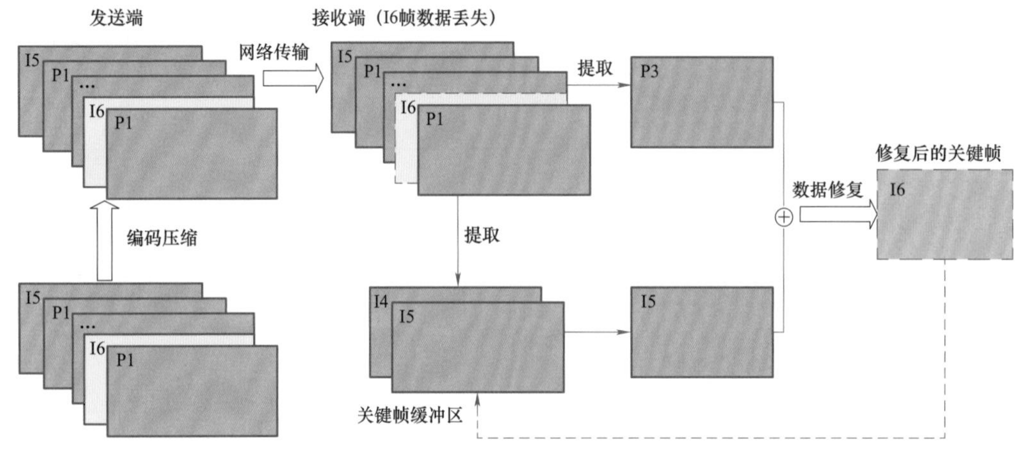

图 3－12　基于帧识别的关键数据帧修复技术原理图

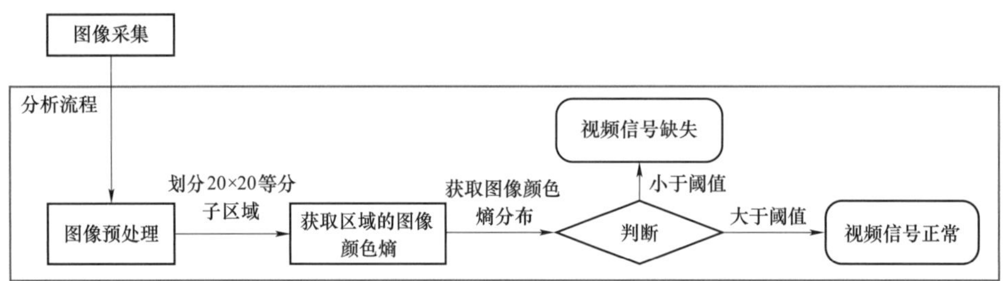

图 3－13　视频信号丢失检测技术原理图

2）视频画面冻结检测技术。画面冻结指当视频流在网络中传输时，连续多帧间图像的内容非常近似，即使受到传输通道和噪声的影响，视频内容在视觉感受上几乎一致，就像发生“冻结”一样。当发生画面冻结故障时，监控中心显示的视频画面呈静止状态，此时摄像头的实时画面无法被正常记录，导致视频监控数据缺失。因此，需要利用视频画面冻结检测技术解决该问题，其原理如图 3－14 所示。首先，选取首帧为背景帧，并每隔 25 帧选取一帧图像作前景帧。其次，计算两帧差后轮廓的面积，如果有部分轮廓的面积值大于与图像分辨率大小相关的给定阈值，则认为视频画面此时是动态变化的，否则画面就可能是冻结的。视频画面冻结检测技术能自动检测由于摄像机故障或编码设备故障而造成的画面冻结问题，自动返回场景画面冻结异常诊断结果，并根据设置好的诊断项目评价模板输出质量评判等级。

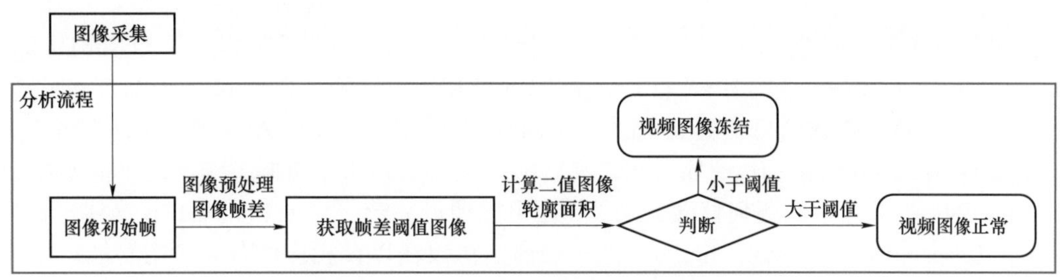

图 3－14　视频画面冻结检测技术原理图

3）视频清晰度异常检测技术。视频图像清晰度异常即图像模糊，指视频内容中空间细节的丢失。图像或视频帧的模糊效应定义为其高频区域里空间细节内容丢失和边缘的清晰度减弱。视频清晰度是衡量视频质量的最主要、直接的因素，清晰度表现良好的图像包含了丰富的边缘轮廓信息和细节信息。模糊现象在图像和视频帧中很常见。一般地，图像模糊类型分为运动模糊和离焦模糊。其中，造成运动模糊的主要原因是成像设备和被拍物体之间的相对运动，造成离焦模糊的主要原因是成像设备的拍摄焦点误差。通常在视频监控系统中，摄像机是固定拍摄的，其引起视频清晰度异常的主要原因是摄像机的离焦。因此，需要利用视频清晰度异常检测技术对图像或视频帧的离焦模糊进行诊断，其原理如图 3－15 所示。首先，假定摄像机在诊断操作进行时的短时间内是固定状态，其焦距和拍摄环境短时间也不会变化。其次，采集清晰视频图像样本，对于分辨率一定的视频序列，将最佳清晰度时的梯度变化值作为阈值。最后，将被分析图像帧的梯度变化值以及两者的 RGB 色差值作为进一步诊断的参考阈值，分析当前图像帧，得出的结果与阈值进行比较，计算结果高于给定阈值的是清晰图像，否则是模糊图像。视频清晰度异常检测技术能自动检测视频图像中由于自动变焦功能故障、环境浑浊或镜头脏而导致的清晰度异常问题，自动返回清晰度异常诊断结果，并根据设置好的诊断项目评价模板输出质量评判等级。

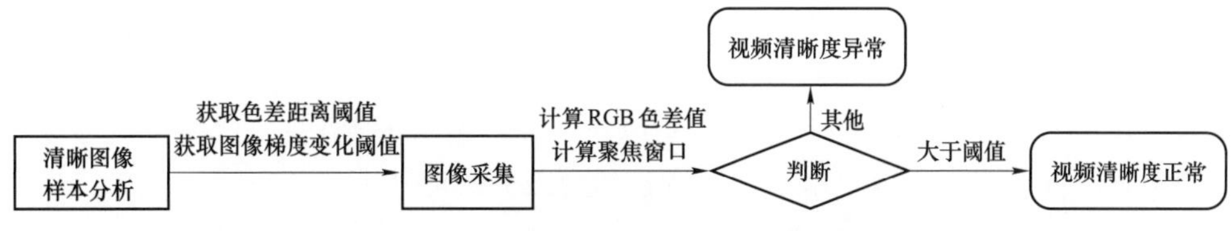

图 3－15　视频清晰度异常检测技术原理图

3. 设备互联与接入技术

（1）IPv6 协议兼容技术。统一视频平台的建立离不开大量智能化视频图像采集设备的接入，这些设备接入网络后都需要分配专有的 IP 地址以进行区分，IPv6 由 128 位二进制数组成，相较于 IPv4 可提供更加庞大的 IP 地址资源。利用 IPv6 协议兼容技术，能够有效满足电网采集设备的接入需求，显著提升骨干传输网的承载能力、各类业务网的服务能力、10kV 通信接入网的支撑能力，以及支撑网的安全和一体化管控能力。IPv6 协议兼容可以通过 NAT64 方案实现，该方案是一种有状态的网络地址与协议转换技术，一般只支持通过 IPv6 网络侧用户发起连接访问 IPv4 侧网络资源的情况。但 NAT64 也支持通过手工配置静态映射关系，实现 IPv4 网络主动发起连接访问 IPv6 网络。NAT64 可实现 TCP 协议、用户数据报协议（User Datagram Protocol，UDP）、ICMP 下的 IPv6 与 IPv4 网络地址和协议转换。DNS64 用于配合 NAT64 工作，主要是将 DNS 查询信息中的 A 记录（IPv4 地址）合成到 AAAA 记录（IPv6 地址）中，返回合成的 AAAA 记录给 IPv6 侧用户。NAT64 一般与 DNS64 协同工作，而不需要在 IPv6 客户端或 IPv4 服务器端做任何修改。此外，还可以通过完善平台 HTTP、SIP、描述会话协议（Session Description Protocol，SDP）、RTP 等通信协议栈以及相应服务和应用功能。IPv6 协议兼容技术实现了 IPv4/IPv6 两种协议网络类型和设备类型兼容，能够满足电网大规模监控设备的接入需求。

（2）预置位多路映射技术。传统视频平台中业务系统与视频监控系统集成方式主要包括以下三种：① 在业务系统终端中安装视频监控系统客户端软件；② 将视频监控系统访问页面嵌入至业务系统；③ 业务系统通过调用视频监控系统提供的接口实现。但以上方式往往存在灵活性差、开发成本高的问题，不能最大限度满足各业务系统个性化需求。预置位多路映射技术能够有效克服现有技术中的不足，以实现各业务系统的个性化展现。基于聚合矩阵的预置位多路映射技术，通过采用 ActiveX 控件对视频监控系统软件接口进行再次封装，提供简单控制接口供业务系统调用和操作，便于业务系统快速集成及实现其视频监控应用功能和需求。采用聚合矩阵方法可以有效利用预置位资源，合理处理各业务系统预置位设置时的冲突问题，实现视频设备预置位设置及调用。通过该技术，可以实现前端设备预置位控制功能，解决发、输、变、配、用等不同业务场景和不同业务系统对相同视频设备控制时的冲突问题。

（3）多厂商设备接入与系统互联技术。统一视频平台在电网中应用区域广泛，各地采用的软硬件系统不尽相同，存在不同厂商技术水平和软件成熟程度不同的问题。多厂商设备接入与系统互联技术通过优化设备接入方式和设计，能够有效避免因系统或设备异常引发统一视频监控平台的异常。如图 3-16 所示，采用协议转换模块实现与前端系统或下级平台中的交互。其中，根据设备逻辑抽象分层架构，将业务与设备分离，进一步细化模块设计，采用 $1+N$ 方式，即 1 个业务逻辑进程和 N 个设备处理进程（分别处理不同设备或下级平台数据）协同工作。此外，“看门狗进程”负责业务逻辑进程和设备进程的启动和监听，实现进程异常退出时重启对应进程。利用多厂商设备接入与系统互联技术能够弥补原始系统功能的缺陷（如登录设备个数等的限制），同时将异常多发点隔离在业务逻辑处理之外，当某个厂商设备或系统出现异常时，系统仍然可以正常运行，增强平台服务的健壮性。

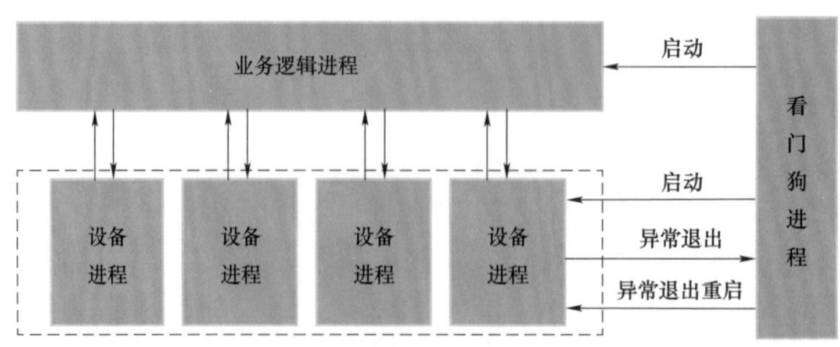

图 3-16　多厂商设备接入与系统互联技术原理图

（4）解码库动态加载与更新技术。统一视频平台中存在由于包含解码库的对象类别扩充组件（Object Class Extension，OCX）体积过大造成控件加载安装时间过长，进而影响视频的正常解码与观看的问题。利用解码库动态加载与更新技术，自动升级解码库，使其与视频文件相匹配，能有效地提高统一视频平台的用户体验。解码库动态加载与更新技术把 OCX 与解码库分成两部分分别加载。在 OCX 安装后不立即安装播放的解码库，而是在用户实际开始调阅视频时才开始下载所需的解码库。如图 3－17 所示，在请求视频时，客户端根据自身对解码库的需要，动态地从服务器下载对应的解码库。通过解码库动态加载与更新技术，可自动检测下载最新的解码库，实现解码库的自动更新与加载，解决 OCX 控件加载时间过长的问题。

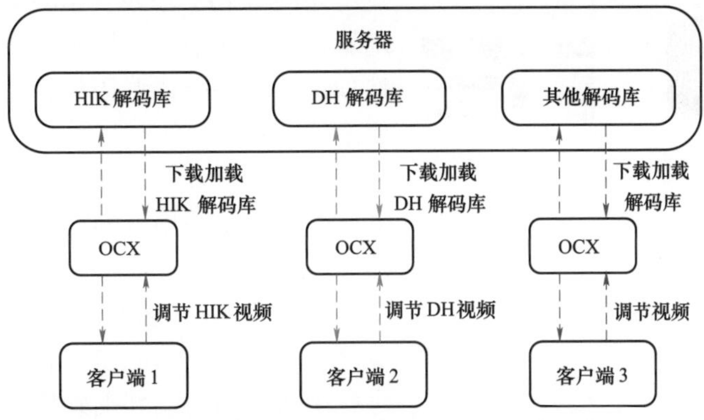

图 3－17　解码库动态加载与更新技术原理图

3.4.2　视频会商系统关键技术

1. 基于 HTML5 的 WebRTC 技术

统一视频平台中采用不同协议架构的终端在接入视频会商系统时需要设计相应的解决方案来增强互通性。基于 HTML5 的 WebRTC 技术能够抛弃私有协议插件，使得视频通信协议标准完全公开，跨平台、跨终端得以实现。如图 3－18 所示，WebRTC 技术是一种基于浏览器的多媒体实时通信技术，它将多媒体处理能力嵌入浏览器中，通过定义一系列标准化 JavaScript 接

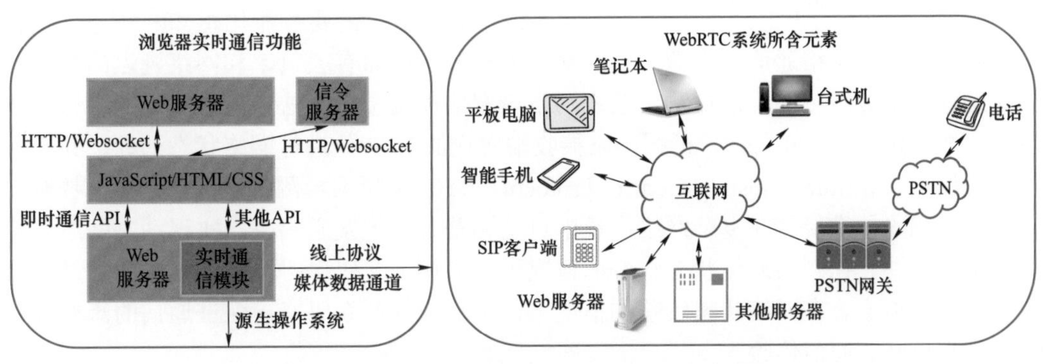

图 3－18　基于 HTML5 的 WebRTC 技术原理图

口和网络协议，并向 Web 开发者开放。基于 HTML5 的 WebRTC 技术几乎可以覆盖所有移动智能终端，在不安装任何软件或插件情况下，通过标准应用程序编程接口（Application Programming Interface，API）与 Web 程序交互，实现多终端间实时通信功能，该技术可运行于各种设备和操作系统之上，支持的终端包括台式机、平板电脑、智能手机、公共交换电话网（Public Switched Telephone Network，PSTN）、SIP 客户端等。因此，该技术具有普适性和泛在性，能够与多个业务系统实现无缝融合。

2. 端到端媒体流技术

端到端媒体流技术用于支持视频会商系统中的多媒体数据流通过网络从服务器向客户机传送，接收方边接收边播放。利用 NAT 动态会话遍历来识别终端，能够使对等的终端建立连接。如图 3－19 所示，端点首先搜集候选项传输地址，然后在信令通道中交换候选项，通过对候选项进行动态会话遍历执行连接检查，最后选定候选项并发送媒体，从而建立长连接。由于 UDP 协议没有 TCP 的拥塞控制和发送速率控制，端到端媒体流技术采用 UDP 协议来保障实时数据传输。目前电网安全接入平台仅支持 TCP 协议，不支持 UDP 协议，因此，采用 NAT 会话穿越应用程序（Session Traversal Utilities for NAT，STUN）进行中转。利用端到端媒体流技术，使得音视频流在信息内网边界通过 TCP 协议接入电网安全接入平台，经系统协议转换服务转为 UDP 协议在内网进行传输，能够实现网络安全穿透。

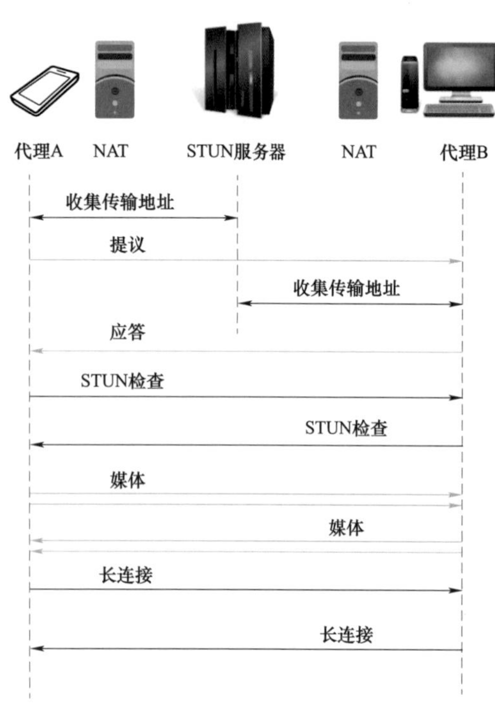

图 3－19　NAT 动态会话遍历原理图

3. 网络通信状态智能化感知与处理技术

电力系统通信网络是构建智能电网的关键组成部分，其运行状态关系保护控制等电力自动化系统的安全可靠运行。电力通信网络在运行过程中，可能出现元件故障、链路中断、报文丢失等各种通信异常，需要智能化感知网络通信状态并进行相应的处理。网络通信状态智能化感知与处理技术在原有丢包率和网络延迟的基础上，增加对媒体流服务质量的反馈检测，改进网络带宽估计状态机算法，能够实现网络通信状态的自动感知。如图 3－20 所示，根据网络接收端发送的 RTP 包进行网络状态估计，并通过实时传输协议（Real-time Transport Control Protocol，RTCP）反馈检测实现接收端阻塞控制。其中，音视频编码技术能够在复杂网络环境中自动调整音视频发送码率，实现动态网络环境中速率的可选择性。在网络通信状态较好的情况下，增加帧率码率，提高音视频的质量，保证音视频通信清晰度。在网络状态较差的情况下，主动降低帧率码率，保证通信的流畅性和可用性，带来更好的通信体验。

4. 多画面合成技术

视频会商系统中，为了满足每个与会者均能够进行面对面交流的客观需求，需要在同一时间看到所有的与会者。多画面合成技术能够将多个不同的视频画面实时地显示在同一台显示屏上，已被普遍应用于电网远程音视频会议中。多画面合成技术采用多点控制单元（Multi-Control Unit，MCU）图像处理模块来解决多点视频的图像合成问题。首先，MCU 根据通信初始化建立过程中的会议控制指令，将收到的各个码流的能力指示进行比较，最终选择出各个终端都能接受的能力指示（传输速率、编解码方法、数据协议等）进行通信。例如，当网络中存在个别终端不具备高速传输能力时，MCU 将所有的终端速率统一降至最低终端传输速率。其次，MCU 将从各会议点接收的图像数据流进行相应的处理及组合，并送至各点的解复器，进而实现视频画面的实时呈现。

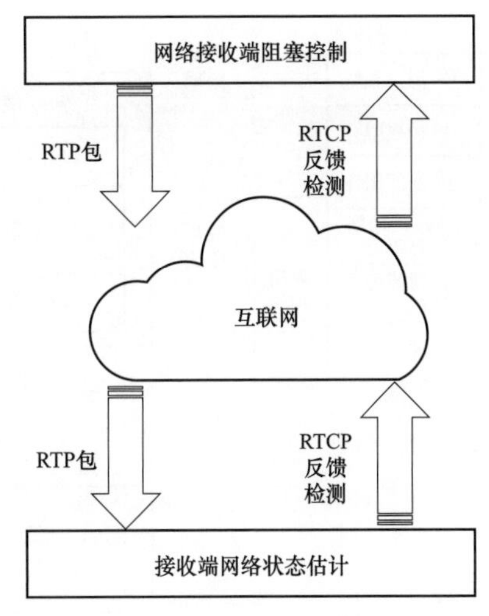

图 3-20　网络状态估计智能化感知原理图

5. 音视频同步技术

音视频同步是多媒体系统服务质量指标中的一项重要内容，在进行音视频传输时，由于不同终端对数据的处理方式不同，以及网络传输中时延与抖动的存在，均会引起音视频流的不同步。为实现音视频同步，在生成数据流时，应依据参考时钟的时间给每个数据块打上时间戳（一般包括开始时间和结束时间），并在播放音视频时，在读取时间戳的同时根据当前参考时钟时间来安排音视频播放。防止音视频不同步主要有以下两个手段：一是生成数据流时要以参考时钟时间为标准，给视频流和音频流打上正确的时间戳，同时保证数据流之间不会发生参考关系；二是进行基于时间戳的音视频播放控制，通过引入反馈机制，实时地将当前数据流的速度状态反馈给播放“源”，进而由“源”对数据流速度进行有效控制。

3.5　典型应用

3.5.1　统一视频平台应用

统一视频平台采用二级部署，主要包含通信服务器、管理服务器、流媒体服务器、录像回放服务器、数据库服务器、故障诊断服务器、网络诊断服务器、协议转换服务器、音视频互动服务器集群以及存储与分析服务集群及图像采集设备组成。内外网上都包括高性能视频图像分析专用设备、高性能视频压缩专用设备。同时与统一权限、人工智能组件、电网 GIS 地理信息等平台集成，统一视频平台应用部署架构如图 3-21 所示。

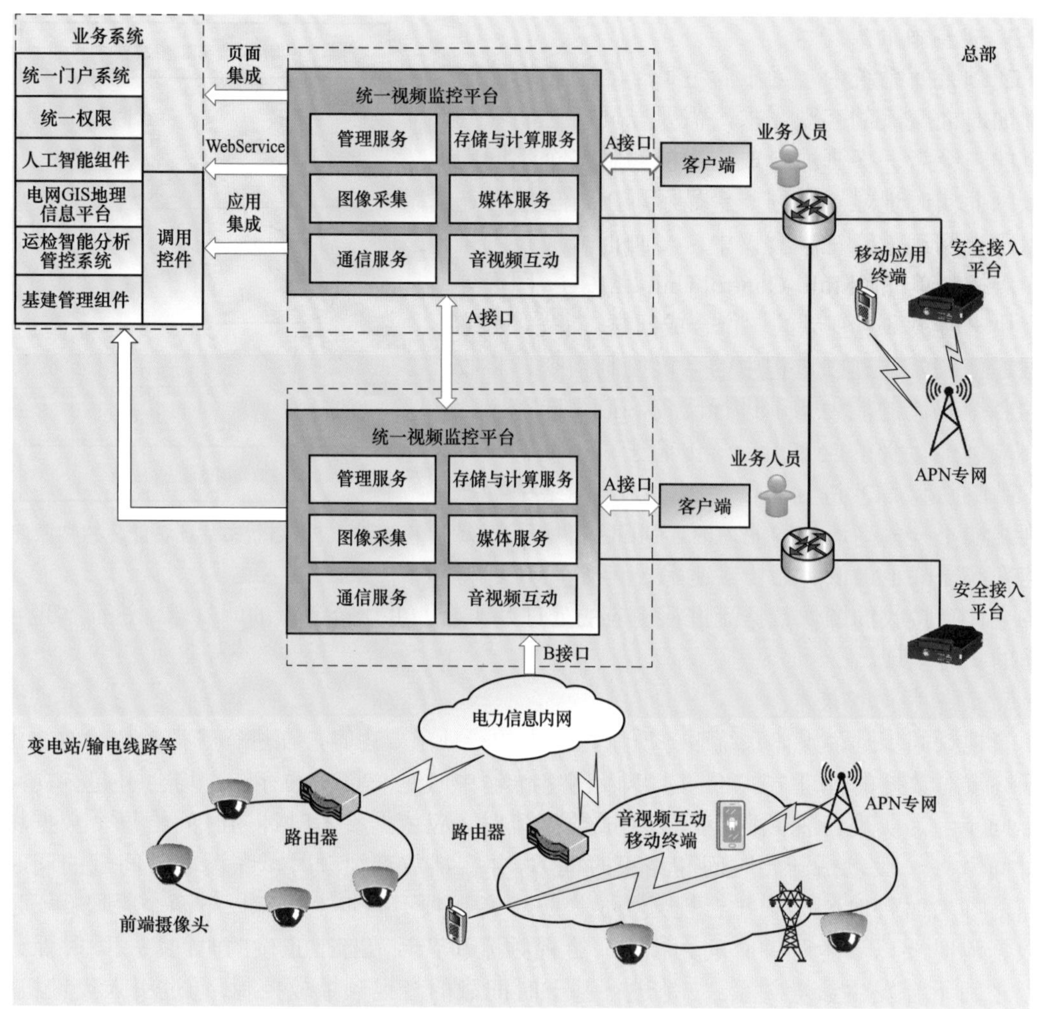

图 3–21　统一视频平台应用部署架构图

1. 全球眼全景展现与运行指挥系统

某电力公司全球眼全景展现与运行指挥系统根据当地气候特点及旅游战略要求而建设，包括视频监控、大屏展现、计划展示、运行信息展示、设备状况展示、气象信息展示等应用，实现电网生产、调度等业务数据，以及变电站视频、环境等数据汇聚与展示，实现电网企业运行信息全方位监控与展示，支撑应急事件抢修与辅助决策。项目自 2010 年开始建设，历时 4 年，共计接入 110 座变电站，横向集成生产等 7 个业务系统数据，覆盖全省公司及 18 个县级公司。系统主要特点如下：

（1）展示形式多样。融合 GIS、二/三维图表、视频监控、动画等，以场景与展板形式进行可视化表达。

（2）展现手段丰富。支持手机、PAD、大屏、桌面展现方式，支持不同场景需求。

（3）集成内容丰富。支持气象、生产、调度、应急等多应用集成，提供丰富内容信息。

2. 架空输电线路在线智能监测

某电力公司建立视频智能分析初步应用框架，包括实时视频调阅、设备告警管理、服务配置管理、视频图像分析任务管理等应用，实现架空输电线路在线智能监测，为运检管控系统业务应用功能提供支撑。该系统接入当地 325 路通道视频，涉及三跨、外破、山火、舞动等风险点位，以外破、山火识别为先导，实现了相关场景的视频图像智能巡检。与传统的人工巡视、视频巡视方式相比，线路智能巡视实现了对线路风险区段运行环境的全天候自动巡视、自动监测，监测范围时效性大幅提升，确保线路通道安全可靠。

3. 作业现场全景展示

某电力公司运用视频监控、远程会商、移动互联等技术，利用现场布控球和单兵设备，打造智能化、流程化、可视化现场作业管控平台，包括现场作业计划管控、现场作业实施管理、现场作业评价管理、稽查队伍建设管理、现场作业安全管控展示、视频综合监控专题展示、现场作业移动视频、现场作业全流程管控移动、现场移动会商等应用，实现了作业现场全景展示、一键监控、全流程管控等功能。

4. 某市视频综合监控系统

某电力公司对现有输电、变电、配电、电缆及施工现场各类固定场景视频监控设备及布控球、单兵移动等设备进行统一接入、管理和分析应用，采用集中部署分级分模块授权服务的方式，研发了视频综合监控系统，包括实时视频调阅、历史录像回放、资源管理、平台配置管理等应用，为市公司及 13 个二级下属单位管理、监管和专业技术人员提供业务远程监控、作业与施工现场安全监督和应急指挥等的可视化与互动化手段。

3.5.2　视频会商系统应用

视频会商系统应用部署架构如图 3－22 所示，视频会商系统应用利用移动终端管理设备以及安全网关，依托 3G/4G 移动网络，采用基于 HTML5 的 WebRTC 技术实现平板电脑、智能手机等移动终端与桌面视频会议系统的接入，为电力内外网音视频互通提供便捷、灵活、易于扩展的解决方案，实现工作现场与指挥中心的实时音视频互通、信息资源可视化共享，为应急指挥、故障会诊等业务应用提供可靠手段。同时，通过对会商服务集群和负载均衡建设，以保证高并发互动情况下音视频传输的流畅与稳定性。

1. 某省视频会商应用

视频会商支撑该省电力智能化运检分析管控系统定制化应用，接入视频监控系统、生产管理系统（Production Management System，PMS）等，对智能化运检业务进行深度融合，同时移动会商融合远程作业终端手提箱、布控球设备，实现远程 PTZ（Pan/Tilt/Zoom）控制布控球，实现运检管控业务实时音视频互动，为电力日常运检、应急抢险、生产指挥等生产活动提供了强有力的实时音视频支撑。

2. 总部统推视频会商应用

在多地电力公司运检智能化管控平台建设中，远程视频会商作为运检管控平台的重要组成部分，包括会商组织、文档管理、监控视频、桌面共享、电子白板等应用，为业务部门提供安全稳定的音视频互动服务，支撑管控平台实现生产现场信息与后台指挥实时互动和信息共享，深度融合统一视频平台等监控管理系统，提升设备状态管控力和运检管理穿透力，实现运检业务创新发展和效率提升。

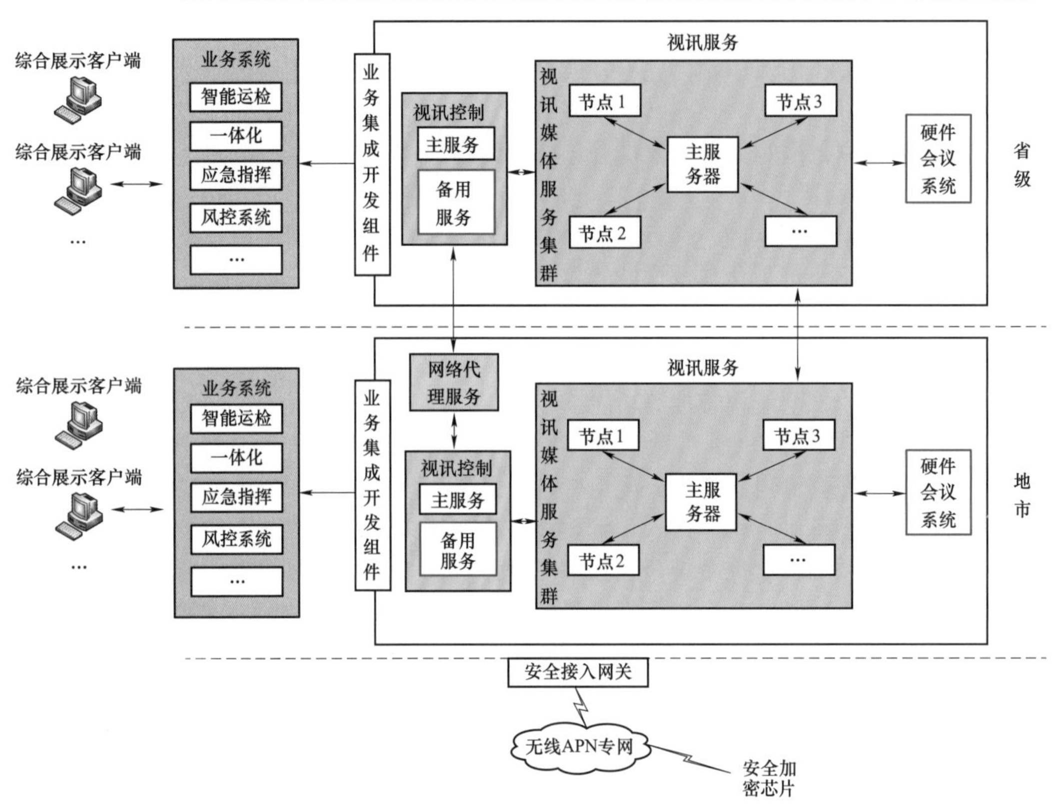

图3-22　视频会商系统应用部署架构图

—移动单兵；—移动云台；—视讯盒子；—布控球设备；—无人机；—安全头盔

第 4 章　生产管理关键技术与应用

4.1　概述

生产管理是计划、组织、协调、控制企业生产的综合管理活动，其内容主要包括生产计划、生产组织及生产控制等，从而通过合理组织生产过程，有效利用生产资源，达到预期目标。PMS 系统最初起源于美国的预防保全（Preventive Maintenance，PM），主要面向企业的生产运营与生产管理，旨在实现生产信息及其及时确认消息上传下达，满足企业多组织、多地点、多层次的管理需求。进入 21 世纪后，随着现代化管理理念在企业管理体系建设中的深入与普及，生产管理信息化建设程度也在不断加深，因此，需要进行信息化平台的搭建，通过数字化、信息化的方式来对企业大量生产数据进行集中处理，满足生产管理一体化的建设需求。

PMS 系统对提升企业的生产效率，促进企业信息化发展起着至关重要的作用，其应用领域涵盖各行各业，包括机械制造、化工、石油等制造产业，为提高企业的管理效率和管理水平做出了突出贡献。在电力行业，利用 PMS 系统数据高度集成、即时追溯、综合统计等技术优势，能够实现电网企业生产管理业务系统间的实时数据共享，进而全面、及时、准确的掌握生产动态，有效控制生产过程。通过建设 PMS 系统，以工作流程驱动产生业务数据，能够实现电网运检全业务在线管理，提高工作效率和经济效益，实现电网运检与其他部门间的数据共享和业务融合，进而达到设备管理向资产管理和电网管理的转变。除此之外，PMS 系统可完成从 1000kV 特高压到 10kV 配电网交直流一次设备的覆盖，实现缺陷、试验、任务、计划、工作任务单、停电、两票、现场标准化作业，以及各类修试记录等电网运检基础业务的闭环控制。为满足电网生产管理建设需求，以国家电网公司和南方电网公司为代表的电网企业均开展了生产管理相关的研究建设，如国家电网公司基于 SG－UAP 平台的 PMS2.0 系统，南方电网公司基于 PCS2000 平台的 PMS 系统等。

随着社会信息化的深入发展，各企业都在加快建设信息网络平台的步伐，并对 PMS 系统信息化建设提出了更高要求。生产管理软件开发需要融合现代化的管理模式，使 PMS 系统成为企业实现信息化生产管理的必备工具和重要手段。PMS 系统需要对先进的生产管理方法、模型进行融合与研究，促进生产过程中相关资源的整合，实现集成化的生产管理，提高资源的利用效率。就电力行业而言，新一代电网 PMS 系统需要实现对设备创建、运行、维护全过程生命周期的管理和追踪，并以此为基础逐步实现 PMS 系统与其他系统间的数据共享和交互，稳步推进电网信息一体化工程建设。

本章以国网 PMS2.0 为例，着重介绍生产管理关键技术的基本概念，并阐述电网 PMS 系统的架构及系统功能，最后介绍其在电网企业中的典型应用。

4.2 生产管理系统

4.2.1 系统架构

如图 4－1 所示，生产管理系统运行时从用户界面到数据存储需要经历多个功能层次的交互，平台可以分成展现层、服务交互层、业务逻辑层、持久层，其中数据的展现输入、服务的请求派发、业务逻辑的执行和数据的持久化操作等多个阶段依次进行。展现层主要负责接收用户输入的数据并将之呈现，随后传递给应用服务层进行相应处理；服务交互层负责处理展示层及外部系统请求，保持会话状态，完成视图转换和数据转换，并采用抽象基类和接口实现与业务逻辑层的通信功能；业务逻辑层负责处理应用服务层请求，实现业务规则和业务逻辑，并采用抽象基类和接口实现与技术服务层的通信功能；持久层负责处理业务逻辑层和数据库间的信息交互访问以保持数据一致。

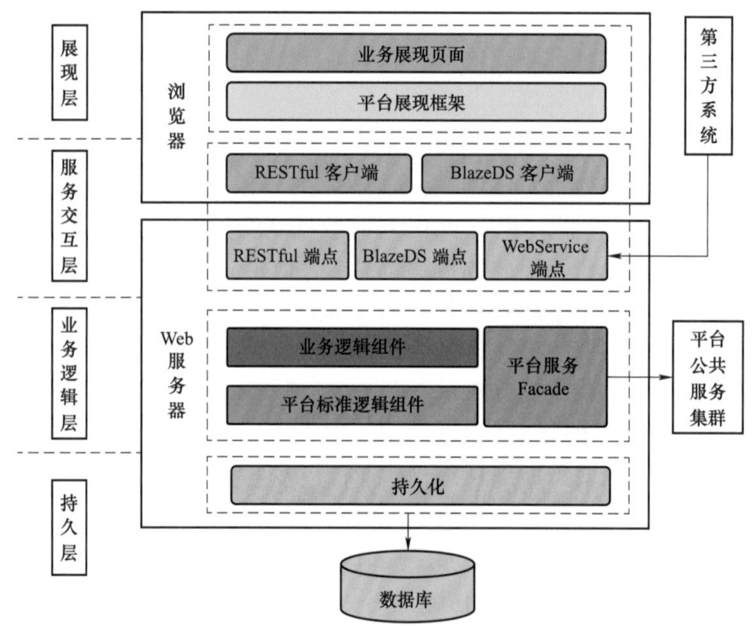

图 4－1　生产管理系统架构图

基于分层思想，平台在 Web 应用的不同层面上提供了展现框架、服务交互、服务封装、应用集成等各种基础设施和工具，使得业务系统开发人员只需要重点关注展现页面、业务逻辑等组件开发模块。

4.2.2 系统功能

电网生产管理系统 PMS2.0 包括六大中心，依次为标准中心、电网资源中心、计划中心、运维检修中心、监督评价中心和决策支持中心。其中标准中心是基础，主要用于实现标准规范管理、标准库管理和定额库管理功能，为其他五大中心提供标准规范支撑，通过充分共享经验库、专家库和知识库，实现对设备分类、缺陷标准库、状态评价导则等文件的统一管理。电网资源中心是核心，其基于 GIS 的“多时态统一电网”可被其他几大中心直接使用，成为规划、基建、生产、调度、营销等业务融合的核心枢纽。运维检修中心是基层运检人员的主要工作平台，其核心目的是对运维检修作业进行流程规范化和过程标准化管理，实现对工作质量的有效管控。计划中心依据决策支持中心的分析结果，通过优化综合生产计划、大修技改计划等手段来降低停电发生概率，提高电网经济效益与运检效率。决策支持中心是管理层进行业务决策的重要信息支撑平台，管理人员依据电网资源中心、运维检修中心、监督评价中心的数据结果，对设备的结构、使用寿命、运维情况等方面开展优化决策分析。监督评价中心主要包括设备评价、项目评价、实物资产评价和技术监督等内容，为状态检修和技术监督提供技术支持，是专业管理人员的重要工作平台。如图 4－2 所示，生产管理系统功能架构按照上述“六大中心”思想设计，可实现不同中心主要功能，同时紧密结合“大检修”业务流程，为运检业务的线上执行提供支撑。

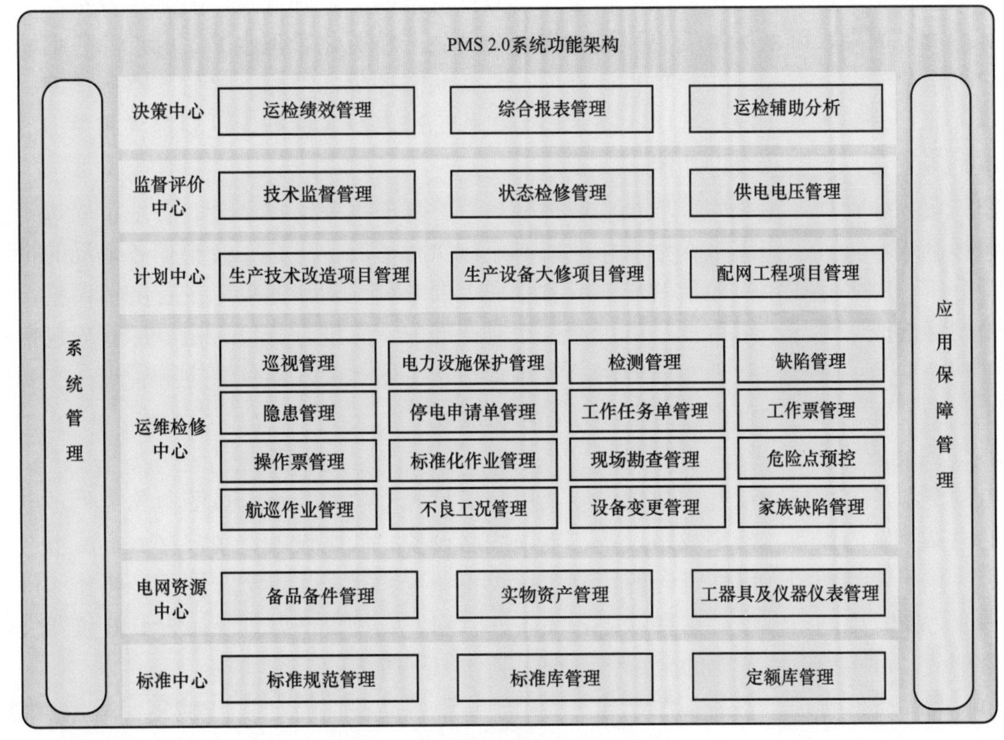

图 4－2　生产管理系统功能架构图

1. 标准中心

标准中心主要涵盖标准规范管理、标准库管理和定额库管理三个部分，具体如下所述：

（1）标准规范管理。标准规范管理用于实现与系统建设相关的运检主数据标准、内部标准规范数据管理及运维管理。通过完善高效的运检主数据、内部标准管理流程及运维机制，固化数据标准，建立全公司范围内统一的运检主数据和内部标准规范，有助于实现对运检主数据及内部标准信息化、规范化、专业化、标准化管理。标准规范管理包括公共标准规范、电网资源标准规范、运维检修标准规范和专业管理标准规范。公共标准规范主要提供电压等级、设备状态、资产性质、电网区域分类等公共标准规范的申请、审批、发布及查询功能；电网资源标准规范主要提供保护功能分类代码方案、电站分类代码、电缆敷设方式等电网资源相关的标准规范申请、审批、发布及查询功能；运维检修标准规范主要提供故障现场分级、停电停役申请工作、停电原因归类、挂摘牌、设备缺陷性质代码等运检相关的标准规范申请、审批、发布及查询功能；专业管理标准规范主要提供项目类型、专业类别、运检绩效指标分类、设备状态监测、输电监测、变电监测等专业管理相关的标准规范申请、审批、发布及查询功能。

（2）标准库管理。标准库管理通过完善标准库管理流程、运维机制，实现标准库信息化、规范化、专业化、标准化管理。在实际运行中，地市检修公司、省市公司运检部可以根据面临的实际情况提出标准规范变更请求，通过各级审核和专业发布，实现标准规范的统一性和唯一性，以增强标准管控力度，提升信息标准数据的准确率，降低运维复杂度及运维成本，缩短标准修订周期，降低标准变更风险，提升公司生产精益化管理水平。标准库包括缺陷标准库、标准化作业标准库、实验项目标准库、设备状态评价标准库、检修策略标准库、状态监测标准库、设备不良工况标准库、技术监督工作标准库，各标准库主要提供相关标准的申请、审批、发布、更新及查询功能。

（3）定额库管理。定额库管理是国网标准规范管理的重要支撑部分。各地市局每年会向省公司标准成本管理工作组报送标准作业成本定额执行情况，工作组会根据各地局的报送情况进行分析，对于存在较大差异的作业或者管理上要求调整的作业可以进行酌情调整，并报送省公司标准成本领导小组审批，审批通过后对标准成本库进行修订。定额库管理包括检修定额管理、备品备件定额管理、服务用车定额管理、工器具及仪器仪表定额管理，主要负责相关定额的设置、维护、查询、需求计划管理功能。

2. 电网资源中心

电网资源是各类电网设备、基础设施及用户信息等资源的统称。按照对象类型，电网资源包括电站及站内设备、架空线路设备、电缆线路设备、低压设备、用户接入点、生产辅助设施等；按照信息类型，电网资源的信息包括设备参数、状态、量测、图形、拓扑和资产信息等多个方面。电网资源中心主要涵盖备品备件管理、实物资产管理、工器具及仪器仪表管理三个部分，可实现电网资源的全流程管理，具体如下所述：

（1）备品备件管理。备品备件管理主要用于实现备品备件的定额、台账、试验、维修和报废的全过程管理。通过将备品备件定额配置标准纳入 PMS2.0 系统管理，并监控现有备品备件存量，能够保证备品备件的安全定额储备。同时，共享所有备品备件台账及仓储信息，能够对备品备件的新增、领用、出入库等进行实时库存更新。此外，备品备件管理可实现对备品备件的试验标准、维护及报废管理等历史信息的查询、统计、分析。备品备件管理包括试验管理和报废管理，其中试验管理可实现试验项目及报告模板维护、试验数据分析、试验报告查询统计、试验报告流程管理功能，报废管理则主要提供备品备件报废记录录入和统计分析功能。

（2）实物资产管理。实物资产管理以资产为核心，能够实现物资、设备、资产三联动高效管理。该功能可在设备运行使用期间实现对实物资产的运行维护、信息维护、清查盘点、异动处置、统计记录，并利用资产退出决策实现留用、退役等处置方式的管理，还可对再利用实物资产进行保管及维护，保证其良好的技术性能，实现电网实物资产新增、维护、退出、再利用、报废的全过程闭环管理，保障账、卡、物一致性，支撑公司资产全寿命周期管理。实物资产管理包括设备资产同步管理、设备资产退役管理、设备资产再利用管理和设备资产报废管理。设备资产同步管理主要提供设备资产账卡信息联动、实物资产清查盘点和账、卡、物一致性辅助匹配功能；设备资产退役管理主要提供资产退出信息维护和退出情况统计功能；设备资产再利用管理主要提供再利用设备信息维护、信息查询、统计分析功能；设备资产报废管理主要提供报废申请、审批、综合统计功能。

（3）工器具及仪器仪表管理。工器具及仪器仪表管理主要对运检作业中使用到的工器具进行管理，包括已有工器具台账的建立、工器具的维护试验、工器具的领用和归还等。工器具的管理范围包括各类检修试验装备、特种车辆、仪器仪表、专用工器具等。其中，工器具模块的仪器仪表部分的设备名称，其分类应与《国家电网公司运检装备配置使用管理规定》保持一致，对常规仪器的校验周期由国家电网公司统一发布。此外，工器具管理可分为常规交流站和特高压及直流站工器具管理。对于常规交流站，应提供资产管理集成功能，使工器具的查询统计管理可在资产管理系统中完成。对于特高压及直流站，需要根据站内工器具的管理现状，进行工器具的台账、领用、退回、试验、补充、报废全过程管理。工器具及仪器仪表管理包括工器具及仪器仪表使用管理和工器具及仪器仪表周期维护，其中工器具及仪器仪表使用管理主要提供对使用归还记录的查询统计功能，工器具及仪器仪表周期维护主要提供对工器具及仪器仪表维护试验的提前提醒和超周期提醒功能。

3. 运维检修中心

电网运维检修指在设备运行期间，围绕设备开展运行维护、检修试验等工作。通过设备巡视、在线监测、带电检测和设备试验等手段，了解设备运行状态，发现设备故障、缺陷和隐患，并及时调派资源对设备故障进行抢修处理。结合状态检修计划、设备缺陷和隐患等方式，形成以检修计划为主线、以工作任务单为执行手段、以标准化作业和移动作业为支撑、以工作票为安全保障的检修全过程管理，实现电网安全、经济和可靠运行。

运维检修中心包括巡视管理、电力设施保护管理、故障检测管理、缺陷管理、隐患管理、停电申请单管理、工作任务单管理、工作票管理、操作票管理、标准化作业管理、现场勘查管理、危险点预控、航巡作业管理、不良工况管理、设备变更管理和家族缺陷管理功能。巡视管理指针对不同的设备分别制定巡视周期，巡视人员在巡视过程中发现缺陷或隐患时，可进行缺陷、隐患登记，并在完成巡视后登记巡视结果；电力设施保护可实现对外包队伍、线路护线员等各类统计报表的管理；故障检测管理通过对电力设备运行状况进行检测，发现设备缺陷及隐患、开展设备状态评估，为状态检修提供科学依据；缺陷管理采用闭环模式，包括缺陷发现、缺陷审核、缺陷处理、验收全过程，运维班组发现缺陷后，上报给检修公司专责，经过逐级审核后，安排检修班组进行消缺；隐患管理对运维工作中发现的隐患建立档案，对隐患的变化情况进行跟踪，将重新具备消缺条件的隐患转为缺陷并继续原缺陷处理流程；停电申请单管理主要提供申请单位、申请时间、是否批复、检修性质条件等信息的查询、统计功能；工作任务单管理包括工作任务单完整业务流程管理并提供工作任务单查询统计功能，实现对工作任务单的编制、受理、执行等管理功能以及工作任务执行状态、完成率的统计分析功能；工作票管理主要实现工作票填写、签发、接收、许可、终结与作废、评价、查询统计功能；操作票管理是防止误操作的重要措施，为人员和设备安全提供保障；现场标准化作业管理包括范本管理、作业文本管理并提供查询统计分析功能；现场勘查管理对需要进行现场勘查的作业提供现场勘查单登记、审核功能；危险点预控可提供危险点采集、审核、归档和预控措施制定功能；航巡作业管理可从通航公司获得用于直升机作业的机组信息，提供直升机巡视计划的编制调整、审核、上报、发布和执行功能；不良工况管理主要提供不良工况项目维护和不良工况信息录入、审核功能；设备变更管理主要提供版本任务管理和设备变更流程化管理功能；家族缺陷管理主要负责疑似家族缺陷的上报、认定，以及家族缺陷设备数据的统计查询功能。

4. 计划中心

计划中心主要涵盖生产技术改造项目管理、生产设备大修项目管理及配网工程项目管理三个部分。

（1）生产技术改造项目管理。生产技术改造项目管理是技术改造管理的基础环节和重要组成部分，包括从项目的前期准备、具体实施到竣工考核各阶段的组织管理工作。生产技术改造项目管理主要包括新建项目管理、技改规划管理、项目储备管理、年度计划管理、项目实施进度跟踪并提供项目评价管理系统功能。新建项目管理主要提供技改设备清单辅助生成、新建项目维护、可研审批、项目研判及项目信息统计分析功能；技改规划管理主要提供技改规划项目编制、上报及审核功能；项目储备管理主要提供项目排序、编制、上报审核、统计分析功能；年度计划管理主要提供预计划、专项计划、年度计划的编制及上报审核功能；项目实施进度跟踪主要提供项目形象进度填报、审核及查询、月报表自动生成功能；项目评价管理主要提供评价成果维护、查询及应用功能。

（2）生产设备大修项目管理。设备大修是指在设备在经长时间或异常使用情况下不得已而进行的整体维修作业，能够通过设备大修可有效提升设备可靠性并节约设备更换成本。设备大修涉及多部门协调管理，在项目执行时会有不同职责的工作人员对项目进行干预。生产设备大修项目管理的主要系统功能包括年度计划与项目储备管理，以及项目进度跟踪等。项目储备管理由储备项目编制、项目排序、上报审核、储备项目统计分析等组成；年度计划管理由专项计划、预计划、年度计划编制以及上报审核等组成；项目进度跟踪由项目形象进度填报与审核及查询组成，并提供自动生成月报表等功能。

（3）配网工程项目管理。配网工程项目管理通过先进的技术架构、灵活的业务流程定制、整齐的文档分类管理、强大的查询统计报表，实现公司内部的信息资源共享，对项目的人员、流程、资金及物料等进行精细化的管理，全面提升供电企业工程管理水平，提高工作效率。配网工程项目管理主要包括需求库管理、专项工程管理、项目立项辅助、预计划项目管理、计划项目管理、项目初设管理、实施进度管理及可视化辅助决策系统功能。需求库管理主要提供需求库新建、审核、项目包管理及查询统计功能；专项工程管理主要提供专项管理对象新建、查询统计、项目维护功能；项目立项辅助主要提供评估指标管理、评估体系管理、评估任务执行监控、配变问题库维护功能；预计划项目管理主要提供预计划工程维护、预计划项目维护、预计划项目查询功能；计划项目管理主要提供批次信息管理、打包项目维护、单体工程查询统计、打包项目查询统计功能；项目初设管理主要提供初设文件上报、初设文件审查、初设成果查询统计功能；实施进度管理主要提供节点计划维护、节点计划审核、物资服务采购导入、物资服务采购管理功能；可视化辅助决策主要提供总体情况监控、施工现场安全与质量监控、物力进展统计、执行情况统计功能。

5. 监督评价中心

监督评价中心主要涵盖技术监督管理、状态检修管理及供电电压管理三个部分。

（1）技术监督管理。技术监督管理旨在对电力系统内部的发供电设备及其运行状况进行标准化、自动化、智能化监测和管理，实时在线监督并分析评价发供电设备健康状况、运行风险和安全水平，以确保系统安全、可靠、经济运行。技术监督管理主要包括技术监督网管理、技术监督计划管理、监督过程管理、技术监督数据分析并提供技术监督总结等系统功能。技术监督网管理主要提供技术监督的组织架构及技术监督人员工作职责维护功能；技术监督计划管理主要提供技术监督工作计划管理及技术监督年度计划管理功能；监督过程管理主要提供网络活动管理、预警单管理及告警单管理功能；技术监督数据分析主要提供技术监督数据分析功能；技术监督总结主要提供技术监督月报及年度监督总结功能。

（2）状态检修管理。状态检修指根据先进的状态监测和诊断技术提供的设备状态信息，判断设备异常，预知设备故障，并根据预知的故障信息合理安排检修项目和检修时间。状态检修管理主要包括状态信息管理、设备状态告警管理、状态评价管理、状态诊断管理、检修决策管理及状态检修计划管理。状态信息管理主要提供设备信息页面初始化、查询、新增、更新及删除功能；设备状态告警管理主要提供缺陷告警、检修试验告警、状态告警、监测告警及其他自定义告警功能；状态评价管理主要提供输变电设备评价报告的上报、审核、复合及反馈功能；状态诊断管理主要提供设备诊断及设备状态信息确认功能；检修决策管理主要提供制定检修决策功能；状态检修计划管理主要提供编制状态检修计划的提交、审核功能。

（3）供电电压管理。供电电压管理是电网运行管理的重要组成部分，主要包括电压数据管理、电压测点管理、告警事件管理、电压报表管理、输电精益化管理评价、变电精益化管理评价及技改大修精益化管理评价等系统功能。电压数据管理主要提供供电电压合格率查询、历史数据查询、异常数据查询、同比分析、环比分析、时间段分析、缺失数据查询、数据补采及统计计算功能；电压测点管理主要提供单位电压合格率指标、监测装置、监测点、自定义统计对象等静态信息管理功能；告警事件管理主要提供电压数据告警事件管理及装置告警事件管理功能；电压报表管理主要提供供电电压模板报表导出、打印、分析及管理功能；输电精益化管理评价主要提供输电季度考核数据填写、计算及输电精益化报表输入、查询功能；变电精益化管理评价主要提供评价总则维护、评价模型维护、电站精益化评价、运行指标完成评价、重点工作完成评价、专业贡献评价及评价总结功能；技改大修精益化管理评价主要提供评价标准维护、精益化评价指标数据维护、任务发布管理、指标得分查询及精益化评价功能。

6. 决策中心

决策中心主要包括运检绩效管理、综合报表管理和运检辅助分析三个部分。

（1）运检绩效管理。根据总部、省公司对运检绩效工作的业务要求，运检绩效管理应提供运检绩效指标体系管理、绩效数据管理、绩效数据评价分析及绩效数据展示功能。运检绩效指标体系管理支持总部对年度指标体系进行维护并下发省公司；绩效数据评价分析主要提供绩效数据评价模型维护功能，并对绩效数据进行评价分析；绩效数据展示主要提供单项指标展示和多项指标综合展示功能。

（2）综合报表管理。综合报表管理通过整合综合设备台账数据、运行维护数据、状态评价数据和检修数据，形成电网运行、运检情况总览和运检报表，从宏观到微观全方面展现设备运行情况及各项运检管理情况，为运检业务运营决策提供支撑。综合报表管理包括电网运行情况总览、运检情况总览和报表模板定义功能。电网运行情况总览从全局和单体设备出发，按照不同层面，直观显示设备规模分布和运行情况，综合展现设备运行状态；运检情况总览按照不同区域、省、地市层级统计展示运行、检修、抢修工作情况，为公司及时了解运检工作情况，合理调配各级资源提供可靠数据信息；报表模板定义提供以报表元素为基础组成部分，可实现按需定制报表模板。

（3）运检辅助分析。运检辅助分析包括设备故障诊断、风险评估、状态预测、运检决策与优化四部分。设备故障诊断主要提供油色谱、差异化分析等故障设备分析诊断功能；风险评估可实现设备综合风险查询功能；状态预测主要提供动态增容、覆冰预测功能；运检决策与优化主要提供缺陷辨识及检修策略优化功能。

4.3 生产管理关键技术

4.3.1 服务集成技术

如图 4–3 所示，服务集成技术是将生产管理系统的不同功能单元通过定义良好的接口或协议进行统一化集成的技术，其中接口采用中立方式，独立于实现服务的平台，从而使得构建在不同系统中的服务能够用通用的方式进行交互。服务集成技术的应用旨在建立一套基于统一模型的服务集成框架。形成的服务集成模式应包含电网生产管理系统中的所有数据种类，并支持外部系统使用模型数据，同时满足统一模型接受外部系统的发布信息，实现数据共享。服务集成技术规范采用 SOA 架构标准协议实现，适用于电网空间地理数据、电网设备运检数据、设备台账信息和设备实时状态信息等海量实时数据的交换。在电力系统中，该规范可提供对电网资源管理中心、空间地理信息服务平台及非结构化数据管理平台等多个重要平台的服务接口，优化数据交换平台的监测管理架构和功能设计，提供对数据交换服务器负载、核心服务进程、传输通道及相关数据库运行状态等指标的统一监控和预警功能，满足统一电网资源模型与各业务系统间的快速数据交换与服务共享需求，打破信息孤岛，为数据关联分析、数据整合与综合化展示等高级应用奠定基础。

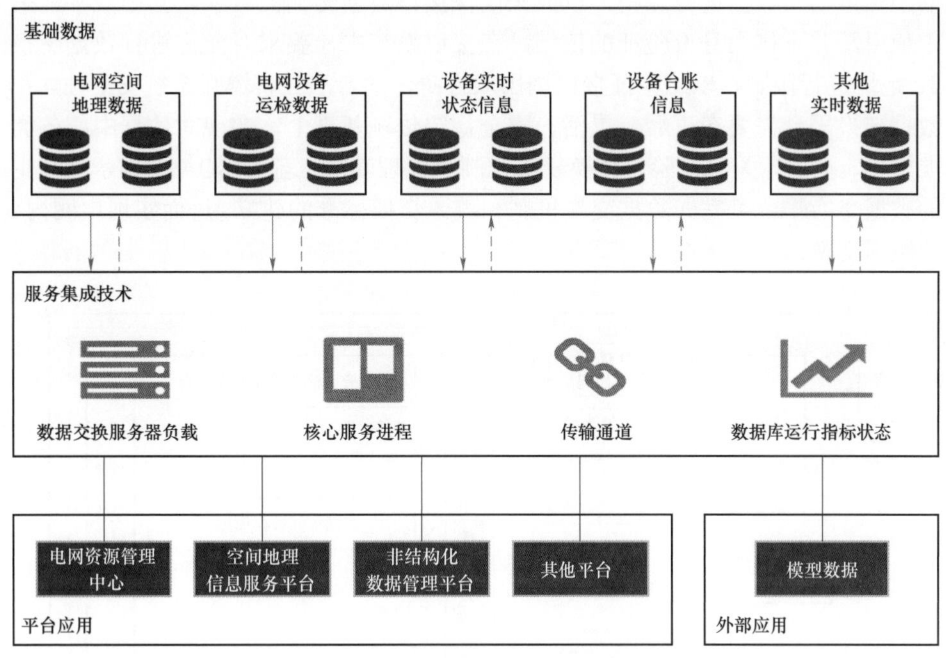

图 4-3　服务集成技术原理图

4.3.2　抢修资源综合调度技术

抢修资源综合调度技术是将配电网故障恢复和抢修问题简化成数学模型来求解的技术，即在一定约束条件下，通过开关倒闸和人工抢修相配合的方式对配电网进行网络结构调整，来最大限度地恢复失电负荷、降低经济损失、减少抢修成本。抢修资源综合调度技术旨在电网应急抢修场景中快速实现人力、物力资源的调度，保障抢修作业正常开展和现场人员安全。利用抢修资源综合调度技术可实现在故障出现后的快速响应与修复，使造成的损失最小。在电力系统中，当突发事件引起停电时，首要任务是合理地将应急抢修车辆和故障任务地点进行分配，有效提高抢修车辆的利用率，修复故障，这一过程可以通过构建由黑板、知识源（信息采集子系统）控制器构成的联合优化模型实现。在图 4-4 中，黑板可为上述问题的求解提供工作空间，记录问题求解过程中的中间解及状态信息，并且可以调用各知识源及控制知识源的信息发布访问；知识源控制器负责各抢修车辆代理在应急抢修过程中的信息交互及消除中间解的矛盾，实时求取系统最优解，实现抢修资源综合最优调度。

4.3.3　数据交换技术

数据交换技术是用于实现生产管理系统平台内部上下层之间、平台与外部网络之间进行有效、可靠数据传输的技术。生产管理系统中，数据交换双方的 WebService 采用基于安全套接字层（Secure Sockets Layer，SSL）的超文本传输协议（HTTP over Secure Socket Layer，HTTPS）来保证数据在传输过程中的安全性。如图 4-5 所示，传输协议仅采用 SSL 单向认证模式，即在数据交换建立连接时，调用方会获得对端服务器的数字证书，数据在传输时可利用证书密钥自动将数据进行加密，以此来确保接口数据传输的效率，其中数字证书只在数据加密中使用，并不作为身份验证的依据。在接口系统中，要求对允许进行数据交换的对端服务器 IP 地址进行限制，以此验证接口调用双方身份的合法性，增强系统安全性。在电力系统中，数据交换平台需要在可靠、灵活、安全稳定传输基础上，实现对数据中心各类业务数据的标准转化、抽取、关系校验、交换权限控制等管理功能。基于 SOA 架构，电网生产管理系统中的数据交换平台可完成数据交换机制和统一交换标准的建立，进而实现电网内跨地域、跨部门的数据交换。

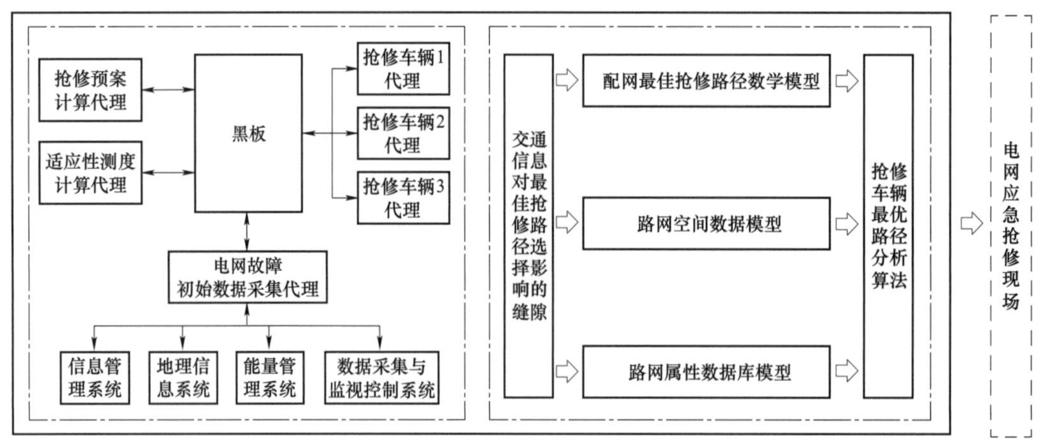

图 4－4　抢修资源综合调度技术原理图

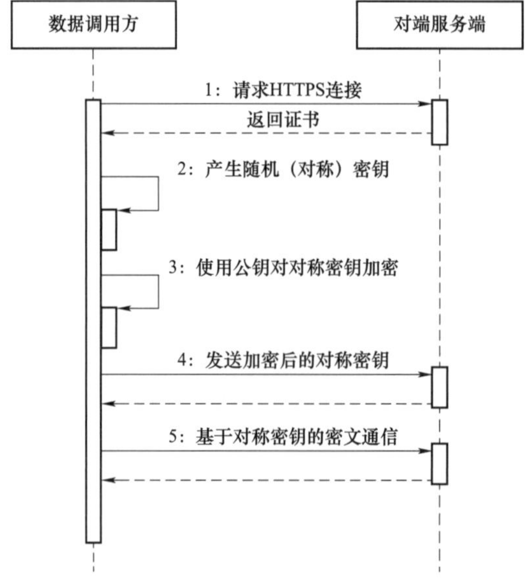

图 4－5　基于 HTTPS 传输协议的数据交换技术原理图

4.3.4　数据挖掘技术

数据挖掘技术常应用于电网故障信息处理，指在大量设备运行数据训练样本的基础上，得到正常运行与故障数据对象间的内在特征，并以此为依据进行有目的的信息提取。基于关联规则的故障诊断技术能够从历史数据中自动或半自动地获取潜在诊断知识，从而有效解决故障诊断中知识获取困难的问题。如图 4－6 所示，其中历史数据是指电力设备在运行管理中产生的大量全景状态信息数据，如运行记录、缺陷数据、预防性试验数据、在线监测数据、检修试验数据等，这些数据隐含着设备的运行状态，如在实际电力设备发生故障之前的一段时间内，监测数据可能会发生温度、压力等参数的异常增减。在电力系统中，利用数据挖掘技术可以实现对历史数据进行分析总结，找出内在规律，再用这些内在规律判断当前设备的运行状况，及时发现故障征兆并采取有效措施，并为技术服务中心提供策略指导，避免电力系统出现重大故障。

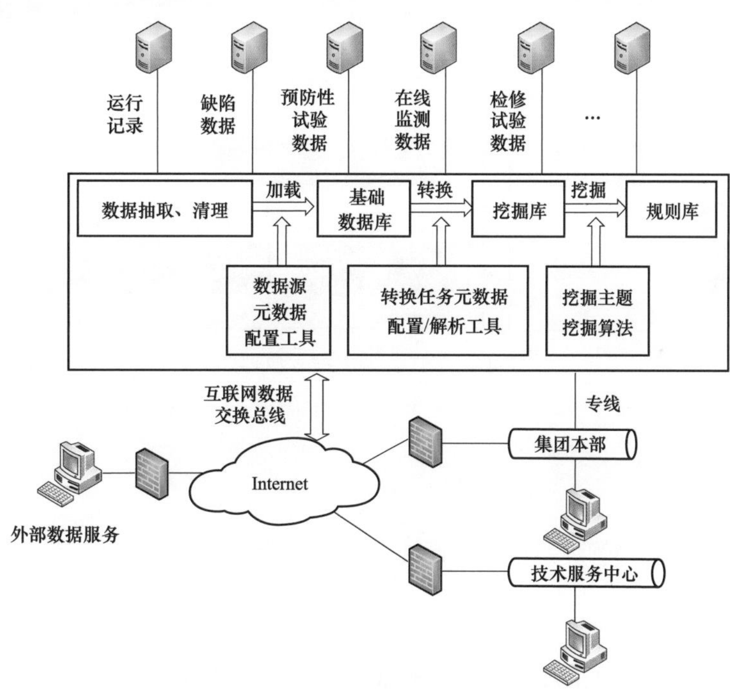

图 4－6　数据挖掘技术原理图

4.3.5　任务调度技术

任务调度技术可使生产管理系统在不需要用户参与的情况下依然能够定时执行业务逻辑处理。任务调度技术由任务定义、任务执行和任务分析统计三个技术模块组成。通过任务设计器定义的任务模型最终会被存储在关系型数据库中，在服务启动时会加载任务模型并将其注册到调度引擎中。任务的执行过程并不运行在任务调度程序中，而是部署在业务系统中，按照任务调度组件制定的接口规范可将其包装成服务并输出。任务模型中以配置方式定义任务逻辑的调用入口，任务调度引擎在触发任务后基于预设配置调用指定服务，并完成任务的分析统计。如图 4-7 所示，电网生产管理系统中，任务调度组件通过页面集成或应用集成方式实现，电网管理者可以通过该组件完成任务的执行设置。任务调度组件是在 Quartz 基础上扩展开发的任务监控和任务建模工具，任务监控以 Web 方式实现控制界面、分析管理图表等功能，任务建模则提供开放式的任务调度、规则配置功能，任务调度组件可提供自定义业务逻辑、图形化界面、自定义超时处理策略、任务执行控制标准接口、任务执行日志记录、多任务组合、任务调度监控、实时任务监控等功能。

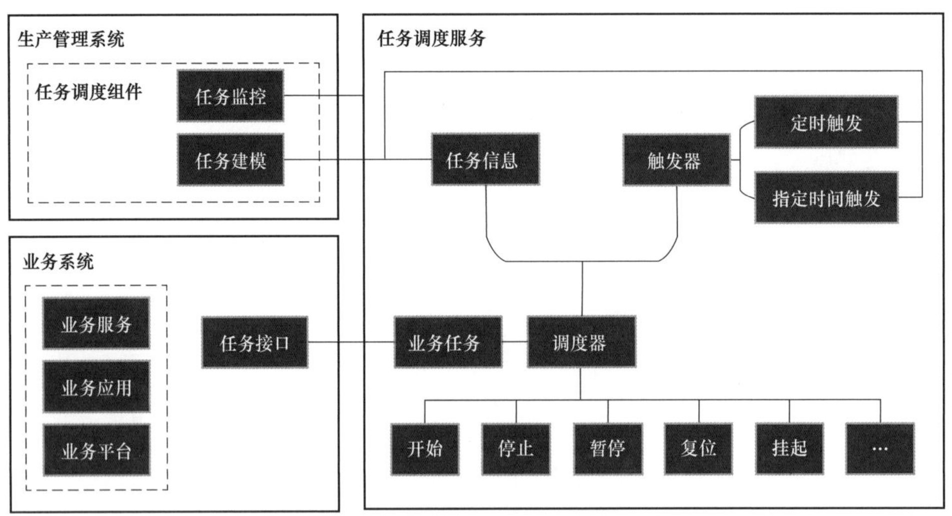

图 4-7　任务调度技术原理图

4.4　典型应用

如图 4-8 所示，生产管理系统采用两级部署三级应用方式，成功应用于国家电网有限公司总（分）部及下属 27 家省（市）电力公司及运行分公司。生产管理系统 PMS 通过构建六大应用中心，包括标准管理应用、电网资源管理应用、运维检修管理应用、计划管理应用、监督评价管理应用和辅助决策管理应用，实现电网运检全业务在线管理，提高工作效率和经济效益。系统以设备台账为载体、运检各类任务为源头、工作任务单为纽带、一线班组为服务对象，形成运行、缺陷、故障、计划、停电、两票、检修、试验等生产业务完整串接和闭环，在公司系统内统一运检业务流程，规范运检业务管理。通过系统间业务协同，提高设备台账等基础信息及运维数据的完整性和准确性。通过工作流程驱动产生业务数据，提高数据质量和系统应用效率，实现营配调业务贯通。基于设备状态检修，实时管控设备状态，推动设备检修管理从事后处置向事前预控转变。基于电网资源中心，实现电网运检与其他部门间的数据共享和业务融合，实现设备管理向资产管理和电网管理转变。

目前，PMS2.0 在国家电网公司的应用情况如图 4-9 所示。

总部
业务协同服务
调用
PMS 2.0（总/分部）
ESB
数据
中心
数据共享
ERP（一级部署）
规划管理
电网资产质量监督
管理系统
直升机智能巡检系
统
电子商务平台
…
纵向数据交换平台
（总部侧）
省公司/国网运行分部
纵向数据交换平台
（省公司/分部侧）
输变电在线监测
在线监测数据
PMS 2.0
（省公司）
ESB
数据
中心
数据共享
业务协同服务
调用
ERP（二级部署）
营销管理
客户服务管理
雷电定位系统
门户系统
通信管理
OMS(省调、国调)
调度自动化
…
海量
实时
数据共享
电网实时
数据共享
地市（县）公司
配电自动化管理
离线/在线移动应用

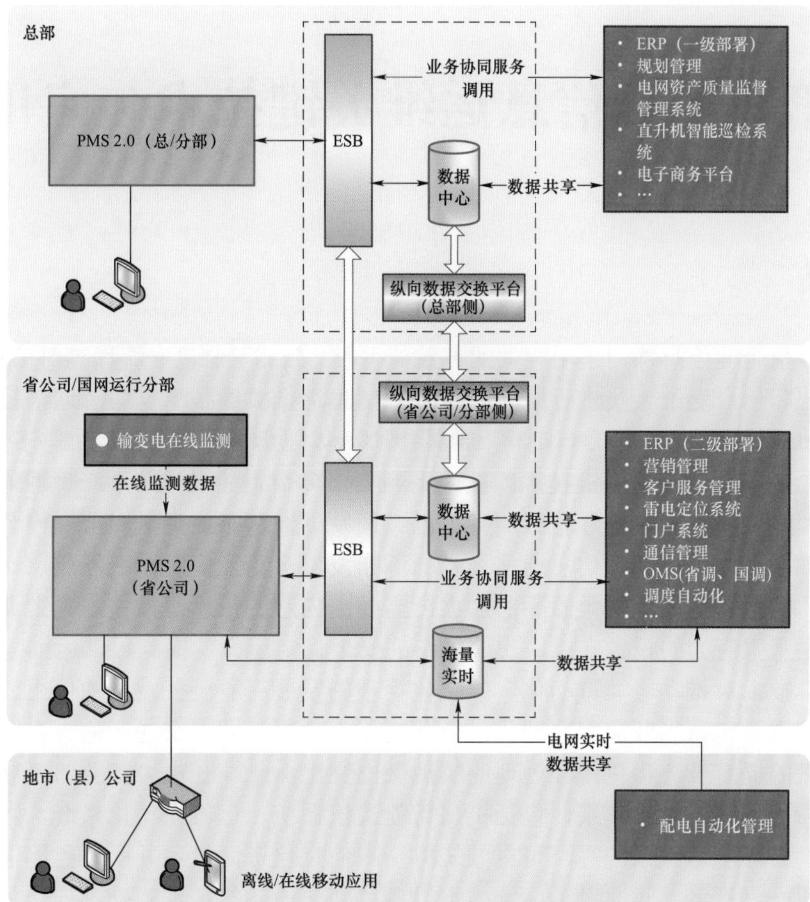

图 4-8　生产管理系统部署架构图

输电专业应用
10 000
全网班组日平均发生业务量
10 000条/d
系统注册用户
580 000
全网系统注册用户58万余人
变电专业应用
60 000
全网电站日平均发生业务量
60 000条/d
管理设备规模
>9760万
输电设备记录：>4800万
变电设备记录：>360万
配电设备记录：>4600万
配电专业应用
43 000
20 000
全网班组日平均发生业务量
4.3万条/日，配网故障抢修工
单日记2万条/日
设备消缺时间
24
实现设备危急缺陷24h内消缺
移动作业应用
3750
全网日平均发生移动作业应
用记录3750条/日
抢修派单时间
3
实现配网故障抢修工单3min内
派发

图 4-9　PMS2.0 在国家电网公司的应用情况示意图

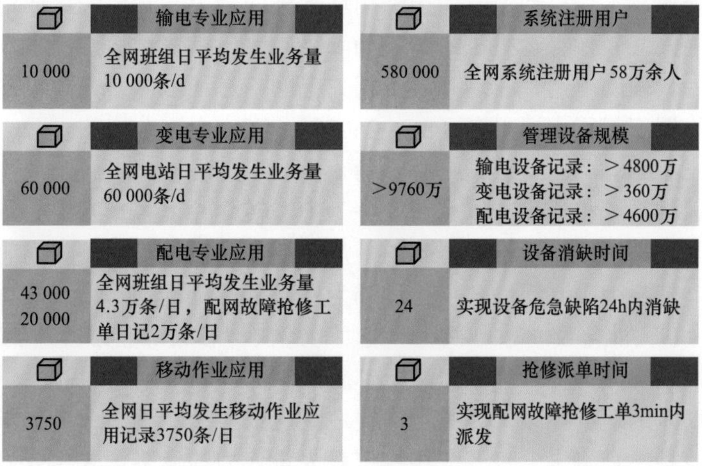

第 5 章　信息运维关键技术与应用

5.1　概述

信息运维指企业信息部门采用相关的方法、手段、技术、制度、流程等对信息运行环境、信息业务系统和信息运维人员进行统一的监管，信息运维关键技术以信息通信技术为基础，涵盖信息通信一体化调度、运维自动化、数据中心一体化运维、云环境运维等多个技术领域。早在 20 世纪 80 年代，信息运维技术就被应用到英国多个企业以辅助系统管理，并凭借其高效的信息处理速度和完善的信息运维制度得以飞速发展，逐渐成为世界范围内公认的信息化管理理论基础。近年来，随着信息通信技术的不断发展，企业信息系统涉及层次越发广泛，信息化建设与信息化运维间的矛盾不断加大，需要更先进的信息运维技术为企业信息系统的运维保障提供坚强有力的技术支撑，实现系统的安全稳定运行，提高日常运维工作效率。

信息运维技术对推动企业自动化、信息化管理的发展起着至关重要的作用，目前已广泛应用到多个领域，包括工业流程自动化、公共医疗、教育行业、交通运输、金融管理等，为运维服务质量的提升及流程化闭环管理的实现做出突出贡献。在电力行业，可利用信息运维技术构建电力信息统一运维体系，包括机房智能巡检系统、运维自动化系统、数据中心一体化运维系统、云环境运维系统等，可有效统筹全网信息化资源设备并实时监测信息化系统运行状态，完成电气设备、暖通设备、给排水设备、消防设备等多种基础设施全覆盖，贯穿电力系统的发、输、配、变、用全业务流程，实现设备告警接入、性能指标上报、故障实时通知、故障智能预处理、工单自动派发、排障闭环管理的全流程管控，达成电力系统自动化、高效化的管理目标，减轻人工运维工作量。为满足电网日常管理运维需求，以国家电网公司和南方电网公司为代表的电网企业均开展了相关电网信息运维的研究建设，如国家电网公司的信息通信一体化调度运行支撑平台（SG－I6000），南方电网公司的“两级三线”信息技术（Information Technology，IT）运维服务体系等。

未来，信息运维系统将逐步从以企业业务为中心转变为以客户为中心，针对信息运维系统越加庞大复杂的管理网络以及不断提升的用户体验需求，按需而动是当前信息运维系统的变革主题。另外，信息运维系统以数据化运维为基础，持续推动与新兴信息通信技术的深度融合，提供主动性、人性化及动态可视化的能力，加快信息运维能力提升。就电力系统而言，新一代信息运维技术应支持更具弹性和高度扩展性的信息运维架构，更高智能化的运维工具，以及更为敏捷、高效的运维体系，能够更快捷地响应来自用户端的业务需求。新一代信息运维技术与电力系统相结合将进一步改变传统依赖大量人力的运维模式，成为智能、安全的新一代电力系统发展所必需的基础性支撑技术之一，有助于运维人员实时掌握电力系统运行状态，查找设备缺陷，实现缺陷预警及分析，保证信息系统有效运转。

如图 5-1 所示，本章着重以电网中应用广泛的信息运维系统（即信息通信一体化调度运行支撑平台、机房智能巡检系统、运维自动化、数据中心一体化运维、云环境运维）为例阐述信息运维系统的系统架构及系统功能，并分析相关的信息运维关键技术，最后介绍其在电网企业中的典型应用。

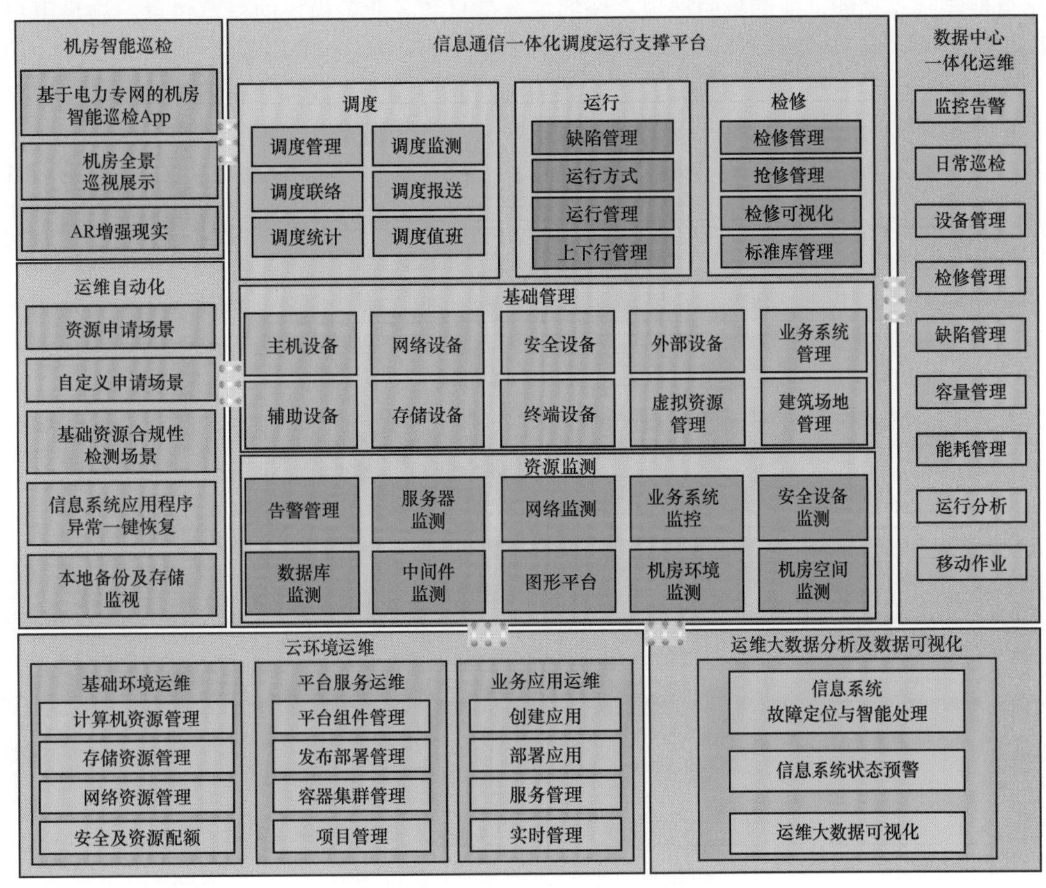

图 5-1 信息运维系统总体架构图

5.2 信息通信一体化调度运行支撑平台

5.2.1 系统架构

如图 5-2 所示，信息通信一体化调度运行支撑平台（I6000）采用松耦合的架构，自下而上分为采集层、平台层、应用层和门户层。其中，采集层基于各类采集协议实现对信息资源运行状态和性能数据的采集和实时告警，包括信息资源采集、告警采集、安全采集、通信资源采集和云资源采集等；平台层为底层数据采集和上层各类应用模块提供统一的技术支撑服务，为流程引擎、任务调度、集成服务、日志服务、总线服务、缓存服务、图形平台、报表服务、权限服务等展示接口适配，并提供关系数据库、实时数据库、流分析、离线分析等功能；应用层基于底层统一技术平台，根据企业业务需求开发各类应用模块，例如，基础管理应用、业务管理应用、决策分析应用，以及运维自动化、数据中心一体化运维、云环境运维等工具类应用和机房智能巡检系统等外挂类应用；门户层提供图形化展现、界面换肤和个性化组件定制等功能，能够集中展现系统的综合信息和各业务模块的概览信息，满足用户的个性化需求。

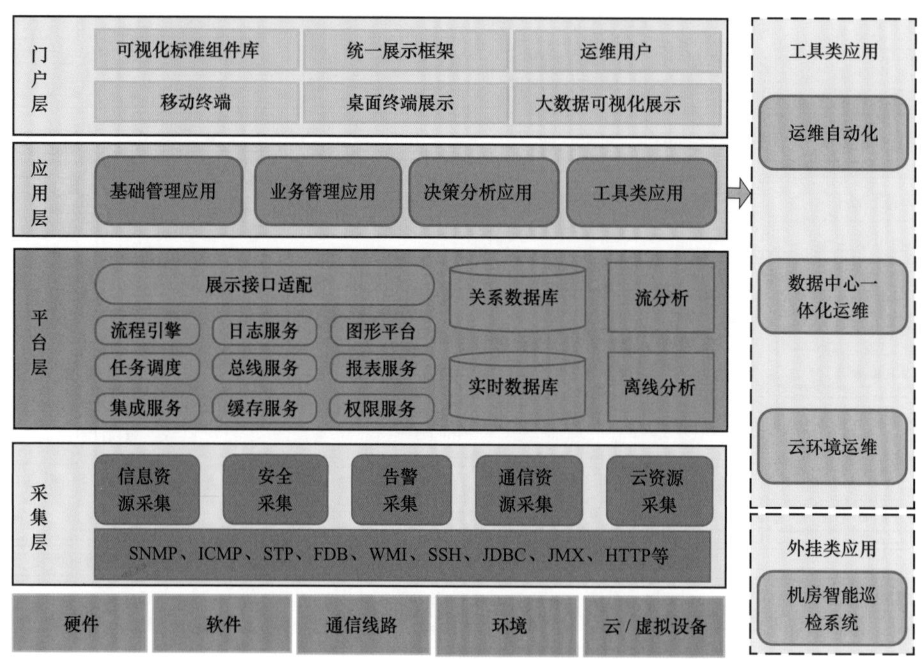

图 5-2　信息通信一体化调度运行支撑平台系统架构图

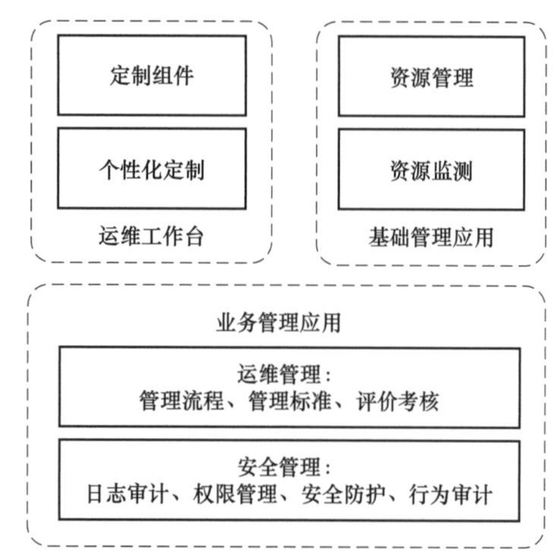

图 5-3　信息通信一体化调度运行支撑平台系统功能图

5.2.2　系统功能

信息通信一体化调度运行支撑平台的系统功能如图 5-3 所示，主要包括运维工作台、基础管理应用和业务管理应用，具体如下所述。

1. 运维工作台

运维工作台提供个性化定制功能，根据角色需要定制组件，打造以用户需求为中心的应用工具集合。

2. 基础管理应用

基础管理应用包括资源管理和资源监测。其中，资源管理以信息软硬件和信息系统为管理对象，从管理的标准规范化出发，将管理覆盖到资源的全生命周期。资源监测包括告警监测、业务监控、中间件监测、数据库监测、服务器监测、网络监测、机房监控和图形平台。告警监测对监测对象的异常情况进行实时告警，支持指标阈值告警和关联告警，通过短信、邮件等多种方式发布告警通知。业务监控利用主被动探测相结合的手段对业务系统的运行情况进行实时监测，并通过图形化的方式展示业务系统的内部组成和关联关系。中间件监测实现对 Weblogic、Tomcat 等中间件的监测，包括会话、Java 虚拟机（Java Virtual Machine，JVM）及 Java 数据库连接（Java Data Base Connectivity，JDBC）等运行指标。数据库监测实现对 Oracle、MySQL 等数据库的监测，包括会话、进程、表空间等运行指标。网络监测实现对网络设备、网络链路、网络端口、流量信息的监测，提供图形化的网络拓扑展示功能。机房监控实现对机房动力环境的监控，提供机房平面图和机柜图。图形平台提供图形化的编辑工具，实现组态化的图形定制，满足现场运维监控需求。

3. 业务管理应用

业务管理应用包括运维管理和安全管理。其中，运维管理包括管理流程、管理标准以及评价考核，运维管理流程如图 5－4 所示，其基于流程引擎实现符合信息技术基础架构库（Information Technology Infrastructure Library，ITIL）标准的定制化业务流程，满足业务管理需求，实现与资源管理、资源监测功能的联动。安全管理包括日志审计、权限管理、安全防护和行为审计，实现对安全设备及系统的监测和管控，保障电力生产工作的安全有效开展。

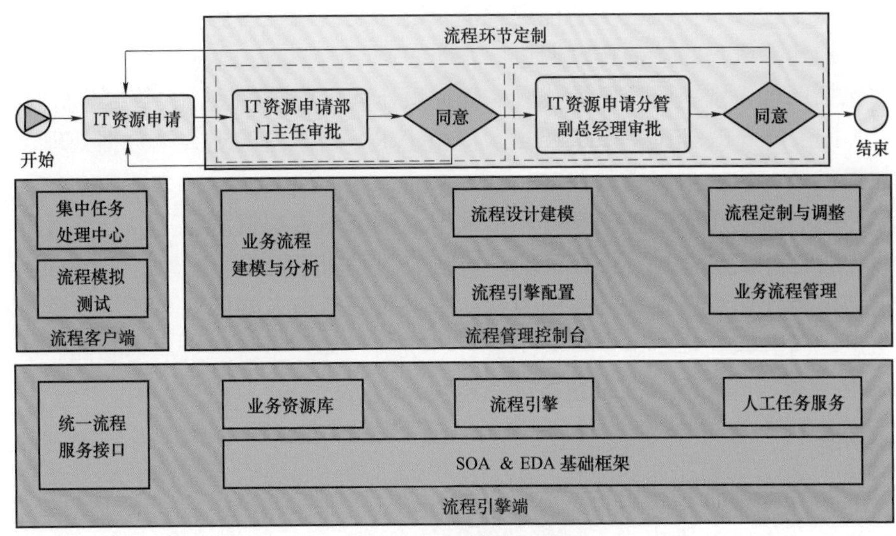

图 5－4　运维管理流程图

5.3　机房智能巡检系统

5.3.1　系统架构

如图 5－5 所示，机房智能巡检系统采用松耦合的分布式架构，自底向上分为数据接口层、处理层、应用层和展示层，具体如下所述。

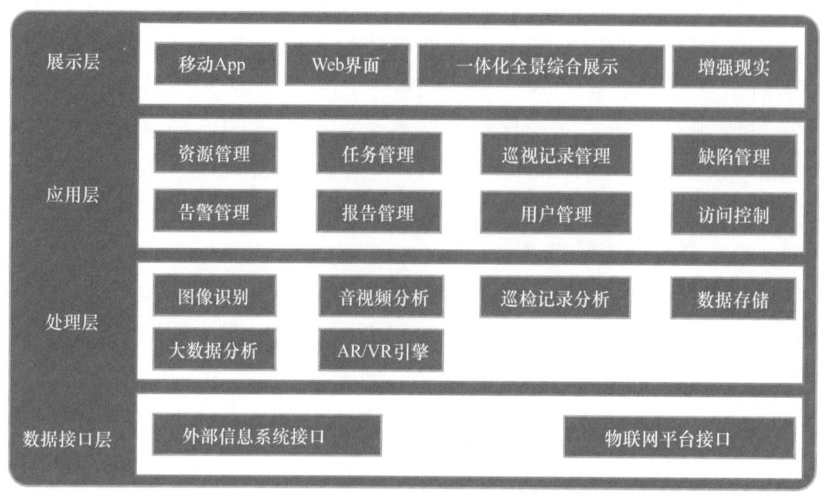

图 5－5　机房智能巡检系统架构图

数据接口层包括外部信息系统接口和物联网平台接口，其中，外部信息系统接口实现与 GIS、通信管理系统（Telecommunication Management System，TMS）、PMS 等其他系统的横向贯通；物联网平台接口实现机房智能巡检涉及的移动终端、传感器、智能机器人和可穿戴设备的接入，构建系统与终端的传输通道。

处理层包括图像识别、巡检记录分析、音视频分析、数据存储、大数据分析和增强现实/虚拟现实（Augmented Reality/Virtual Reality，AR/VR）引擎，实现终端数据处理，为上层各类应用模块提供统一的技术支撑服务。

应用层是机房智能巡检系统的核心，可依据巡检需求定制资源管理、任务管理、巡视记录管理、报告管理、缺陷管理、告警管理、访问控制等功能模块。

展示层通过个性化组件定制、界面换肤、组态图等多种方式展现系统综合信息和各业务模块概览信息，包括基于 B/S 架构的 Web 界面、机房一体化全景综合展示功能、基于移动终端的 App 和基于智能眼镜等可穿戴设备的 AR。

5.3.2　系统功能

1. 基于电力专网的机房智能巡检 App

机房智能巡检 App 基于电力专网移动终端，实现机房智能巡检系统的移动化展示与应用。机房运维人员通过该 App 实时查看机房内设备运行状态、巡检报告、设备历史巡视数据等。同时，运维人员还可通过 App 经物联网平台下达巡检指令，命令智能机器人完成日常巡检。

2. 机房全景巡视展示

机房智能巡检系统通过全景展示技术实现机房设备、状态、运行数据的一体化全景展示，使机房运行情况更加直观，交互更加人性化。

3. AR 增强现实

在巡检过程中，机房智能巡检系统结合可穿戴设备或巡检机器人，通过 AR 技术显示具体电力设备的基础信息、运行记录、巡视记录、故障抢修等情况。

5.4 运维自动化

5.4.1 系统架构

运维自动化系统架构如图 5-6 所示，自下而上分别为基础设施层、接入层、服务层、交换层、管理层、展现层和安全层，层与层之间通过低耦合的远程通信技术或者中间件实现业务数据交互，具体如下所述。

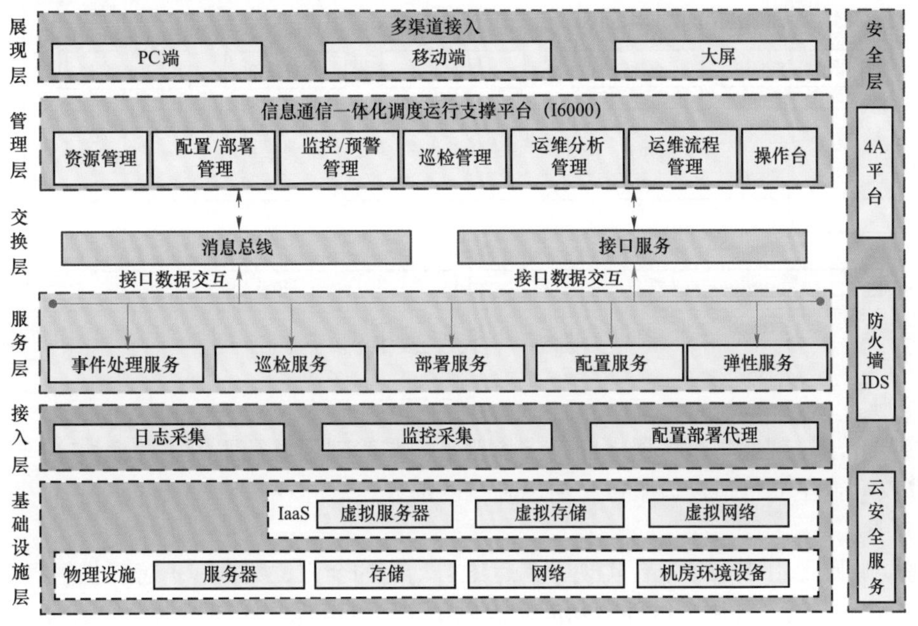

图 5-6　自动化运维系统架构图

1. 基础设施层

基础设施层为信息系统的运行提供基础资源或环境，主要包括物理基础设施和虚拟基础设施。其中，物理基础设施包括主机、网络设备、存储设备及其他机房环境辅助设备等；虚拟基础设施包括虚拟服务器、虚拟存储和虚拟网络等。基础设施层是电网企业既有的资产和环境，是运维自动化管理的主体和核心对象，整个运维平台体系将构建于基础设施层之上，并不干涉基础设施层本身。

2. 接入层

接入层是运维自动化系统在基础设施环境或信息系统运行环境中的执行层，由一组代理程序或插件组成，以代理服务程序的形态部署到基础环境中。此外，接入层代理程序需根据不同运行环境提供 for Linux 或 for Window 等多种版本，实现与底层基础环境的直接交互。

3. 服务层

如图 5－7 所示，服务层是整个运维自动化平台的核心，对内（对下）接收来自接入层的数据反馈，并执行调度与控制、信息汇总、计算等操作，对外（对上）提供远程 API 实现与管理层的功能交互。根据业务规划，服务层需要整体调度、管理接入层，负责接入层的会话与状态管理，进行信息汇总、存储与分析计算。此外，服务层可封装运维自动化核心业务逻辑和功能，开放业务及功能接口，提供高性能、高可靠的运维自动化服务。

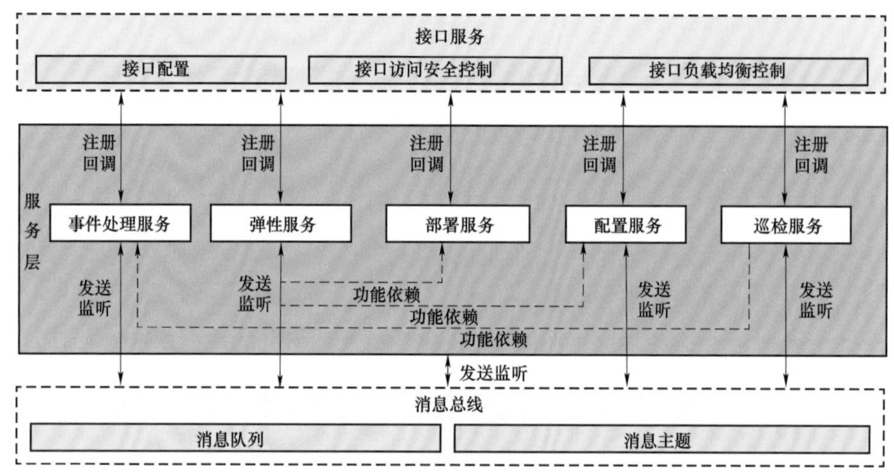

图 5－7　服务层架构图

4. 交换层

交换层介于管理层与服务层之间，支撑服务层与管理层以及服务层各模块之间的数据同步和异步交互，主要包括接口服务、消息总线两部分。

5. 管理层

管理层原则上由 I6000 平台实现，为运维自动化的全方位数据和信息提供管理和展示功能。I6000 向下调用 5 大服务组件的功能接口以实现运维流程与底层技术操作的对接，保障运维自动化；向上为 PC 端提供展示页面，为移动端（Android、iOS）提供展示页面或接口，为大屏提供数据源。此外，I6000 预留运维自动化操作台，为相关组件提供操作界面，根据不同业务场景灵活调用各操作组件并实时执行操作。同时，操作台界面与 I6000 无缝对接，能够从 I6000 相关业务发起自动化操作并接收反馈结果。

6. 安全层

安全层为运维自动化组件提供安全保障。其中，设备及 IT 架构遵循电网企业安全体系，通过入侵监测系统（Intrusion Detection Systems，IDS）、信息保护系统（Information Protection System，IPS）、防火墙等相关安全设备为基础设施物理层提供安全防护。4A 平台为自动化组件提供应用级安全控制，实现账号权限的精准管理。云安全服务为整个虚拟资源提供安全防护，依据云环境进行安全分域，引入无代理模式虚拟化安全技术，从虚拟机外部为虚拟机中运行的系统提供高级保护，包括入侵检测、防恶意程序、防火墙和 Web 应用程序防护等。

5.4.2 系统功能

如图 5－8 所示，运维自动化是 I6000 的组成部分，业务规划上需充分结合 I6000 平台的整体架构和规划，对 I6000 体系进行有效地支撑和互补，避免重复建设。运维自动化的运维对象为传统物理设施和云资源（IaaS 层和 PaaS/SaaS 层），可提供自动化巡检、自动化事件处理、自动化部署、自动化配置、自动化资源调度五大功能，具体如下所述。

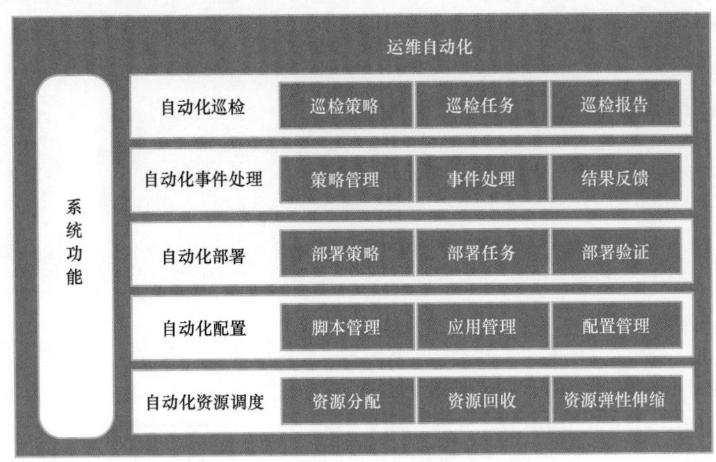

图 5－8 自动化运维系统功能图

1. 自动化巡检

自动化巡检为各种软硬件资源提供运行指标及合规指标的检查，针对不同巡检场景和需求形成定制化巡检任务，实现巡检指标的自动采集、自动分析及巡检报表的自动生成。自动化巡检包括巡检策略、巡检任务和巡检报告等功能。自动化巡检与传统监控处于不同的运维阶段，传统监控处于监测的阶段，而自动化巡检处于管理及控制的阶段。自动化巡检可根据不同业务场景进行检测及管理，当巡检过程中发现隐患时，可选择是否通过自动化事件处理模块进行隐患消缺。

2. 自动化事件处理

自动化事件处理是针对巡检、监控所捕获的事件进行自动或人工干预处理的事件处理机制，包括策略管理、事件处理和结果反馈等功能。

3. 自动化部署

自动化部署主要对支撑应用系统运行的基础设施等部署对象进行管理，包括传统架构下物理主机操作系统、中间件、数据库的安装，虚拟化架构下虚拟资源（如虚拟主机、虚拟网络、虚拟存储等）的创建，以及基于 Linux 内核虚拟化技术的应用容器和容器配套资源的部署等。针对不同部署对象预置部署模板或镜像，支持用户自定义的部署场景，通过预置的配置信息，采用人工触发或事件触发的方式执行部署任务，简化或替代传统需要运维人员开展的资源部署工作。自动化部署包括部署策略、部署任务和部署验证三大业务功能。

4. 自动化配置

自动化配置主要针对脚本、应用包、参数文件等进行存储和管理，对设备、操作系统、中间件、数据库等进行参数配置，对应用系统进行发布及操作回滚。自动化配置包括脚本管理、应用管理和配置管理等功能。

5. 自动化资源调度

自动化资源调度以云计算平台为前提，利用云环境的特性，对 CPU、内存、硬盘、数据库和应用等资源进行自动化调度管理，在保障业务系统稳定性、安全性的基础上，提高基础资源业务负载能力，提升资源利用效率，建立支持精确控制的虚拟资源自动调度机制，最终解决业务系统中资源利用率低的问题。自动化资源调度包括资源分配、资源回收和资源弹性伸缩等功能。

5.5 数据中心一体化运维

5.5.1 系统架构

数据中心一体化运维系统体系架构可分为逻辑架构、数据架构及业务架构，具体如下所述。

1. 逻辑架构

如图 5-9 所示，数据中心一体化运维系统逻辑架构分为数据源、基础数据层、数据支撑层、数据仓库层和应用层。

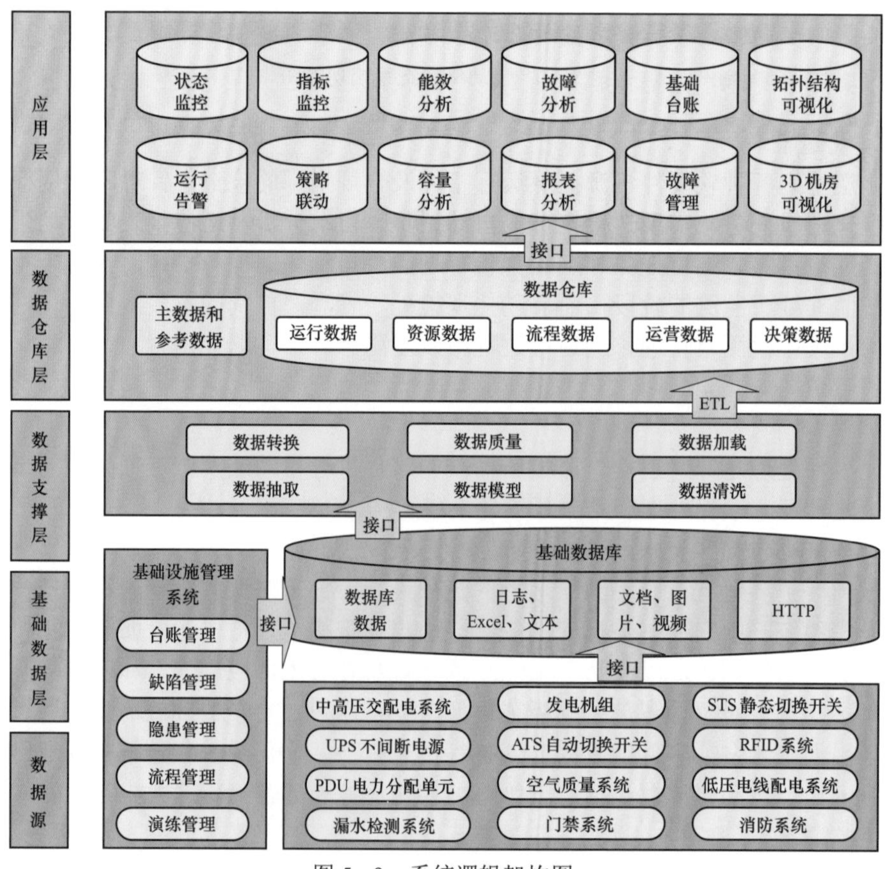

图 5-9　系统逻辑架构图

（1）数据源。数据源对所有基础设施的实时运行数据进行采集和分析处理，并实现数据转发和存储。该层是构建数据中心一体化运维系统的先决条件与基础，需要面向视频监控系统、门禁系统、射频识别（Radio Frequency Identification，RFID）系统、消防系统、漏水检测系统等多套监控系统。数据源需逐一集成各个子系统，被集成的各子系统应支持国际通用的接口和协议，并符合国家现行有关标准的规定，如 BACnet、Webservice、ODBC、Socket、Modbus-TCP 等协议。此外，对于尚未纳入监控范围的设备指标和数据，数据源应增加采集传感器，实现数据采集。

（2）基础数据层。基础数据层对所有接入的第三方系统数据进行数据转换和筛选，包括由多种通信协议描述的设备运行参数、设备运行状态、设备告警、系统日志等数据，并对部分定制数据完成二次计算。

（3）数据支撑层。数据支撑层接收来自基础数据层的数据，包括数据转换、数据质量、数据加载、数据抽取、数据模型及数据清晰等功能，为数据仓库层提供支撑。

（4）数据仓库层。数据仓库层存储整个平台的核心数据，提供运行数据、资源数据、流程数据、运营数据和决策数据等功能，为应用层的管理决策提供数据支撑。

（5）应用层。应用层提供状态监控、指标监控、能效分析、故障分析、容量管理、报警管理、风险防范管理、预警管理、可用性管理、报表管理、联动管理、远程管理、日志管理、数据管理、权限管理、配置管理等多种功能。

2. 数据架构

如图 5－10 所示，数据中心一体化系统涵盖结构化数据和非结构化数据。其中，结构化数据包含运行监控、运行分析、运行管理三大部分，非结构化数据包括文件和图形两种。

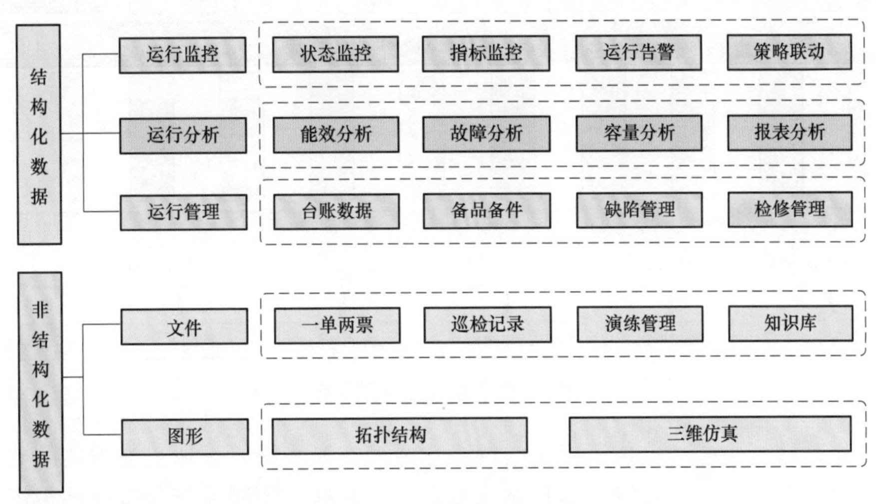

图 5－10　系统数据架构图

根据业务需求和所采用的技术，各数据区通过不同的数据库管理方式实现数据存储，主要分为大数据平台 MPP 结构化数据库及大数据平台 HDFS 两种。其中运行监控、运行分析、运行管理数据存储在大数据平台 MPP 结构化数据库中，其余非结构化数据区存储于大数据平台 HDFS 中。

3. 业务架构

数据中心一体化运维系统涵盖三地数据中心的运行监控、运行管理、运行分析、可视化展示等多个业务模块，具体满足以下业务需求。

（1）对各设备子系统进行统一的监测、控制和管理。集成系统用相同的环境和软件界面集中监视分散的、相互独立的智能化子系统，不同专业、不同部门的管理员能够通过自己的桌面计算机查看系统画面。

（2）实现跨系统的联动，提升基础设施管理水平。各个独立子系统实现集成后，集成平台中的任意信息点和受控点之间均可建立联动关系，达到提升自动化管理的目标。

（3）提供开放的数据结构，共享信息资源。通过建立开放的工作平台，采集、转译各子系统数据，提供对应系统的服务程序，满足授权用户的服务请求，实现数据共享。

（4）提高工作效率，降低运行成本。通过建立数据运行仓库系统充分发挥各智能子系统的优势，扩展集成信息量和系统应用，利用定制化分析预测、故障影响模型等功能，提升运维的精准性和管理效率。

数据中心一体化运维系统的业务架构如图 5－11 所示，包括数据采集、监控管理、交互展示三部分，具体如下所述。

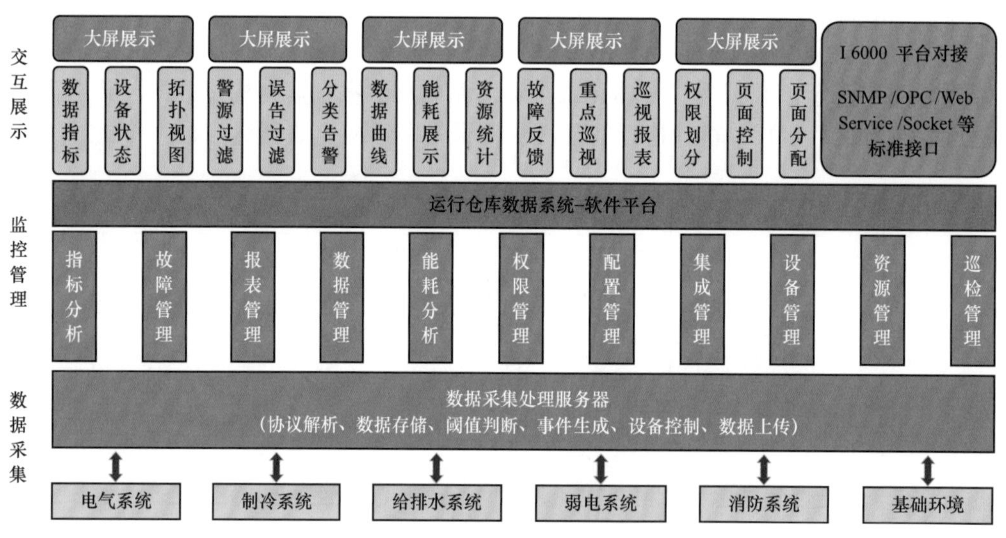

图 5－11　系统业务架构图

数据采集是数据中心一体化运维系统的数据入口，是系统管理所需数据的主要来源，可为其接入的电气系统、制冷系统、给排水系统、弱电系统、消防系统及基础环境等七大系统提供标准接口及协议，接收前端系统的监控数据。同时，数据采集层具备数据预处理能力，可对底层系统所上传的数据进行二次计算，支持设备协议解析、告警阈值判断、数据存储等功能，为上层数据管理提供支撑。数据采集层还可实现数据前置化分散收敛，一方面降低中心平台的数据处理压力，另一方面将数据前端分散备份，有利于运行数据仓库系统的整体稳定性。

监控管理负责相关数据的分析与展示，包括指标分析、故障管理、报表管理、数据管理、能耗分析、资源管理、巡检管理等功能。该层更偏向数据的分析，通过各种软件工具将既有数据转换成有利于运维人员查看的数据。

交互展示将监控管理层分析出来的各种数据通过大屏展示、电子化报表、短信/电话告警信息、可视化视图等媒体途径展示出来，实现与运维人员的人机交互。

5.5.2　系统功能

数据中心一体化运维系统提供监控告警、日常巡检、检修管理、缺陷管理、容量管理、能耗管理、运行分析、移动作业等功能，具体如下所述。

1. 监控告警

数据中心一体化运维系统的预期设计可监测40多种设备对象类型以及200多种设备对象运行数据，平均各数据中心监控 3000 台/套（含机柜、传感器与智能 PDU）设备对象。监控告警流程如图 5－12 所示，数据经采集服务器汇总后推送至数据总线，并通过数据总线入库到运行库；数据中心一体化运维系统对采集数据进行数据过滤与告警过滤，提取数据的异常与真实告警，并将其传到事件登记模块；调度引擎调用分析模型进行基线分析、关联分析与影响分析，将分析结果推送到告警管理模块；告警管理将异常分析结果以 App 推送、短信通知、Web 通知和大屏通知等方式进行告警展示；事件管理接收分析结果后，执行基础设施维护与 IT 系统应急处理流程；基础设施管理用户受理告警，进行检修或紧急抢修处理；IT 系统管理用户根据告警内容走应急流程，执行应急预案。

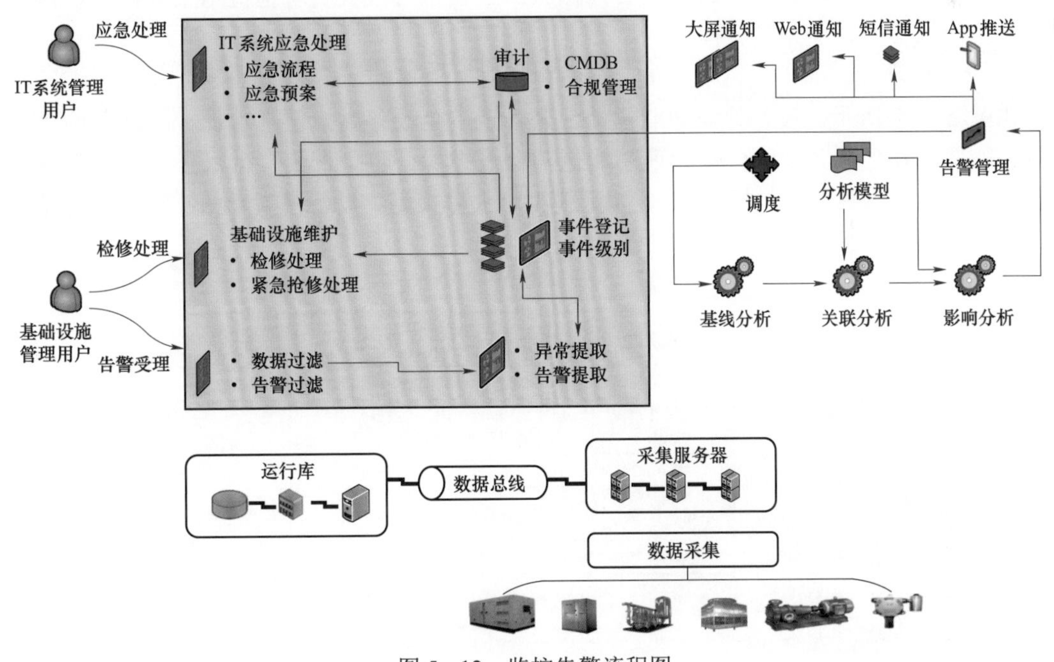

图 5－12　监控告警流程图

2. 日常巡检

日常巡检采用自动巡检与 3D 巡检两种方式。其中，自动巡检依靠设备拓扑模型，自动对所有基础设施设备进行遍历巡检，生成巡检报告。3D 巡检以 3D 模拟的方式，对各个机房进行虚拟巡检，实时检查设备运行状况。日常巡检模块的功能架构如图 5－13 所示，巡检功能模块包括任务计划、巡检配置、巡检执行和报告生成等功能。

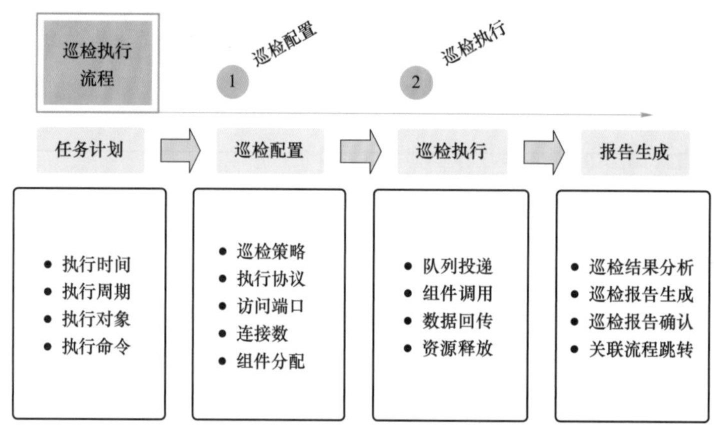

图 5－13　日常巡检功能模块功能架构图

其中，任务计划模块负责配置执行时间、执行周期、执行对象、执行命令等参数；巡检配置模块提供巡检策略、执行协议、访问端口、连接数及组件分配等功能；巡检执行模块支持队列投递、组件调用、数据回传及资源释放；巡检报告模块实现巡检结果分析、巡检报告生成、巡检报告确认及关联流程跳转。

3. 设备管理

如图 5－14 所示，设备管理功能包括台账管理、全设备虚拟仿真管理、备品备件管理及设备状态要素管理。其中，台账管理功能包括台账维护、台账查询、台账报表及设备关系维护；全设备虚拟仿真管理包括 RFID、园区模型、大楼模型、设备模型及拓扑模型。备品备件

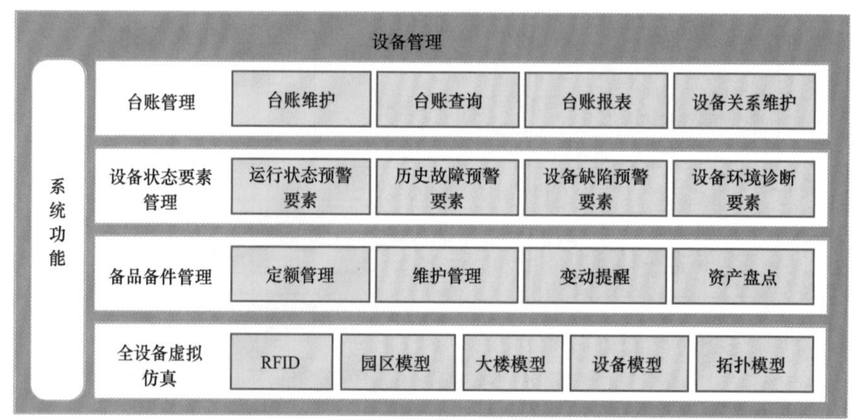

图 5－14　设备管理功能模块功能架构图

管理包括定额管理、维护管理、变动提醒及资产盘点；设备状态要素管理包括运行状态预警要素、历史故障预警要素、设备缺陷预警要素及设备环境诊断要素的管理。

4. 检修管理

如图 5－15 所示，检修管理功能包括检修计划管理、检修流程管理、检修影响分析及检修统计分析。检修计划管理包括检修排班、检修人员配置及检修时间配置；检修流程管理包括准备流程、审核流程及完工流程的管理；检修影响分析包括影响范围分析、影响程度分析及影响业务分析；检修统计分析包括记录分析、检修设备分析及检修完成率分析。

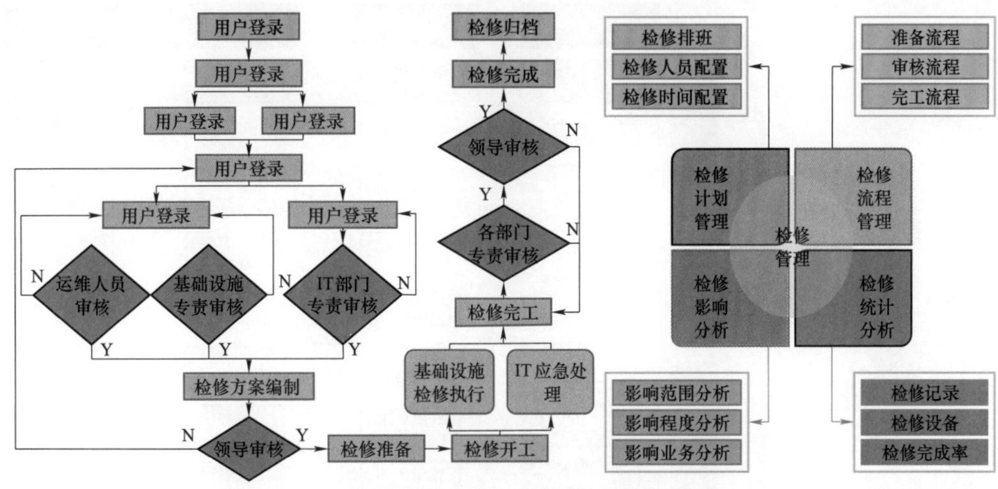

图 5－15　检修管理功能模块功能架构图

5. 缺陷管理

如图 5－16 所示，缺陷管理包括缺陷标准库管理、缺陷流程管理、缺陷查询统计及缺陷到期提醒。缺陷标准库管理包括缺陷标准库维护，包含设备类型、缺陷部位、缺陷内容、标准描述、缺陷性质等信息；缺陷到期提醒包括缺陷发现日期、处理期限要求、超周期缺陷提

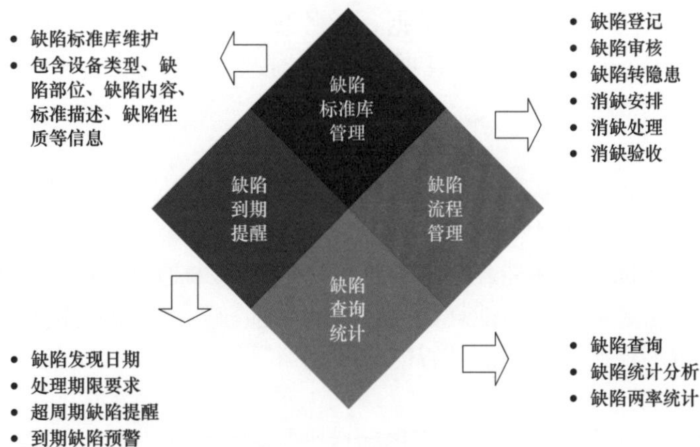

图 5－16　缺陷管理功能模块功能架构图

醒及到期缺陷预警；缺陷流程管理包括缺陷登记、缺陷审核、缺陷转隐患、消缺安排、消缺处理及消缺验收；缺陷查询统计包括缺陷查询、缺陷统计分析及缺陷两率统计。

6. 容量管理

如图 5－17 所示，容量管理对象包括供配电、制冷、机房、机架、配线等基础设施对象及 IT 对象，结合两者并对其开展容量管理。该功能分为业务容量管理和资源容量管理，从容量监控、容量分析、容量规划、容量管理四个模块提供多维度应用管理功能，辅助数据中心运维人员进行决策，从而降低运营风险、减少运营成本、灵活应对需求、提高资源利用率。

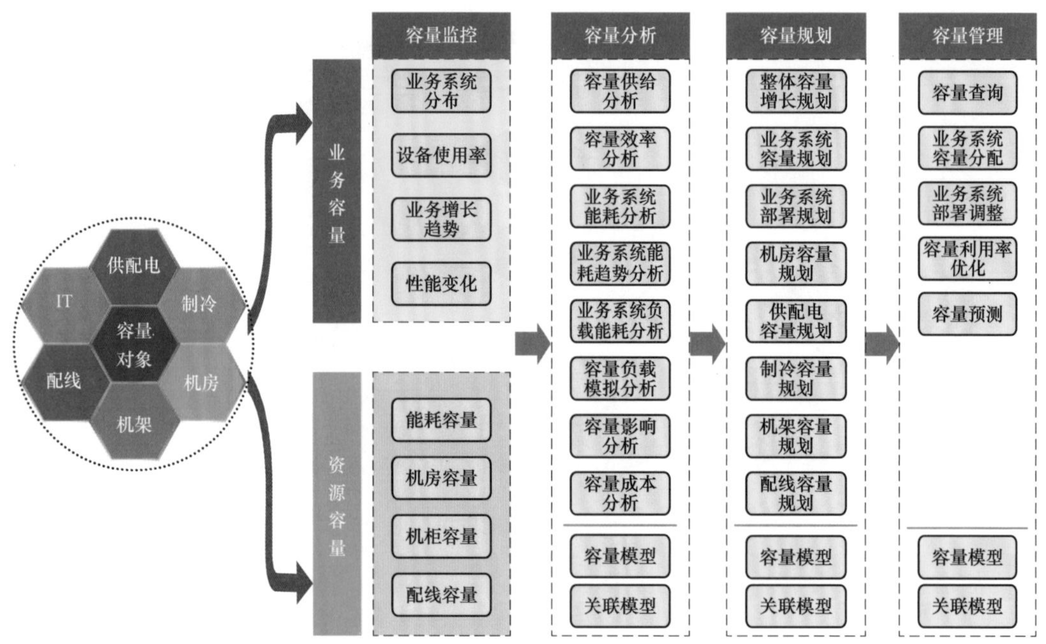

图 5－17　容量管理功能模块架构图

7. 能耗管理

如图 5－18 所示，能耗管理对用电数据、业务数据、资源数据和财务数据进行监控与能耗分析，提供能耗查询、能耗预算、能耗展示、节能控制和能耗统计等功能，从而降低 IT 设备能耗、提高供电系统效率。

8. 运行分析

如图 5－19 所示，运行分析包括实时状态分析和未来趋势分析。其中，实时状态分析利用 IT 运行状态数据、基础设施状态数据、机房状态数据、告警类数据等实时状态类数据实现设备状态分析、运行指标分析和能耗效率分析等功能；未来趋势分析利用历史运行类数据实现故障风险分析、容量趋势分析、能耗趋势分析等功能。两大分析功能相互关联，共同实现信息运维系统的分析展现、决策建议及智能化控制。

9. 移动作业

移动作业如图 5－20 所示，以 I6000 移动运维功能模块为基础，实现开发实现基础设施移动运维功能，包括移动工单接单、移动巡检、移动检修、实时监控、勘察记录等。

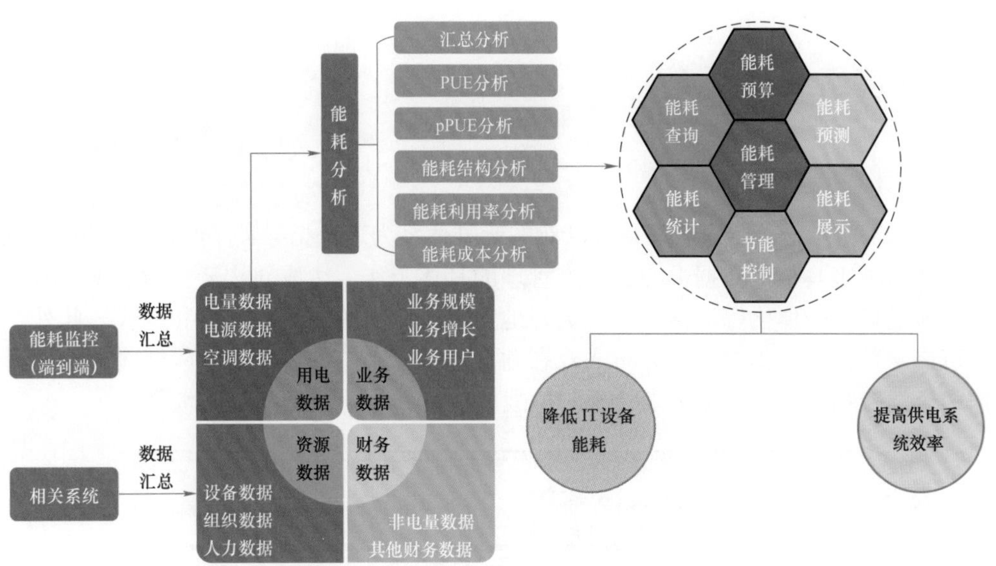

图 5－18　能耗管理模块功能架构图

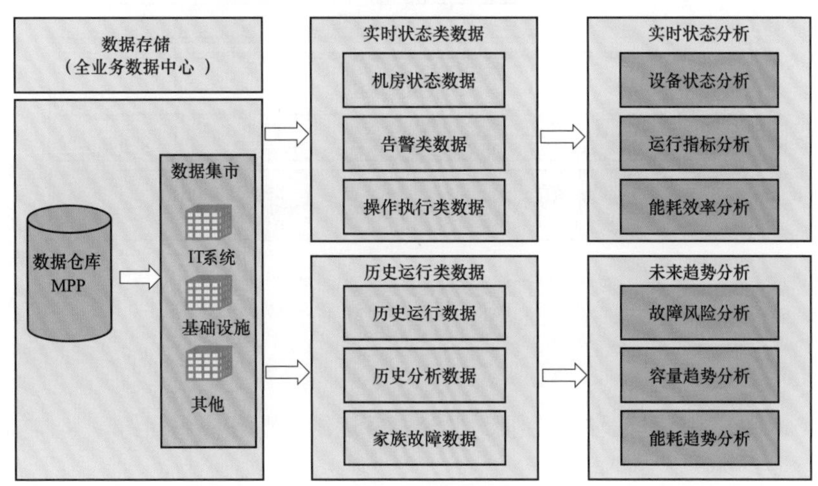

图 5－19　运行分析功能模块架构图

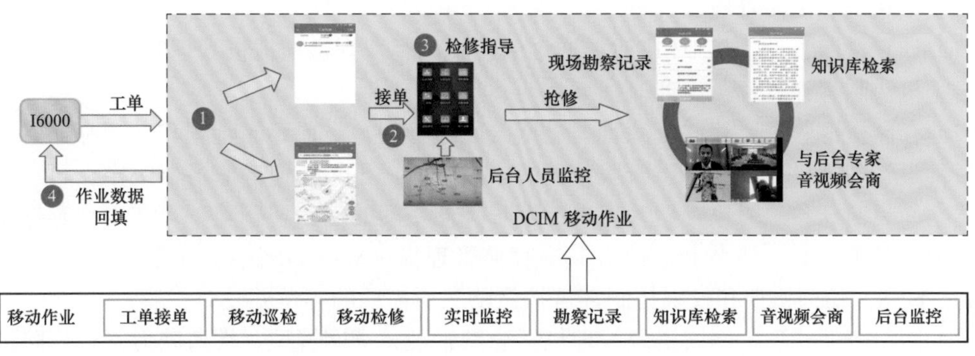

图 5－20　移动作业功能模块流程管理图

5.6 云环境运维

5.6.1 系统架构

如图 5-21 所示，云环境运维系统以双态运维体系为理论指导，以混合云管技术为支撑，通过自动化运维工具推进数据中心云运维管理的具体工作，达成异构云资源管理、云应用监控调度、研发运维一体化等运维目标，更好地支撑云应用的构建、运行和迭代。此外，云环境运维可满足数据中心集中式和分布式双态并存运维体系的管理需求，能够应对敏态运维以及数据中心混合和异构一体化运维管理的挑战，提高云环境运维自动化水平。

图 5-21 云环境运维系统架构图

SaaS—软件即服务；PaaS—平台即服务；IaaS—基础设施即服务

5.6.2 系统功能

云环境运维系统提供基础环境运维、平台服务运维及业务应用运维，具体如下所述。

1. 基础环境运维

基础环境运维实现对 IaaS 层的资源管理，包括计算资源管理、存储资源管理、网络资源管理、安全和资源配额管理等。

（1）计算资源管理。基础环境运维通过云主机为客户提供虚拟机管理等一系列操作集合，实现云主机快照等计算资源管理。

（2）存储资源管理。存储资源管理包括云硬盘管理、对象存储管理和共享存储管理。其中，云硬盘管理提供一种独立于云服务器的永续存储，不与任何云服务器绑定，可在不同云服务器之间灵活迁移。对象存储管理支持用户存储空间的创建和删除，可在用户存储空间内实现用户文件的上传、下载和删除。共享存储管理提供标准的网络文件系统（Network File System，NFS）访问协议和权限控制，可按量购买所需要的容量并随时扩容。

（3）网络资源管理。网络资源管理包括公网管理、子网管理、端口映射管理、防火墙管理和负载均衡管理。在公网管理中，公网是相对于内网而言的，联网计算机得到的IP地址是Internet上的非保留地址。基础环境运维利用虚拟机和网络虚拟化技术，通过公网远程管理维护其他虚拟机。在子网管理中，子网是若干个分离的网络岛，通过分开主机和路由器的每个接口产生。基础环境运维通过接口端连接子网的端点对子网进行管理。在端口映射管理中，端口映射是将路由器外部IP的一个端口映射到内部虚拟子网中虚拟机的一个内部端口。当用户访问该外部IP的设定端口时，服务器自动将请求转发到对应虚拟机的内部端口。在防火墙管理中，防火墙是IP过滤规则的集合，可被应用到虚拟机的网络设置中。防火墙创建后，可通过密钥在页面给防火墙增加规则，从而实现防火墙管理。负载均衡管理支持包含TCP协议和UDP协议的四层负载均衡，也支持包含HTTP协议和HTTPS协议的七层负载均衡。

（4）安全和资源配额管理。安全和资源配额管理包括密钥对管理、资源监控、配额管理和流程管理。其中，密钥对管理包括密钥对生成、分配、更换、注入及销毁等功能。密钥对是云平台为客户提供的远程登录虚拟机的认证方式，利用安全外壳（Secure Shell，SSH）协议使登录认证更安全可靠。资源监控支持基础设施使用概况查询，并提供虚拟机运行监控信息，包括CPU利用率、内存利用率、磁盘输入/输出（Input/Output，I/O）速度及网络I/O速度等。虚拟机监控是云平台向用户展示用户账号下虚拟机的当前配置、状态、性能、资源占用情况的图表，有利于用户合理利用虚拟机资源，防止资源占用或浪费。配额管理通过用户申请实现对配置更新的请求管理，当有未处理的变更配额请求时，用户无法再次提交申请。流程管理包括各种资源申请的处理、释放和用户安全管理等。

2. 平台服务运维

平台服务运维主要提供多种平台组件及应用构建、发布和运行的支撑服务，包括平台组件管理、容器集群管理、发布部署管理和项目管理，具体如下所述。

（1）平台组件管理。PaaS层提供数据库、中间件、服务总线、权限、大数据平台等多种组件，并实现对组件的启停控制、运行监测、镜像管理和配置管理。

（2）容器集群管理。容器集群指容器运行所需的资源组合，包括若干服务器节点、分布式存储和专有网络等云资源。平台将用户的所有应用服务部署于专属集群中，支持高质量的不间断服务，且平台级负载均衡服务始终保持多个实例空闲，具备高容错性。集群管理主要包括节点创建及节点删除。

（3）发布部署管理。发布部署管理指利用Dockerfile或源代码构建容器镜像，每条镜像构建线形成一条镜像线，每次运行镜像构建配置会生成一个镜像构建对象，从而发布部署。发布部署管理主要包括镜像仓库管理、镜像构建和流水线管理。

（4）项目管理。项目是平台系统中的多租户单元，包括一组相关联的应用和微服务以及与这些应用和服务相关的角色和访问策略，不同租户之间的应用和服务无法互相访问。项目管理包括项目创建、删除、租户管理和访问控制管理。

3. 业务应用运维

云平台业务应用指在云平台运行一组紧密相关的服务或一个微服务。一个应用中至少有一个服务发布到集群外部，可被外部客户端直接访问，该应用可能来自独立提供服务的微服务，也可能来自多个微服务组成的应用模板。在应用内部支持独立于微服务的多种治理策略，管理微服务之间的服务访问机制。业务应用运维主要包括创建应用、部署管理、实例管理、服务管理和路由管理。

5.7 信息运维关键技术

5.7.1 信息通信一体化调度运行支撑平台关键技术

I6000 采用统一资源模型、一体化采集监控技术及 B/S 架构下的图模数一体化技术，实现对大型企业公司总部、省（市）二级单位、地（县）三级单位的数据库、中间件、业务应用、桌面终端及机房环境的实时监控，为信息设备和信息系统的安全稳定运行提供支撑。具体模型及技术如下所述。

1. 统一资源模型

统一资源模型采用分层的设计思想，其分层设计如图 5-22 所示，从底层到上层依次为资源层、模型和视图层、基础业务层，可从管理属性和运行属性两个方面对资源进行全方位管理，合并台账模型和运行资源模型，支撑台账管理及资源维护，在保证对基础资源数据进行规范操作的同时，避免数据的重复录入、缺乏关联性等问题。

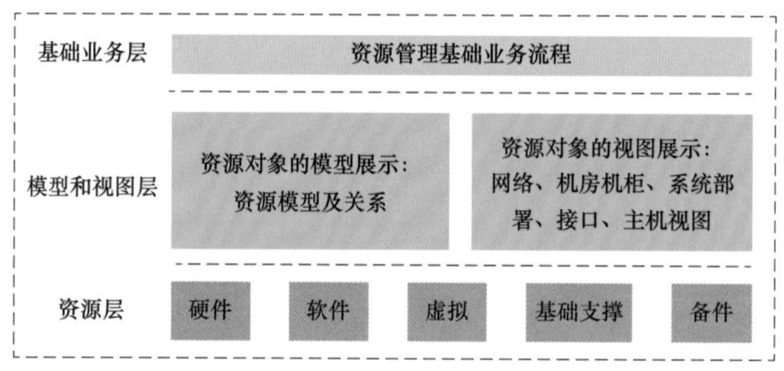

图 5-22 统一资源模型图

资源层对所有运维资源进行梳理、补充和逻辑抽象，考虑未来精细化管理的需要，重新定义资源分类，将其分为硬件、软件、虚拟、基础支撑、备件等 160 多个资源类别。此外，资源层将机房场地、机柜空间、软件实例、虚拟机、资源池等电力相关设备纳入统一管理。

模型与视图层对 160 多个资源类别进行建模，实现资产属性与运行属性的动静融合。同时，模型与视图层建立不同资源类别之间的关联，以资源模型及关系为基础，通过数据维护，生成具有运维实用性、可层层钻取的网络、机房机柜、系统部署、接口、主机等五大运维视图。

基础业务层集合资源的全过程管理需求、ERP 同步需求和运维业务流程需求，设计资源状态和基础业务流程。在日常运维中，涉及的业务对资源产生变更时，基础业务层需要提供基础流程供上层业务调用，保证资源数据的同步更新。

2. 一体化采集监控技术

一体化采集监控技术包括网络性能数据采集技术、数据库性能数据采集技术、主机性能数据采集技术、中间件性能数据采集技术、实时库与历史库技术、拓扑图动态布局算法等，通过上述采集技术、实时库技术及动态布局算法，以直观、形象的图形方式反映出资源运行状态和性能数据，为调度监控、运行检修、故障抢修及管理决策提供可视化的数据支撑，提高用户工作效率。

（1）网络性能数据采集技术。网络采集主要利用 ICMP 和简单网络管理协议（Simple Network Management Protocol，SNMP）。ICMP 是 TCP/IP 协议栈中的一个子协议，用于在 IP 主机和路由器之间传递控制消息。控制消息是用于表示网络是否可通、主机是否可达、路由是否可用等网络本身的消息。网络采集通过监控广域核心路由器的端口，获取链路的时延、流量等性能状况，并提供告警功能。当广域链路无法 ping 通或某性能指标超过阈值时，网络采集模块发出告警，保障支撑平台的安全稳定运行。

（2）数据库性能数据采集技术。数据库采集主要采用 JDBC 协议访问被监管的数据库，通过特定的结构化查询语言（Structured Query Language，SQL）获取数据库的监控信息，以便进行数据库的性能分析，提高数据库运行效率和管理能力。与 SNMP 采集相比，该采集技术不需要在数据库上安装补丁，可赋予监控账号较低权限，保证系统安全性。

（3）主机性能数据采集技术。主机采集监测支持 SNMP、Windows 管理规范（Windows Management Instrumentation，WMI）、SSH 等多种协议。其中，SNMP 采集通过访问服务器的 SNMP 服务，利用事先由厂商定义好的对象标识（Object Identifier，OID），获取被管对象的各种监控信息，利用各个厂商的私有管理信息库（Management Information Base，MIB）扩展 SNMP 监控的指标范围。此外，通过安装 NET－SNMP 等第三方 SNMP 服务扩展 MIB，扩大主机采集监测范围。WMI 采集通过访问被管 Windows 服务器的 WMI 服务，利用特定的查询接口，获取被管 Windows 服务器的监控数据，通过 WMI 协议获取 Windows 服务器的系统操作日志信息，在监管传统指标的同时，提供系统操作日志审计及统计分析功能，为服务器故障定位和安全保障提供支撑。SSH 采集通过访问 Linux 或 Unix 主机的 SSH 服务，执行特定命令并对收到的返回值进行解析，获取被管对象的监控数据。相比于 SNMP 采集，SSH 方式可获得更多监控指标，提升信息设备的监管水平。

（4）中间件性能数据采集技术。中间件性能数据采集主要采用 Java 管理扩展（Java Management Extensions，JMX）和 SNMP 协议，获取规范标准下的性能数据。JMX 采集通过访问被监管中间件获取监控信息。同时，I6000 基于中间件的基础性能数据分析其整体运行情况，结合业务系统应用访问情况评估系统服务能力，辅助应用程序进行故障及缺陷定位，提高中间件运行的效率和稳定性。

（5）实时库与历史库技术。实时性是实时数据库的重要特性，包括数据实时性和事务实时性。其中，数据实时性是指现场输入/输出数据的更新周期，主要受现场设备的制约；事务实时性是指数据库处理事务的速度，涵盖事件触发和定时触发两种方式。事件触发表示事件一旦发生可以立刻获得调度，消耗较多的系统资源；定时触发是在一定时间范围内获得调度权。实时数据库须同时提供两种调度方式以保障系统的稳定性和实时性。历史库用来保存监控系统的历史采集数据，实现大数据量的存储。I6000 结合实时库与历史库技术，提高数据采集效率，实现实时监控。

（6）拓扑图动态布局算法。网络拓扑图通过通信链路和节点的几何排列图形，展示网络中各节点的相对位置与相互连接情况。I6000 采用拓扑图动态布局算法为节点和链路赋予确切的位置坐标，形象、准确、直观地显示其逻辑关系。本地网或接入网中的设备通常支持单星型、双星型、环型、树型等网络拓扑结构，省级以上骨干网的常见拓扑多为网型或栅格形。

3. B/S 架构下的图模数一体化技术

B/S 架构下的图模数一体化技术包括 B/S 架构下的图形编辑工具和监控工具两部分。如图 5－23 所示技术架构，图形编辑工具提供组态化视图编辑功能，用于绘制监盘视图、接口视图、应用视图、设备视图、网络视图、机房视图等，实现图形元素与监控模型资源及数据库的关联；图形监控工具负责展示所绘制的图形，并根据图形关联的监控模型加载实时监控数据。B/S 架构下的图模数一体化技术应用于各类拓扑图及监控视图的绘制，为实时调度监控提供自定义的可视化、组态化、智能化监控手段，实现监控图形、资源模型、监控数据的一体化展示。

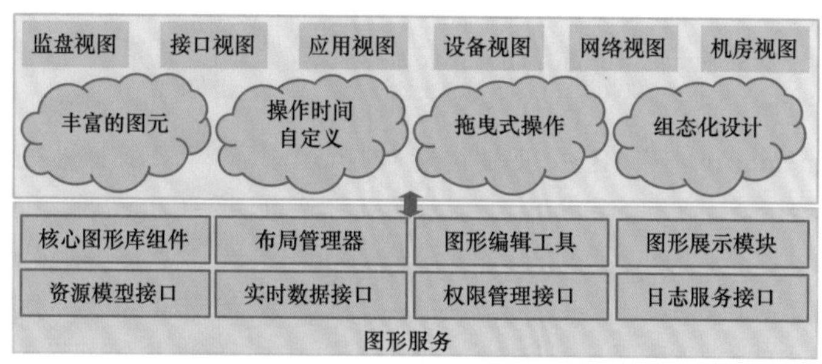

图 5－23　图模数一体化技术架构图

5.7.2　机房智能巡检系统关键技术

1. 全方位感知技术

全方位感知技术利用无线传感器网络中的环境传感器设备对机房进行全方位、无死角的环境感知，实现机房内环境实时监控，保证机房内设备安全运行。

（1）无线传感器网络。无线传感器网络是由大量传感器以自组织和多跳的方式构成的无线网络，能够协作感知、采集、处理和传输网络覆盖地理区域内被感知对象的信息，并将这些信息发送给网络的所有者。电力机房智能巡检系统可在电力机房内搭建局域网络，接入各类传感器，并与远端云平台建立通信。

（2）环境传感器。环境传感器主要包括烟雾传感器、温湿度传感器和空气清洁度传感器等。当机房内的烟雾浓度超过报警器设定的门限时，烟雾传感器会触发系统报警，并由系统控制灭火设备及时将火灭除。此外，机房内部要求尽量保持恒温恒湿，但实际机房内部存在局部的温度死角（如机柜后部），长此以往将大大降低电子设备的使用寿命，通过在机房内多个区域部署温湿度传感器，可及时发现局部区域过温过湿的情况。同样，在一些空气雾霾污染较为严重的地区，机房设备运行在高浮尘的环境中，容易造成内部积灰，从而导致静电、电容击穿器件等故障，通过部署空气清洁度传感器可实时检测空气质量，及时改善机房环境，保证电力设备的安全稳定运行。

2. 智能机器人技术

智能机器人技术集路径规划、智能控制、机器视觉与无线传输于一体，在电网企业的应用中主要分为定位与导航技术、图像识别技术。通过智能机器人技术能够实现智能巡检，为电力机房管理人员提供直观、远程、便于操控的管理系统，提高工作效率及智能化应用水平，保障电力机房的安全稳定运行。智能巡检机器人可取代巡检人员完成机房设备日常巡视、红外测温、状态检查等日常工作，减轻一线巡检人员工作量，降低人工成本。

（1）定位与导航技术。定位与导航技术能够使智能巡检机器人实现智能化和完全自主移动，主要包括：① 磁轨迹引导、RFID 电子标签为辅的定位导航技术，该技术需在巡检机器人运行路径上预埋磁轨迹，并在停靠位置埋设 RFID 电子标签，导航定位精度高、抗干扰性强。② 单目视觉定位导航技术，其利用单目摄像机对地面引导标志进行图像采集及识别，并自主规划巡检路径和停靠位置。③ 基于激光雷达的定位导航技术，该技术通过激光雷达扫描周围环境并建立电子地图，利用帧间匹配、回环检测等手段，实现智能巡检机器人的自主行走、自主避障和精确定位。

（2）图像识别技术。图像识别技术通过拍摄图像判别电力设备运行状况，主要包括仪表读数、指示灯、开关位置、设备运行状态等。对于仪表读数的识别，图像识别技术将采集到的数字与数字模板图像库进行匹配，并准确输出识别结果。对于指示灯、开关位置、设备状态的识别，图像识别技术能够获取被识别对象在图像中的位置，根据被识别对象的线状特征，基于 Hough 变换判断被识别对象的颜色及状态信息。此外，图像识别技术与人工智能、大数据等新一代信息通信技术深度融合，建立专用的识别模板和算法，通过积累培训样本进行深度学习，提高识别精度及准确性。

3. 可穿戴技术

可穿戴技术将多媒体、传感器和无线通信等技术嵌入人们的衣服或配件中，通过“内在连通性”实现快速的数据获取，摆脱传统的手持设备的限制，获得无缝网络访问体验，支持手势和眼动操作等多种交互方式。可穿戴设备是可穿戴技术的主要应用方式，包括头戴式的智能安全帽、眼镜类的智能眼镜、手环类的智能手环等。根据现场设备维护场景，采用智能安全帽和智能眼镜作为现场运维人员的可穿戴设备，减轻工作过程中的身体负担，降低操作复杂度。

（1）智能安全帽采用物联网、移动互联网、大数据和云计算等技术，让前端现场作业更加智能，后端管理更加高效，实现前端现场作业和后端管理的实时连动、信息的同步传输与存储以及数据的采集与分析，提高工作和管理效率，降低企业运营成本。

（2）智能眼镜通过集成摄像头实现巡视作业过程中的图像采集，利用智能识别技术实现设备表计读数、显示屏提示码和物理把手等开合状态识别，实现运行设备的状态一键快速采集，通过微投技术进行成像，结合麦克风和摄像头实现远程支持，具有较强的交互性。

5.7.3　运维自动化关键技术

运维自动化技术能够解决大量重复性工作、海量资源数据分析以及缺少资源动态调度等各类问题。自动化运维系统所采用的关键技术主要包括运维数据接入技术、运维数据处理技术以及运维数据管理技术，具体如下所述。

1. 运维数据接入技术

运维数据接入技术通过数据标准化处理对不同数据库和运维平台中的数据进行统一运维管理，为海量资源的数据处理及分析提供支撑，同时使用动态负载均衡算法实现资源最优化调度分配，保障电力发展的便捷、高效及安全。数据标准化过程采用计算分离技术使底层数据的采集过程和计算过程相分离，引入增量采集方式规避重复数据的二次计算过程，提升数据采集效能；引入高速缓存技术规避传统数据库反复调用过程所造成的资源消耗，以提升资源系统间的高频调用效率和定位准确性。

2. 运维数据处理技术

运维数据处理技术主要包括信息系统故障定位与智能处理、信息系统状态预警两个方面，能够有效地避免系统故障，实现及时的故障处理。

（1）信息系统故障定位与智能处理。信息系统故障定位与智能处理主要包括故障快速定位、故障原因分析和故障智能处理。

1）故障快速定位。为实现故障快速定位，需要对测试信号进行分析，找出每个信号关联的可疑故障器件，并基于历史数据对故障模型与特征库进行训练。当故障发生时，根据故障与业务之间的关联关系与故障诊断分析构建模型算法，包括数据的聚类、分类与关联模型算法等，对实时故障进行诊断以实现快速故障定位。

2）故障原因分析。根据故障根因模型、故障根因算法、故障模型以及建立的故障数据库，快速分析出故障的根因，省去以系统为起点的繁琐分析过程，大幅度提高测试与故障排除效率。

3）故障智能处理。在故障处理的过程中，首先基于机器训练方式获取故障特征库；其次训练数据，训练过程由前期的人工介入参与逐步转换到自主机器学习；然后发现并得出相关数据内在关联关系的模型，进而实现故障智能处理。

（2）信息系统状态预警。为实现信息系统状态预警，首先需要对运维资源进行全方位监控和数据采集，其次基于关联分析与模式挖掘等手段对运维数据进行大数据分析，然后通过预警判定模型和相关算法实现对预警信息的判定，再利用压缩、归并、清洗等手段实现预警信息的过滤，最后，在深入分析预警信息的基础上得出信息系统的状态预警。

3. 运维数据管理技术

运维数据管理技术包括数据集成处理、数据存储管理和数据分析挖掘。

（1）数据集成处理。原始数据来源庞杂，包括信息系统、传感器、业务人员操作记录、网络日志等各种不同来源，且原始数据格式多样，可能是结构化数据、文本数据，也有可能是图像、视频数据等，使得原始数据中存在不一致、重复、含噪声等问题。因此，在数据应用之前，需要通过数据清理、数据集成、数据变换、数据归纳等手段对这些问题进行处理，使其可用于数据分析。

（2）数据存储管理。由于大数据管理具备数据体量巨大、数据类型繁多、价值密度低和处理速度快等特点，即 4V（Volume、Variety、Value 和 Velocity），仅依赖传统的结构化数据库无法完成相应的存储和管理任务。通过引入键值数据库、列存数据库、图存数据库、文档型数据库等非结构化数据库，并综合运用分布式、云存储等技术，对数据加以存储和管理，可以实现海量批处理和高速流处理。此外，面对复杂的大数据管理，还需要建立统一的数据管理平台，在应用层对数据存储资源进行统一管理控制。

（3）数据分析挖掘。通过数据集成处理和存储管理，可以实现数据的分析挖掘，为数据可视化提供基础。数据分析挖掘主要包括多维联动分析、算法及模型嵌入和数据挖掘等。首先，多维联动分析通过专业的统计数据分析方法，可以理清海量数据指标与维度，按主题、成体系地呈现出复杂数据背后的联系。同时，通过整合多个视图，展示同一数据在不同维度下的规律，可从不同角度分析数据、缩小答案范围、展示数据的不同影响，使得关键数据更容易被捕捉，从而实现结果的形象化和使用过程的互动化。其次，在算法及模型嵌入方面，除了内置常见的统计算法，还需要针对业务需求，嵌入电力行业专用的指标分析模型、仿真模型和预测模型等业务模型，运用深度学习算法等前沿科技成果，满足电力行业不同业务需求。最后，数据挖掘是在大量的数据中搜索隐藏信息，侧重于解决分类、聚类、关联和预测这四类数据分析问题，并寻找其中的模式与规律。此外，数据挖掘的目标往往不清楚，在实现目标的过程中采用的方法具有不确定性，所以相比于数据分析，数据挖掘的难度较高，通过将数据发现、相关性分析和机器学习等方法应用于数据挖掘，可支持直观的数据可视化和友好的交互方式。

5.7.4　数据中心一体化运维关键技术

数据中心一体化运维采用统一数据采集、三维可视化、大数据分析等多种技术，具体如下所述。

1. 统一数据采集技术

统一数据采集技术总体架构如图 5－24 所示，包括基础设施、数据接口、数据采集服务三部分。

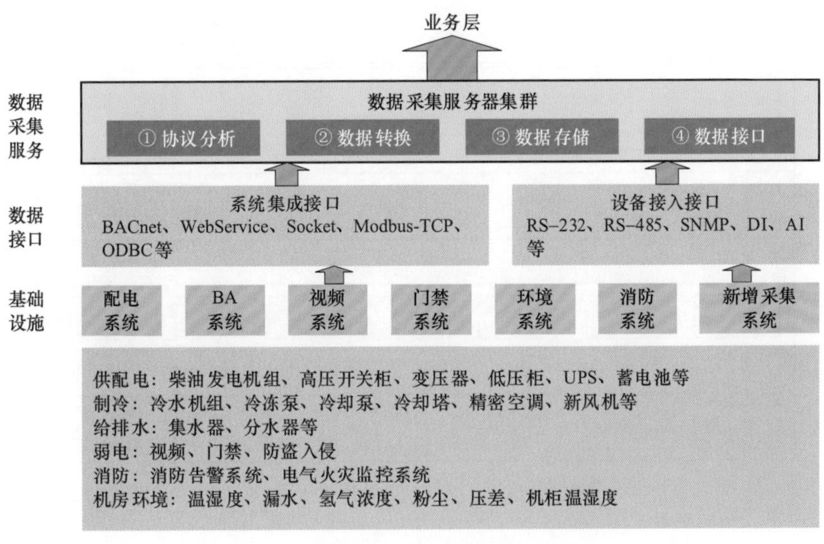

图 5－24　统一数据采集技术架构图

（1）基础设施。基础设施包括数据中心所有的基础设备和在运系统，包括配电系统、楼宇设备自控（Building Automation System-RTU，BA）系统、视频系统、门禁系统、消防系统和环境系统等，实现对供配电、制冷设备、给排水设备、图像、门禁、消防、环境信息的数据采集，并通过新增采集系统扩展信息采集范围。

（2）数据接口。数据接口以系统集成的方式实现对现有系统的数据接入。数据中心一体化运维系统的数据采集服务器与现有子系统服务器处于同一 IP 网段，通过 BACnet、Webservice、Socket、Modbus-TCP、ODBC 等系统集成接口完成数据接入。新增采集系统利用现有系统或系统中的数据采集服务器，通过 RS－232、RS－485、SNMP 等设备接口实现接入。

（3）数据采集服务。数据采集服务主要完成所有接入数据的协议解析，将各种格式的数据转换成统一格式，进行二次的新数据赋值，统一存储数据，通过数据接口实现与应用层的交互。

2. 三维可视化技术

三维可视化技术是一门集计算机数据处理、图像显示的综合性前沿技术。随着三维建模技术、三维成像技术的日益成熟以及大数据、云计算的蓬勃发展，三维可视化技术更直观地呈现数据，实现数据实时图形可视化、场景化及实时交互。三维可视化技术总体架构如图 5－25 所示，包括建模工具、三维引擎、支撑平台及应用展示四部分。建模工具包括 3D MAX、Creator、trueSpace、Maya 等，通过不同方式对机房、电力设备等物体的模型进行重构和补充完善。三维引擎主要包括 U3D、OSG 等三维渲染引擎以及 WebGL、ActiveX 等控件工具，负责导入和加载三维模型，并进行功能开发，是支撑平台和应用展示之间的桥梁。支撑平台以模型为基础，对电厂的各类数据进行观察、分析、决策，以供前端三维展示调用。应用展示如图 5－26 所示，能够提供环境可视化、资产可视化、容量可视化、配线可视化和监控可视化等电力领域应用。

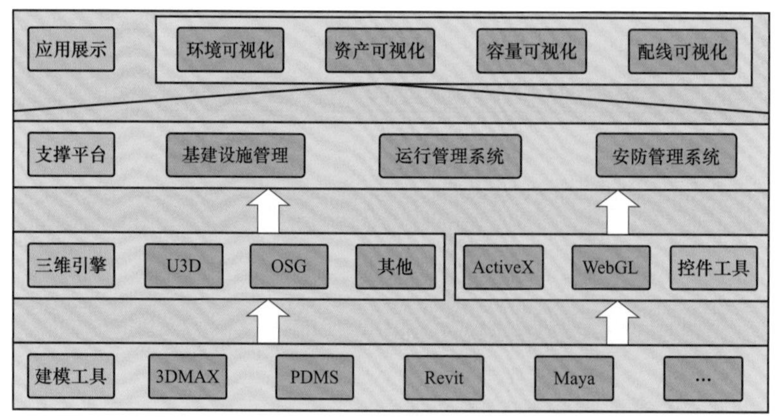

图 5－25　三维可视化技术架构图

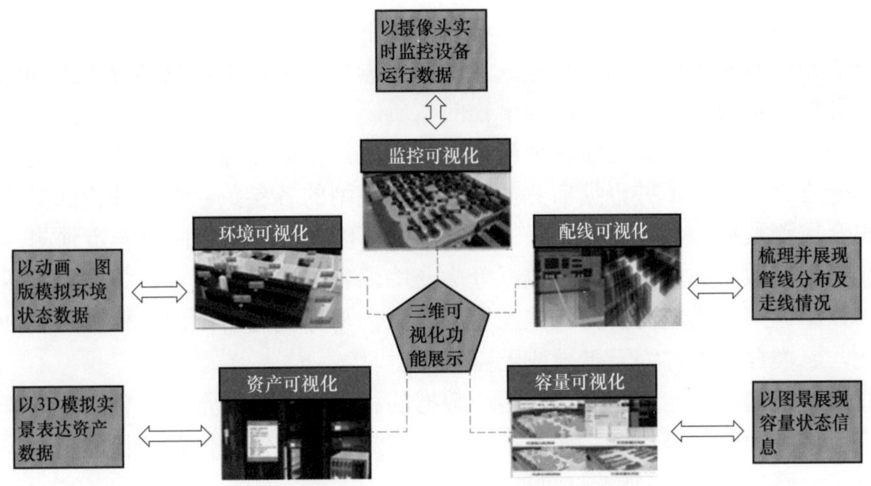

图 5－26　三维可视化技术应用展示图

3. 大数据分析技术

大数据分析技术架构主要由数据支撑平台和分析平台两部分组成，如图 5－27 所示。其中，数据支撑平台利用遍布的传感设备完成数据采集，进行初步的数据清洗、抽取、转换、装载、推送后转入数据分析平台，支撑数据中心一体化运维分析应用。大数据分析平台需要兼容现有生态系统，搭载高速分布式内存分析引擎和实时高并发数据处理引擎，具备可自定义高效列式存储结构的独立分布式内存缓存层，支持离线批处理和高速联机分析处理（Online Analytical Processing，OLAP），支持对结构化数据与非结构化数据的存储、搜索、统计和分析，从而实现高性能交互式数据统计分析。

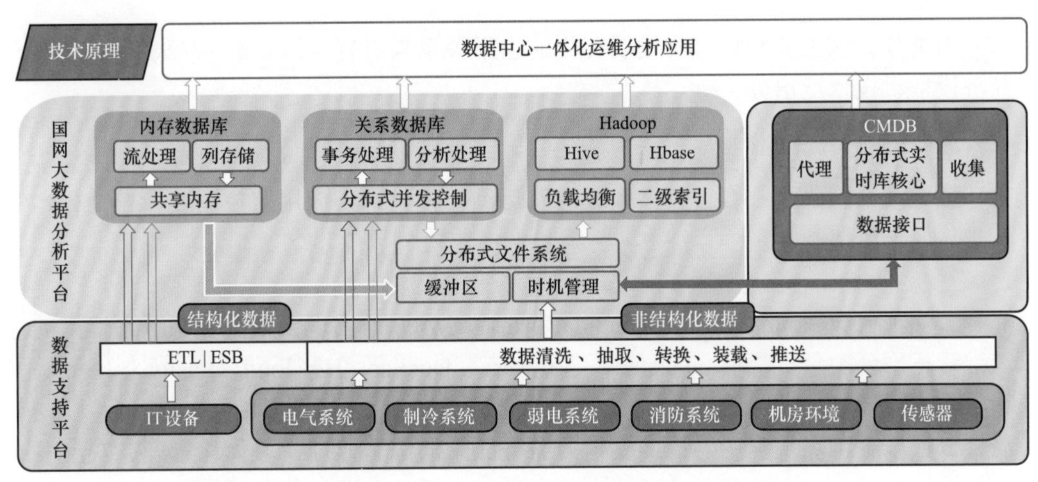

图 5－27　大数据分析技术架构图

Hadoop—分布式系统基础架构；ETL—数据仓库技术；ESB—企业服务总线；
Hive—数据仓库工具；CMDB—配置管理数据库；Hbase—开源分布式存储系统

常见的 9 种大数据分析手段包括分类、回归、聚类、相似匹配、频繁项集、统计描述、链接预测、数据压缩、因果分析，具体原理介绍如下。

（1）分类是一种基本的数据分析方式，根据数据特点将数据对象划分为不同的部分和类型，并进行分析，从而能够进一步挖掘事物的本质。

（2）回归是一种运用广泛的统计分析方法，通过规定因变量和自变量来确定变量之间的因果关系，建立回归模型，并根据实测数据来求解模型的各参数，然后评价回归模型是否能够很好的拟合实测数据，如果能够很好的拟合，则可以根据自变量做进一步预测。

（3）聚类根据数据的内在性质将数据分成一些聚合类，每一聚合类中的元素尽可能具有相同的特性，不同聚合类之间的特性差别尽可能大。与分类分析不同，聚类所划分的类是未知的，因此，聚类分析也称为无指导或无监督的学习。

（4）相似匹配通过一定的方法计算两个数据的相似程度，通常用百分比衡量。相似匹配算法被用在很多不同的计算场景，如数据清洗、用户输入纠错、推荐统计、剽窃检测系统、自动评分系统、网页搜索和 DNA 序列匹配等场景。

（5）频繁项集是指事例中频繁出现项的集合，Apriori 算法是一种挖掘关联规则的频繁项集算法，其核心思想是通过候选集生成和情节的向下封闭检测两个阶段来挖掘频繁项集。

（6）统计描述是根据数据的特点进行分析的基础处理工作，用统计指标及其指标体系表明数据所反馈的信息，主要方法包括：平均指标和变异指标的计算、资料分布形态的图形表现等。

（7）链接预测是一种预测数据之间关系的方法，链接预测可分为基于节点属性的预测和基于网络结构的预测。其中，基于节点之间属性的链接预测包括分析节点自身的属性和节点之间属性的关系等信息，利用节点信息知识集和节点相似度等方法得到节点之间隐藏的关系。

（8）数据压缩是指在不丢失有用信息的前提下，缩减数据量以减少存储空间，提高数据传输、存储和处理效率，或者按照一定的算法对数据进行重新组织，减少数据冗余和存储空间的一种技术方法。

（9）因果分析法主要利用事物发展变化的因果关系来进行预测，常用方法包括回归分析、计算经济模型、投入产出分析等。

5.7.5 云环境运维关键技术

云环境运维系统采用混合云管技术、研发运维一体化、云应用监控调度、自动化运维工具等，具体如下所述。

1. 混合云管技术

混合云管平台（Cloud Management Platform，CMP）是实现云数据中心敏态运维的主要支撑运维管理平台，负责管理 openstack、Vmware、Docker、H3Cloud、FusionSphere 等多个开源和异构的云计算技术路线产品，如图 5–28 所示。

混合云管技术可实现应用监控调度，为业务应用的部署监控、一体化管理、灰度发布、持续升级提供支撑，并支持基于云环境大数据场景分析的云网智能分析服务。同时，该技术可将底层异构 IaaS 平台的虚拟资源进行抽象与封装，向上提供统一 API 接口，使 PaaS 平台能够使用各种计算、网络和存储资源，满足底层差异性，并为 UX 后端业务逻辑提供统一 API 接口与协议标准，兼顾各 IaaS 平台的共性与特性；向下定义标准可扩展的南向接口，支持各种异构 IaaS 平台通过标准南向接口接入混合云管平台。

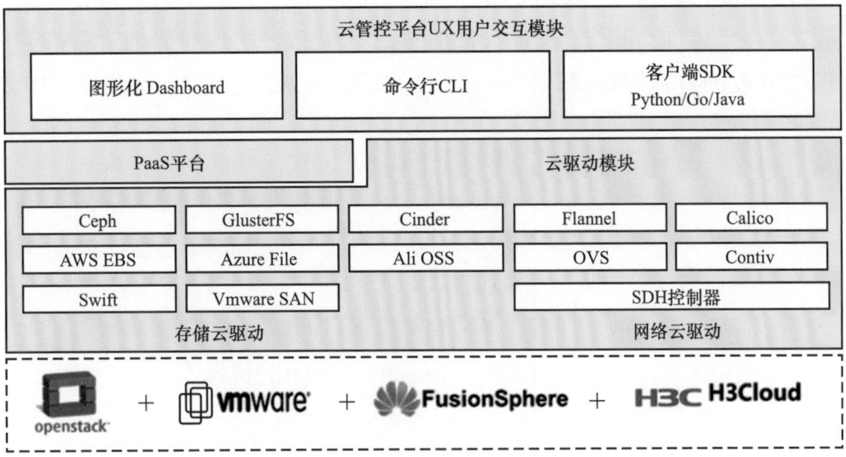

云管控平台UX用户交互模块
图形化 Dashboard
命令行CLI
客户端SDK
Python/Go/Java
PaaS平台
云驱动模块
Ceph
GlusterFS
Cinder
Flannel
Calico
AWS EBS
Azure File
Ali OSS
OVS
Contiv
Swift
Vmware SAN
SDH控制器
存储云驱动
网络云驱动
openstack + vmware + FusionSphere + H3C H3Cloud

图 5-28 混合云管技术架构图

Ceph—分布式文件系统；AWS EBS—业务流程管理开发平台；PaaS—平台即服务；Cinder—块存储技术；Ali OSS—阿里运营支撑系统；SDH—同步数字体系；GlusterFS—Gluster 文件系统；UX—用户体验；Flannel—覆盖网络工具；Calico—虚拟机和容器网络；Azure File—智能云平台文件；OVS—虚拟交换机；Contiv—容器网络架构；Swift—编程语言；Vmware SAN—企业级存储虚拟化软件

2. 研发运维一体化

云环境运维利用 Agiler、Jackins、Maven、Subversion、CasperJS、Ansible 等一系列成熟的开源工具和流程优化，打通从研发、测试至运维监控和储备的全量通道，通过持续分析、持续交付、持续集成与测试、持续部署与发布以及持续反馈等多种解决方案，减少不必要的人力投入和重复性工作，缩短开发、测试、运维、管理等多个环节的作业时间，以现有的混合云管平台 PaaS 层应用监控手段实现持续监控和运维管理，如图 5-29 所示。

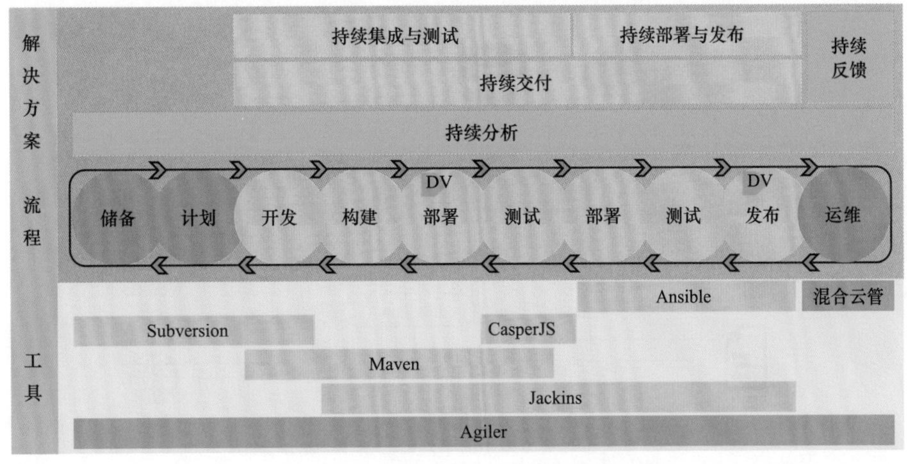

图 5-29 研发运维一体化技术架构图

3. 云应用监控调度

针对云上业务同时运行在多地云平台之上的情况，混合云管平台提供统一的应用部署和监控分析功能。云应用监控调度技术基于 K8S 做二次开发，实现对异地远程容器资源的统一编排，并在物理分散的容器中部署探针，实现容器集群的应用监控，如图 5-30 所示。

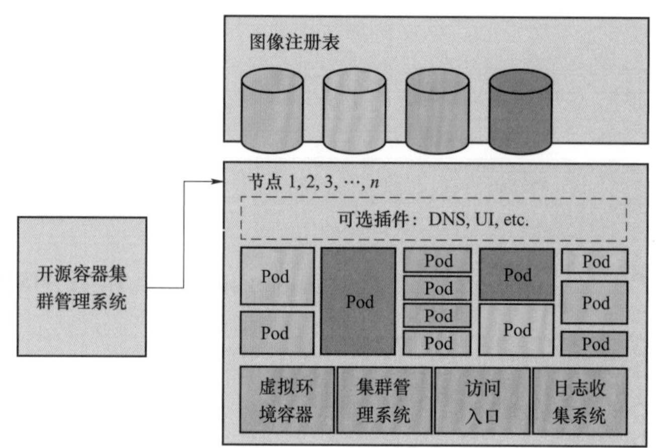

图 5-30　云应用监控调度图

DNS—域名系统；UI—用户界面；Pod—置标语言

4. 自动化运维工具

随着信息化建设的深入，电网企业的运维对象由传统物理设施和“云平台”（IaaS 层和 PaaS/SaaS 层）组成，建设 IT 自动化运维工具至关重要，以实现对敏态运维工作的场景细分，并针对可标准化、自动化、能量化的运维工作，进行建模、分析和固化，形成各运维团队的工作标准，如图 5-31 所示。自动化操作的对象包括服务器、网络设备、存储、数据库、中间件、应用等。日常任务包括设备发现、巡检、脚本执行、配置管理、资源调度等。

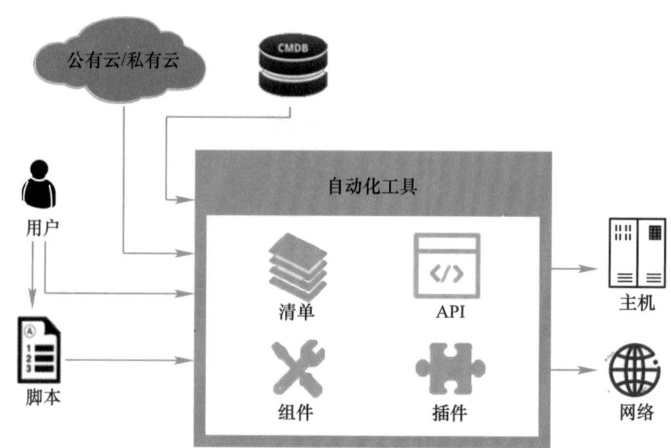

图 5-31　自动化运维工具图

CMDB—配置管理数据库；API—应用程序编程接口

5.8　典型应用

5.8.1　继电保护连接片智能巡检系统

继电保护连接片智能巡检系统从变电站继电保护室的巡视作业耗时长、记录繁杂、结果跟踪和历史记录纸质化、人员作业劳动强度大的痛点和难点出发，通过研究和试用市场上的可穿戴智能设备，运用基于机器学习的图像识别技术，利用自主设计的人体工程学巡检装置和自研的连接片投退状态快速识别算法，推动传统人员纸质化巡检模式向可实现一键拍照采集、自动识别、差异记录跟踪的智能巡检模式转变，解决变电巡视中工作质量追溯难、现场作业人员录入和写报告负担重、现场作业效率低下等问题。该系统已成功应用于多家电力公司变电站继电保护室的智能巡检作业，以下以某供电公司为例，具体介绍该系统的典型应用。

某供电公司继电保护连接片智能巡视系统部署架构如图 5－32 所示，该系统包含 2 台 PC 服务器、4 个 docker 容器。其中两台服务器通过 docker 容器构建应用集群和数据库集群，实现应用和数据库的双主备结构。

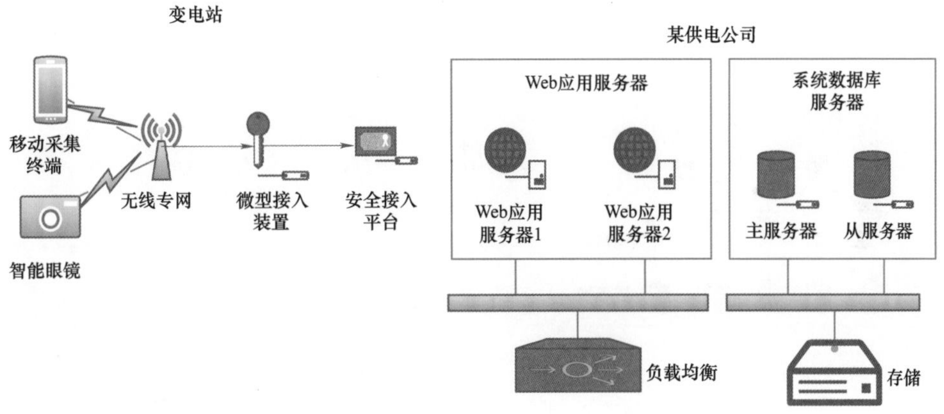

图 5－32　继电保护连接片智能巡视系统部署架构图

该系统按照公司信息系统调度运行体系设计要求，融合现有信息通信技术和智能化技术，构建基于自主采集装置的移动端继电保护连接片 App 和继电保护连接片智能巡检作业综合管理的综合展示管理中心。

移动端 App：移动端 App 采用华为安卓平板，通过站内私有无线专网与后端服务器进行任务作业、数据采集和人员信息交互，涵盖继电保护室的日常例行巡视和特殊巡视两大场景，实现对保护室内连接片的实时采集、实时识别和实时反馈。

综合展示管理中心：继电保护连接片智能巡视系统综合展示管理中心是实现继电保护连接片智能巡视作业管理、人员值班管理、巡视记录和差异跟踪的综合管理模块。该模块通过综合展示管理中心的巡视作业流程实现继电保护连接片巡视作业过程中的人员排班、作业记录和差异跟踪的全链路闭环管理。

继电保护连接片智能巡视系统自上线以来，运行情况良好。通过移动端连接片巡视 App、保护屏配置管理、自动排班管理和巡视记录管理等功能模块，为各变电站继电保护连接片巡视提供智能化的巡视作业管理和支持手段，提升一线巡视作业效率，降低人员巡视成本，为公司创益增效。

某供电公司部署继电保护连接片智能巡视系统 1 套、自主采集装置 10 台，用于负责该公司 10 间变电继电保护室的无间断智能巡检，发现连接片投退差异 6 条，节约巡视作业时长 2000h，约节约人力成本 20 万元。

5.8.2 信息通信一体化调度运行支撑平台（I6000）应用

信息通信一体化调度运行支撑平台已成功应用于电网企业总部、5 家分部、27 家省公司、28 家直属单位和 3 地灾备中心，共覆盖 1652 个县级单位。此外，信息通信一体化调度运行支撑平台还成功应用于南方电网公司的部分单位，成功构建信息调度运行管理体系，改善信息系统运行环境和管理流程，有力支撑南方电网公司信息运行工作。该系统已成为两大电网公司信息通信部门日常运维工作的主要平台，在 A 省及 B 省的典型应用如下所述。

1. A 省典型应用

A 省电力公司 I6000 系统包含 5 台 PC 服务器，21 台虚拟机。其中包括应用服务器 4 台、数据库服务器 7 台、程序服务器 15 台。A 省的 I6000 技术支撑的系统拓扑图如图 5－33 所示。

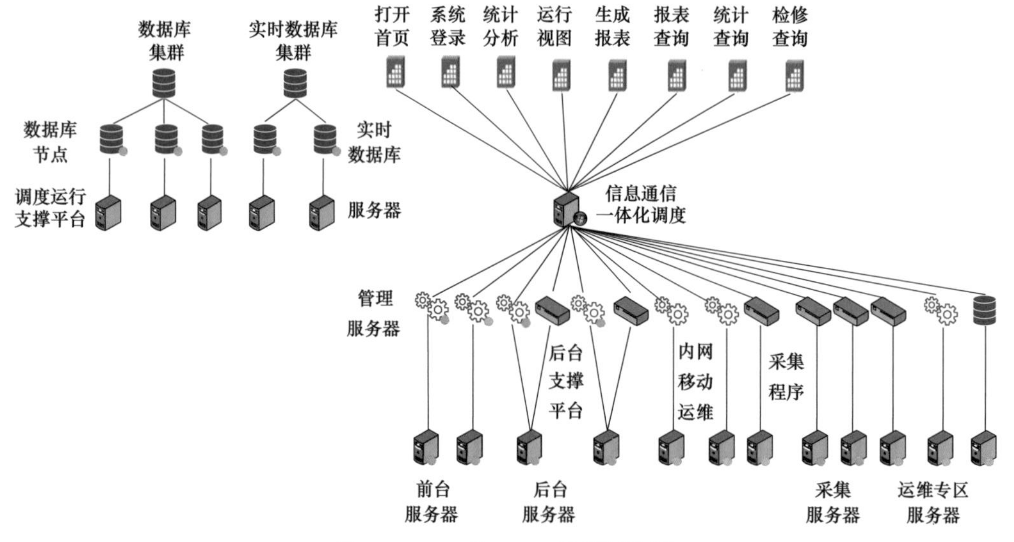

图 5－33　A 省 I6000 系统拓扑图

A 省公司应用服务器采用虚拟机的部署形式，数据库服务器采用集群方式。I6000 系统可靠平稳运行，满足业务要求及 A 省公司软硬件资源现状和采购计划，能够实现规划调优部署，保证系统运行良好。

按照 A 省公司信息系统调度运行体系设计要求，I6000 系统继承发展信息系统调度运行体系，融合现有信息通信运维支撑系统，实现监控自动化、管理流程化、展示互动化、决策智能化。I6000 是综合资源管理、资源监测、调度管理、运行检修等运行业务于一体的大型企业级信息运行综合监管平台，其管理对象覆盖网络、主机、数据库、中间件、业务系统、安全设备、桌面终端、机房环境、云平台等 IT 基础架构。该平台既满足各级管理人员的运行管理需求，又为一线运维人员提供自动化运维工具，实现“监控全方位、服务全过程、展示全视角”的建设目标，最终为信息系统的安全稳定运行提供技术保障。

资源管理：基于统一资源模型，资源管理包括运行属性以及管理属性，并且融合运行资源模型与台账模型，可有效解决数据缺乏关联性、重复录入等问题，提供资源维护及台账管理等功能，可有效保证规范操作基础资源数据。

资源监测：资源管理以直观、形象的图形方式反映出资源运行状态，为调度监控、运行检修、故障抢修及管理决策提供可视化的数据支撑，提高用户工作效率。以自主采集为主，并通过标准北向接口协议兼容第三方网管；统一桌面端信息系统设计要求，对系统提供的默认图源和客户上传的图元进行规范化；对于业务、接口和网络视图进行自动化生成，并对视图细节可进行手工定制修改。

调度管理：调度管理包含调度监测、调度值班、调度联络、调度报送，其中调度监测是调度工作的核心，根据调度工作实际需求，设计出基于底层实时监测数据和可视化图形服务的监控视图。监控视图秉承调度以实时状态监测为主的核心理念，通过完全图形可视化的展示方式，以最上层的业务状态为监测视图起点，层层关联下钻至网络视图、机房视图、系统视图、设备视图，实现异常状态实时告警和快速故障定位，并提供直观的消息显示功能。

运行检修：运行检修包含运行方式申请单、检修计划的申请、检修可视化、信息工作票、信息任务单、紧急抢修等各类工单的填报、审批、执行、验证、归档，实现流程过程可追溯、检修任务可掌控、运行成果可预判等。

A 省公司 I6000 自 2017 年上线以来，运行情况良好，系统符合国家电网公司典型设计。通过构建个人工作台、基础管理、业务管理和决策分析等功能模块，为各业务系统提供运行监管、拓扑图、资源管理、调运检流程应用等功能，实现集约化管理和资源图形数据最大程度的共享。截至目前，A 省公司 I6000 系统注册用户数 355 人，各模块累计业务应用数已超过 6018 条（包括工单、两票）。在系统更新维护方面，累计完成设备台账录入 54 929 个，其中硬件台账 52 431 个，软件台账 2498 个。在系统监控方面，共监控系统 41 套。

2. B 省典型应用

基于 B 省公司信息通信系统建设现状、信息运维管理工作现状，以及信息系统调运体系建设现状的充分分析，以用户体验和建设实用化平台为指导，根据决策分析、调度管理、运行管理、检修管理、客服管理、三线支撑、安全管理和灾备管理等八个维度的业务域划分，以平台类业务为基础支撑，从多个角度对信息通信现有业务和规划业务进行梳理和分析，形成信息通信一体化调度运行支撑平台的业务架构与部署架构，如图 5－34 所示。

随着 B 省公司 186、ERP 工程和各级通信网的建成，信息通信安全稳定运行已成为保障公司安全生产、经营活动、优质服务的必要条件。为适应国家电网公司整体信息通信发展趋势，充分基于已有建设成果，提升信息通信整体运行管控水平，更好支撑公司整体发展战略，B 省公司在 2015 年启动了 I6000 一期建设工作，I6000 已成为 B 省公司信息通信调度运行工作必不可少的技术支撑系统。

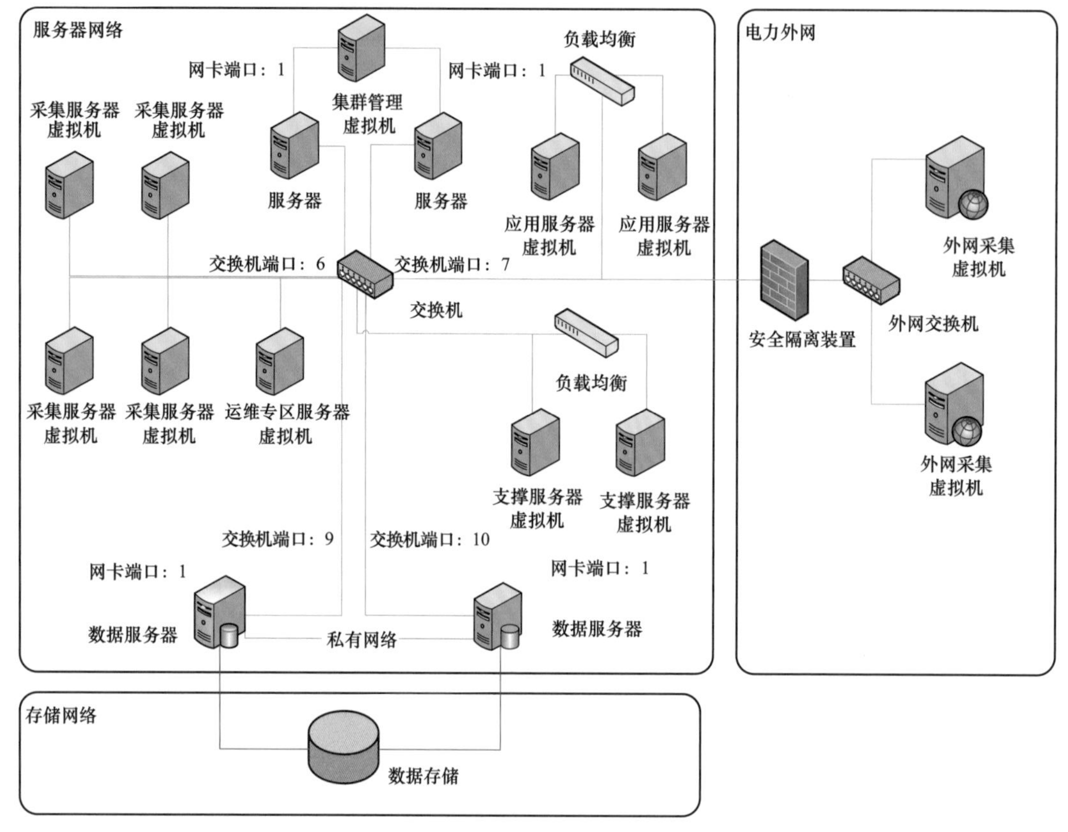

图 5－34　B 省公司 I6000 部署架构图

网线—————；光纤线—————

B 省公司信息通信运维支撑系统已统一管理 B 省公司各类软硬件信息设备台账 47 244 台（套）、通信设备 4321 台（套）、业务系统 53 套，每年新增各类信息运维工单 70 372 条，有效加强信息通信系统运行安全分析工作，及时发现存在的薄弱环节，提高运行工作水平。同时，I6000 的调度管理、运行管理、检修管理、客服管理、监测管理等功能模块为 B 省公司提供完善的信息化运维支撑能力，全面提升 B 省公司电力信息化运维专业的采集监控能力、运维工单能力、数据分析能力，有效支撑 B 省公司信息化工作。

第 6 章　电力大数据关键技术与应用

6.1　概述

“数据驱动发展”是时代大势所趋，大数据作为具有更强决策力、洞察发现力和海量、高增长、多样化的流程优化能力的信息资产，可持续性推动各行业创新性变革。电力大数据将大数据理念、技术和方法在电力行业的广泛应用，作为电力生产和电能使用中发、输、变、配、用和调度等环节的数据集合，电力大数据具有体量大、类型多、价值高、变化速度快等典型特征，可大致分为电力生产运行数据、用户用电数据、电力企业运营数据及电力企业经营管理数据 4 类。电力大数据技术可以为电力企业提供强大的信息技术支撑，电力企业在电力生产、传输、调度、运维、营销和供电等环节，应当充分利用电力大数据实现企业规划、计划、建设、运营等方面相关核心资源的优化配置和管理，为上下游客户提供友好互动和优质服务，从而实现现代企业管理的科学决策和提质增效。

电力大数据在我国已得到广泛关注，2013 年 3 月，中国电机工程协会针对我国电力行业数据状况，发布《中国电力大数据发展白皮书》，阐述了电力大数据对于电力事业发展的重大意义。2017 年 2 月，国家信息中心、海南大数据应用研究院联合发布《2017 年中国大数据发展报告》，指出电力大数据发展迅猛，具有巨大的潜在价值，电网企业应当持续推动电力大数据中心的建设和数据资源的整合，引领产业变革。迄今为止，国内科研机构在电力大数据方面的研究主要集中在用户用电行为分析、线损多维度分析、计量装置在线监测与智能诊断、可再生能源接入、经济趋势分析等方面。此外，为满足从海量的电力生产数据、设备监控数据、企业运营和管理数据中快速获取知识与信息的需求，以国家电网公司和南方电网公司为代表的电网企业均进行了电力大数据的研究与试点项目的推进。当前，国家电网公司已研发电力大数据平台和数据中台，并在总部和 27 家省级电力公司部署实施，基于平台涵盖电力生产、企业经营管理、优质客户服务、电力增值服务等多个领域，涉及超过 200 多个电力大数据应用。南方电网公司也高度关注电力大数据的应用与研究，目前广东电网电力大数据平台已初步建成，为电力大数据的挖掘与应用提供更多可能性。

尽管诸多科研机构和电网企业在电力大数据关键技术方面的研究已取得一定进展，但目前还存在着数据质量不高、非结构化数据处理能力较弱、数据深层挖掘分析能力有待加强等问题。因此，电力大数据技术需加强与云计算、物联网、移动互联网等新一代信息通信技术的深度融合，提升信息通信基础软硬件资源共享、按需分配的能力，实现海量数据的实时采集处理、在线计算及分析挖掘，进一步释放电力大数据的潜在价值。

本章针对电力大数据平台和数据中台分析并阐述平台架构及平台功能，着重介绍电力大数据关键技术的概念及原理，最后介绍其在电网企业中的典型应用。

6.2 电力大数据平台

6.2.1 平台架构

如图 6–1 所示，电力大数据平台运用分布式计算和存储技术，通过整合电力企业分散的业务数据，搭建统一的数据存储计算、分析服务及管理平台，从而为上层应用提供有力支撑。电力企业级大数据平台架构主要由数据整合层、数据混合存储层、性能分析计算层、公共服务层和数据管理、安全服务组成，具体如下所述。

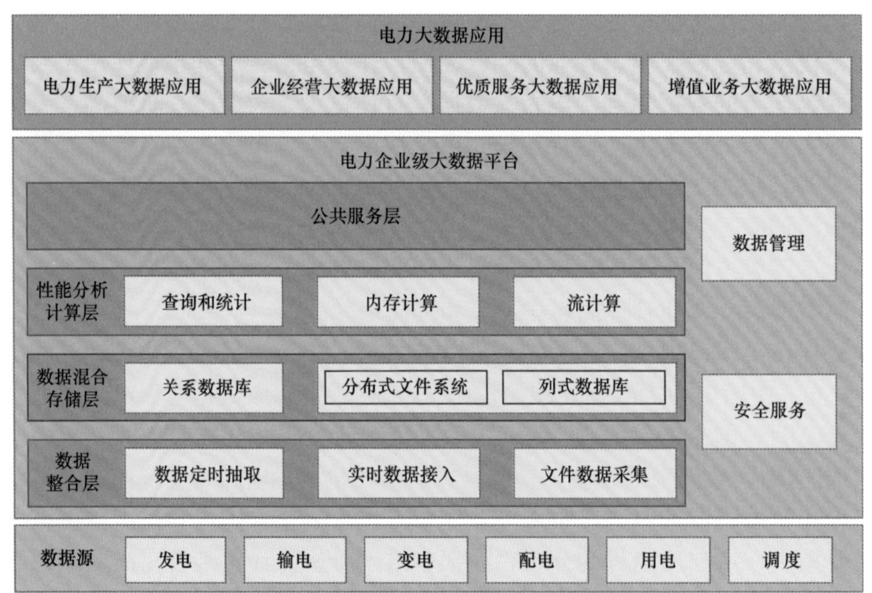

图 6–1 电力企业级大数据平台架构图

（1）数据整合层提供数据定时抽取、实时数据接入、文件数据采集等服务，具备定时与实时的分布式数据采集处理能力。

（2）数据混合存储层提供关系数据库、分布式文件系统、列式数据库等服务，以支撑企业各类型数据的统一集中存储与计算处理。数据存储模型遵照电力大数据信息模型标准制定，其中，关系型数据库具备结构化轻度汇总数据的存储和压缩功能，支持自适应高效压缩；分布式文件系统、列式数据库可为非结构化数据、半结构化数据提供存储支撑。

（3）性能分析计算层提供查询和统计计算、内存计算、流计算等计算功能，具备实时、离线、交互式的数据处理能力。

（4）公共服务层基于底层组件提供统一数据存取、统一计算、数据挖掘等服务。其中，统一数据存取服务通过标准化服务接口提供对外服务；统一计算服务以规范化的计算流程定义业务计算逻辑，调用底层不同计算引擎；数据挖掘服务支持常用的数据挖掘算法库、挖掘建模工具及业务模型管理能力，实现数据挖掘分析。

（5）数据管理提供基础数据管理、数据质量管理、数据流转监测和数据运维辅助等功能，形成数据资产统一视图，实现数据应用全过程监测，为平台数据管理和运维提供有力支撑。

（6）安全管理通过数据销毁、透明加解密、分布式访问控制、数据审计等技术，实现从大数据采集到应用过程的身份识别、操作鉴权和过程监控等功能。

6.2.2 平台功能

电力大数据平台提供超量多样化数据存储与计算、多种数据接入方式、统一数据标准化服务、跨域计算服务、自助式分析服务、全方位数据安全控制与管理等功能，具体如下所述。

1. 超量多样化数据存储与计算

如图 6-2 所示，超量多样化数据存储与计算包括数据存储与数据计算两方面。在数据存储方面，电力大数据平台通过构建分布式文件系统、分布式数据仓库、非关系型数据库、关系型数据库，提供各类数据的集中存储与统一管理能力，同时融合 GIS 平台与非结构化平台，规划形成操作型数据存储（Operational Data Store，ODS）、数据仓库、数据集市等存储区，满足大量、多样化数据的低成本存储需求。在数据计算方面，电力大数据平台通过流计算、批量计算、内存计算、查询计算等计算引擎提供超量多样化数据的计算服务。其中，流计算支持数据实时处理，批量计算支持数据离线分析，内存计算支持交互性分析，查询计算基于分布式文件存储技术，提供类似 SQL 的查询分析技术，从而将查询语句转译为并行分布式计算任务。这种多样化的超量数据计算模式可充分满足电力大数据平台不同时效性的计算需求。

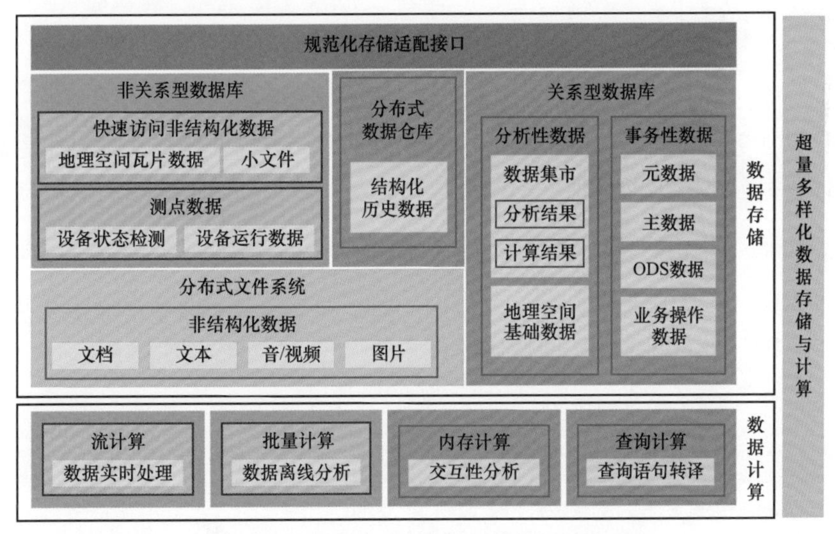

图 6-2 超量多样化数据存储与计算架构图

2. 多种数据接入方式

如图 6-3 所示，电力大数据平台通过封装关系数据库数据抽取、实时数据采集、数据库实时复制，以及分布式数据抽取、数据转换、数据加载（Extract Transform Load，ETL）等访问调用接口，提供离线数据抽取、实时消息队列、文件数据采集、增量数据捕获等数据接入

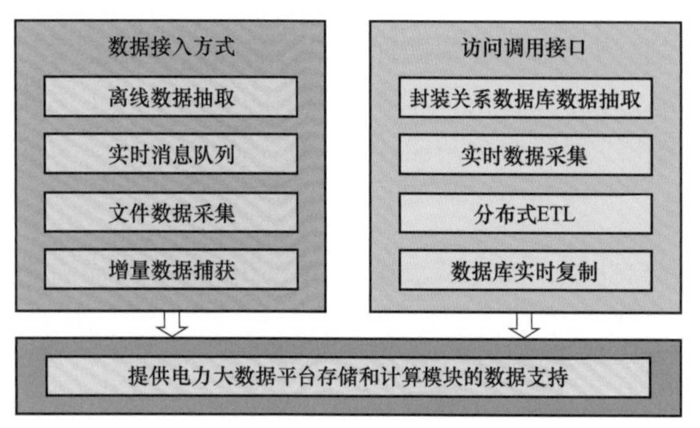

图 6-3　多种数据接入方式架构图

方式，构建外部数据源和平台间的数据桥梁，为平台存储和计算提供数据支持。利用分布式存储技术，提供分布式文件系统、分布式数据仓库、非关系型数据库，以及支持事务型和分析型的关系型数据库，最终形成集中式与分布式混合架构的大数据存储服务平台，作为企业级数据归集中心，满足企业各类型数据的统一集中存储需求。

3. 统一数据标准化服务

电力大数据平台提供结构化数据服务、非结构化数据服务与 GIS 数据服务。基于数据融合访问模型，提供数据路由、数据网关等功能，同时支持标准 SQL 数据操作，为业务应用统一访问各类数据资源提供可靠支撑。电力大数据平台主要功能包括基础数据管理、数据质量管理、数据流转监测、数据权限管理和数据运维辅助，为平台统一数据标准化服务提供支撑能力。其中，基础数据管理提供对大数据元数据资源的统一管理，保证数据资源的标准化应用；数据质量管理为业务应用接入大数据平台提供常态化质量稽核服务，以提升数据质量；数据流转监测在数据处理各环节中实现对处理过程的监测和控制；数据权限管理为大数据平台提供访问授权功能；数据运维辅助为大数据平台运维人员提供运维支撑手段。

4. 跨域计算服务

如图 6-4 所示，电力大数据平台构建分布式跨域协同计算模块，为不同地域的大数据平台集群提供计算任务协作、数据交互等功能。在数据存储方面，跨域大数据平台总部及各分中心独立存储各自命名域下的数据；在跨域数据计算及分析方面，通过扩展资源管理器，提

图 6-4　跨域计算服务架构图

供策略化资源管理以及远程任务分发与管理功能。电力大数据平台跨域计算服务包括跨域资源管理、分权分域管理、跨域数据同步、跨域监控及跨域计算作业管理。跨域资源管理提供跨域基础信息管理、跨域计算集群管理、跨域对象存储集群管理等功能，实现信息的同步与共享，为跨域作业提供可靠的基础环境信息；分权分域管理提供用户域管理功能；跨域数据同步提供各域之间的数据同步接口；跨域计算作业管理为各域间的全生命周期作业提供管理功能；跨域监控为各域提供域异常访问审计、域集群资源监控、域存储空间监控等功能。

5. 自助式分析服务

如图 6-5 所示，电力大数据平台自助分析中心通过完善业务语义设计器与数据挖掘及自助式分析组件，提供自助式分析服务。其中，业务语义设计器提供面向数据管理人员的原始数据语言到业务数据语言的转换服务，实现物理模型到业务描述语言的转换，支撑业务人员自助构建及分析主题。数据挖掘组件提供面向专业数据分析人员的数据挖掘模型构建服务，通过扩充数据挖掘算法库，完善数据预处理与模型评估方法，并结合需求预置相关业务挖掘模型，为数据挖掘过程提供技术支撑。自助式分析组件可充分满足用户可定制报表与自助查看数据挖掘结果的需求，为各类业务场景的应用构建提供有力支撑。

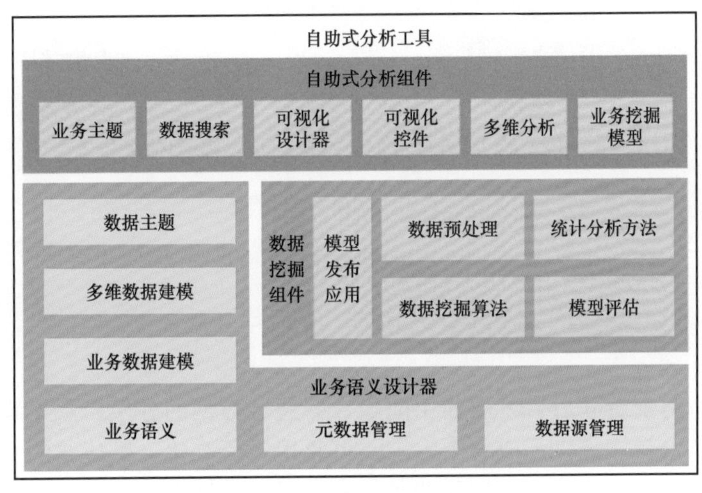

图 6-5　自助式分析服务架构图

6. 全方位数据安全控制与管理

如图 6-6 所示，电力大数据平台作为与其他应用相对隔离的独立安全区域，由安全代理网关统一对外提供服务。内部安全由集中接口代理、接口认证、接口授权、数据访问控制、集中审计、通信与存储加密等模块进行保障。其中，接口代理模块对外提供各组件的代理服务；接口认证模块为大数据组件提供统一安全的接口认证功能；接口授权模块支持对各组件、各用户的文件级统一权限控制；集中审计模块对各个组件的访问日志进行集中审计和分析；数据访问控制模块提供数据列级的数据访问权限控制；加密模块为各组件通信提供加密通道，并采用加密格式存储数据。全方位数据安全控制与管理功能可实现外部访问安全和内部操作安全控制，从而保证电力大数据平台在传输、存储、访问等方面的安全。

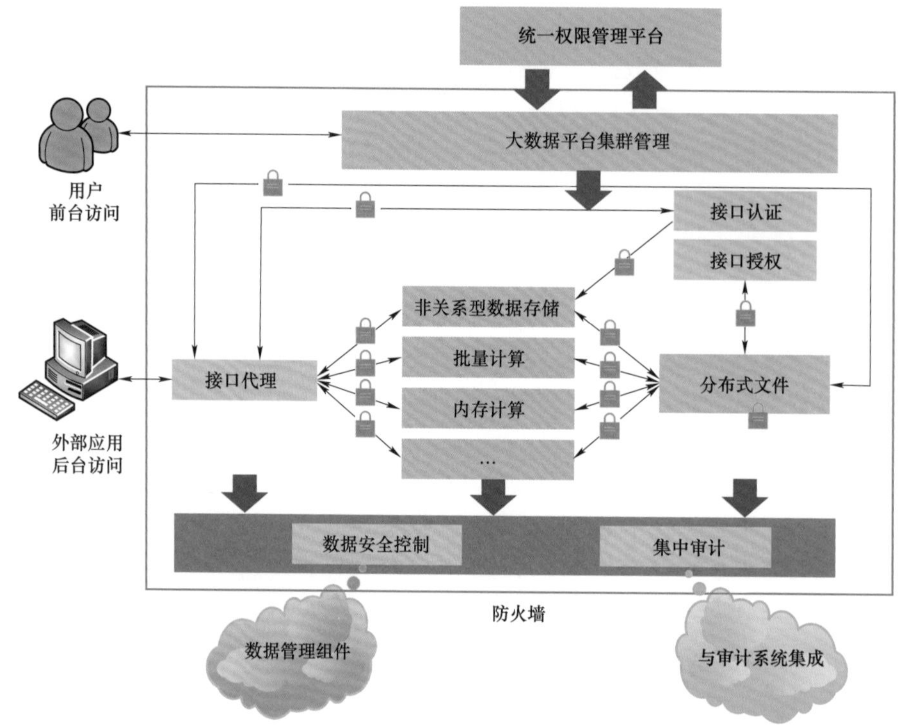

图 6-6　全方位数据安全控制与管理架构图

6.3　数据中台

6.3.1　平台架构

数据中台是调解前台和后台矛盾的中间层，即通过数据的分层、水平解耦以及沉淀等处理，将数据运营从前台剥离，形成一个独立、可复用、标准化、敏捷式的多功能中台，避免重复建设，减少烟囱式协作成本，实现业务能力共享。数据中台最早由阿里巴巴公司基于内部互联网数据融合需求所提出，随着 2018 年各大互联网公司的中台战略以及组织架构的调整，“中台”的概念走向大型企业，目前已应用于金融、互联网、电力、媒体等多个领域。就电力行业而言，数据中台能够对企业数据进行整合、重构，保证数据的统一监管，为前端业务提供精准可靠、可复用、多样化的数据应用服务，实现电力系统各个环节的智能互联和数据共享。

数据中台具有高精度、低时延、低成本三大特点。

（1）高精度。数据中台通过标准化的全业务数据模型，保证数据归集和出口的统一，实现数据的互通精准性。此外，数据中台利用元数据、数据地图和血缘等技术，做到数据可溯源、可核对、可管理，避免数据片面、不准确等问题。

（2）低时延。数据中台利用数据的统一归集最大限度地避免数据重复抽取；采用透明封装数据建模分析技术组件的方式，大幅提高数据处理和分析效率；通过预建各种主题、维度、明细汇总、指标，以及共性数据模型和数据服务的封装等技术手段，缩短海量数据的处理时间。

（3）低成本。数据中台能够避免各部门在数据存储和计算资源上的滥用，降低硬件成本。

如图 6-7 所示，数据中台平台架构一般可分为大数据技术平台、数据资产管理平台、数据分析挖掘平台、面向应用的主题式数据开放服务平台四层，集数据采集、融合、治理、组织管理、智能分析为一体，提供灵活、便捷、完备的数据运维管理机制。

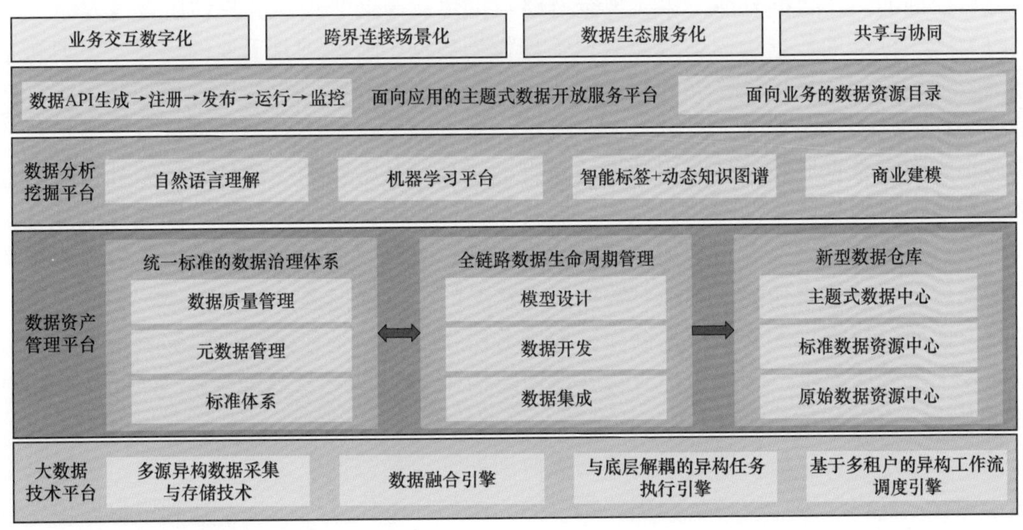

图 6-7　数据中台平台架构图

1. 大数据技术平台

大数据技术平台为数据中台提供技术支撑，其基于开源 Hadoop 生态体系构建，包括数据采集、数据存储、数据处理、数据分析等多个组件，通过多源异构数据采集与存储技术、基于统一模型和 Pipeline 的数据融合引擎、与底层解耦的异构任务执行引擎、基于多租户的异构工作流调度引擎等，解决多源异构的海量数据采集、存储和计算等问题，具体如下所述。

（1）多源异构数据采集与存储技术。数据中台依据多源异构数据的特征，定义数据采集标准及技术方式，并构建一套通用的、基于本体论的数据语义描述模型，利用多源异构数据采集与存储技术，实现多源异构数据自动接入、存储和表达，使数据更通用、便捷、灵活。

（2）基于统一模型和 Pipeline 的数据融合引擎。数据融合引擎基于统一模型和 Pipeline 式数据流的方式将 ETL 流程拆分成多个中间节点，每个节点完成一项数据处理任务，并通过简洁易用的交互界面、简单的拖拽配置实现多数据源、跨数据源的输入、处理、融合和输出，支持毫秒级预览查看，达到数据全自动化拉取的目标。

（3）与底层解耦的异构任务执行引擎。异构任务执行引擎连接底层大数据技术平台与数据资产管理平台，实现数据计算任务的提交、分发与管理，维护大数据技术平台的安全稳定运行。该引擎能够根据大数据平台集群状况决定计算任务是提交还是在队列中等待，在集群任务负载较高时，率先执行高优先级的任务。此外，任务执行引擎支持 MapReduce、Spark、Python 等多种异构任务，可适应不同技术团队的数据开发需求。

（4）基于多租户的异构工作流调度引擎。在多个租户共享资源的情况下，异构工作流调度引擎能够兼顾多个租户以及租户内部多个有向无环图（Directed Acyclic Graph，DAG）之间调度的公平性，实现任务执行状态的提交和获取，最大限度地提升技术平台资源利用率。

2. 数据资产管理平台

数据资产管理平台是数据中台的管理中间件，用于构建统一标准的数据治理体系、创建面向分析挖掘的新型数据仓库，以实现全链路数据生命周期管理，其具体所含内容如下。

（1）统一标准的数据治理体系。数据治理作为数据中台基础且重要的环节，主要包括数据标准管理、数据质量稽核、元数据管理三个核心要素。其中，数据标准管理基于国标数据元与编码标准，包括数据接入标准、命名标准、数据安全标准、资源管理标签、数据格式标准等多个方面。数据质量稽核利用数据质量管理工具，从数据的一致性、完整性、唯一性等多个层面实现对数据的全面稽核和预警，支持全方位数据评估。元数据管理通过血缘分析和影响性分析，使用户更清晰直观地了解数据的来源、关系、流向、被引用次数等重要信息，并提供全域数据的检索功能，实现对数据资产状况的全方位把控。

（2）面向分析挖掘的新型数据仓库。面向分析挖掘的新型数据仓库能够管理全域业务数据，满足上层应用需求，方便用户查找并使用结构化/非结构化、离线/实时等各类业务数据，进行深层次的数据分析与挖掘。

（3）全链路数据生命周期管理。数据生命周期管理是数据中台的核心步骤，包括采集、清洗、融合、分析挖掘、应用、归档、销毁等一系列标准化处理流程。其利用数据模型设计与开发、数据 ETL（包括可视化工具与脚本工具）、工作流调度等多个工具帮助数据开发人员快捷地完成数据开发任务，进一步降低成本。

3. 数据分析挖掘平台

数据挖掘分析平台能够提供稳定、高质量的跨主题数据资源，支持自然语言理解与处理、基于动态知识图谱的智能标签管理、交互式机器学习、商业建模等多个易用的数据挖掘工具集。

4. 面向应用的主题式数据开放服务平台

数据开放服务平台利用数据服务网关打通数据中台与数据使用者（前台）间的数据通道，支持服务监控、用户鉴权、流量控制、黑白名单等多个功能，实现数据 API 的创建、注册、发布、管理与运维。此外，数据开放服务平台能够生成以业务为导向的服务资源目录，分类展示数据中台中可用的数据服务，让数据使用者能够有序、清晰的浏览数据服务目录与详情、申请与订阅数据资源，实现以数据驱动业务。

6.3.2 平台功能

数据中台能够支持数据聚合与重构服务、数据挖掘服务、统一数据分析服务等功能，具体如下所述。

1. 数据聚合与重构服务

面对纷繁冗余的海量数据，数据中台能够充分利用内外部数据，实现数据资源的高效整合，打破企业数据孤岛，形成开放的企业数据格局。在此基础上，数据中台还能够降低数据服务使用门槛，打造持续增值的数据资产，实现数据价值链的闭环，提升客户留存、复购和忠诚度。上述服务跟企业业务密不可分，是企业业务和数据的沉淀，其不仅能消除“烟囱式”协作的弊端、降低重复建设，也是差异化竞争的关键所在。针对电力行业而言，当前多数电力企业的信息化建设缺乏对数据信息的高效整合，且建设内容滞后、现代信息技术应用水平较低，从而降低了数据信息的使用效率，大数据的价值未能充分发挥作用，不利于企业发展和进步。此外，电网企业各部门根据自身业务需求制定其自身业务标准，部门之间标准不统一，存在混淆和冲突，缺乏数据共享精神，部门内部易形成数据孤岛，难以建设企业级的数据治理组织架构，形成配套的数据管理办法。数据中台技术可有效实现电网企业的数据聚合、数据重构以及数据统一管理，满足前端业务具有业务逻辑、可共享复用的数据需求，实现智慧互联电力系统的各个环节，有效避免数据孤岛。

2. 数据挖掘服务

数据中台能够极大提升数据的应用能力，将海量数据转化为高质量数据资产，为企业提供更深层的客户洞察信息，从而为客户提供更具个性化和智能化的产品和服务。基于数据中台的数据资产管理的核心思想是把数据对象作为一种全新的资产形态进行管理。而数据资产的最大价值在于分析应用，当下诸多高阶算法的应用场景均建立在一个相对规范且体量巨大的数据资产之上的。数据中台构建开放、灵活、可扩展的企业级统一数据管理和分析平台，将企业内、外部数据随需关联，打破数据的系统界限，有效满足企业各级对数据分析应用的需求，并利用大数据智能分析、数据可视化等技术，实现数据共享、日常报表自动生成、快速和智能分析。通过深度挖掘数据价值，助力企业数字化转型落地，实现数据的目录、标准、模型、认责、安全、可视化、共享等管理，对数据进行有效地集中存储、处理、分类和管理。为了夯实电网企业的数据应用基础，挖掘数据价值，迅速提升数据服务水平，可通过数据中台开发，沉淀共性数据服务能力。电网企业数据资产管理作为企业数据中台架构建设的基础，通过数据中台所提供的数据管理策略实现电网企业的数据价值挖掘，建立标准化、精益化的电力数据，更高效地响应电网企业服务创新能力，增强大数据互联网时代下企业的综合竞争力。

3. 统一数据分析服务

数据中台依托数据和算法，将由海量数据所提炼的洞察性信息转化为行动，能够有效推动大规模的商业创新。在传统商业模式中，数据无法被业务有效利用起来的原因主要是缺乏可读性。业务人员对数据信息缺乏了解，而信息技术人员不熟悉各项业务流程，导致数据应用到业务变得困难。数据中台能够将信息技术人员与业务人员之间的沟通障碍打破，更好地支撑商业模式的创新。此外，数据中台能够提供标准的数据访问能力，具备简化集成复杂性、促进互操作性等特性，在快速构建服务能力、加快商业创新、提升业务适配等方面发挥重要作用。面向电网企业，数据中台能够有效改进电力数据自适应解析和翻译方法，提供友好的数据可视化服务以及便捷、快速的服务开发环境，方便业务人员开发数据应用，解决不同描述语言、描述规则的数据互操作性问题。电网企业数据中台能够向上层应用提供数据服务，让数据在数据平台和业务系统之间形成一个良性的闭环，使业务与数据之间的关系更加紧密，为商业模式的创新提供数据基础。此外，数据中台还能够为企业提供实时流数据分析、预测分析、机器学习等高级服务。

6.4 电力大数据关键技术

6.4.1 多源数据整合技术

如图 6-8 所示，多源数据整合技术通过关系数据库数据抽取、文件数据采集、数据库实时复制、数据流向等访问调用接口，提供分布式数据整合功能，具备定时实时的数据采集处理能力，从而可实现从数据源到平台存储过程的配置开发和监控功能。

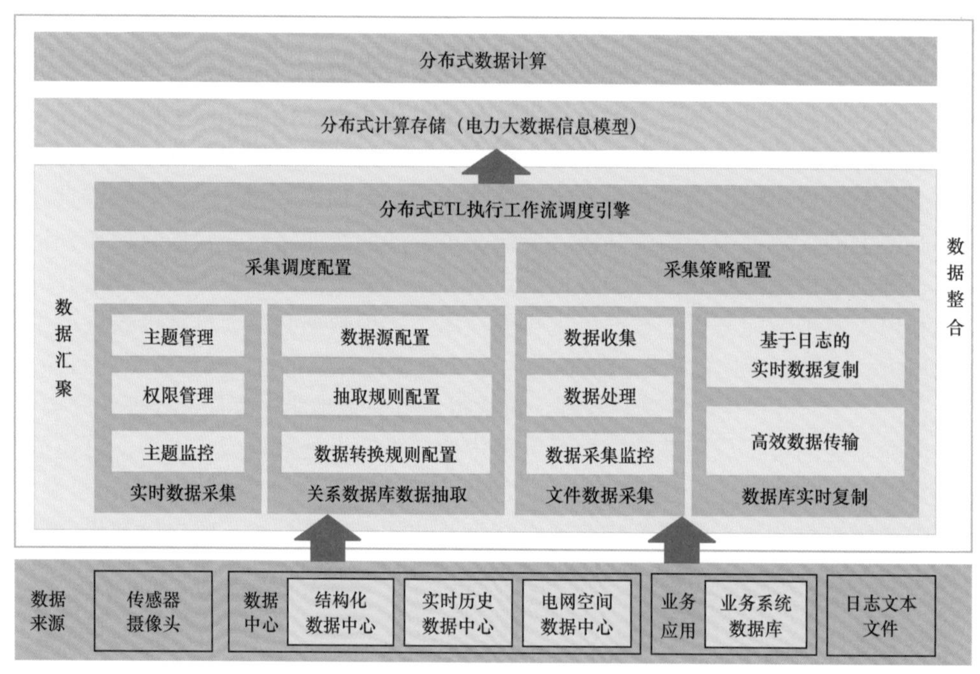

图 6-8 多源数据整合技术原理图

1. 实时数据采集

分布式消息队列负责实时数据采集，将消息生产的前端和后端服务架构进行解耦，分成消息生产者、消费者组和存储节点三部分。其中，消息生产者包括电网传感器等电力设备。消费者组即消息的并发单位，在数据量较大时，需要分布式集群来处理消息，一组消费者独立消费某一主题以完成协作处理。存储节点将消息进行持久化处理，能够存储最近一周的数据，保证在下游集群故障时可重新订阅之前丢失的数据。此外，存储节点能够通过副本实现消息的可靠存储，避免单机故障造成服务中断，并且副本可增加扇出带宽，支持更多下游消费者订阅。

2. 关系数据库数据抽取

多源数据整合技术利用批量数据导入工具和数据清洗转换工具，实现关系型数据库的数据采集和提取。其中，数据导入工具负责全量或定时增量抽取关系型数据库中的数据，主要通过原始关系数据库配置或导入到大数据平台中的连接、表结构、数据定义等配置，自动调用任务处理逻辑模块，进行数据抓取、切分、转换、写入等工作。数据清洗转换工具提供图形化界面定义的数据抽取方法，可与其他工具相结合，完成数据采集和提取工作。

3. 文件数据采集

文件数据采集通过采集代理组件、文件收集器及文件存储组件，将多个应用服务产生的网络日志等文件数据采集并存储到电力大数据平台。其中，采集代理组件将数据源数据发送至文件收集器，文件收集器将多个采集代理组件的数据汇总后加载到电力大数据平台的分布式文件系统中进行存储工作。

4. 数据库实时复制

多源数据整合技术利用数据库复制工具，实现关系型数据库的实时同步数据采集。数据库复制工具通过解析关系型数据库日志，生成队列文件并将其传输到目标端；目标端读取相应队列文件后，在目标数据库中重演事务，实现数据的实时同步采集，从而大幅减小对源关系型数据库的负载影响。此外，数据库复制工具可支持 Oracle、DB2、Sybase、Microsoft、MySQL 等多种关系型数据库。

6.4.2　异构数据统一存储技术

如图 6-9 所示，异构数据统一存储技术主要面向全类型数据（结构化、半结构化、实时、非结构化）的存储、查询，以海量规模存储、快速查询读取为特征，在低成本硬件（X86）、磁盘的基础上，采用分布式文件系统、分布式数据库、关系型数据库等业界典型功能系统，从而有效实现各类数据的集中存储与统一管理，满足大量、多样化数据的低成本、高性能存储需求。

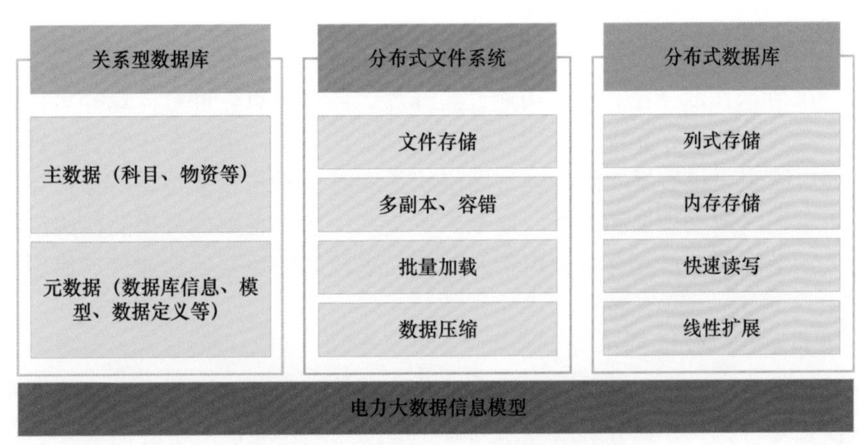

图 6-9　异构数据统一存储技术原理图

1. 关系数据存储

关系型数据库一方面可存储科目、物资、项目等主数据以及数据库信息、模型、数据定义等元数据；另一方面，关系型数据库能够作为部分管理、运维类应用的底层数据库，与原有的业务系统数据进行交换和联合查询。关系型数据库是分布式文件系统和分布式数据库的补充和强化，能够满足各类数据的存储需求。

2. 分布式文件系统

在大数据平台中采用统一的底层分布式文件系统，所有数据汇聚存储在该文件系统之上，支持纠删码（Erasure Code，EC）功能及文件加密存储，并能够通过参数调整分布式文件系统的副本数量及文件块大小等存储设置，提供文件存储、多副本容错、批量加载、数据压缩等功能。分布式文件系统作为可运行在 X86 等低成本硬件上的文件系统，具备高可靠性和高存储能力等特点，非常适合于海量数据的存储和备份。

（1）高可靠性。分布式文件系统利用命名节点高可用方案，即始终有一个命名节点做热备，解决单点故障问题。此外，每个命名空间中有两个命名节点采用高可用方案，通过对多个命名空间的管理解决分布式文件系统中单点性能瓶颈问题，保证分布式文件系统的高可靠性。

（2）高存储能力。分布式文件系统能够对系统目录、数据生命周期时间进行策略配置，通过设置数据的冷却时间，利用纠删码功能降低副本，减少存储开销，提高集群存储容量，保证分布式文件系统的高存储能力。

3. 分布式数据库

分布式数据库能够解决关系型数据库在处理海量数据时理论和实现上的局限性问题，满足海量数据的联机事务处理（On-line Transaction Processing，OLTP）类秒级检索查询和 OLAP 类高速数据分析应用需求。实时分布式数据库通常由管理服务器、多个数据服务器及客户端组成，提供列式存储、内存存储、快速读写、线性扩展等功能。其中，管理服务器负责表的创建、删除和维护及数据分区的分配和负载均衡；数据服务器负责管理维护数据分区，并响应读写请求；客户端与管理服务器进行有关表元数据的操作，可直接读/写数据服务器。

6.4.3 混合计算技术

如图 6–10 所示，混合计算技术指通过流计算、内存计算、批量计算等多种分布式计算技术满足不同时效性的计算需求。流计算面向实时处理需求，用于在线统计分析、过滤、预警等应用，如电能表采集数据实时处理、网络状态实时分析与预警等。内存计算面向交互性分析需求，用于在线数据查询和分析，便于人机交互，如某省用电数据的在线统计。批量计算主要面向大批量数据的离线分析，用于时效性要求较低的数据处理业务，如历史数据报表分析。

1. 流计算引擎

混合计算技术将流计算引擎与分布式消息队列相结合，能够适用多种流式准实时计算场景。其计算模式是将流式计算分解成一系列短小的批处理作业，最小的批量大小为 0.5～1s。流计算集群中每个节点的吞吐量可达 160Mbit/s，具备批处理系统优点的同时，能够克服离线

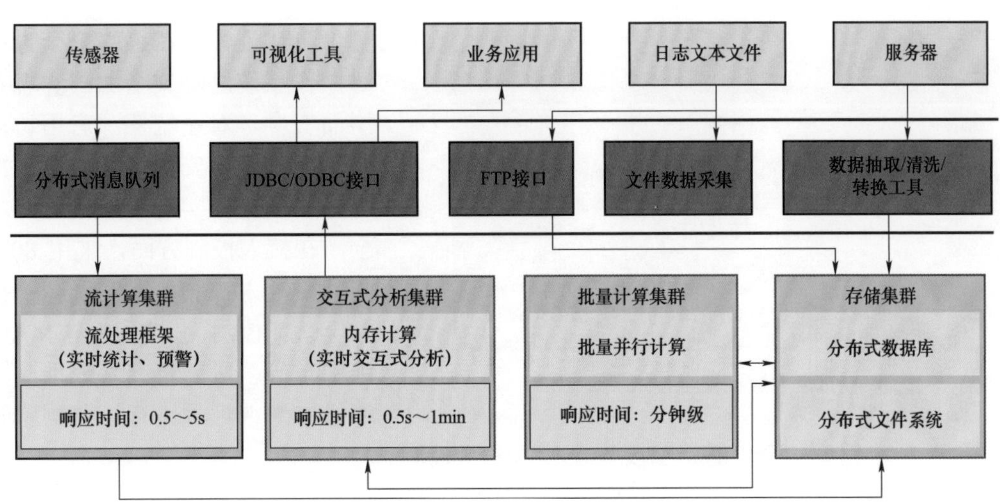

图 6-10　混合计算技术原理图

——→—数据流；JDBC—Java 数据库连接；ODBC—开放数据库连接；FTP—文件传输协议

处理系统高延迟、无法高效处理小作业等缺点。流计算引擎能将数据输出到实时和离线集群中，使在线预警和离线精准挖掘相结合，实现毫秒级延迟、100%可靠传输，并提供窗口统计、数据 Exactly-Once 保证、在线 SQL-like 查询等功能。

2. 内存计算框架

内存计算引擎采用分布式内存缓存、SQL 引擎、统计算法库与机器学习算法库等轻量级的调度框架和多线程计算模型，与 Map/Reduce 中的进程模型相比，具有极低的调度和启动开销，可减少频繁的 I/O 磁盘访问次数，将数据缓存在内存中，实现数据的迭代式查询优化。其中，基于内存的固态硬盘（Solid State Drives，SSD）等分布式内存缓存内建内存索引，能够提供更高的交互式统计性能与计算能力。高速 SQL 引擎能够兼容 SQL99、HiveQL 和 PL/SQL 语法，方便应用迁移。在统计算法库与机器学习算法库中，并行化的高性能统计算法库是机器学习或数据挖掘的基础工具包；并行化的高性能机器学习算法库可用于构建高精度推荐引擎或者预测引擎。

3. 批处理计算

MapReduce 作为批处理的一种计算框架，可用于大规模数据集的并行运算。当海量数据存储在分布式文件系统后，利用分布式文件系统分块存储的特性，默认将每个块的数据作为一个计算任务并行执行，根据 Key 将 Map 的数据重新洗牌后进行 Reduce 计算，最终得到计算结果。MapReduce 框架的优势在于其框架的稳定性。

6.4.4　大数据安全技术

如图 6-11 所示，电力大数据平台针对潜在的随意连接、隐私泄露等安全问题，提供接入安全、存储安全、隐私保护、身份验证等数据安全控制手段，增强业务系统数据在平台和应用中的安全性，具体如下所述。

1. 接入安全

数据采集终端、数据源系统、业务应用系统接入时需保证接入方的合法访问及接入端的

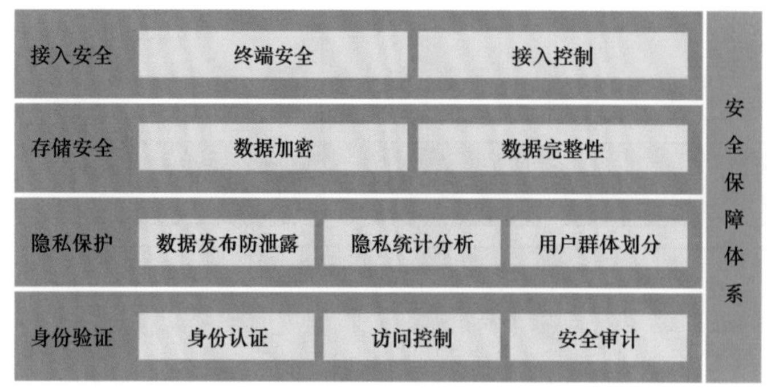

图 6–11　大数据安全技术原理图

身份可认证性。在终端安全方面，对操作系统进行安全加固实现系统层面安全，对系统资源启用访问控制功能，制定安全策略、定义用户口令管理策略实现用户接入终端安全；在接入控制方面，采用 802.1X 等网络准入控制手段实现网络接入安全认证控制，采用 IP 与 MAC 地址绑定等手段防止网络地址欺骗，通过本地或远程进行设备配置管理身份认证，制定相应安全策略，实现安全接入安全控制。

2. 存储安全

多个业务领域的数据接入后需要确保存储层面的数据不可被非法复制、读取、修改，控制数据、文件的访问权限，保障数据存储安全。从数据加密角度，采用对称加密技术和非对称加密技术，基于完全同态加密方案，实现密文数据的同态计算；从数据完整性角度，采用分组数据协议（Packet Data Protocol，PDP）或数据可恢复性证明机制（Proofs Of Retrievability，POR）验证数据完整性，实现部分数据损坏情况下的数据恢复。

3. 隐私保护

数据分析中可能包含隐私数据，需要在框架层面避免隐私数据泄露或被非法利用。首先，在数据发布方面，采用基于 k–匿名（k-anonymity）算法处理数据发布中链接攻击所导致的隐私泄露问题，通过数据泛化和压缩技术对原始数据进行匿名处理得到匿名数据，攻击者不能根据匿名数据准确识别目标个体的对应记录；然后，采用保护隐私的统计分析技术，对用户行为数据进行隐私统计分析，从而有效避免用户数据泄露；最后，通过构建相似度量模型，对用户群体实施聚类操作，计算信息相似度函数来实现用户群体划分。

4. 身份验证

原始数据及分析结果在使用时必须有用户权限控制，用户只能使用得到授权的数据，同时对非法访问进行安全审计。首先，采用身份认证技术构成的多种识别方式，对同一用户采用两种或两种以上组合的认证技术，实现用户身份认证功能；然后，对于权限制定严格的审核、批准、操作流程，依据权限最小化规则对用户赋予适当的权限，执行角色分离；最后，对每个用户及应用系统相关的安全事件进行日志记录，并对日志记录提供保护和进行及时地审计分析。

5. 数据脱敏技术

数据脱敏技术包括敏感数据发现与挖掘、敏感数据处理与脱敏、数据用户身份管理、数据授权访问控制和数据访问审计等模块。敏感数据发现与挖掘模块是整个脱敏技术的基础，根据业务数据特点，确定数据敏感程度，利用固定规则、正则表达式、数据标识符特征和机器学习等自动化发现发掘技术，提升敏感数据发现与发掘的效率；敏感数据处理与脱敏引擎作为技术核心，需根据数据敏感程度、应用场景、使用者的具体情况，制定细粒度的数据脱敏处理算法、策略和方案，使脱敏系统可在不影响数据使用的前提下，最大限度地保护敏感数据。

6.4.5 分析挖掘技术

如图 6–12 所示，大数据分析挖掘提供统计分析、多维分析、挖掘算法库、数据挖掘工具等功能，构建面向业务人员使用的数据分析功能组件，方便用户快速构建针对不同业务的分析应用，为电力企业分析决策应用构建提供基础平台支撑，具体如下所述。

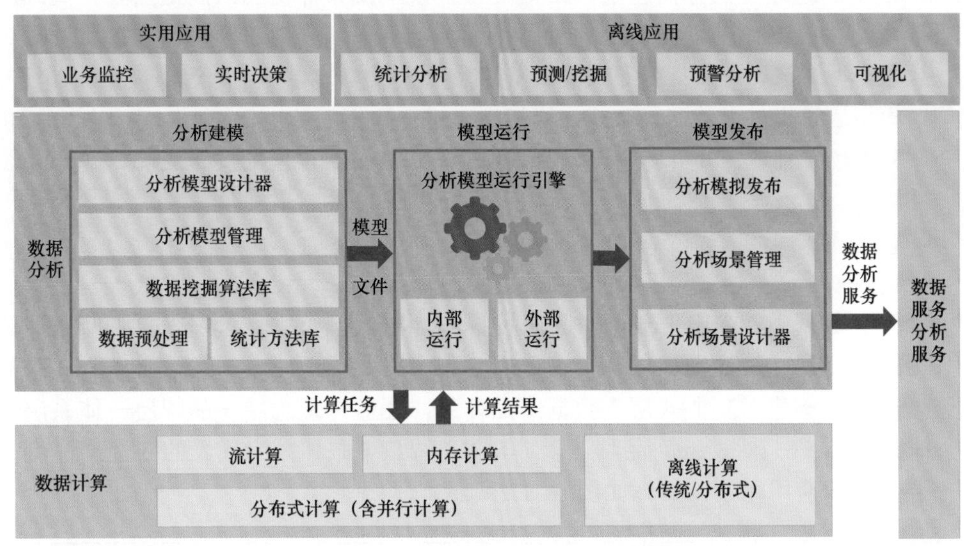

图 6–12 大数据分析挖掘技术原理图

1. 分析模型及算法库

分析模型包含统计分析和多维分析，统计分析为一种基于内存计算架构，提供多种基本的统计分析算法支持，包括描述性统计和推断性统计。描述性统计针对业务系统中的结构化数据，提供基础统计方法包括总数、平均数、中位数、百分位数、方差、标准差、极差、偏度、峰度等。推断性统计为进一步对其所反映的问题进行分析、解释并做出推断性结论的统计方法，提供方差分析、相关分析、判别分析、因素分析法、贝叶斯定理、趋势分析法、参数估计、平衡分析法、主成分分析法等。多维分析包括多维分析模型和多维分析引擎。多维分析模型针对分布式文件系统、分布式列数据库中存储的结构化数据，结合多维分析的需求，提供维度、层次、度量等多维分析模型定义功能。多维分析引擎可针对大数据平台分布式计算模式，满足钻取、切片和切块及旋转等多维操作需求。

算法库包括机器学习算法库、通用数据挖掘算法库、专用分析算法库。机器学习算法库基于内存计算架构，提供多种基本的机器学习算法。通用数据挖掘算法库针对各业务系统中的结构化数据，提供聚类分析、关联分析等描述性挖掘算法和分类分析、演化分析、异类分析等预测性挖掘算法；专用分析算法库针对各业务系统中存在的大量文本、图片、视频等非结构化数据，提供文本分析、图像分析、视频分析等专用数据分析挖掘算法。

2. 自定义算法插件

该功能主要结合特定业务分析需求，提供自定义算法开发规范及接口，包括自定义算法的输入数据格式、算法处理形式、算法结果表示等。基于 Map Reduce 框架，研发算法的 Java 实现，并支持 R、Python、Java、Scala 等多种平台封装自主算法并发布形成平台节点，以便扩展平台算法节点的灵活性，增强平台业务适应能力，充分满足企业级用户的个性化需求。

3. 挖掘算法工具

挖掘算法工具通过提供分析建模、模型运行、模型发布等功能，满足实时、离线应用的分析挖掘需求，为数据挖掘过程各个环节提供支撑。其中，分析建模提供数据预处理、统计方法库、数据挖掘算法库，支持分布式挖掘算法及分析模型的管理，通过模型设计器建立数据分析模型。模型运行提供大数据分布式计算能力，进行数据的分析、挖掘。模型发布提供分析模型发布、分析场景管理、分析场景设计器等功能，进行分析模型的发布提供数据分析服务。

6.5 典型应用

电网企业大数据中心着眼于数据产品研发推广，构建架构清晰、动态发展的数据产品“物种目录”，按照“服务国家治理现代化、融入数字经济发展、助力公司智慧运营”3 个数据产品价值维度，设计构建“3 维+4 层”数据产品体系，涵盖“理念层—品牌层—体系层—产品层”4 个构架层级、6 个“数 e”品牌、以“1+*N*”智慧电眼体系为代表的 3 个产品套系、30 项数据产品及专业应用场景，具体如图 6–13 所示。

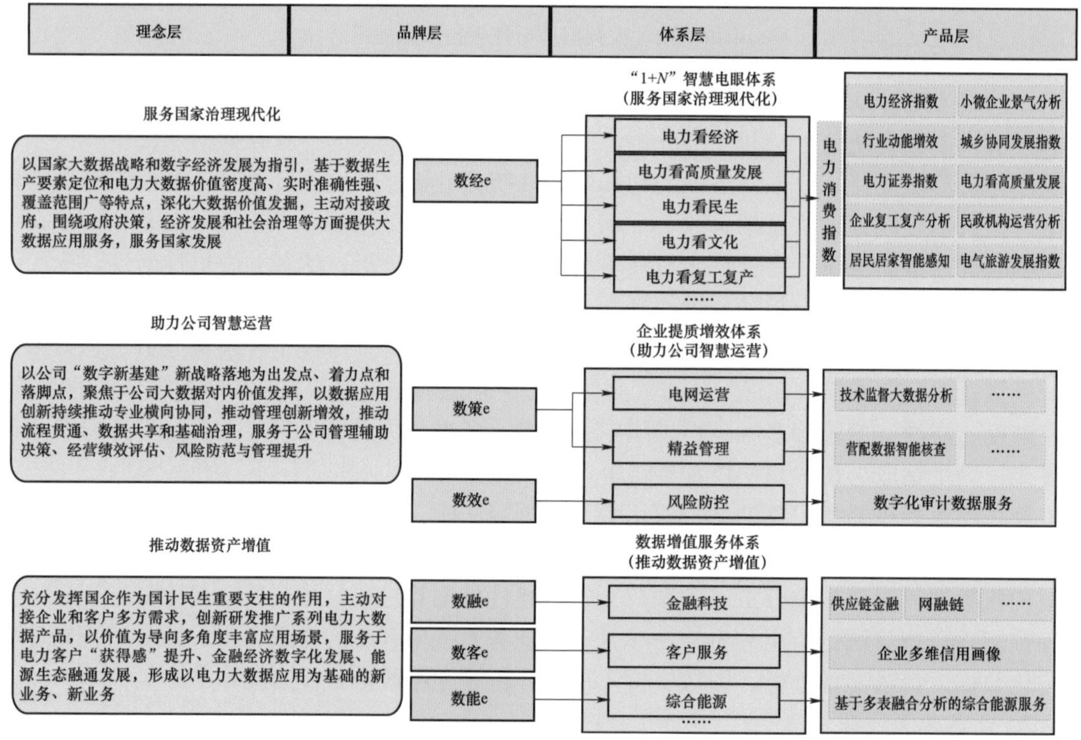

图 6–13　大数据典型应用

理念层设计构建 3 维数据产品体系，其中，服务国家治理现代化以国家大数据战略和数据经济发展为指引，基于数据生产要定位和电力大数据价值密度高、实时准确性强、覆盖范围广等特点，主动对接政府，围绕政府决策、经济发展等方面提高大数据应用服务；助力公司智慧运营以公司“数字新基建”新战略落地为出发点、着力点和落脚点，聚焦于公司大数据对内价值发挥，以数据应用创新持续推动专业横向协同，推动流程贯通、数据共享和基础治理，服务于公司管理辅助决策、经营绩效评估和管理提升；推动数据资产增值充分发挥国企作为国计民生重要支柱的作用，主动对接企业和客户多方需求，创新研发推广系列电力大数据产品，以价值为导向多角度丰富应用场景，服务于电力客户“获得感”提升、金融经济数字化发展、能源生态融通发展，形成以电力大数据应用为基础的新业务、新业态。

品牌层以“数经 e、数策 e、数效 e、数融 e、数客 e、数能 e”的 6 个“数 e”品牌作为支撑，服务体系层中的各产品套系。

体系层以“服务国家治理现代化、融入数字经济发展、助力公司智慧运营”3 个数据产品价值维度为基础，构建“1+*N*”智慧电眼体系、企业提质增效体系、数据增值服务体系，实现数据产品的快速精准推广。

产品层以电力经济指数、小微企业景气分析、行业动能指数、城乡协同发展指数、技术监督大数据分析、供应链金融等 30 项数据产品及专业应用场景为引导，将数据产品进行合理分类，可以更好地将产品提供给电力客户使用，大大地提高了电力客户的满意度。

第 7 章　电力通信网络技术与系统

7.1　概述

电力通信网一般由骨干通信网和终端通信接入网组成。其中，骨干通信网涵盖 35kV 及以上电网，由跨区、区域、省、地市（含区县）共 4 级通信网络组成；终端通信接入网由 0.4kV 通信接入网和 10kV 通信接入网两部分组成，分别涵盖 0.4kV 和 10kV（含 6kV、20kV）电网。

随着智能电网的快速发展，在各级电网和通信网规划的指导下，电网企业加快以光纤通信为主的骨干传输网络建设，在传输网平台上加快发展数据通信网、调度电话交换网、IP 多媒体子系统（IP Multimedia Subsystem，IMS）行政电话交换网、电视电话会议网等业务网络，配套建设同步网、网管系统等支撑网络，实现传输媒介光纤化、业务承载网络化，使运行监视和管理逐步向自动化和信息化方向推进，通信网运行质量和安全保障水平显著提升，通信系统在支撑电网安全稳定运行和促进企业信息化发展等方面发挥了重要作用，保障智能电网安全的总体发展目标。

在传输网发展方面，以光纤通信为主，微波、载波、卫星为辅，多种传输技术并存。随着业务需求的快速发展，通信系统通信容量不断增长，一、二、三级通信网光通信系统采用传输速率以 10G+2.5G 为核心，622M/155M 为辅助的 SDH 光通信传输系统，WDM 技术在部分地区得到应用，四级通信网光通信系统以 622Mbit/s 和 155Mbit/s 速率为主。

终端通信接入网是电力通信网的组成部分之一。其中，10kV 通信接入网主要覆盖 10kV 配电网开关站、配电室、环网单元、柱上开关、配电变压器、分布式能源站点、电动汽车充电站、10kV 配电线路等。作为电力通信网接入层公共平台，主要承载配电自动化、电动汽车充电站、用电信息采集系统远程通信、电力物联网等通信业务。

0.4kV 通信接入网主要覆盖 10kV 配电变压器至用户电能表、电动汽车充电桩、分布式能源站点等，并延伸至用户室内，用于实现双向互动用电服务、智能家电控制及增值业务服务，主要承载用户用电信息采集本地通道、电力光纤到户等业务。

在业务网方面，随着电网生产和企业管理需求的发展，语音、视频、数据等通信业务快速增长，“十三五”期间，调度电话交换网、IMS 行政电话交换网、会议电视系统、数据通信网等业务网络不断扩充容量、提升覆盖能力，充分满足了电网生产调度、行政管理和信息化建设的需求。

在支撑网方面，为满足通信系统稳定运行、资源调度及管理信息化的要求，保证数字网络传输及交换信号时钟同步，支撑运行监视和通信调度，各单位结合传输网和业务网建设开展了时钟同步系统、通信网管系统等支撑网络的建设。电网企业建成由主基准时钟（Primary Reference Clock，PRC）和非自主基准时钟（Local Primary Reference，LPR）相结合的多基准时钟控制混合数字同步网。"十三五"末各级通信传输网、业务网建设中配套建设了专业网管系统。在专业网管基础上，总部及大部分省级电力公司开始建立综合网管系统，实现了多厂家设备的集中监视调度、通信资源的集中管理、通信业务流程的电子化等功能。

此外，电网企业将持续推动卫星、互联网+、5G 物联网、人工智能等新一代信息技术与电力通信网络的全方位深度融合，打造多层、立体、多角度、全方位、全天候的空天地一体化电力通信网络空间，不断加大关键核心技术攻关，增强电力通信服务能力，构建一体化数据中台，加快传统地面电力通信网络与卫星互联网的融合发展，引领电力通信网络未来发展趋势，实现电网业务协同、数据贯通和统一物联管理，满足电力业务的差异化通信需求。

本章首先介绍电力通信系统架构，然后从传输网、终端通信接入网、电力物联网、业务网、支撑网等多个层级的电力通信网络阐述其系统架构与系统平台，并介绍其在电网企业中的典型应用。

7.2　电力通信系统架构

如图 7-1 所示，电力通信系统由传输网、接入网、电力物联网、业务网、支撑网组成。传输网包括光传输网、微波电路、电力载波、卫星通信和互联网等，其中，光传输网中采用多业务传送平台（Multi Service Transport Platform，MSTP）技术构成了 A 网，采用 OTN/WDM 技术构成了大带宽 B 网；业务网包括调度数据网、调度交换网、数据通信网、行政交换网等；支撑网包括通信管理系统、同步、网管、电源等。

电力通信系统支撑了电网运行控制类业务、电网生产管理类业务、管理信息化业务的可靠运行。电网运行控制类业务分为 TDM 业务和 IP 网络两类，TDM 业务包括安全稳定控制、线路继电保护、调度电话、自动化专线，IP 网络包括能量管理系统、自动化监控、广域相量测量、故障信息管理等；电网生产管理类业务分为 TDM 业务、专线和 IP 网络三类，包括应急指挥系统、站点视频监控、线路状态监测、营销分析决策、用电信息采集、雷电定位系统等；管理信息化业务分为专线和 IP 网络两类，包括 IMS 行政电话、电视电话会议、应急指挥通信、信息化类业务等。

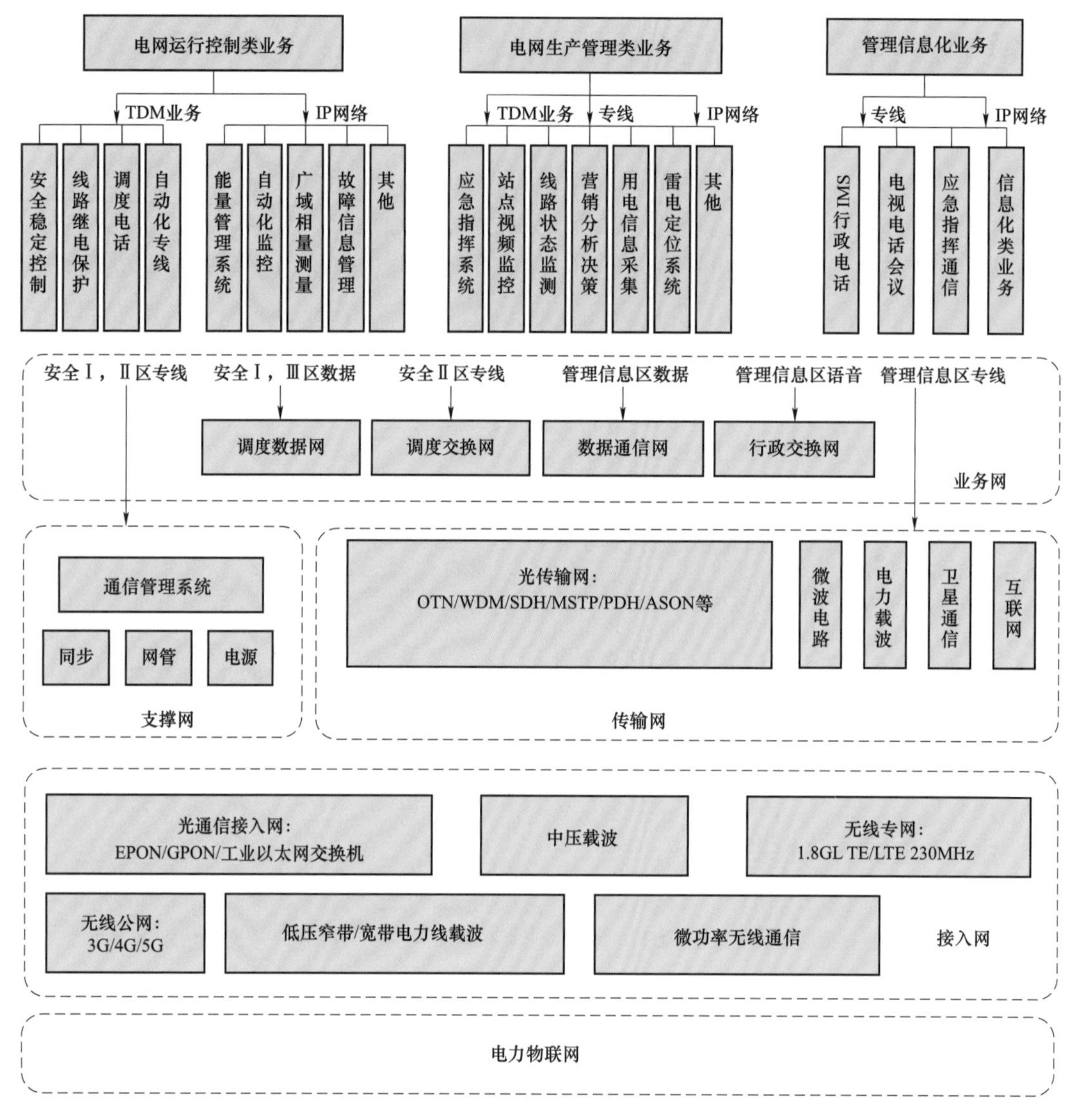

图 7-1　电力通信系统架构图

7.3　传输网

7.3.1　概述

电力骨干通信网分为一级至四级通信网，如图 7-2 所示。现有一级骨干通信网由电网企业总部至各区域分部、国调直调厂站，以及各分部之间的通信电路组成；二级骨干通信网则由各分部至区域内各省（区、市）公司、网调直调厂站，以及各省之间的通信电路组成。一级通信网通过与二级通信网建立光路对接，实现总（分）部、省及地市资源互济，提高业务保障能力。一、二级骨干网均实行“统一调度、属地维护”的运行管理模式，即由总（分）部履行管理及调度职能，由设备设施所在的属地单位负责具体维护。三级骨干通信网由省公司至所辖各地市，省内地市之间，省调调度范围各厂站间的通信电路组成。四级骨干通信网由地市公司至所辖各县，地市内县之内，地调（及区县调）调度范围 35kV 及以上各站点的通信电路组成。

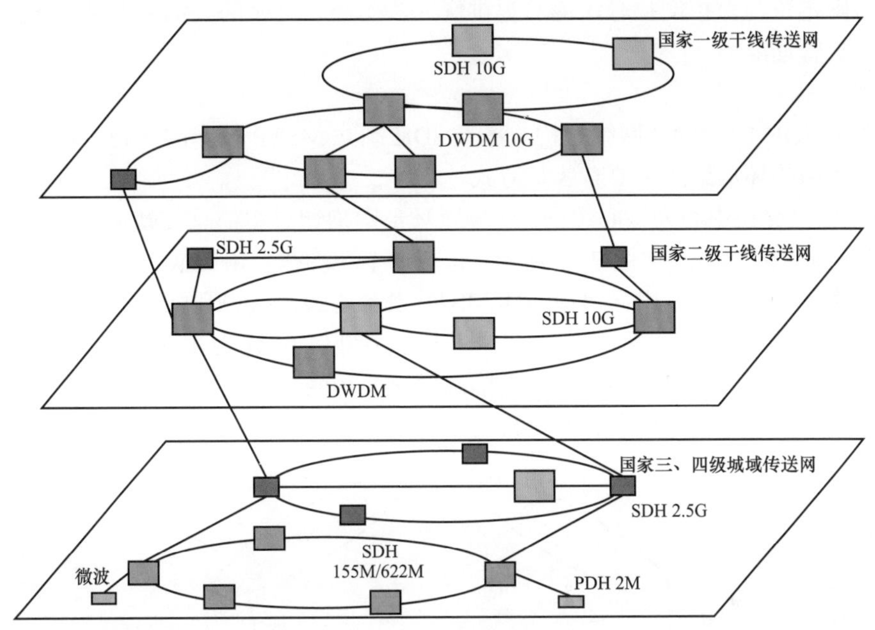

图 7-2　电力骨干通信网系统架构图

SDH—同步数字体系；PDH—准同步数字系列；DWDM—密集型光波复用

电力大容量骨干光传输网采用 OTN 技术，按照 40×10Gbit/s 系统规模配置，建成了覆盖电网企业总（分）部、三地灾备中心、除新疆、西藏以外的各省（区、市）公司主汇聚点及第二汇聚点的大容量骨干光传输网。电力骨干通信网络层次复杂，一级骨干通信网 OTN 传输系统形成 7 个局部环网，SDH 系统网络架构为网状结构，各系统为链状组网。

7.3.2　光传输通信系统

1. 背景

光传输通信系统主要包括 SDH 和 OTN 等，具体如下所述。

SDH 采用的信息结构等级称为同步传送模块 STM-N（Synchronous Transport Mode，N=1，4，16，64），最基本的模块为 STM-1，与其他技术相比传输容量小，通道开销大，频带利用率低，采用指针调整技术使设备复杂性增加，大规模使用将增加人为错误发生的概率，造成软件规模化故障。此外，SDH 多业务支撑能力不足使其应用受到了很大局限性。MSTP 将 SDH、以太网、ATM 等多种技术进行有机融合，进而提供多种业务的综合支撑能力。MSTP 设备采用了传统的 SDH 架构，在保留其主要功能结构、处理方式、速率与帧结构的前提下，利用 SDH 容器将不同的业务映射到 VC 或级联 VC 中，并增加了 2 层、2.5 层、3 层交换能力。

OTN 是由 ITU－T G.872、G.798、G.709 等定义的光传送技术体制，包括光层和电层的完整体系结构，集合 SDH 的开销思想和 WDM 带宽可扩展性于一体，兼顾传送及交换等功能，是承载宽带 IP 业务的理想平台。OTN 技术保留了 SDH 的众多优势，例如，多业务适配、分级疏导、故障定位与保护倒换等，能够提供快速、安全、可靠的大颗粒业务保护，同时还具有强大的维护管理能力。

2. 网络架构

（1）基于 SDH 的 MSTP 网络架构。基于 SDH 制式 MSTP 技术的优越性在于组建自愈的环形网络，采用的环形组网主要有 3 种方式。

1）以主信息交换中心为核心组网，每一个环形网均通过主信息交换中心，信息的转接均通过主信息交换中心实现。如图 7－3 所示，每一个子环均在主用交换中心配置 1 套 MSTP 设备，各子环网单独组网，主用交换中心的 MSTP 设备通过光接口互联。

2）组建大容量的核心环网，骨干子环网与核心环网均采用至少两点连接。如图 7－4 所示，光缆网中心各节点组建核心环网，外围站以核心环网为中心组建环形网，为了增加可靠性，外围环形网与核心环网至少有两点相连。

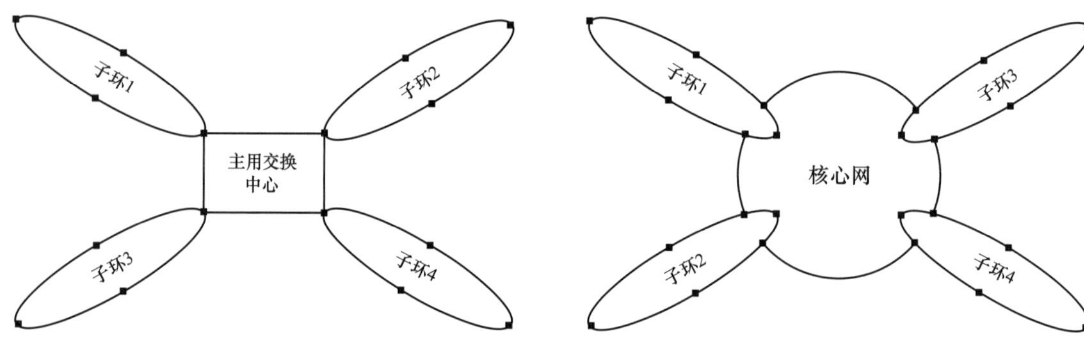

图 7－3　主信息交换中心为核心的组网架构图　　图 7－4　大容量的核心环网组网架构图

3）采用一主一备信息交换中心，骨干环网均以主备用信息交换中心为核心进行组网，每个环网均通过主备用信息交换中心。如图 7－5 所示，设置一主一备交换中心，主备用交换中心各配置两套不同厂家的 MSTP 设备，以光接口进行互联，各子环以主备交换中心同厂家的 MSTP 设备为中心组建子环网。

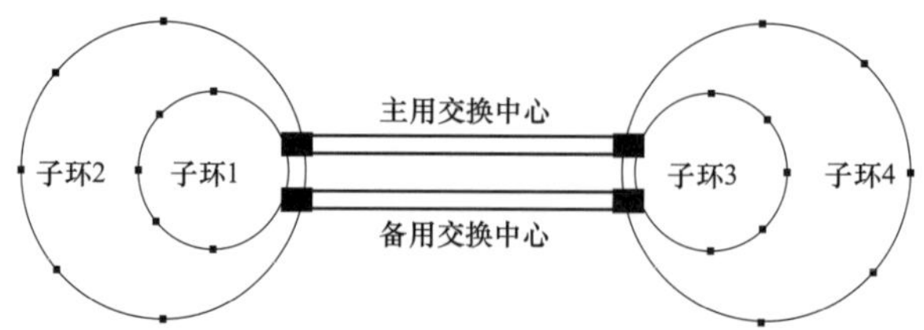

图 7－5　以主备用信息交换中心为核心的组网架构图

（2）OTN 光传送网络架构。G.872 将 OTN 网络自上而下定义为三层：光信道层（OCh），光复用段层（OMS）和光传输层（OTS）。其中，OCh 又划分成了三个电域，分别是光信道净荷单元（Optical Channel Payload Unit，OPUk）、光通路数据单元（Optical Channel Data Unit，ODUk）和光信道传输单元（Optical Channel Payload Transmission Unit，OTUk），通过在每层加入开销字节，增强了网络的监测和维护能力；光复用段层 OMS 为多波长信号提供网络连接功能，实现了完整的传输能力；光传输段层 OTS 给不同类型的光传输介质提供了传输功能。OTN 光传送网络架构如图 7－6 所示。

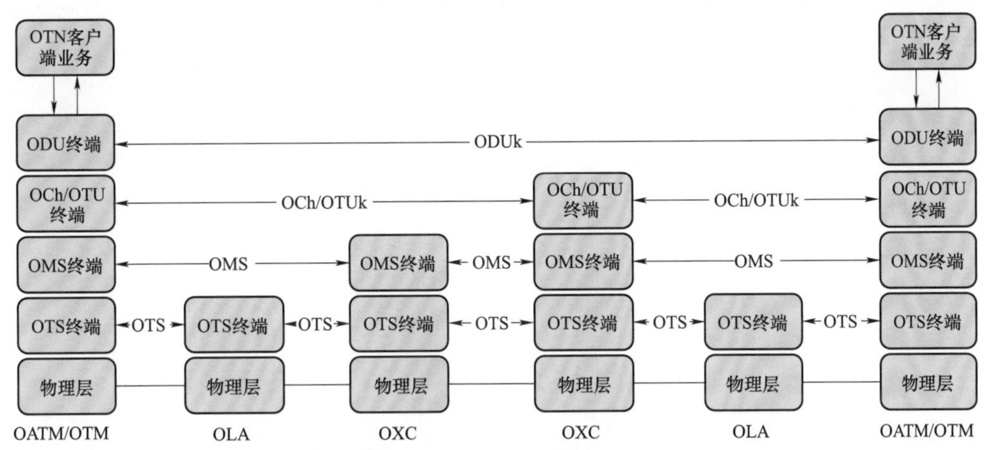

图 7－6　OTN 光传送网络架构图

OTN—光传送网；OLA—光线路放大器；OTS—光传输层；OCh—光信道层；ODU—集光纤配线单元；OMS—光复用段层；OXC—光交叉连接；OTUk—光信道传输单元；OTM—光终端复用器；OUT—光转换单元；ODUk—光通路数据单元；OATM—基于异步传输模式的光网络

OTN 网络系统由 OCh 层、OMS 层及 OTS 层建立客户与服务者之间的关系。OCh 层主要提供的是端至端的各种服务，实践中可以由一个也可以由多个 OMS 构成。OMS 层则由多个 OTS 段层构成，ODUk 构成了业务上下完整通路。

OTN 技术应用于骨干层时，主要是基于以太网物理线路来承载分组业务，然后通过映射将 ODUk 用作调度颗粒，进行交叉调度操作。在带宽管理与优先级调度基础上，利用以太网接口将接入与汇聚层业务通过骨干层输送，其中骨干层采取封装方式进行处理，并且置于 ODUk 内，对网络配置进行简化处理。接入层可接纳 GE 及 2.5Gbit 等业务，促使业务混传并提高波道有效利用率。基于 OTN 技术体系的灵活性能够实现多重保护，有利于网络的稳定性维护。

7.3.3　微波中继通信系统

1. 背景

微波中继通信利用微波作为信道载波，并采用中继方式在地面上进行无线电传输。微波频率范围为 300MHz～300GHz，对应波长范围为 1m～1mm，可分为特高频（Ultra High Frequency，UHF）、超高频（Super High Frequency，SHF）和极高频（Extremely High Frequency，

EHF）频段。我国基本使用 2、4、6、7、8、11GHz 频段，其中 2、4、6GHz 频段电波传播较稳定，主要用于干线微波通信；而 7、8、11GHz 频段则常用于支线及专用网微波通信。微波通信具备通信频段频带较宽、受外界干扰影响小、通信灵活性较大、天线增益高、天线方向性强等特点。

2. 系统架构

微波中继通信系统典型架构如图 7-7 所示，由微波终端站、微波枢纽站、微波分路站及微波中继站组成。其中，主干线可以长达几百公里甚至几千公里，支线可以有多条，在线路中间每隔一定距离设置若干微波中继站和微波分路站，在线路末端设置微波终端站，各种站型的作用及设备配置具体如下所述。

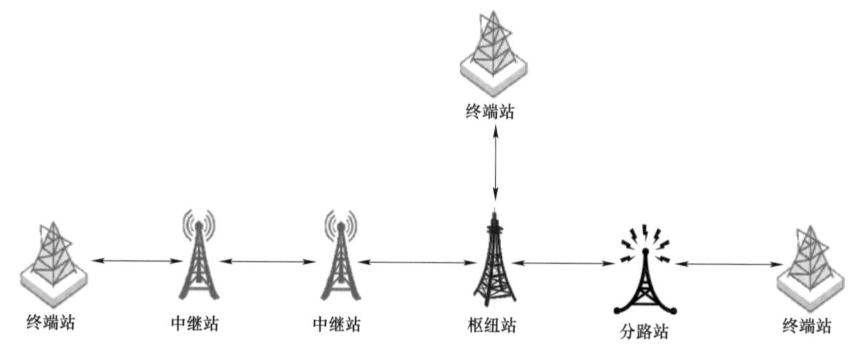

图 7-7　微波中继通信系统的典型架构图

（1）微波终端站。处在线路端点或分支线路端点的微波站为微波终端站。向若干方向辐射的枢纽站，就其各个方向而言也是终端站。终端站可作为监控系统的集中监控站或主站，配备 SDH 数字微波传输设备与复用设备，上、下全部支路信号即低次群路。

（2）微波分路站。处在远距离线路中部，能够在本站上、下部收、发信道的部分支路外，还可以沟通干线上两个方向之间的通信。微波分路站上部分波道信号需要再生后继续传输，配备 SDH 微波传输设备与分插复用设备，可安装多套微波传输再生中继设备，可以作为监控系统的主站，也可作为受控站。

（3）微波枢纽站。处在远距离长途干线上（一级、二级干线），完成多个方向的数据传输任务。在系统多波道工作场景下，微波枢纽站要完成某波道 STM-N 信号的复接与分接，以及部分支路的转接与上、下话路，亦有某些波道信号可能需要再生后继续传输。因此，微波枢纽站一般作为监控系统的主站。

（4）微波中继站。处在线路中部并且不上、下话路，对收到的已调信号解调、判决、再生。转发至下一方向的调制前，经过再生去掉噪声、干扰与失真。中继站不配置倒换设备，只装有数字微波中继通信设备，并具有站间公务联络和无人值守功能。

7.3.4　高压电力线载波通信系统

1. 背景

高压电力线载波技术从 20 世纪 40 年代便开始应用于我国长距离电力调度通信领域，其中，明线三路、十二路载波机、电缆十二路载波机，以及和微波机配套的十二路分路载波机、120 路终端载波机被广泛应用于各省网早期电力通信系统中。

高压电力线载波通信主要以复用型电力载波机为主，普遍应用于高压输电线路继电保护系统以传送纵联保护高频信号。复用型电力载波机的保护信号设备能够将继电保护系统发出的命令信息转换成一定频率范围（0～4kHz）的高频信号，与语音及远动信号复用在高压载波通道上进行传输，其最低传送速度基本上达到了 600bit/s，可完成保护信号的实时传送，并满足纵联高频保护对载波通道性能的基本要求。

2. 系统架构

高压电力线载波通信系统架构如图 7－8 所示，图中端口 A 为发电厂、端口 B 为变电站，发电厂产生工频电流，经升压后通过电力线路输送到变电站，再经降压后供用户侧使用。采用相地耦合方式，耦合电容器 C 和结合滤波器 F 串联构成高通滤波器，使高频信号顺利通过并耦合到电力线上，电力线上的工频高电压几乎都降落在具有高耐压能力的耦合电容器两端，实现安全可靠的载波通信。阻波器 T 是一个调谐电路，其电感线圈能通过强工频电流，保证工频电流的输送。同时，整个调谐电路谐振在高频信号的频率附近以阻止高频信号流过，防止发电厂或变电站母线对高频信号的旁路作用。

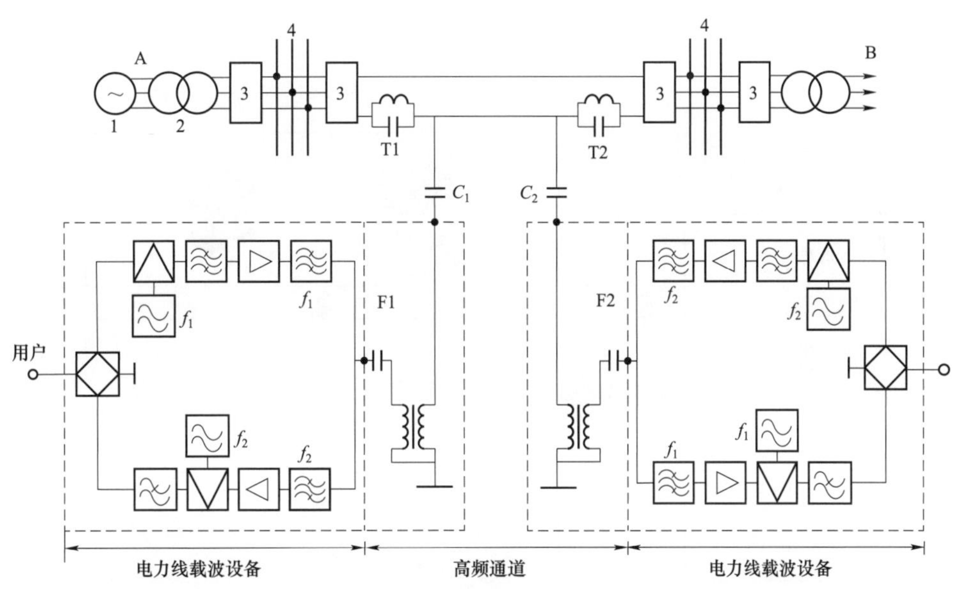

图 7－8　高压电力线载波通信系统架构图

C—耦合电容器；F—结合滤波器；T—阻波器；1—发电机；2—变压器；3—断路器；4—母线

7.3.5　北斗卫星通信系统

1. 背景

20 世纪 80 年代初，中国开始积极探索适合中国国情的卫星导航系统发展道路，形成了“三步走”发展战略，并取得了极大的成功。2000 年，建成“北斗一号”系统，形成中国及周边部分地区的区域服务能力；2012 年，建成“北斗二号”系统，形成中国及周边亚太地区的区域覆盖能力；2020 年，建成“北斗三号”系统，具备向全球提供无源定位、导航和授时等通信服务能力。

“北斗一号”卫星导航定位系统由空间星座、地面控制中心系统和用户终端三部分构成。“北斗二号”卫星导航定位系统是对“北斗一号”卫星导航定位系统缺点的补充，在兼容“北斗一号”系统技术体制的基础上，增加无源定位体制，为亚太地区用户提供定位、测速、授时和短报文通信服务。“北斗三号”全球卫星导航系统，由 24 颗中圆地球轨道卫星、3 颗地球静止轨道卫星和 3 颗倾斜地球同步轨道卫星，共 30 颗卫星组成。2020 年 6 月，“北斗三号”最后一颗全球组网卫星在西昌卫星发射中心点火升空，至此，“北斗三号”全球卫星导航系统正式建成，标志着中国北斗朝着完整服务全球化的目标又迈出了关键一步，也进一步激发了民用领域对于北斗卫星通信系统的应用潜能。其中，“电力+北斗”正逐步成为民用北斗领域的核心组成部分。

基于北斗系统具备的精密授时、高精度测量、定位导航及短报通信功能，电力北斗地基增强站能够实时传送调度自动化系统采集的动态数据，将全方位、多维度地提高系统的整体运行可靠性、安全性与运行效益，对于电力系统应急通信、指挥救援、灾情勘查、灾后重建等方面均有着不容忽视、无法替代的效用。

2. 系统架构

电力北斗地基增强系统架构如图 7-9 所示，由基准站网子系统、供电系统、通信系统、防雷系统、数据中心子系统（解算运营平台）、用户应用子系统等部分构成。

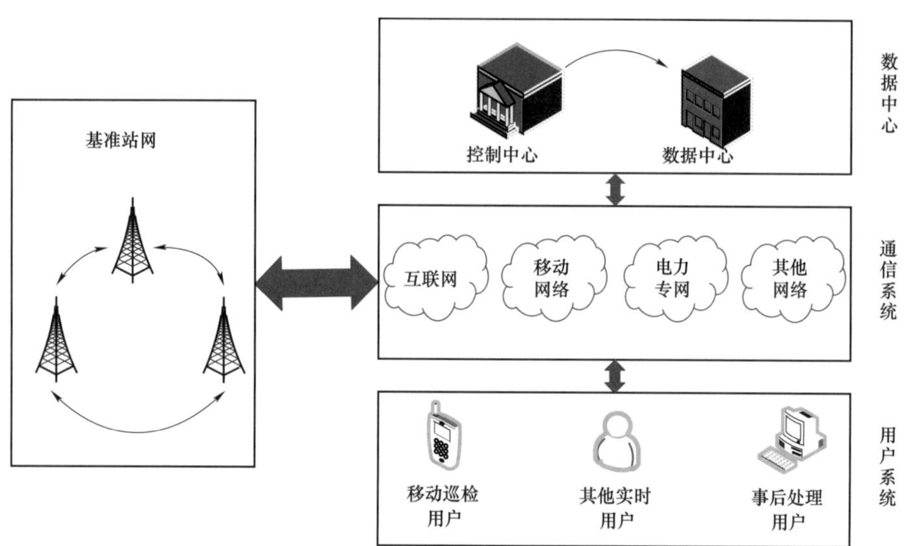

图 7-9　电力北斗地基增强系统架构图

其中，基准站网子系统用于获取解算位置的基准数据，是系统的核心基础，供电系统为基准站系统提供持续可靠供电，防雷系统对基准站实施防雷保护，通信系统实现数据的实时传输，数据中心子系统用来实现基于基准数据及监测数据的位置解算，用户应用子系统实现用户对定位数据的获取和利用。

3. 应用功能

（1）北斗高精度测量在杆塔形变监测中的应用。在输电过程中，杆塔起着支撑、安全保障的作用。日常情况下，当杆塔等较高电力设施持续向一个方向倾斜或扭曲 1～2cm/周（天），将存在塔倒的危险性。北斗系统可用于实现杆塔的实时在线监测，采用实时动态（Real Time Kinematic，RTK）技术，精度可达到实时厘米级和事后毫米级。在巡检困难地区，有助于工作人员在第一时间掌握输电杆塔的各种情况，及时进行抢修以避免重大损失，保障输电线路的安全稳定运行。基于北斗系统的电力杆塔在线监测系统如图 7－10 所示。

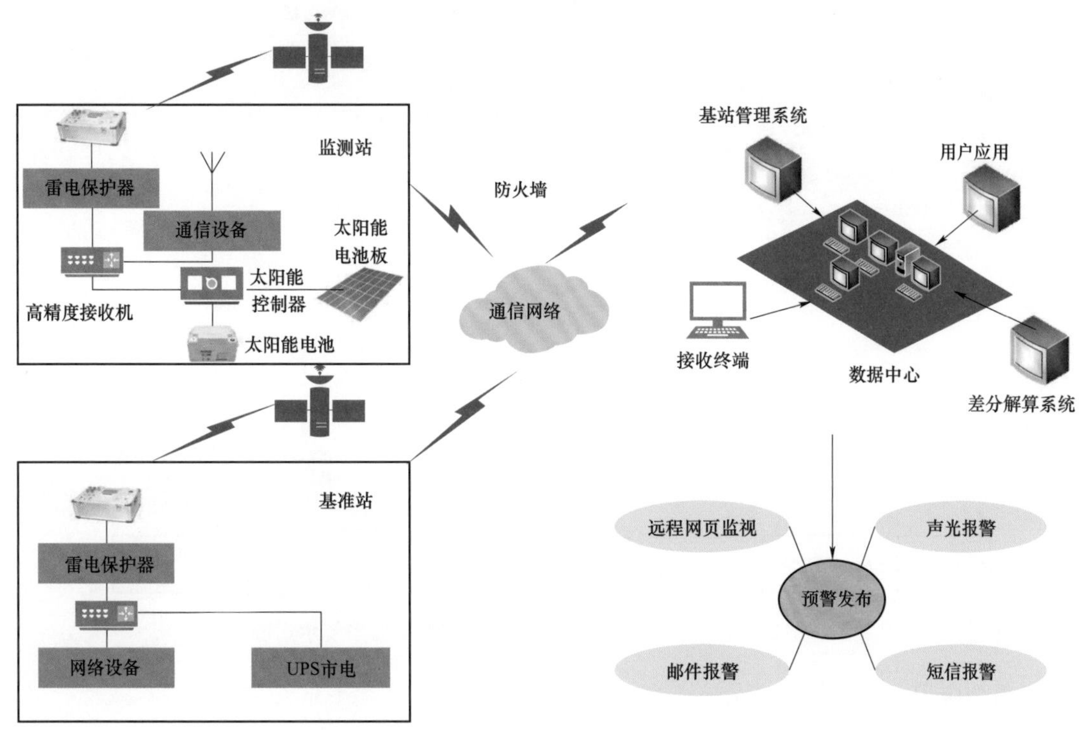

图 7－10　基于北斗系统的在线监测系统架构图

（2）北斗定位导航在电力巡线中的应用。输电线路常因自然灾害、自身老化、人为外力破坏导致无法正常供电，作业人员巡线确定故障点需要耗费大量人力、物力，且存在一定危险性，基于北斗系统的无人机电力巡线极大弥补了上述不足，充分利用北斗系统的定位导航功能，将实现安全、可靠与高效的巡线作业。基于北斗定位导航的无人机电网巡线系统架构如图 7－11 所示。

（3）北斗短报文在用电信息采集中的应用。基于北斗短报文的用电信息采集系统如图 7－12 所示，可实现包括用电信息、配电网电压电流等数据的采集，保证数据传输的实时性，是现阶段北斗短报文在电力行业涉及终端数量最多、成熟度最高的应用。主站与集中器之间的通信，按照主站约定的数据采集项进行采集。采集器采集电表数据的方式有 3 种：RS－485、微功率无线和载波方式。其中①、②采用 DL/T 645 协议，③、⑥采用 1376.1 协议。

北斗终端负责协议封装转换，并以短报文方式通过卫星实现数据转发。在民用领域，单次报文容量为 78 字节，当数据长度较长时，采用拆包方式分组转发。前置机模拟原采集终端登录系统，对数据进行解析组包。主站负责对采集的数据进行业务管理。

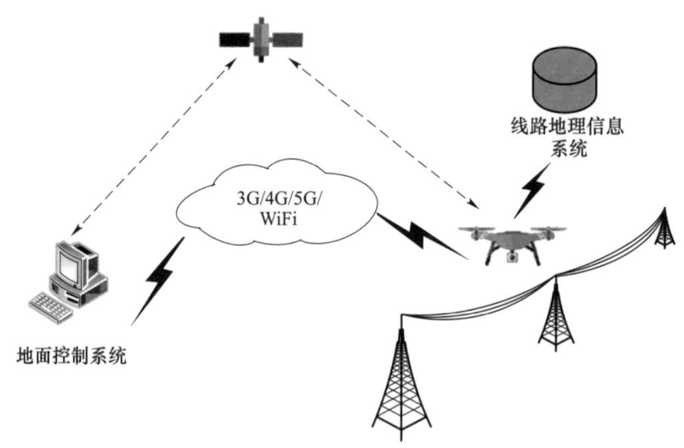

图 7－11 基于北斗定位导航的无人机电网巡线系统架构图

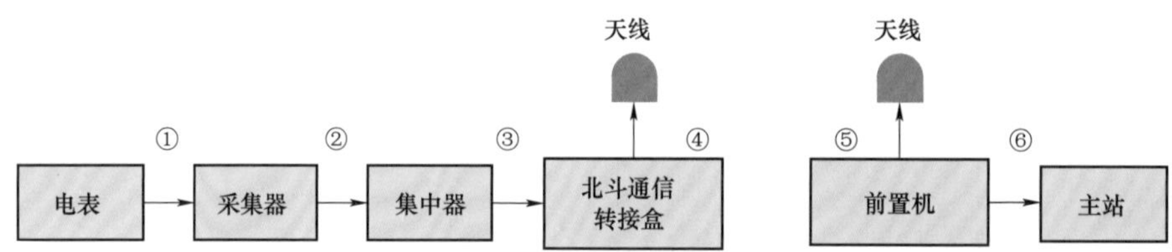

图 7－12 基于北斗短报文通信的用电信息采集系统示意图

7.3.6 典型应用

1. 省级骨干新建 A 平面 SDH 传输网网络案例

某省电力省级骨干新建 A 平面 SDH 传输网网络按照汇聚和接入的层次架构进行环状组网。组网速率按照 10Gbit/s 和 2.5Gbit/s 分别进行设计，汇聚层采用 10Gbit/s 速率，接入层采用 2.5Gbit/s 速率。如图 7－13 所示，四个 10G 主环，形成“田”字结构，将业务量最大的省公司放在最中间，各主环彼此间以相交的形式组网，将各 10G 站点合理均匀分布在各个环网内；多个 2.5G 支环与 10G 主环以相交的形式组网，做到各支环采用双路由、双节点的模式向主环汇聚。

A 平面 SDH 网络层次较为清晰，汇聚层 10G 网络的站点覆盖省调备调及部分重要 500kV 变电站，接入层 2.5G 网络覆盖其余地市公司及所有省辖变电站，所有站点已经全部成环，网络保护具备双路由的条件。根据业务流向和光缆实际可利用情况，主环与支环间的组网结构采用纯相交环或相切接入的模式，这在网络保护功能上实现了较为坚强的环网保护，能够抗环网多次断纤，实现了省级网管辖站点的全覆盖。

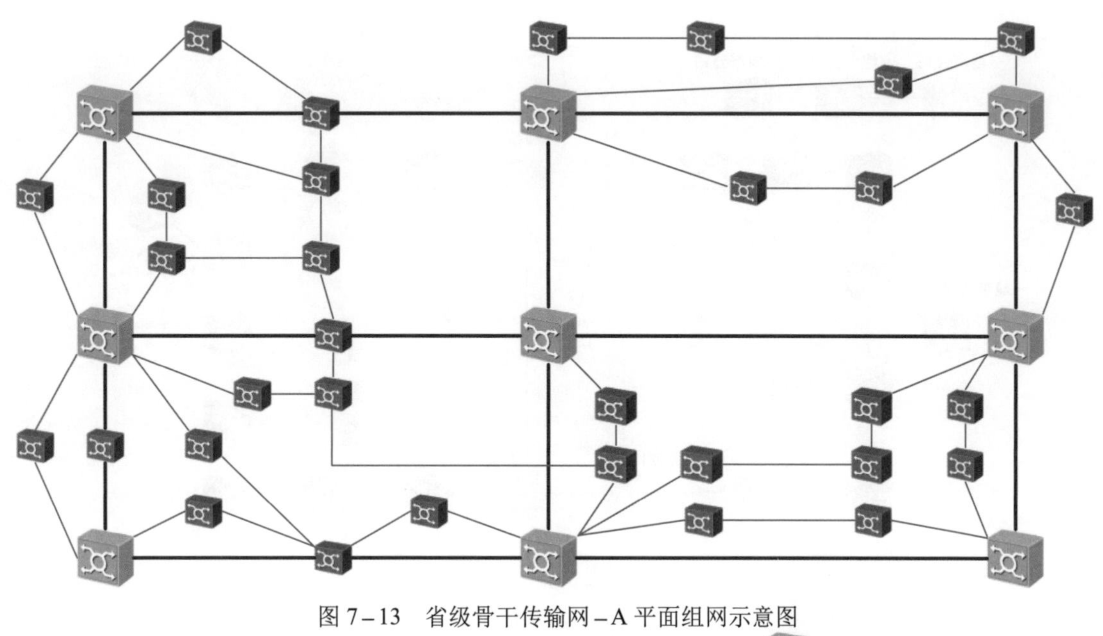

图 7－13　省级骨干传输网－A 平面组网示意图

——2.5G 光路；——10G 光路；—2.5G 设备；—10G 设备

新的 A 平面 SDH 网络的建设，进一步优化原有 SDH 网络架构，网络以相交、相切环来构建，实现对业务安全可靠的承载，避免网络中出现单链或者孤点的现象。A 平面 SDH 网络是以承载生产实时类业务为主，以承载生产管理类业务为辅的一张网络，承载的业务有调度数据专网、线路纵差保护、综合监控、调度中继、调度远传等。业务保护方式采用子网连接保护（Sub-Network Connection Protection，SNCP）方式。

2. 省级骨干 B 平面 OTN 传输网组网典型案例

某省电力省级骨干 B 平面 OTN 传输网采用 40*10G 的系统，系统支持 40 波，单波 10G 容量。OTN 类型设备采用上海诺基亚贝尔公司的 1830 PSS－32，是电网企业的主流 OTN 类型设备，采用光电分离，支持 2.5G、10G SDH 等业务，OTN 网络采用环网结构，OTN 的组网架构按照核心、汇聚、接入层次环网结构进行环状组网，各地市公司分别向汇聚环中的两个不同节点进行接入，并且选用不同路由的光缆，汇聚层由东西两个汇聚环组成，网络架构如图 7－14 所示。

OTN 网络业务站点在省调、备调各配置两套 OTN、其他 9 个地市公司及省公司所辖 8 个 500kV 变电站及 8 个 220kV 重要枢纽变电站各配置一套 OTN 设备，共计 27 个站点。汇聚层由东西两个汇聚环组成，分别连接到核心层省调和备调的一套设备，组网清晰，业务平均分摊到两台设备。利用 500kV 站点光纤复合架空地线（Optical Fiber Composite Overhead Ground Wire，OPGW）光缆资源进行连接，来实现业务多方向传输的冗余，同时也降低了未来生产运行的风险。接入层由 9 个地市公司组成，先做网络下沉，目前以双汇聚的形式汇接在汇聚环中的两个不同站点，各个地市公司是通信四级网的核心站点，新上的 OTN 设备，作为各接入环的核心节点，便于逐步进行网络的延伸与拓展。

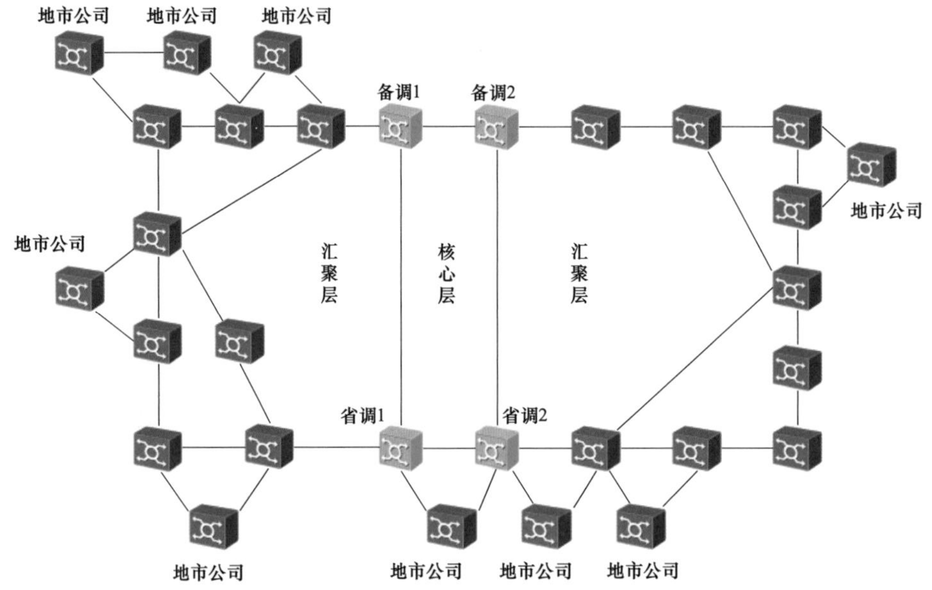

图 7－14　省级骨干传输网－B 平面 ONT 网络组网示意图

—核心层设备；—汇聚层设备

核心层节点采用两套设备，分别独立承载两个汇聚环业务，做到核心节点减压与分流，并且降低核心节点的故障风险，避免全网业务中断。电力的业务类型属于集中汇聚型业务，各地市公司信息业务、变电站业务均汇集到省调和备调，保护方式采用的是基于业务的子网连接保护（ODUk SNCP），在设备侧要求主用通道和备用通道不能位于同线路板卡，具备抗 $N-1$ 风险能力。

7.4　终端通信接入网

7.4.1　概述

终端通信接入网是电力系统骨干通信网络的延伸，是电力通信网的重要组成部分，由业务节点接口（Service Node Interface，SNI）和用户网络接口（User Network Interface，UNI）之间一系列传送实体（如线路设施和传输设施等）组成，提供配电与用电业务终端同电力骨干通信网络的连接，实现配用电业务终端与系统间的信息交互，具有业务承载和信息传送功能，分为 10kV 通信接入网和 0.4kV 通信接入网两部分，如图 7－15 所示。

10kV 通信接入网的范围为变电站 10kV 出线至开关站（开闭所）、充电站、环网单元（柜）、柱上开关、电缆分支箱、（配电室、柱上、箱式）10kV 变压器等（以下简称配电站点），承载配电自动化接入层通信、用电信息采集远程通信、电动汽车充电站（桩）通信、分布式电源接入通信等业务。通信方式主要有光纤通信组网，包含 EPON 技术、工业以太网技术；中压电力线载波通信技术；无线专网，包括 TD-LTE 1.8GHz 无线专网和 TD-LTE 230MHz 无线专网。

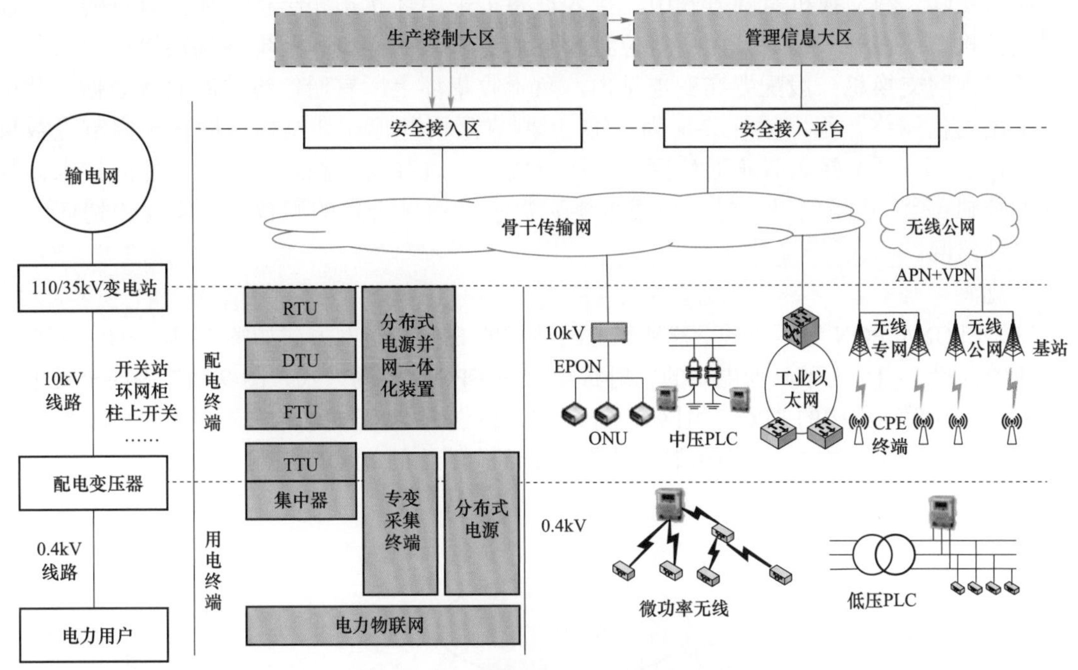

图 7-15　终端通信接入网网络架构图

⇄—正反向隔离装置；↓↓—纵向加密装置

0.4kV 通信接入网的范围为变压器 0.4kV 出线至用户表计、充电桩、营业网点、电力光纤到室内终端等，支撑用户用电信息采集系统本地通信（用户表计至采集器、集中器）、用电营业服务、用户双向互动等业务。通信方式主要包括电力线通信、低功耗无线通信方式等。

7.4.2　光通信接入网

1. 背景

光通信接入网泛指在本地交换机或远端模块与用户之间全部或部分采用光纤作为传输媒介的一种接入网，其通信方式主要采用以太网无源光网络、吉比特无源光网络及工业以太网这三种技术体制，其组网方式包括 EPON、GPON 和工业以太网交换机等。

在 EPON/GPON 组网方式中，EPON 设备部署方式依赖于配电网架构，OLT 需要集中安装在变电站、开关站、配电室、充电站中；ONU 需要安装在 10kV 配电站或配电设施附近；无源光纤分路器（Passive Optical Splitter，POS）需要安装在光缆交接箱、光纤配线架、光纤接头盒中，或随 ONU 集中部署。POS 选用星形、链形等接入形式灵活组网，其中，采用星形组网方式时分光级数不超过 3 级，采用链形组网方式时分光级数不超过 8 级。当需要承载可靠性要求较高的配电自动化三遥业务时，ONU 设备应具有双 PON 接口双 MAC，并支持业务的双 PON 口保护。为考虑升级扩容，EPON 系统设计时应保留光功率裕量。OLT 设备应预留一定的端口备用。当 EPON 系统接入骨干通信网时，网络接口应选择与之相适应的、成熟的技术体制和标准接口。

在工业以太网交换机组网方式中，接入设备多采用环状拓扑结构。环上节点的工业以太网交换机布放在开关站、开闭所等位置，并通过以太网接口和配电终端连接；上联节点的工业以太网交换机一般配置在变电站内，负责收集环上所有通信终端的业务数据，并接入骨干层通信网络，组网设计要求为：① 组网宜采用环形拓扑结构，同一环内节点数目不宜超过 20 个；② 接入骨干通信网时，网络接口应选择与之相适应的、成熟的技术体制和标准接口；③ 在组网设计时，应根据实际需求，通过合理的配置，来实现相切环、相交环多种组网。

2. 组网架构

（1）EPON/GPON 组网方式。各种配电网结构的 EPON 组网方式如图 7–16～图 7–19 所示。其中，图 7–16 为不同变电站的辐射状结构的 EPON 组网方式，图 7–17 为同一变电站的多分段适度联络结构的 EPON 组网方式，图 7–18 为单/双环式结构（不同变电站）的双保护 EPON 组网方式，图 7–19 为辐射状结构、单环式结构的 EPON 组网。

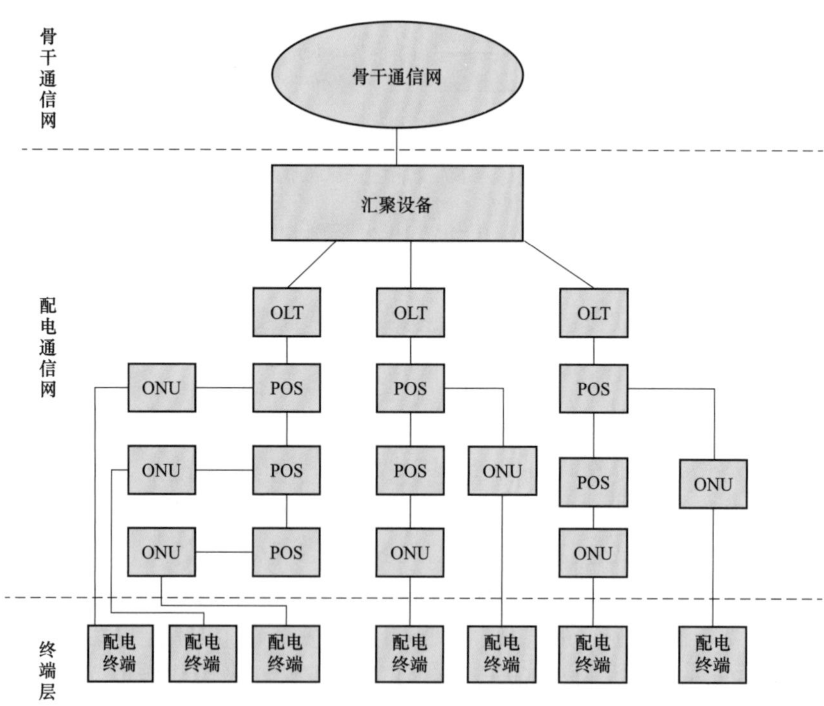

图 7–16　不同变电站辐射状结构的 EPON 组网图

OLT—光线路终端；POS—无源分光器；ONU—光网络单元

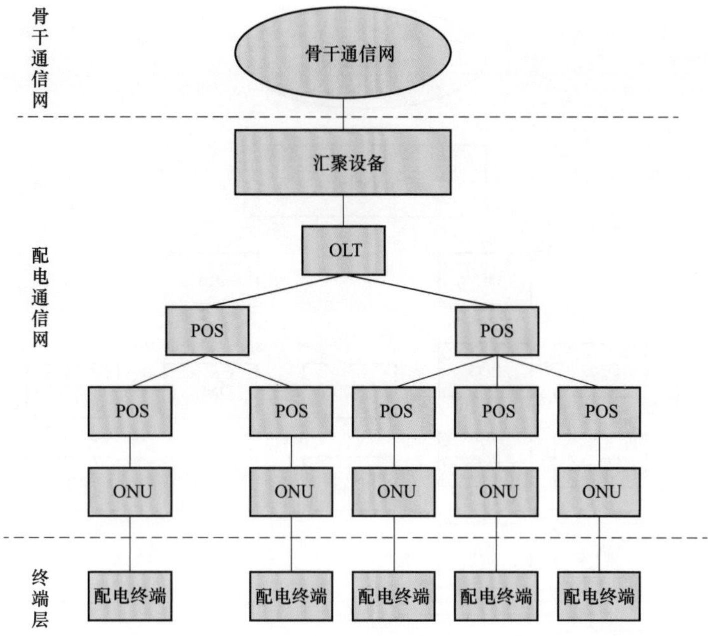

图 7－17　同一变电站的多分段适度联络结构的 EPON 组网图

OLT—光线路终端；POS—无源分光器；ONU—光网络单元

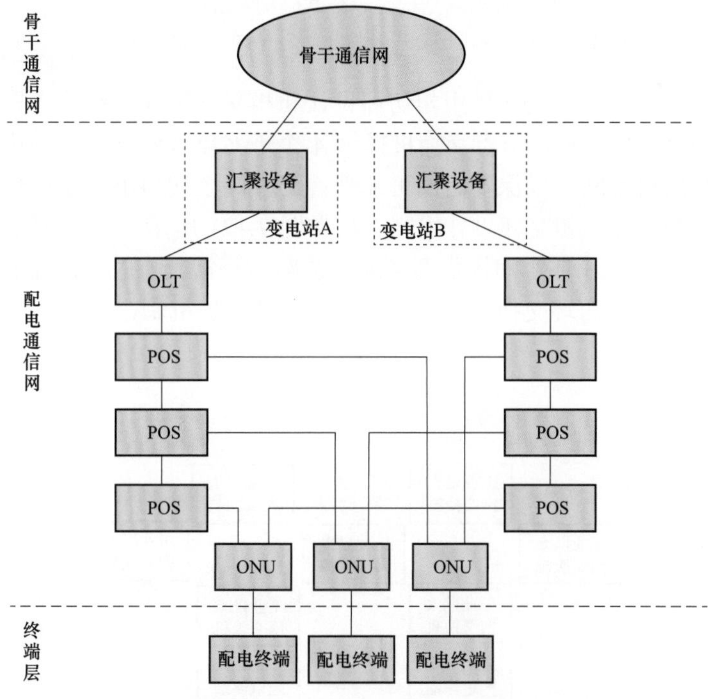

图 7－18　单/双环式结构（不同变电站）的双保护 EPON 组网图

OLT—光线路终端；POS—无源分光器；ONU—光网络单元

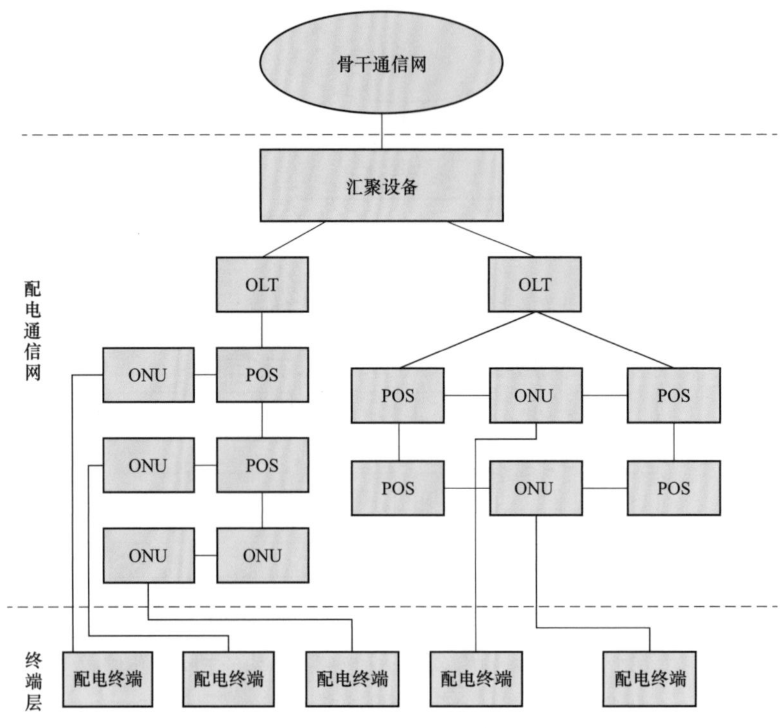

图 7-19　辐射状结构、单环式结构-EPON 组网图

OLT—光线路终端；POS—无源分光器；ONU—光网络单元

（2）工业以太网。工业以太网采用相切环设计和相交环设计的组网方式，其中，相切环设计组网架构如图 7-20 所示，节点交换机提供 4 个千兆以太网端口，其中两个端口与其他交换机串接成环组成自愈网，以保障组网可靠性；另外两个端口上联不同自愈环网，两环网通过该交换机组成相切环。相交环设计组网架构如图 7-21 所示，在 A 环、B 环之间额外配置一个冗余环，为 A 环、B 环之间提供两条通信链路。正常工作时，B 环经过主路径两端交换机接入 A 环。当主路径两端交换机出现故障时，切换保护机制，经备用路径与 A 环完成数据传输。

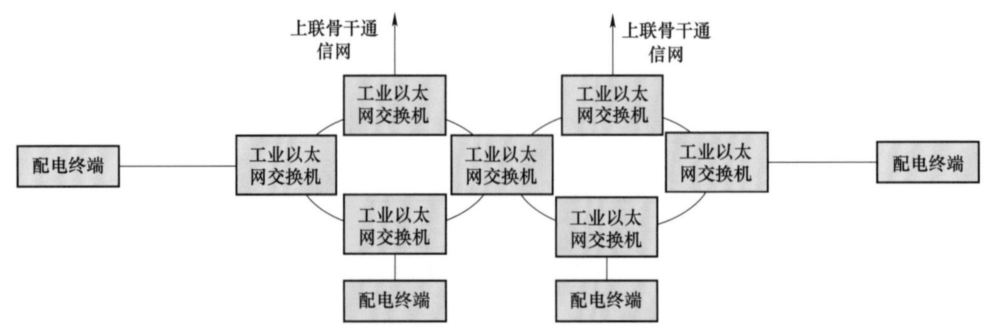

图 7-20　相切环设计组网架构图

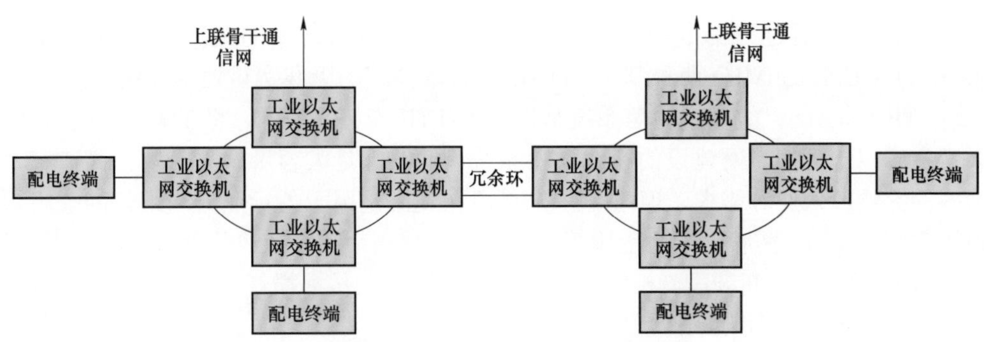

图 7－21　相交环设计组网架构图

7.4.3　中压载波组网

1. 背景

由于中压配电网具有网络结构复杂、线路数量过大、阻抗大等特点，使载波通信技术在中压配电网的应用仍存在问题。采用模糊通信理论、扩频调制理论及相关的信号处理方法和拓扑中继方法，配合先进的芯片应用（DSP、FPGA），可实现载波通信技术在中压配电网领域的突破。例如，西门子的 DCS3000、中科大的 DLC－2100、南瑞集团的 PLC－075 等系列配电线载波系统已在我国中压配电网广泛应用。

配电线载波通信（Distribution Line Carrier，DLC）系统被应用于中压配电网监控、远程数据读表及负荷控制系统中。中压电力载波通信技术包含脉动控制技术与工频控制技术，其中，脉动控制技术适用于单相通信场合，相较于脉动控制技术，工频控制技术是一种双向通信方式，且工频控制设施更简单，不存在由于驻波带来的盲点问题。

2. 组网架构

中压载波组网架构如图 7－22 所示。在光纤无法覆盖区域，融合光通信与载波技术可以作为光纤通信方式的有效补充。载波从站将采集业务汇聚至载波主站，再接入光纤接入设备（如 ONU、工业以太网交换机等）连接至主站。

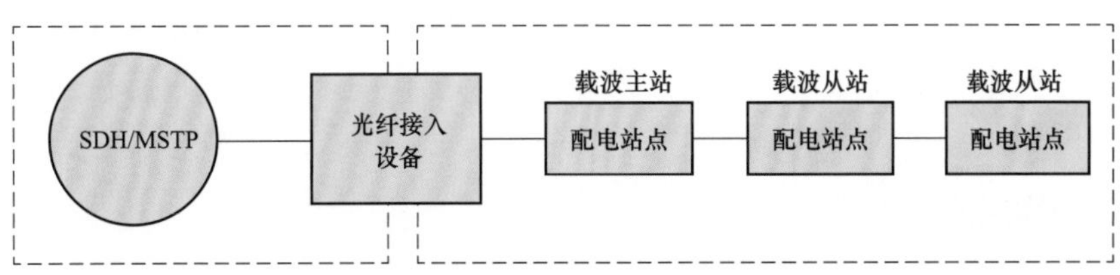

图 7－22　中压电力线载波组网架构图

7.4.4　无线专网

1. 背景

随着智能电网建设的开展，电力业务对可靠性、安全性的需求不断提高。目前，用电信息采集多租用电信运营商提供无线公网服务作为远程通信手段，以公众语音通话和数据业务为最高优先级的网络，无法满足电力业务信息安全、实时性及服务质量的需求。因此，在用电信息采集深化应用过程中电力无线专网建设受到了越来越多的关注，目前有 TD-LTE 1.8GHz 和 TD-LTE 230MHz 两种基于 TD-LTE 技术体制的无线宽带通信系统。

TD-LTE 1.8GHz 无线宽带通信系统是以 TD-LTE 为核心技术，将 TD-LTE 技术的高速率、大带宽应用于无线专网建设的无线通信系统，能够满足大容量、大带宽、高速率、高频谱利用率的无线接入业务需求。但 1.8GHz 频段在我国是用于各行业专网组建的公用频段，目前由运营商、港口、空管、交通运输等多行业共同使用，在多行业共存时存在较大的干扰。此外，1.8GHz 频段属于高频段，相较于 230MHz 频段存在传播损耗较大、覆盖能力较弱、易受大气与地形等因素的影响等缺点。

TD-LTE 230MHz 新型无线宽带通信系统是为电力行业用户深度定制的电力无线通信系统，其中，基于 230MHz 频段的无线频谱是电力系统专有的频谱资源，具有广覆盖、高可靠、高速率传输、实时性强及频谱适应性强等特点。LTE 230MHz 系统采用先进的全 IP 网络架构，可以共享 TCP/IP 的庞大技术和产业体系，实现稳定性、互通性和经济性。

电力无线专网主要应用于配用电侧，涉及的应用场景包括高敏感、高可靠的控制类业务、采集类业务及移动类业务。从两种技术体制上比较，TD-LTE 230MHz 电力无线专网与光纤有线通信网络的相互补充、互为备份有助于提高传输通道的可靠性，可以满足电网现有业务、未来可扩展业务的应用需求，包括配用电侧的用电信息采集、配网自动化、负荷管理、应急抢修等。与 TD-LTE 230MHz 相比，TD-LTE 1.8GHz 数据传输能力较强，但覆盖半径仅为 TD-LTE 230MHz 的 1/5～1/3，在建网与运维成本方面均不占优势。此外，1.8GHz 频段目前批复权归属各省无线电管理局，各行业纷纷抢占频谱资源现已造成了频谱申请过于紧张的局面。为此，工业和信息化部《关于重新发布 1785～1805MHz 频段无线接入系统频率使用事宜的通知》文中已经明确不再审批 1.8GHz 频段电力专网，建议未获得 1.8GHz 频率许可的地区优先选用 230MHz 频率。因此，TD-LTE 230MHz 已成为电力无线专网的主力技术。

2. 组网架构

配电网的无线专网组网架构如图 7-23 所示，自下而上主要分为终端层、配电通信层、骨干通信层和主站层四层。其中，终端层包含各类配电终端，配电通信层包含无线专网终端/模块、基站、汇聚设备等，骨干通信网采用 SDH 和 MSTP 方式，主站层包含配电主站、专网接入服务器等。其中，实线部分表示在无线专网组网架构中采用汇聚设备接入，虚线部分表示采用无线专网服务器接入。

7.4.5 低压电力线载波系统

1. 背景

低压电力线载波通信（Low Voltage Power Line Carrier Communications，LVPLC）指利用 380V/220V 低压配电线作为数据传输媒介的特殊电力通信方式。其基本原理为用载波调制方法将携带数字信号的频谱迁移至较高的载波频率上，然后将载有信息的高频信号耦合并在配电线上进行传输。截至目前，基于低压电力线载波通信的自动抄表系统已全面普及与应用，并成为电网企业用电信息采集系统的核心技术。

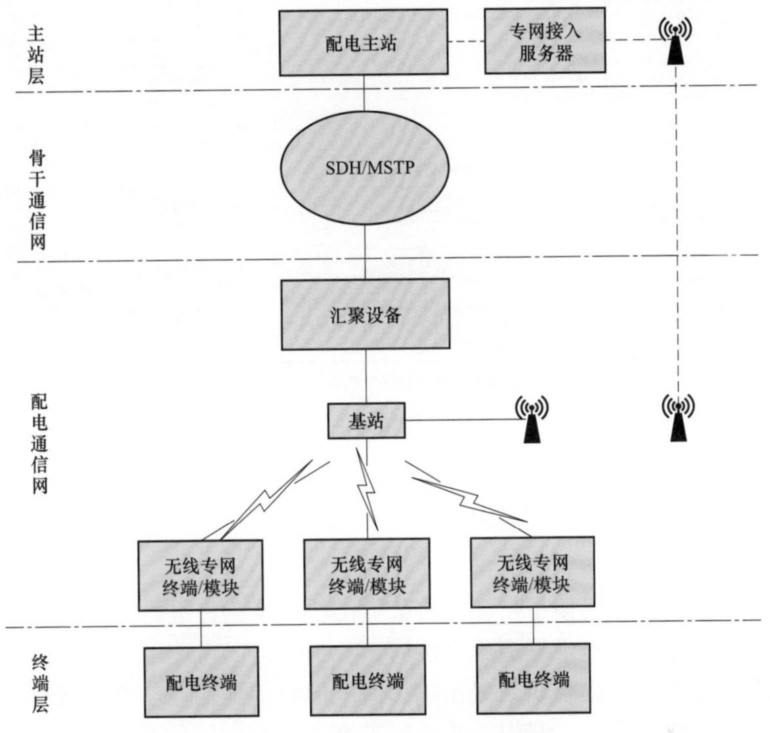

图 7-23　无线专网组网架构图

低压电力线载波通信主要采用窄带通信技术、扩频通信技术及宽带通信技术。窄带通信技术多应用于早期电力载波通信电路，主要可分为频移键控方式与二进制相移键控方式。窄带通信技术具有技术简单、成本低廉和容易实现等优点，但该方式抗干扰能力较差，信号传输极易受带内干扰与阻抗匹配的影响。为了降低电力线载波在强背景噪声下的误码率，并提高信号传输速率，目前多采用扩频通信技术与宽带通信技术。

2. 系统架构

低压电力线载波通信系统可用开放式系统互联通信（Open System Interconnection，OSI）参考模型来描述，如图 7-24 所示。该参考模型采用 7 层架构，每个更高的层级是其下面层级的抽象表述，具体层级及其功能如下所述。

（1）第 1 层，物理层（传输介质层）。用来描述数据在通信介质上的传输，包括传输介质的电气特性、时钟同步、信号编码与调制解调等。

（2）第 2 层，数据链路层。包括介质访问控制层与逻辑链路层。其中，低层的 MAC 用于描述介质访问协议，高层的逻辑链路层（Logical Link Control，LLC）用于纠错、检错与控制数据流。

（3）第 3 层，网络层。给出网络结构、终端及路由。

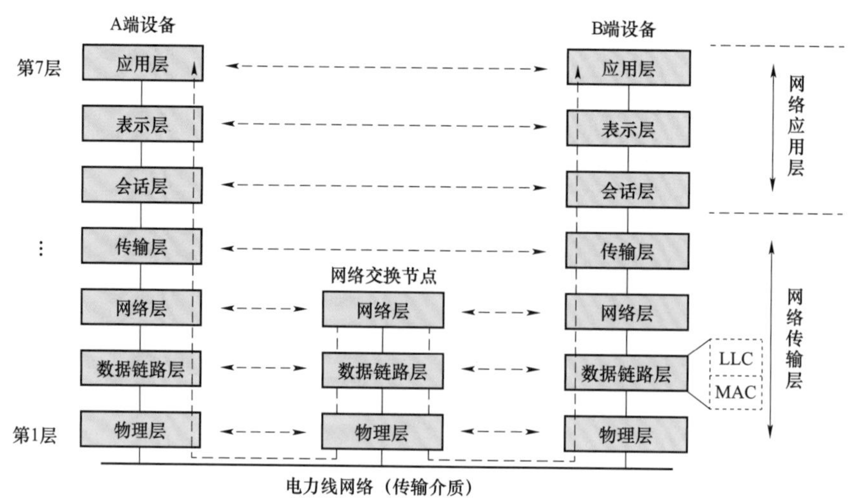

图 7–24 低压电力载波通信系统 OSI 参考模型

（4）第 4 层，传输层。描述端到端数据传输，包括传输信息的分割、数据流控制、错误处理和数据安全等。

（5）第 5 层，会话层。控制有关终端（设备）间的通信。

（6）第 6 层，表示层。为便于传输，将数据结构转换为标准格式。

（7）第 7 层，应用层。提供终端用户接口。

1～4 层为网络传输层，主要负责低压电力线上的通信传输；5～7 层离终端用户和实际应用最近，被定义为网络应用层。其中，传输层（第 4 层）关注的是端与端的连接，是网络层与独立于网络的应用层之间的接口，是在终端通信设备中实现的。此外，1～3 层的任务是在不同的通信网络和子网上实现数据传输，这些层由各种网络单元实现，例如：交换节点、路由器等，被称为网络相关层。

7.4.6 典型应用

1. 采用 EPON 组网的配电自动化通信系统应用案例

采用 EPON 构建配电自动化通信系统时，在 110kV 变电站放置 OLT 设备，汇聚其子站供电区域内所有 ONU 采集配电网自动化监控终端的实时工作数据，包括配电开关监控终端（Feeder Terminal Unit，FTU）、环网柜、台变等，实现终端与子站的通信；通过 OLT 的千兆以太网接口上联接入 SDH/MSTP 调度传输网，实现子站与主站的通信。

ONU 安装在开关站或配电室，提供双 PON 口，根据线路要求和路由方式，灵活组网，接入到变电站光线路单元，在条件许可的情况下组成双光纤保护。

ONU 通过无源分光器连接在主干光纤上，相互之间不受影响独立工作。任何一个 ONU 设备失效后完全不影响其他 ONU 设备的正常运行；在任何接入点分支光缆出现问题的情况下，不影响整个 EPON 系统的正常运作，无故障点的配电终端仍和主站系统保持正常通信，网络具有抗多点故障失效性。设备连接图如图 7–25 所示。

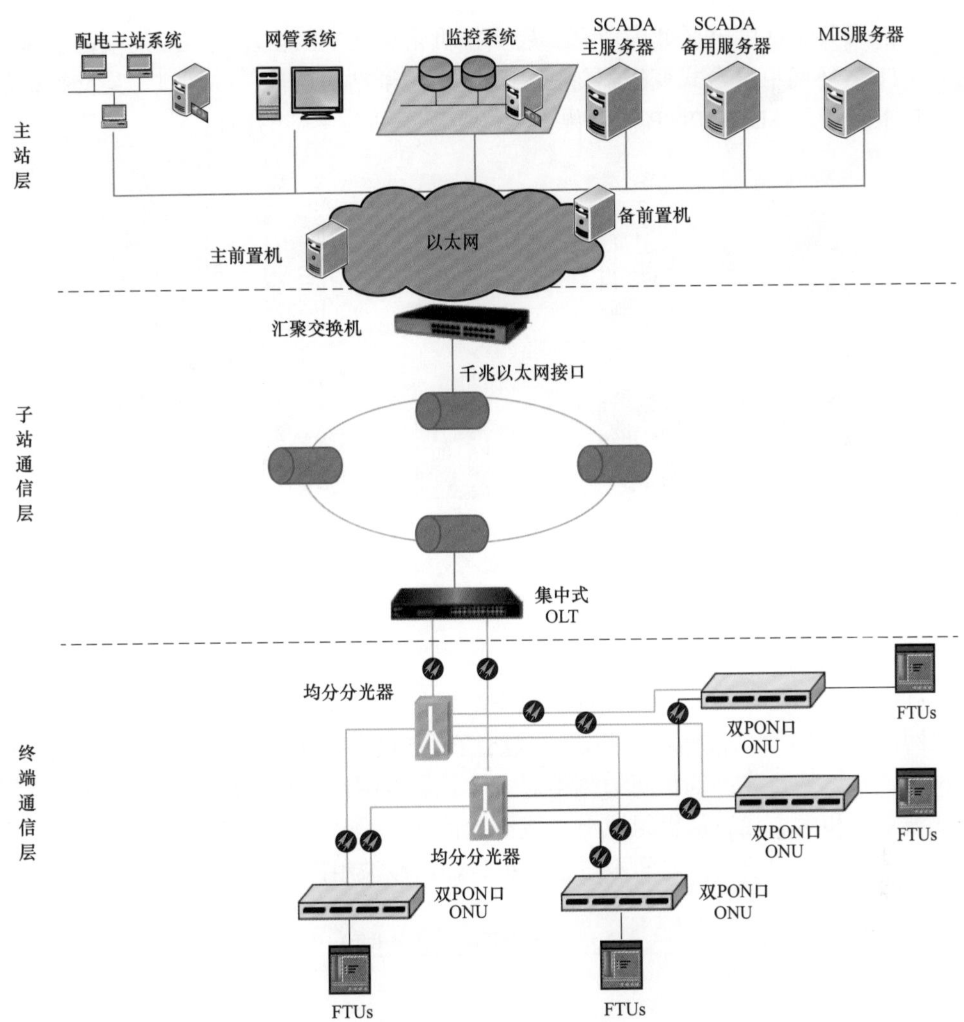

图 7–25　EPON 组网构建配电自动化通信系统应用案例

———一主用馈线光缆；PON—无源光纤网络；SCADA—数据采集与监视控制系统；———一备用馈线光缆；ONU—光网络单元；FTU—配电开关监控终端；———一光纤；MIS—管理信息系统；OLT—光线路终端

2. 工业以太网交换机组网设计案例

采用工业以太网交换机实现双纤自愈环，保证系统的可靠性；采用主备方式，配合电力系统中的“手拉手”功能，可以通过拨码或者网管系统软件设置备用主站。

工业以太网光交换机将多个站点的以太网信号复合到环形光纤链路中传输。模块支持对光纤环路的自动检测和倒换，倒换时间不大于 50ms。支持两个环路光口，可组成光纤冗余环网。

在主变电站放置三层工业以太网交换机，远端接入点放置工业以太网交换机，中间光路由光缆组成，工业以太网交换机呈链型组网，工业以太网交换机链型组网如图 7–26 所示。

采用工业以太网光交换机搭建配电自动化通信系统时，在两端 110kV 变电站分别放置三层交换机，汇聚其子站供电区域内所有二层交换机采集配电网自动化监控终端的实时工作数据，包括FTU、环网柜、台式变压器等，实现终端与子站的通信；并通过三层交换机的千兆以太网接口上联接入SDH/MSTP调度传输网，实现子站与主站的通信。

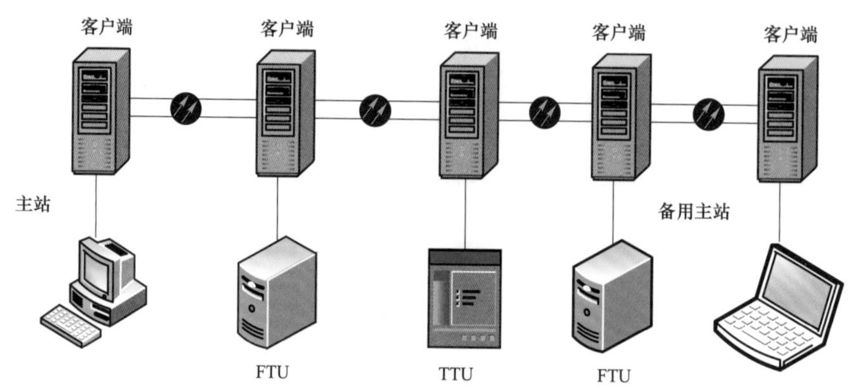

图7-26　工业以太网交换机链型组网

FTU—配电开关监控终端；TTU—配电变压器监测终端

3. 光纤和中压电力线载波组网设计案例

在光纤线路的末端10kV开关站或配电室配置主载波机，主载波机依据线路结构对下进行载波组网，组成14个载波网络，并通过载波通信方式将终端数据汇聚至主载波机，对上与EPON网络连接，通过光纤通信将数据信息上传。载波组网通信采用一主多从的方式组网，即一个载波主机和多个载波从机组成一个载波通信网络，载波主机和载波从机之间采用问答方式进行数据传输，载波从机之间不进行数据传输，载波组网如图7-27所示。

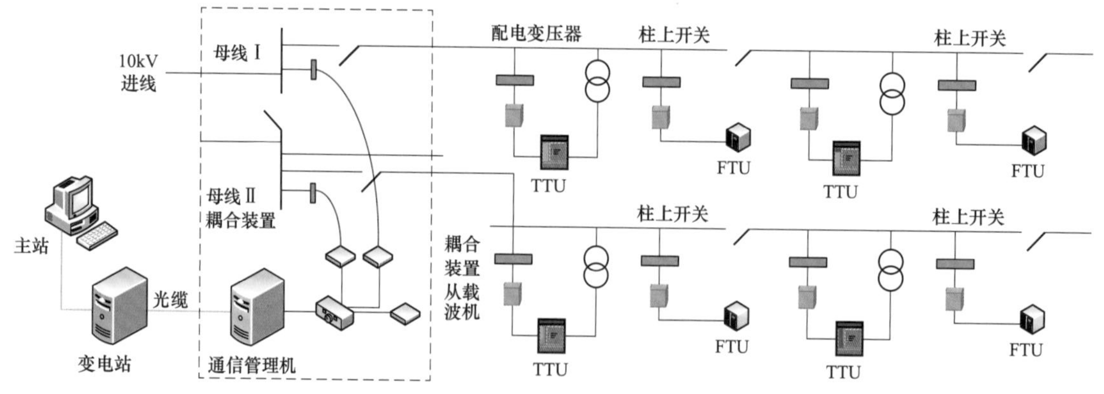

图7-27　光纤和中压电力线载波组网设计案例

——一载波监控线；——一光缆；——一电力线；TTU—配电变压器监测终端；FTU—配电开关监控终端

4. 专线组网接入组网方案

该方案从边界可控、传输可信和终端安全三个层次实现了接入网信息接入安全与传输安全，同时兼顾安全防护适度性、实施可行性和前期部署与后期维护的经济性。将安全边界由省公司级前移至地市公司级，实现安全防护边界前移和防护措施前置。专线组网接入方案网络拓扑如图 7–28 所示。

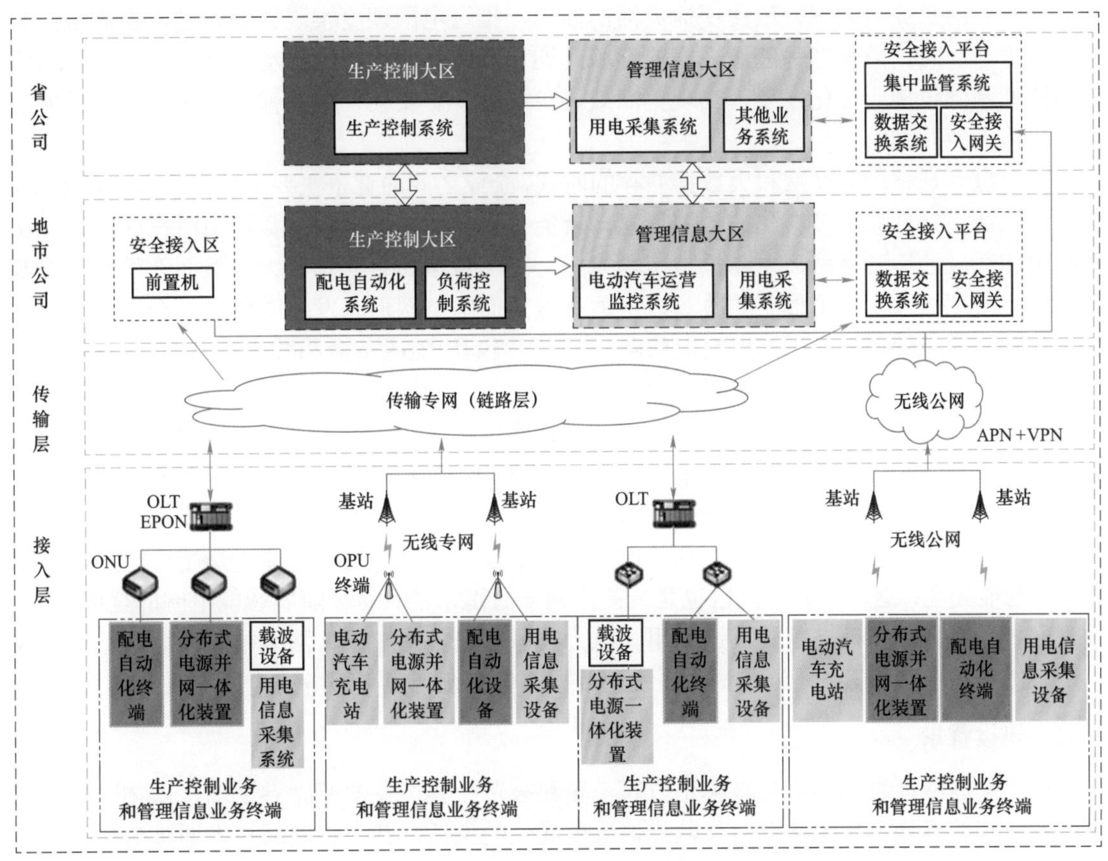

图 7–28　专线组网接入方案图

OLT—光线路终端；EPON—以太网无源光网络；ONU—光网络单元；OPU—光信道传送单元

接入网用以接入生产和管理大区所有业务终端，配用电业务在变电站通过专线组网方式接入地市业务主站。在地市公司，生产管理业务主站边界设立安全接入区，在管理信息大区业务主站边界配置安全接入平台，所有的业务数据都将由安全边界管控，实现关键业务系统与终端分属不同安全区以保护核心业务系统。

7.5　电力物联网

7.5.1　概述

随着全球经济的快速发展，能源消费需求日益增加与传统能源储量逐渐枯竭的矛盾日益突出，同时，传统能源对环境造成的污染问题也日益严重。因此，未来的电力系统必然需要采用高渗透率的分布式可再生能源，以实现全球经济的可持续增长。然而，大量分布式能源的不断接入将对电力系统安全稳定运行造成冲击，特别是对电网运行能力和调度水平提出了前所未有的挑战。物联网技术是应对这一挑战的前沿技术，通过感知技术赋予电力系统状态全面感知、信息高效处理、应用便捷灵活的能力，推进电网调度实现新的跨越，提高电网智能化水平。同时，随着多种能源之间的互联互通、互济互动的持续推动，从而促使电网向信息和能源基础设施一体化发展，实现更高效、更可靠、更安全、更具弹性和更可持续发展的智能化电力能源系统。

当今世界是移动互联网和大数据并存的时代，企业之间的竞争主要体现在数据中的竞争，谁能更快捷高效地获取多样化的数据信息，就能更快捷地挖掘多模态数据中潜在的知识，从而制定相适应的运营策略，主动抢占市场先机，进一步增加企业竞争力。然而，随着新能源大规模高密度接入及电价体制的改革，电力行业正面临电网形态发生变化、社会经济形态发展变化和企业经营遇到瓶颈三大突出问题，只有积极响应能源革命和数字革命融合发展趋势，发展建设电力物联网才是变革的根本途径。

电力物联网融合通信、传感、自动化、云计算等技术，在电力生产、输送、变电、配电等各环节，采用各种智能设备和 IP 标准协议，实现相关信息的安全可靠传输处理，从而实现电网运行和企业管理全过程的全景全息感知、互联互通及无缝整合。就电力物联网的本质而言，是一种提高电力信息可靠性、高效性的控制手段。物联网的核心能力是全面感知、可靠传送、智能处理，这三个方面恰恰也是智能电网一直追求的目标。随着智能电网的全面建设，物联网技术在各业务环节得到广泛应用。电力物联网包括感知层、网络层和应用层，已形成了基于统一信息模型、统一通信规约、统一数据服务和统一应用服务的电力物联网体系架构。

7.5.2 建设背景

电力物联网概念的提出与兴起正值新一轮科技革命和产业变革席卷全球，以物联网为代表的新一代信息通信技术正在潜移默化地改变我们的生活，其中物联网技术通过对传统设备设施的外在赋能，使之成为具备全面感知、内在智能的触手，为包括电力行业在内的工业领域带来了巨大变革。

物联网作为新一代信息技术的重要组成部分，是物与物相连的互联网，表现为两层含义：其一，物联网的核心和基础仍然是互联网，只是一种互联网基础的延伸和扩展；其二，用户端延伸和扩展到了任何物品与物品之间的信息交换和通信。物联网通过智能感知、识别技术、普适计算等通信感知技术，广泛应用于网络的融合。因此，它被称为继计算机、互联网之后世界信息产业发展的第三次浪潮。此外，物联网是互联网的应用拓展，应用创新是物联网发展的核心，以用户体验为核心的创新 2.0 是物联网发展的灵魂。

物联网通过利用局部网络或互联网等通信技术将传感器、控制器、机器、人和物等联系在一起，形成人与人、人与物、物与物互联，能够实现信息化、智能化和远程管理控制的网络。物联网是互联网的延伸，它包括互联网及互联网上所有的资源，兼容互联网中的所有应用，但物联网中所有的元素，如设备、资源及通信等，均是个性化和私有化的。

在物联网应用中包含以下三项关键技术：

（1）传感器技术。传感器技术是计算机应用中的一项关键技术。计算机只能处理数字信号，而传感器终端采集到的信号是模拟信号，就需要传感器把模拟信号转换成数字信号，以供计算机处理。

（2）RFID 标签。RFID 标签是一种传感器技术，RFID 技术是融合了无线射频技术和嵌入式技术为一体的综合技术，RFID 在自动识别、物品物流管理等领域有着广阔的应用前景。

（3）嵌入式系统。嵌入式系统是集计算机软硬件、传感器技术、集成电路技术和电子应用技术于一体的复杂技术。经过几十年的演变，以嵌入式统为特征的智能终端产品随处可见，小到人们身边的数码产品，大到航天航空的卫星系统。嵌入式系统正改变着人们的生活，推动着工业生产以及国防工业的发展，如果把物联网用人体做一个简单比喻，传感器是人类的眼睛、鼻子、皮肤等，网络是用来传递信息的神经系统，而嵌入式系统则充当大脑的作用，在接收到信息后对其进行分类处理。这个比喻形象地描述了传感器和嵌入式系统在物联网中的位置与作用。在物联网中，一般采用后台计算能力强大的云计算中心来代替嵌入式系统实现大数据的统一分析处理，从而形成云—网—端三层物联网体系结构。

物联网应用领域十分广泛，遍及智能交通、环境保护、政府工作、平安家居、公共安全、智能消防、环境监测、工业监测、路灯照明管控、广场照明管控、景观照明管控、楼宇照明管控、个人健康、老人护理、水系监测、食品溯源、花卉栽培、敌情侦查和情报搜集等多个领域。

物联网把新一代信息技术充分运用在各行各业之中，通过把感应器嵌入或安装到电网、铁路、供水系统、桥梁、隧道、公路、建筑、大坝、油气管道等各种物体中，并与现有互联网整合，实现人类社会与物理系统的整合，在这个融合网络中，存在能力超级强大的中心计算机群，能够对人员、机器、设备和基础设施等进行实时管理和控制，在此基础上，人类能够通过采用更加精细、动态的方式来管理生产和生活，达到“智慧”状态，提高资源利用率和生产力水平，改善人与自然界的关系。

作为物联网技术的一大表征，快速增长的嵌入式传感器和连接设备在家庭、企业，以及在世界的各个角落中存在无限的可能性。将这些可能性转化为业务影响则需要关注事物整合，即通过数据收集、安全验证、数据分析和集成平台将一些细微的事物进行整合，使这些互不关联的事物无缝集成、良好工作。联动计算具有传感和预行动的能力，能够真实反映实际的业务情况。实现该功能必须具备以下几个条件：

（1）能够根据优先级整合来自全球不同供应商提供的多种类型设备的数据流和技术。

（2）能够分析和管理一些物理对象和低级别事件，从而检测信号和预测可能产生的影响。

（3）能够编译上述信号和对象用以满足复杂事件或端到端的业务流程。

（4）能够对整个系统的设备、连接性和信息交换进行保护和检测。当联动计算的收集能力达到一定程度时，利用设备和信号的功能收集数据来提升物联网水平实现业务流程和模式改造。

从技术上看，通过传感技术、识别技术和通信技术能够使物联网感知物理世界获取信息并实现物体控制。其中，传感技术可以将物理量、化学量等物理世界中的变量转化成可供处理的数字信号；识别技术用于获取物体标识和相关位置信息；通信技术用于实现数据信息和控制信息的双向传递、路由和控制，重点包括低速近距离无线通信技术、自组织通信、低功耗路由、IP 承载技术、异构网络融合接入技术以及认知无线电技术等。

从应用上看，物联网通过融合大数据、云计算、人工智能等新技术，使得物联网具备了更加智能、开放、安全、高效的内涵。通过综合运用边缘计算、云计算、人工智能和模糊计算等技术，可以对收集的感知数据，如数据存储、数据挖掘、并行计算、平台服务、信息呈现等进行通用的处理。

7.5.3 基本定义及发展

1998 年，麻省理工学院的 Kevin Ashton 首次提出物联网的概念，指出将射频识别技术和其他传感器技术应用到日常物品中构造一个物联网。2010 年，通过结合物联网的概念，中国电力科学研究院的汪洋等人从电力行业的角度给出了对物联网的理解：物联网是一个实现电网基础设施、人员及所在环境识别、感知、互联与控制的网络系统。其实质是实现各种信息传感设备与通信信息资源（互联网、电信网甚至电力通信专网）的结合，从而形成具有自我标识、动态感知、按需融合、实时交互和智能处理、安全经济物理实体。实体之间的协同和互动，使得有关物体相互感知、高度协同和反馈控制，形成一个更加智能的电力生产、生活体系。武汉大学李勋等人发表论文《物联网在电力系统的应用展望》，以智能电网和数字电网为框架，通过结合物联网概念及 RFID 等无线自动识别技术，介绍了电力物联网的内涵：电力系统各种电气设备之间，以及设备与人员之间通过各种信息传感设备或分布式识读器，如 RFID 装置、红外感应器、全球定位系统、激光扫描等种种装置，结合已有的网络技术、数据库技术、中间件技术等，形成一个巨大的智能网络。

上述学者都强调了电力物联网的建设将全面提升电网系统整体的设备智能化水平。物联网通过为电网智能赋能，使其从传统电网向智能电网转变，进而主动应对故障、智能管理，打通发、输、变、配、用五大环节的信息沟通和互动交流的壁垒，实现信息实时共享，促进各环节高度协同，提升电网智能化水平。

国家电网公司也全力推进电力物联网高质量发展，强化顶层设计，明确了电力物联网的总体架构、重点领域和部分技术规范，深化理论和技术体系研究，因地制宜开展试点示范，加快出台关键标准和业务规范，着力构建与智能电网同步建设、覆盖供电范围的全景全息电力物联网。同时，国家电网公司也提出了针对电力物联网的工作目标，即打造全业务电力物联网，建设智慧企业，引领具有卓越竞争力的世界一流能源互联网企业建设，同时，提出建设国家电网电力物联网的技术规划。通过将大数据、云计算、物联网、移动互联、人工智能（“大云物移智”）等现代信息通信技术与新一代电力系统深度融合，实现对能源电力生产和消费的各环节进行实时在线连接，全面承载并贯通电网生产运行、企业经营管理和对外客户服务等业务。国家电网公司将电力物联网系统从技术上划分为终端、网络、平台、运维、安全五大体系，打通输、变、配、用以及经营管理五大业务场景，其中平台层具备对全景设备和数据的管控能力，网络层具备无处不在、无时不有的通信能力，终端层具备万物互联的连接能力。通过统一的物联网平台来接入各业务板块的智能设备，制定电力终端接入系统的统一信道、数据模型以及接入方式，实现设备的即插即用。

建设电力物联网是社会和科技发展的必然。电力物联网作为物联网在电力行业的具体应用，是与电力系统相关的设备及人员之间的信息连接和交互。通过将电网企业及设备、发电企业及设备、供应商及其设备、电力用户及设备、科研单位等人和物连接起来，产生数据共享，为电网、发电、设备供应商、用户、科研单位等提供服务。以电网为枢纽，发挥平台和共享平台的作用，为电力行业的发展和更多的市场主体发展提供价值服务。通过应用“大、云、物、移、智”等智能技术和信息技术，汇集各方面数据信息资源，为规划建设、生产经营管理、综合服务、新业务新模式发展、企业生态环境建设等提供充足有效的信息和数据支撑。电力物联网的持续建设将有助于能源生态系统的建设和提升以及产业结构和技术创新升级，为建设先进的现代化智能电网和世界一流的能源供应体系提供支撑，进一步实现绿色发展。

7.5.4　系统架构

电力物联网网络层次架构如图 7－29 所示，主要包括感知层、网络层和应用层，具体如下所述。

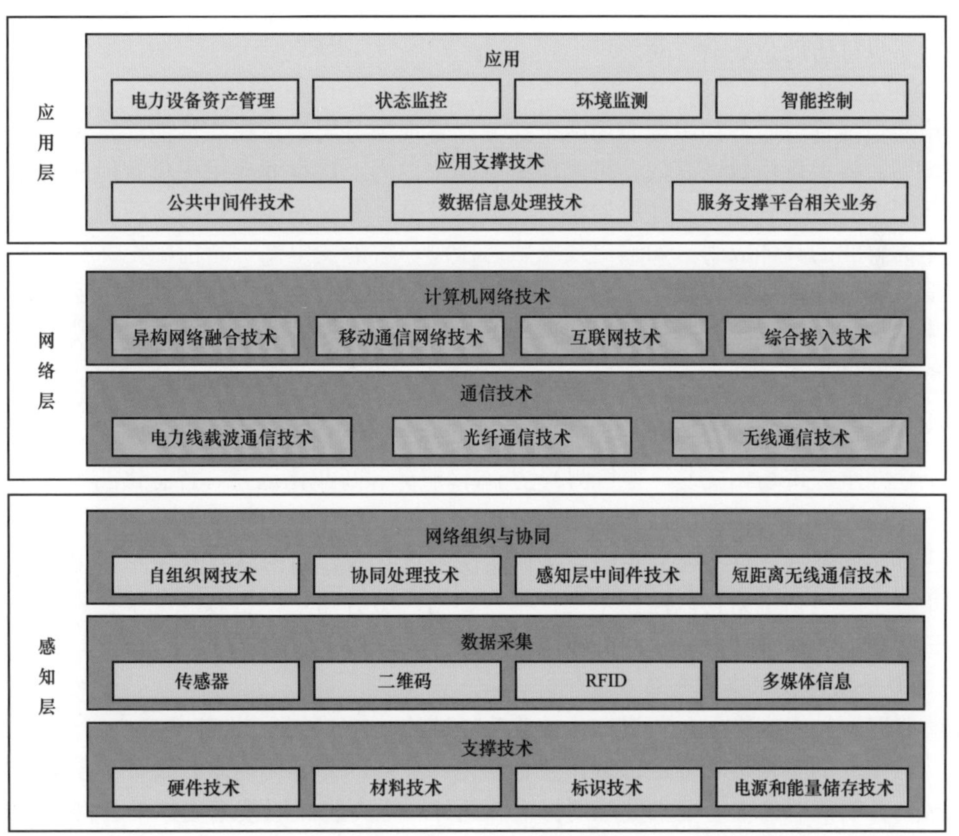

图 7－29　电力物联网架构图

1. 感知层

电力物联网感知层主要解决智能电网各个环节的数据获取问题，包括各类物理量、标识、音频、视频数据。感知层处于三层架构的最底层，是电力物联网发展和应用的基础，具有全面感知的核心能力。感知层一般包括数据采集和数据短距离传输两部分，即首先通过传感器、摄像头等设备采集外部物理世界的数据，通过蓝牙、红外、ZigBee、现场总线等短距离有线或无线传输技术进行协同工作或者传递数据到网关设备。也可以只有数据的短距离传输这一部分，特别是在仅传递物品识别码的情况下。

2. 网络层

网络层的主要功能为将感知层数据接入通信网络，供上层服务使用。主要技术有互联网技术、移动通信技术（4G、5G 等）、WiMAX、WiFi 等。该层主要把感知层感知到的数据无障碍、高可靠、高安全地进行传送，它解决的是感知层所获得的数据在一定范围内，尤其是远距离地传输问题，实现信息的传递、路由和控制，包括核心网与接入网。核心网以电力骨干光纤网为主，辅以电力线载波通信网、数字微波网，接入网以电力光纤接入网、电力线载波、无线数字通信系统为主要手段，电力宽带通信网为电力物联网的应用提供了一个高速宽带的双向通信网络平台。在智能电网应用中，鉴于对数据安全、传输可靠性及实时性的严格要求，电力物联网的信息传递、汇聚与控制主要依托电力通信网实现，在不具备条件或某些特殊条件下也可借助公众电信网。

3. 应用层

应用层包括管理服务和综合应用两个部分。管理服务层是指在高性能计算和海量存储技术的支撑下，将大规模数据高效、可靠地组织起来，为上层行业应用提供智能的支撑平台。管理服务层主要技术有云计算、机器学习、数据挖掘、专家系统等。综合应用层主要是指物联网在电力行业的具体应用，如输电线路状态监测、智能变电站、智能配电、智能用电、资产管理等，呈现多样化、规模化、行业化等特点。应用层通过采用智能计算、模式识别等技术实现电网信息的综合分析和处理，实现智能化的决策、控制和服务，从而提升电网各个应用环节的智能化水平。

7.5.5 支撑平台

电网企业承接市场化交易（零售侧）、生态化服务、商业化运营、智慧化能源四大类业务需求，为推动现有各类资源的共享应用，打造“六位一体”电力物联网业务支撑平台，拉动上下游主体共同发展，重塑能源生态，进而实现多方共赢。如图 7－30 所示，电力物联网业务支撑平台主要包括电力物联网技术支撑平台、用户服务门户、生态服务平台、电力零售交易平台、智慧能源运营管控平台及商业运营平台，具体如下所述。

1. 电力物联网技术支撑平台

电力物联网技术支撑平台负责细化各业务领域的功能、数据、性能与安全需求，按照“云—管—边—端”的架构进行分层部署，整合各电网业务的差异化需求，设计各层的软硬件产品及功能，并明确总体安全要求及应用标准。此外，电力物联网技术支撑平台将为内外部 IT 开发者和用户提供开发环境与 API 接口支持，支持产品与应用的快速迭代，并进一步构建电力物联网技术生态。其“云—管—边—端”四层部署如下所述。

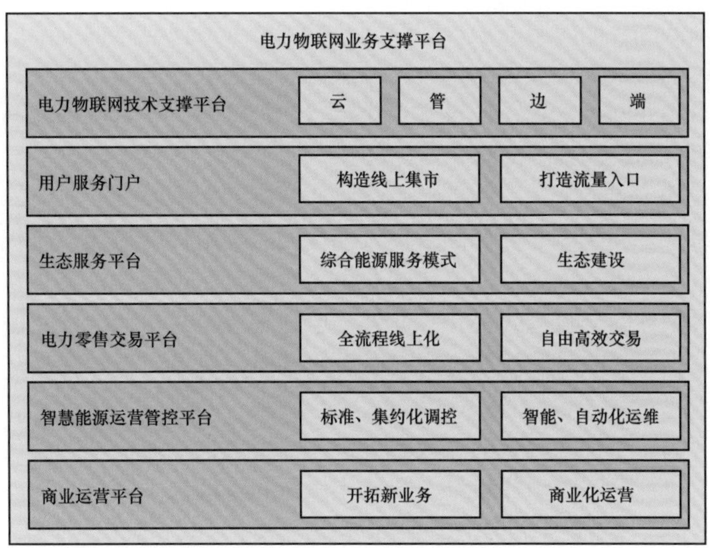

图 7－30　电力物联网业务支撑平台功能架构图

（1）云。通过设计面向数据贯通、信息融合的标准数据模型，构建云端平台。该平台集成多类型开发工具及标准化共享服务组件，提供强大的离线与在线数据存储、处理、计算、分析与查询能力，支撑敏捷的应用产品开发与配置实施，实现对数据的快速分析、挖掘与展示。同时，该平台能够规范 API 接口，支撑数据面上下游的开放共享。

（2）管。通过软件定义网络架构实现 4G、5G、宽带、光纤、电力线等多种通信方式融合的网络资源综合管理与灵活调度，研究并制定电力物联网上下行通信标准协议，满足不同频度及规模的数据边缘侧与云端采集传输需求。

（3）边。研制边缘侧电力物联网设备，将传统的电力系统升级为能够支持多种类型传感器、智能设备或其他站端系统接入的电力物联网业务支撑平台，能够对数据进行处理并上传云端。此外，针对时延要求高的业务场景，电力物联网技术支撑平台利用人工智能、云边协同等新兴技术，实现电力物联网业务的智能决策与自动控制。

（4）端。综合考虑各类数据采集需求，研究覆盖全面、成本低廉的终端监测及传感设备，实现多种数据项的标准化、集约化采集，根据业务需要进行变频上传，并支持终端设备的快速部署与扩展。

2. 用户服务门户

用户服务门户综合电网企业内部生产、调度、运行和管理信息以及用户侧能源数据，以轻资产模式实现海量用户的接入与高频点击，创新用户接入应用场景，构造能源用户“线上集市”，为综合能源服务提供用户流量入口。此外，平台企业需要跟接入平台的用户企业发展关系，形成黏性，以此支撑电网公司商业网络的构建，提升用户服务门户的价值潜力。

3. 生态服务平台

（1）综合能源服务模式。梳理综合能源服务目录，研究综合能源服务线上商机挖掘模型，实现平台化的商机挖掘、合同签订、落地实施、结算支付与效果评价，进而达成综合能源服务模式的闭环，降低综合能源服务项目的前期开发、商务洽谈与建设实施成本。

（2）生态建设。引入多种类型的综合能源服务厂商进驻平台，形成连接用户与厂商的商业网络；并以电力物联网为支撑，通过平台化运行，持续扩大平台上的交易流水金额，构建对生态伙伴线下服务的统一线上支撑系统。

4. 电力零售交易平台

电力零售交易平台利用电子商务高效性、便捷性、集成性等特点，依托即时通信工具、电子签名等先进技术手段，以虚拟网络店铺和电力零售套餐为载体，实现从注册、套餐浏览到下单，再到售后服务的全流程线上化。此外，电力零售交易平台能够克服线下交易信息不对称、交易成本高、信任缺乏等问题，实现电力的自由、简单、高效交易。

5. 智慧能源运营管控平台

智慧能源运营管控平台通过云端大数据分析，应用现代化通信及智能化软、硬件技术，帮助用户实现透明化管理、自动化运维、智能化诊断和辅助决策等核心功能，以标准、集约化调控支撑经济供能，以智能、自动化运维保障服务水平，减少发电量损失，降低运维费用。

6. 商业运营平台

（1）找准生态合作伙伴及终端用户的需要，探索创新综合能源服务项目实施所需的投资、信用、保险、培训服务形成与生态合作伙伴的有效互补。

（2）在生态构建的基础上，发挥企业自身优势，布局能源发展关键领域，大力开拓电动汽车、电子商务、储能、物联网平台服务等新型业务，促进新业务与电网业务的协同发展。

（3）利用平台支撑电网公司数据、技术、渠道、客户等各类资源的开放共享，探索利用变电站资源建设运营充换电（储能）站和数据中心站的新模式，积极推动公司通信光纤网络、无线专网和电力杆塔商业化运营。

7.5.6 典型应用

2018 年，ComED 公司完成了伊利诺伊州 380 万客户的智能电能表安装。这项工作的总耗资 26 亿美元，其主要目标是提高运作效率，并为客户提供相应的信息工具，使其能更好地管理能源消耗和成本。该公司拥有先进的计量基础设施，新电能表将会减少电力盗窃和在故障电能表上的电力消耗，减少预估电费的账单，并减少人工抄表所花费的时间和精力，众多的运营效率和效益不断涌现。同时，智能电网的作用也将提高 ComED 公司维持其整体基础设施的能力，实时可视性变压器、馈线、仪表将有助于公司检测、隔离，并更有效地解决维修故障。其他智能电网组件将提高现场服务的技术人员、操作任务，甚至客户之间的沟通。

2019 年，某电力公司正式在该地区医院落地电力物联网融合综合能源服务项目试点应用，就光伏、储能、供配电、空调、照明、冷热源、电梯、给排水、消防和安防等系统实施电力物联网融合综合能源一体化智慧服务。

某综合能源服务有限公司基于电网+移动互联+人工智能的先进信息通信技术，将医院空调、照明、冷热源、电梯等 15 个用能系统互联互通，对楼宇各功能板块做到互联网统一管控，集中到智慧能源综合管理平台上，实现后台联控，打破数据孤岛，为医院节能降耗实施托管服务。例如，空调智能管理，通过互联网技术的应用，可以采用数据分析，合理的判断和预测能耗，并通过机房群控、算法控制等技术手段达到节能降耗的目标，通过末端感知和后台智能控制，使系统运行更加可靠。各系统运行分析数据既可以上传云端，也可以通过医院管理后台和该县供电公司综合能源服务中心二级后台，推送给相关管理人员，实行两级管理预警，促进经济安全运行。

7.6　业务网

7.6.1　概述

业务网包括综合数据网、调度电话交换网、行政电话交换网、会议电视网、应急指挥通信系统等。

“十一五”以来，会议电视系统、调度电话交换网、数据通信网的覆盖能力大幅提升、通信容量不断扩充，在行政管理、生产调度、信息化等方面可充分满足由于差异化通信业务种类激增带来的电力企业管理与电网生产建设需求。

在行政电话交换网方面，随着智能电网建设的不断深入，各种语音、数据、多媒体综合业务需求的不断增加，为电力交换网的发展提出新的要求，从 2014 年开始，电网企业确定行政交换网演进采用 IMS 技术体制，并编制下发 IMS 总体设计及迁移演进方案、承载网建设方案、接入网建设方案等技术指导文件，制定 IMS 总体技术要求、互联互通等技术标准。

在电视会议方面，电网企业建成“两层组网、四级汇接、五级互联”的会议电视系统。会议电视系统技术体制主要基于 ITU－TH.320 和 H.323 协议标准。视频通信技术除应用于电视电话会议和网络视频会议之外，在变电站综合监视等领域也得到广泛应用，网省公司启动了输电线路视频监控系统试点建设。

在数据通信网方面，电网企业综合数据通信网为公司信息化、调度管理系统、通信管理系统等提供承载平台，技术体制以 IP 为主，网络结构进一步完善，覆盖能力进一步提升。数据通信骨干网在 2003 年开始建设，为支撑当前及未来各级业务应用的承载需求，增强数据通信网络的优质服务水平，推动信息化新技术和新业务的部署和落地，于 2012 年开展了数据通信骨干网的技术改造工作。目前，数据通信骨干网利用 OTN 光传输网，以 10GE 链路为主，覆盖高速数据通信骨干网络平台，实现了核心区域网状连接、各区域内双星型上联的网络架构。

电网企业数据通信网整体效能的发挥有赖于全网一体化的网络架构与运维管理，以往主要采用各省分散建设、分级运维的管理模式，各级单位之间在网络技术体制、层次结构、配置标准、运行策略、协议参数、设备类型、维护模式等方面均存在明显差异。如果仅将数据通信网改造的范围停留在骨干网，一方面，骨干网与各省数据网络难以形成全程全网的合力，数据通信网的整体效能无法得到实质提升；另一方面，网络分层分段的管理模式下，协调环节多，不利于端到端的业务保障与应急联动，也不利于一级业务的集中部署与新技术应用的快速上线。因此，电网企业将在数据通信骨干网建设的基础上，结合当前及未来业务发展与网络演进的实际需求，按照统一的标准和规范，对通信网开展优化整合工作，实现数据通信骨干网向省级及以下数据网络的技术标准延伸和网络架构延伸。

7.6.2 数据通信网

1. 背景

随着电力系统趋于全面信息化，建设电力数据通信网成为电力系统信息化建设的重要组成部分。利用现有的通信网络，各省电力公司可以建设一个覆盖省公司和全省各地区供电公司及省属直调厂站的数据网络，实现全省电力系统生产管理信息资源的共享，有效支持电网生产、用户营销、企业自动化办公等业务，推动智能电网的发展。

电力数据通信网为各省电力公司生产管理提供服务，主要承载语音、视频、数据等各类业务，业务种类主要包括电力调度 MIS、省公司 MIS、各地区电力公司网站发布系统等。电力数据通信网是基于 IP 技术构建的多协议标签交换（Multi-Protocol Label Switching，MPLS）数据通信网，包括数据通信骨干网和省级及以下数据通信网络，由路由器、交换机、防火墙等数据网设备构成。同时，由于电力行业对安全和可靠有极高的要求，电力数据通信网应具有电信级水平，为各省电力公司的战略实施和信息化建设奠定基础。

2. 组网架构

数据通信网架构如图 7−31 所示，分为核心层、汇聚层、接入层、骨干层。在实际网络建设工作中，应根据网络运行管理的总体要求和业务发展的实际情况设置网络层级，可将汇聚层节点与核心层节点整合设置，但应确保有独立的接入层负责提供接入端口、消除用户本地网络的技术体制与标准差异。

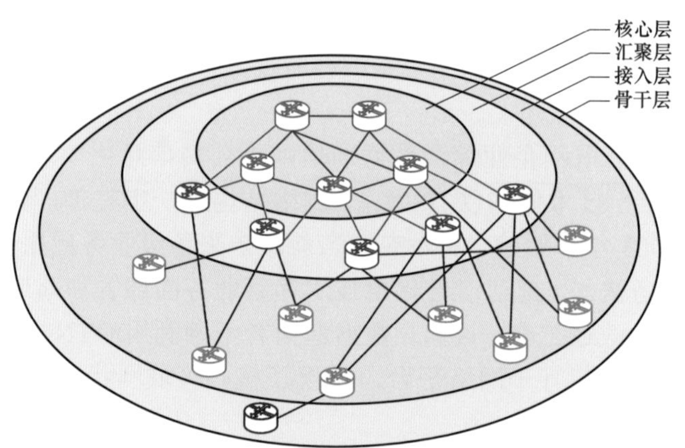

图 7−31　数据通信网络架构示意图

核心层网络由传输网络与核心路由交换设备构成，负责进行数据的快速转发以及路由表的维护，实现与 IP 广域骨干网的互联。传输网络一般采用高容量的传输设备，负责完成数据的传送；核心路由交换设备负责建立和管理承载连接。

汇聚层是连接接入层和核心层的网络设备，为接入层提供数据的汇聚、传输、管理及分发处理。通过网段划分与网络隔离可以防止某些网段的问题蔓延至核心层，汇聚层同时也可以提供接入层与虚拟网之间的互连、控制和限制接入层对核心层的访问，进而保证核心层的安全和稳定。

接入层指网络中直接面向用户连接或访问的部分，利用光纤、双绞线、同轴电缆、无线接入技术等传输介质，实现与用户连接并进行业务和带宽的分配，其交换机具有低成本、高端口密度特性。

7.6.3　IMS 行政电话系统

1. 背景

2015 年电网企业启动 IMS 行政交换网建设工作，到 2017 年底完成 IMS 核心网建设，行政交换网终端用户开始逐步向 IMS 行政交换网迁移，到“十三五”末，IMS 行政交换网将全面覆盖省公司及所辖市县公司、直属单位。目前核心网承建厂商为华为、中兴，接入设备及 SIP 终端厂商较多，主要厂商包括华为、中兴、哈里斯、平治东方、亿联等。原有电路行政交换网采用分散式组网建设模式，由各级交换网节点归属省、市、县各单位负责运维管理。而 IMS 行政交换网采用省公司扁平化集中组网建设模式，其核心设备在省公司集中部署，市县公司及直属单位仅需部署接入设备和终端设备。目前，IMS 交换网能够开展传统的基础业务、增值业务、统一通信业务等，但电网业务尤其是智能调度业务、移动业务、办公桌面智能化等应用仍没有开展，没有与其他系统进行业务融合。

行政交换网组网模式的变化导致运维业务集中上移，省公司层面运维压力剧增。目前各省公司依靠设备厂商自带的网管系统，日常运维工作主要为业务发放、接入设备管理。

2. 系统架构

IMS 技术标准由 3GPP 标准在 2005 年 R5 版本中正式提出，是一种通过 IP 网络提供多媒体业务的通用网络架构，采用 IP 交换技术实现音视频业务。从交换技术发展过程来看，IMS 技术是由电路交换及软交换技术演进和发展而来的，是在软交换控制与承载分离的基础上，进一步实现了业务与控制的分离，不仅实现了电话业务的 IP 化交换，同时其分层技术体系和开发性架构，具备更好的新业务拓展能力，为此，国内三大运营商电话核心网早在 10 年前开始采用 IMS 技术体制，其技术架构如图 7-32 所示。

IMS 交换网由综合数据网承载，包括 IMS 核心网和接入网。其中，IMS 核心网划分独立 IMS 虚拟专网（Virtual Private Network，VPN），IMS 接入网复用信息 VPN 或者新建 IMS VPN。整个网络架构采用 IP 化、扁平化组网方式，在总部及各省公司建设 IMS 核心网，各分部及直属单位接入所在省份的 IMS 核心网。各地市公司、省直属单位部署 IMS 交换网 AG、IAD、IP PBX 等接入设备并接入至本省核心网。总部、分部、直属单位及各级单位本部就近接入至所在地核心网，其中总部、在京直属单位接入至总部核心网，总体架构如图 7-33 所示。

7.6.4　视频会议系统

1. 背景

视频会议系统是一种提供以音视频交互为主的多媒体通信系统，该系统采用图像、语音压缩技术，利用传输电路，实现两点或多点间图像和语音的实时双向传送。视频会议系统主要包含行政会议视频系统、应急会议视频系统及一体化会议视频系统，可大致分为软视频会议系统与硬视频会议系统。

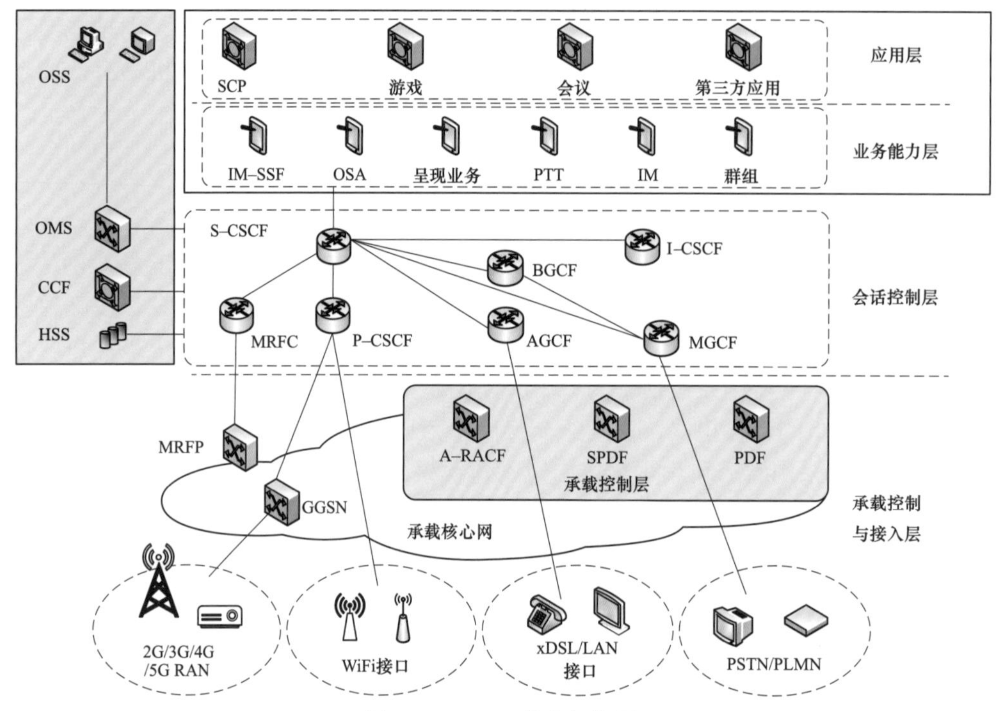

图 7－32　IMS 技术架构图

OSS—运营支撑系统；BGCF—出口网关控制功能；S－CSCF—服务呼叫会话控制功能；OMS—订单管理系统；P－CSCF—代理呼叫会话控制功能；AGCF—接入网关控制器；HSS—归属签约用户服务器；I－CSCF—查询呼叫会话控制功能；MGCF—媒体网关控制功能；SCP—业务控制点；PTT—随按即说；MRFP—多媒体资源处理器；IM－SSF—IMS 的业务交换功能实体；PLMN—公共陆地移动网；GGSN—网关 GSN；MRFC—多媒体资源控制器；PSTN—公众交换电话网；A－RACF—接入资源接纳控制功能；SPDF—基于业务的策略决策功能；PDF—策略决策功能；xDSL—数字用户线路；OSA—开放业务平台；LAN—局域网

软视频会议系统基于通用平台，可以根据不同的需求进行个性化设计与定制，对于信息数据的接收、传输与处理能力较强，具备系统扩展能力强、互通融合能力强等优点，可通过软件升级的方式进行快速便捷的开发与升级。但软视频会议系统存在画质差、故障点多、安全性差等缺陷，在实际应用中仅适合小规模/标清化会议。

硬视频会议系统基于专用平台采用一体化设计，具备专用平台安全性高、稳定性好等优势，能够实现高清会议、大型会议的最佳效果，是电力各单位、部门会议室的专用会议系统。但硬视频会议系统存在架构费用高、移动性差、互通能力差、升级开发难度大等缺陷，与软视频会议系统的结合将有效解决上述技术缺陷。

视频会议系统主要应用于行政会议、应急处置、调度会商、物资评标、远程评审、远程培训等方面业务。目前，行政会议电视系统已覆盖各层级及部分直属单位，联网会场超过 2000 个。行政会议电视系统分为骨干网和省内网 2 层。骨干网始建于 1999 年，于 2011 年进行了高清化改造，由总部统一建设，覆盖总部、分部、省公司，具备双平台保障。省内网由各省公司自行建设完成，涵盖所辖的省、地、县各级单位。两套系统通过模拟转接方式在省公司会场互通。

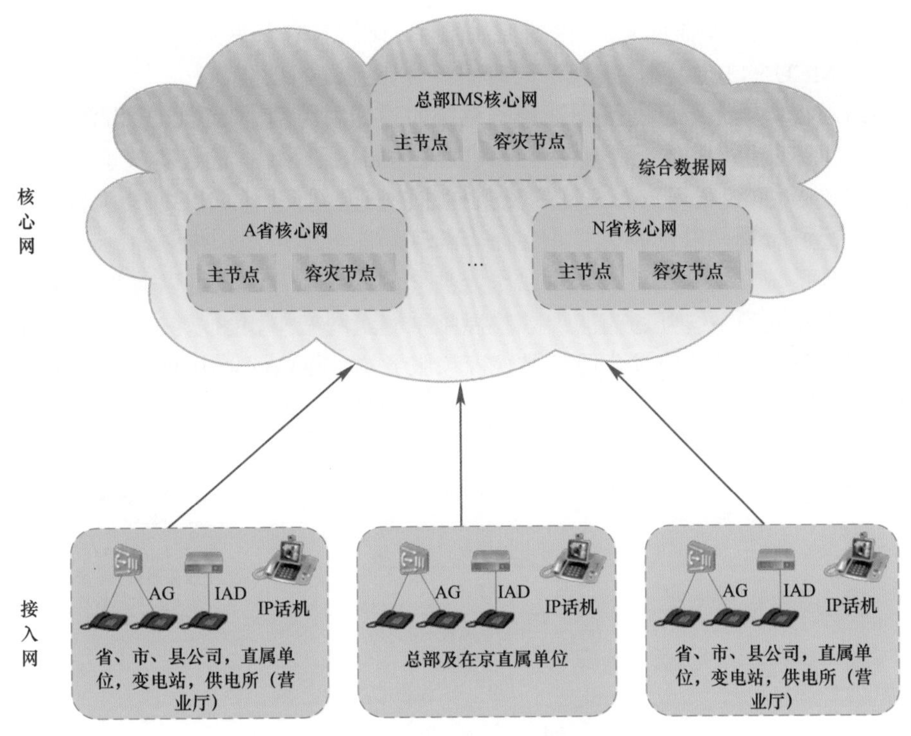

图 7-33　IMS 总体架构图

AG—接入网关；IAD—综合接入设备；IMS—IP 多媒体子系统

2. 系统架构

视频会议系统架构由会议电视网络平台、会议电视终端设备和会议管理系统三个部分组成。

会议电视平台部分是整个系统的核心，由专线硬视频、网络硬视频和软视频三个子系统组成，三个子系统既独立运行又有效互通。在保证行政会议安全可靠的前提下，满足了同时召开多层级多组专业会商型会议的用户需求。

会议电视终端部分主要依据会议室数量和会议平台对入网终端设备的技术要求，配置各级单位的会议电视终端，实现全程全网不同场景应用会场的整体覆盖。

会议管理系统部分是采用设备接口适配等一系列技术实现对新建和现网会议电视资源的统一管理和调配，实现会前预约、自动启会、会中控制和会后资源释放等会议电视业务的全流程一体化管理。网络平台中的专线硬视频主要用于重要行政会议的召开，系统可靠性高；网络硬视频主要用于常规业务会商型会议，可同时召开多组会议，组会方式灵活，会控操作简便，参会者可自助控会；软视频主要采用办公电脑桌面应用方式，应用对象为员工或者供电所等基层单位。三个子系统可实现互联互通和系统应用。

（1）专线硬视频子系统。专线硬视频子系统由行政会议电视平台的专线组网方式改造而成。专线硬视频子系统保留了主从 MCU 两级组网方式和基于 H.323 组网协议的技术体制，通过增加单台 MCU 设备板卡实现了会议端口的扩容和业务处理能力的提升。通道组织在维持现有专线通道可靠性基础上，采用 IP 方式扩展了两级 MCU 级联通道及各单位的接入通道，同时扩容两级 MCU 的 IP 组网，实现了同时召开 3 组会议的功能。

（2）网络硬视频子系统。网络硬视频子系统的设计采用基于 MCU 资源池技术原理，强调对 MCU 端口资源进行整体设计规划，最大限度地弱化了 MCU 的设备概念。在总部及每个省公司分别配置 MCU，采用分布式部署方式构建覆盖全网使用的 MCU 资源池，MCU 按照承载网架构、通道质量，以及 MCU 端口余量等要素划分为多个区域。

（3）软视频系统。软视频系统既可以作为独立的系统运行，也可以作为硬视频系统的延伸，具备与网络硬视频系统互通的能力。软视频系统组网架构如图 7－34 所示，系统采用分布式部署方式，在总部及其他省公司部署软视频服务器，除总部采用 1+1 热备份方式外，其他单位均为单台服务器配置。

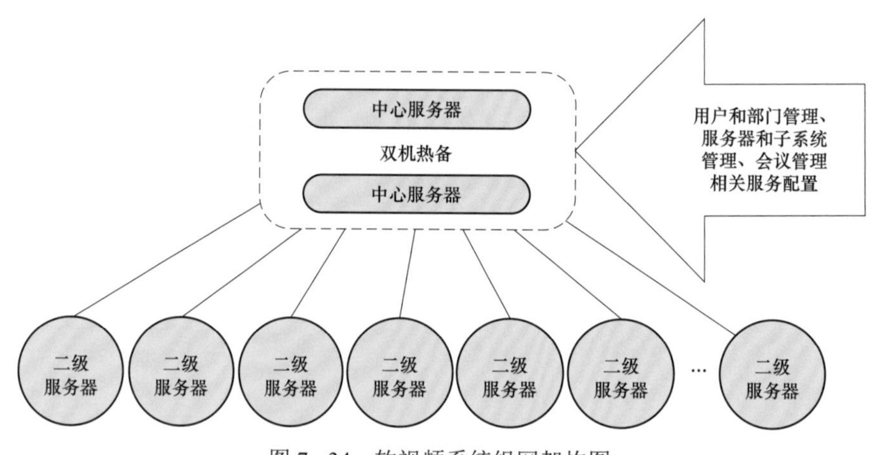

图 7－34　软视频系统组网架构图

（4）会议电视终端设备。作为会场接入的会议电视终端设备，按照不同系统的功能需求设置为分体式会议电视终端和一体式会议电视终端两种类型。应用分体式会议电视终端的会场需具备完善的外围音视频设备，主要为大型会议室会场，一般由专业维护人员进行操作；一体式会议电视终端自身包含一体式的音视频外围设备，放置于会场不大，不要求具备外围音视频设备的小型会商室，具备由稍加培训的一般使用者自助召开会议的能力。

3. 关键技术

目前会议电视系统主要技术协议体系包括 ITUT－T 的 H.32X 系统标准和 IETF 的 SIP 系统标准，主要以 H.323 协议框架为主。会议电视系统以前的组网方式无论基于 H.320，还是基于 H.323，均为 MCU 主从架构，不能实现 MCU 设备之间的资源共享和互备。MCU 资源池模式是对传统会议电视组网方式的革新，它是基于 IP 网络和统一管理系统实现资源共享的组网模式。MCU 资源池技术通过一套专业网管系统集中管控多台 MCU 的端口资源，实现统一调配和备份。此种技术有效地解决了 MCU 资源的利用率不高及会议可靠性不高的问题，满足了用户同时召开多组会议和会议自动召开的需求。

（1）MCU 资源池技术。MCU 资源池技术的核心是资源的计算、调度和备份策略，在采用分布式方式构建 MCU 资源池后，会议的召开及 MCU 资源的调用是由管理系统自动完成的，管理系统需要实时进行 MCU 容量计算。视频会议系统中，总部 MCU 资源优先用于总部、分部、直属单位召开会议，并具备所有省公司本部同时接入的能力；省公司 MCU 资源优先用于省、地、县公司的会议需求。在某省 MCU 资源不足时，该 MCU 依据资源池的调度策略先在同区域内使用备用端口资源，如无法满足需求，再去路由最近区域查找端口资源。

（2）MCU 资源调度策略。MCU 资源调度策略需依据 MCU 资源调度的基本原则、主会场设置原则、不同会议规模下的终端接入方式，以及 MCU 资源拆分等。整体调度策略为：① 总部 MCU 资源优先满足总部、分部和直属单位会议需求，省公司 MCU 资源优先满足省间及省内会议需求，当本省资源不足时，先调度区域内其他 MCU 资源，当所属区域内 MCU 均出现资源不足的情况时，调度总部 MCU 资源；② 总部会场的会议优先设置总部为主会场，在多个省公司及会场参与的会议模式下，管理系统自动设置主会场所属的 MCU 为主用 MCU；③ 由总部召集的会议，总部、分部、直属单位会场直接接入总部资源池。

（3）会议管理平台。会议管理平台主要实现对会议和设备的统一管理，实现 MCU 资源的统一调度与备份。通过与协同办公系统的衔接，实现会议申请审批的自动化。同时作为运维服务的会议保障工作平台，实现各种会议控制、会议统计和告警功能。各级单位的相关人员通过统一登录门户的方式预约、查询和管理会议，并通过系统互通实现会议室资源的预约管理。

（4）通道组织技术。通道组织技术主要针对用于会议电视系统信号的承载，依托于现有的通信网络资源，完成专线硬视频系统通道组织、网络硬视频系统通道组织和软视频系统通道组织。① 专线硬视频系统通道组织：专线硬视频系统采用专用带宽及专线方式，充分保证带宽质量，并在保留现有专线通道继续使用的基础上，采用专线+路由器方式新增多组会议通道。② 网络硬视频系统通道组织：网络硬视频系统需要通道组织能够实现端到端的全互联，并具备较高的通道质量，满足资源调度备份的跨省带宽资源需求。③ 软视频系统通道组织：为便于桌面终端用户加入软视频会议，考虑到综合数据网信息 VPN 已全网贯通，软视频系统通道组织依托数据通信网实现。

7.6.5　典型应用

1. IMS 平台部署典型方案

在电力企业总部新建或利用现有 IMS 核心网，集中部署建设统一通信、MMTel、会议等业务应用服务器（Application Server，AS）及业务能力开放服务器，为用户提供统一通信数据类业务、通话业务和融合会议等应用能力，并以 OSA 方式为其他信息系统提供通信能力调用接口，其特点是统一通信，MMTel、会议及能力开放平台等业务平台均集中部署，如图 7-35 所示。此外，采用媒体流量下沉以减少无效流量，会议 MCU 媒体设备可分别在总部、各省公司两级部署。为满足统一通信整合会议控制功能，统一通信与会议 AS 宜采用同一厂商设备。

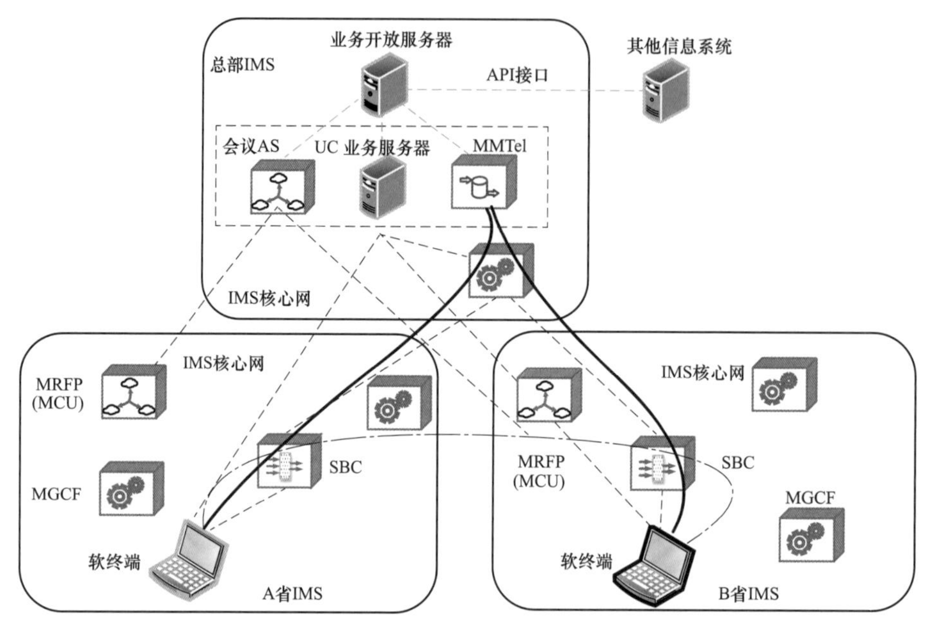

图 7–35　业务平台部署网络架构图

——信令流；MRFP—多媒体资源处理器；MCU—微控制单元；–·–·–媒体流；MGCF—媒体网关控制功能；SBC—会谈边界控制器；AS—应用服务器；MMTel—多媒体电话业务；IMS—IP 多媒体子系统技术

电网企业各单位的硬终端用户仍注册到所属省公司的 IMS 核心网，软终端用户则不注册于当地 IMS 核心网，而是采用双注册模式，分别注册到总部 IMS 核心网和统一通信服务器，由总部集中部署业务网元统一对软终端进行放号和提供服务，软终端用户需要规划一个独立的域名。各省公司软终端用户通过 TCP 协议向总部统一通信服务器完成数据业务的鉴权并进行信息交互，不依赖 IMS 核心网提供业务；具有通话业务权限的软终端同时通过 SIP 协议由所在地 IMS 核心网的 SBC/P–CSCF 设备通过 Transit–CSCF 方式向总部 IMS 核心网完成多媒体业务的注册，满足统一通信用户音视频通话业务需求，其媒体流仅在主被叫 SBC 之间交互。通过双注册方式满足统一通信各类音频、视频和数据业务的需求。

此外，融合会议业务由总部会议 AS 提供，MCU 虽部署在各省，但仍受总部 IMS 的会议 AS 控制，媒体流仅在 MCU 和参会终端（包括软终端、SIP 视频话机或专业会议终端及其他 POTS 语音终端）之间交互。数据类业务主要是面向软终端用户，由于该类型业务未采用 SIP 协议，硬终端与软终端无法实现数据业务的互通。

2. 电力视频会议系统部署典型案例

某省电力视频会议系统网络架构如图 7–36 所示，采用树状结构并配备二级 MCU 部署，省公司端行政、应急主备会议终端、两台一体化会议终端和主、备 MCU 分别汇聚至专线三层核心交换机和数据网三层核心交换机。一体化双联至数据网和专网 2 台三层核心交换机，形成冗余链路。数据网三层核心交换机和专线三层核心交换机互联后向上分别与视频 CE1、视频 CE2 互联，接入会视通系统；向下通过省网数据网和 MSTP 专网分别与地市公司数据网核心交换机和专网核心交换机互联。

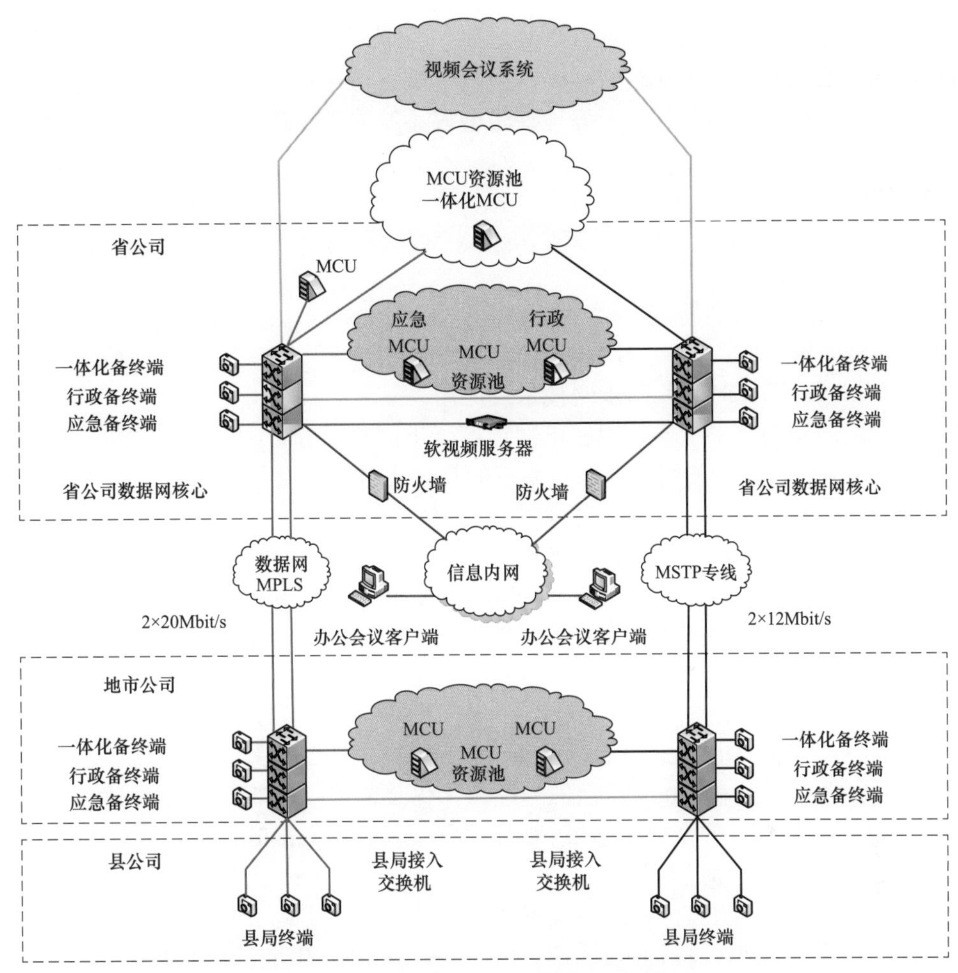

图 7-36 电力视频会议系统网络架构图

——一光纤；——一核心互联；——一专线；——一数据网通信；——一信息内网通道；

MCU—多点控制单元；MPLS—多协议标签交换；MSTP—多业务传送平台

行政高清会议系统和应急高清会议系统在省公司和地市公司各有一台硬件 MCU 设备，原来各自形成独立的 MCU 资源池。从网络架构方面，行政高清会议系统拥有专线和数据网两条通道，应急高清会议系统专线通道和行政高清会议系统专线通道利用同一条物理链路，应急数据网通道和行政数据网通道彼此独立；行政会议系统和应急会议系统网络整合后，充分利用行政高清会议系统和应急会议系统的网络设备资源，利用原有行政会议系统和应急会议系统的核心三层交换机设备，搭建互为热备用的网络构架，并利用原有接入交换机双上联分别接入两台核心设备，使整个网络层次更加清晰，结构更加稳定。

软视频会议服务器双联至省公司数据网和专网核心交换机，通过省公司视频会议系统信息内网防火墙连接至信息内网。在安全边界划分方面，视频会议系统采用统一 IP 管理，完全独立成网，横向包括行政高清会议、应急会议和一体化会议、软视频会议系统，纵向包括省公司、地市公司、县公司，网络涵盖会议终端、交换机、音视频矩阵、录播服务器等多种应用，软视频会议电视系统与信息内网互联通过唯一互联端口，采用千兆视频会议防火墙分别连接信息内网，实现安全防护和有效隔离。同时，配置访问控制策略，只开放会议需要的 IP 地址和业务端口，做到即用即开，更好地保障会议系统的稳定运行。

7.7 支撑网

7.7.1 概述

支撑网包括时钟（时间）同步网、通信网络管理系统等。通信网络管理系统在第 8 章介绍，本节重点介绍时钟（时间）同步网技术及应用。

电网对时间同步的需求主要体现在电网调度、电网故障分析判断上，与电力生产直接相关的是实时控制领域，直接使用时间同步系统的是电力自动化设备（系统）。随着数字电网建设的发展，新型实时监测控制系统对时间同步的需求更为追切，如电网预防控制在线预测系统（Online Pre-decision System，OPS）、广域测量系统（Wide Area Measurement System，WAMS）、广域监测分析保护控制系统（Wide Area Monitoring Analysis Protection-control，WARMAP）等。

电力自动化设备对时间同步精度有不同的要求。一般而言，电力系统授时精度大致分为 4 类：① 时间同步准确度不大于 1μs，包括线路行波故障测距装置、同步相量测量装置、雷电定位系统、电子式互感器的合并单元等；② 时间同步准确度不大于 1ms，包括故障录波器、事件顺序记录（Sequence Of Event，SOE）装置、电气测控单元、远程终端单元（Remote Terminal Unit，RTU）、功角测量系统（40μs）、保护测控一体化装置等；③ 时间同步准确度不大 10ms，包括 FTU、微机保护装置、安全自动装置、变压器终端装置（Transformer Terminal Unit，TTU）、配电网自动化系统等；④ 时间同步准确度不大于 1s，包括电能量采集装置、负荷/用电监控终端装置、电气设备在线状态检测终端装置或自动记录仪、控制/调度中心数字显示时钟、火电厂和水电厂以及变电站计算机监控系统、SCADA、EMS、电能量计费系统（Power Energy Billing System，PBS）、继电保护及保障信息管理系统主站、电力市场技术支持系统等监控/用电管理、系统主站、配电网自动化管理系统主站、调度管理信息系统（Dispatch Management Information System，DMIS）、企业 MIS 等。

7.7.2 时间同步综合监测管理系统

1. 背景

根据各类电力自动化设备（系统）对时间同步精度要求的不同，为确保电力自动化设备（系统）安全稳定可靠地对电力系统实施控制，保证电力系统运行，考虑到时钟源的互为备用、战时备用等因素，电力系统的同步时钟不能只选一个或同一时钟源，应至少选择两个不同的时钟源。电力系统同步时钟体系结构如图 7-37 所示，由时钟源、时间同步信号接收器、频率源、主时钟、二级钟组成。电力系统时间同步网由设在各级电网的调度机构、变电站（发电厂）等的时间同步系统组成。在满足技术要求的条件下，网内的时间同步系统可通过通信网络接上一级时间同步系统发出的有线时间基准信号，也能对下一级时间同步系统提供有线数据基准信号，从而实现全网范围内有关设备时间同步。

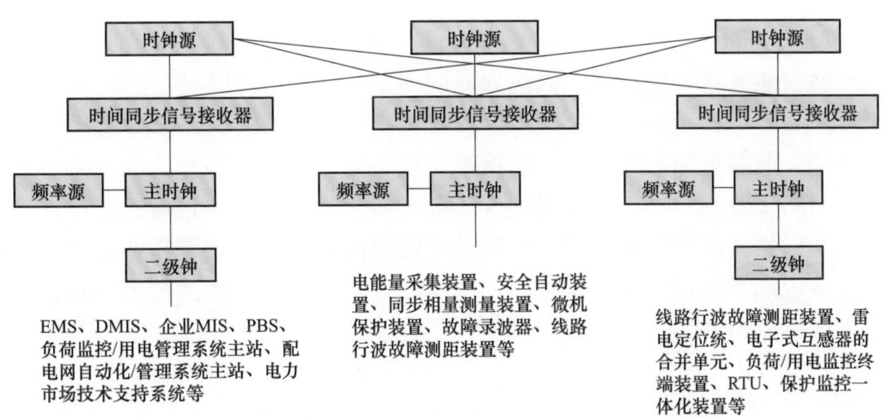

图 7-37　电力系统同步时钟体系结构图

EMS—能量管理系统；DMIS—调度管理信息系统；MIS—管理信息系统；PBS—电能量计费系统；RTU—远程终端单元

（1）时钟源。时钟源提供标准时钟信号。无线授时系统包括欧洲伽利略（Galileo）导航系统、中国北斗导航系统、俄罗斯全球导航卫星系统（GLONASS）等卫星定位、导航、授时系统，以及长波授时系统（BPL）、短波授时系统（BPM）等，目前广泛应用的时钟源是美国的 GPS。不同时钟源的授时精度不同，例如，GPS 授时精度达到 6～12ns，基于网络的对时系统授时精度为 50μs，中国北斗导航系统授时精度为 20～100ns，BPL 授时精度为 1μs，BPM 授时精度为 1ms。从测量角度分析，被校验系统的溯源要求比其自身的精度至少高 1 个数量级，因此，子站授时系统时间同步需要选择授时精度达到 100ns 的时钟源，主站授时系统时间同步需要选择授时精度达到 100ms 的时钟源。

（2）时间同步信号接收器。时间同步信号接收器用来接收时钟源信号，经处理后为主时钟提供初始时间信号。基于无线授时的信号处理方法是将载波扩频信号解码成时间及其相关信息，包括空间（经度、纬度、海拔高度）、接收卫星颗数等，其中 BPL 和 BPM 只有时间信息传送给时钟信号接收单元的处理器。基于有线授时的信号处理方法是将传输的时间报文直接解包，然后读出，根据数据传输进行延时补偿。

（3）频率源。频率源又称频标，提供稳定的频率信号，作为时间同步信号接收器失效时的守时脉冲信号源。对于守时精度要求高及重要的应用场合，可以选用原子频标（如铯原子频标、铷原子频标）、恒温晶振，对于一般应用场合，可以选用普通晶振。

（4）主时钟。主时钟也称分频钟，用来接收时间同步信号接收器的时间、秒脉冲（Pulse Per Second，PPS）信号及频率源的频率脉冲，并将时间信号分配成多路信号，或直接分配给应用系统或装置，或分配给二级钟。主时钟需要采取必要的补偿算法，以保证出口精度。主时钟要求配置两路不同的时间同步信号接收器，以接收来自不同时钟源的时间信号，只要其中任何一路时钟源正常，都可以完成授时功能。

（5）二级钟。二级钟用来接收主时钟的时间和脉冲信号，提供多路不同方式的时间同步信号输出。二级钟配置必要的守时元件（如原子频标、晶振），以确保在主时钟失效状态下能够保持一定时间长度的授时精度。二级钟要求配置两路主时钟输入，可以实现主备方式配置的主时钟输入。为确保授时精度，二级钟与主时钟之间采用光纤连接，传输内容可以有两种方式：IRIG（Inter Range Instrumentation Group）–B 码；1PPS+时间报文。二级钟与主时钟之间的传输距离需要进行算法补偿，以确保时间同步，保证二级时钟出口精度。

2. 系统架构

时间同步综合监测管理系统结构应包括采集服务器、Web 服务器、应用服务器、磁盘阵列、调度端时间同步监测装置、站端时间同步监测装置和相关网络设备。其中，站端时间同步监测装置应在厂站内部署，采集服务器和调度端时间同步监测装置宜在调度端的安全Ⅰ区部署，其余设备应部署于调度端安全Ⅲ区，采集服务器通过正向隔离装置向Ⅲ区应用服务器传送数据，具体部署如图 7–38 所示。

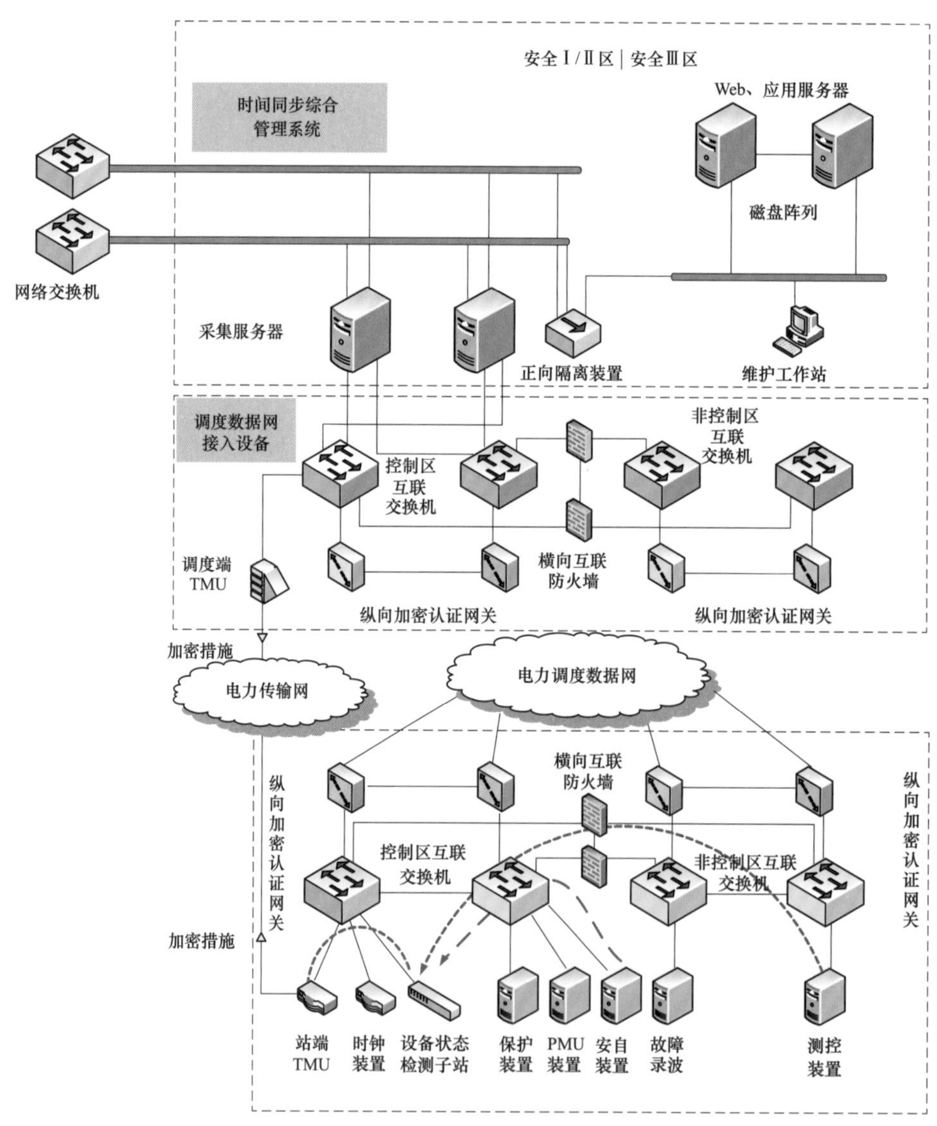

图 7–38　电网时间同步综合监测管理系统架构图

TMU—时间同步测量装置；PMU—同步相量测量装置

3. 系统功能

电网时间同步综合监测管理系统主要实现的功能包括时差监视、台账管理、拓扑监视、告警管理、系统管理等，具体内容如下。

（1）时差监视。站内时差监视通过监控站内各时钟装置的同步时间精度，掌握各厂站内的时间同步指标。系统内站点图标应实时显示站内时差的最大值和站点的广域时差。如果时差超越阈值，该站点应以红色高亮提示，并且在“告警管理”页面中显示。广域时差监视功能提供时差曲线监测功能，站点内各时钟装置的站内时差由站端时间同步监测装置上报，当设置为具体厂站的具体设备时，应通过实时曲线图显示该设备与站点主时钟之间的站内时差；站点广域时差状态应由调度端时间同步监测装置设备上报，当定位到具体厂站时，应通过实时曲线图显示该厂站与用户选定的调度机构之间的广域时差。

（2）台账管理。台账属性通过采集器自动采集地址、主机名等关联信息，自动获取台账属性，通过台账信息同步功能，从第三方系统同步台账信息，匹配本地台账属性定义。其具体功能为：① 可查看台账，可以通过灵活的方式根据台账的各个属性字段，如所属业务系统、所对应安全分区、台账类型等类别来进行查询；② 新增台账，实现增加一个或多个台账；③ 修改台账，实现对台账信息进行修改，从第三方系统接收有变更的台账属性信息，对原有台账属性信息进行变更；④ 删除台账，实现删除一个或多个台账；⑤ 台账导出，实现导出一个台账信息或根据台账属性批量导出多个台账信息。

（3）拓扑监视。拓扑监视功能实现自动生成网络拓扑图，对新增加、减少的设备进行自动监视，自动绘制设备间的连接关系，生成物理总网络拓扑、业务拓扑；并根据设定的网段条件、过滤条件等提供拓扑生成向导。

1）拓扑展现功能。① 网络拓扑图支持放大、缩小和平移；② 支持根据需要切换不同的网络视图，提供视图的前进、后退功能；③ 网络拓扑图的背景和各节点图标可根据需要自定义修改；④ 支持将多个网元和子网合并为一个图标显示，将选定局部区域显示成一个图标，支持显示/隐藏某个和某种类型的设备，将选定区域进行显示/隐藏；⑤ 根据 IP、名称等搜索条件进行拓扑图上设备的定位；⑥ 鼠标移动至设备图标应浮动显示相应的实时性能，包括设备名称、CPU 利用率、内存利用率、告警状态提示；⑦ 单击设备图标显示设备的详细性能信息；⑧ 链路连线动态表示链路流量状态。链路流量突然增大，相应的链路连线用加粗表示；⑨ 鼠标移动至链路连线图标应浮动显示相应物理链路的实时性能；⑩ 业务拓扑视图风格与各业务系统绘制输出网络拓扑一致，所有设备以物理拓扑图标表示，链路连线表示设备与设备之间的物理连接。

2）拓扑编辑功能。① 支持手工编辑系统自动生成的拓扑图，以及添加、删除设备和连线，定义、修改设备的属性，移动网元位置等；② 支持对调整好的拓扑图进行导出图像文件和打印等操作。

（4）告警管理。告警管理功能主要包括告警级别、告警阈值、告警显示、告警过滤、查询统计、智能压缩、报表管理。

1）告警级别。① 告警级别至少分为一般、重大、紧急三级；② 根据用户需求进行定义和重新设置，自定义告警策略及告警显示颜色。

2）告警阈值。① 针对不同告警级别、监测对象的性能指标，定义不同的阈值；② 提供区间内阈值定义，即下限小于阈值小于上限；同时提供区间外阈值定义，即阈值小于下限或阈值大于上限。

3）告警显示。① 告警以列表方式集中展现，系统清晰显示详细告警信息。系统提供自动刷新、直观的当前告警列表，按照告警级别重要性以不同颜色排序显示告警信息；② 不同人员只看到自己职责范围内的告警信息；③ 当前告警及历史告警信息均需要包括告警源、告警类型、告警级别、告警内容、告警发生时间。

4）过滤条件。需要根据告警源、告警级别、告警类型、告警状态、告警内容等组合（逻辑与、逻辑或等）来设定，并基于用户设定的显示过滤条件，有选择地显示当前告警事件。

5）查询统计。① 提供告警查询功能，按照告警源、时间范围、告警状态、告警级别、告警类型、告警内容等组合查询告警；② 提供告警统计功能，以表格和图形方式进行显示。

6）报表管理。① 应建立各种类型报表分类；② 用户对分类进行新建、修改、删除等操作，不应受应用、数据库限制。

（5）系统管理。系统管理主要包括权限管理和用户登录管理。主要内容如下：① 系统预置初始的系统管理员账户，在系统安装或首次使用时初始化其密钥；② 其他用户、初始密钥及操作权限由系统管理员进行创建和分配；③ 提供完善的权限管理机制，能够划分责任区、角色、用户；④ 具备完善的网络登录机制，确保系统网络安全；⑤ 根据责任区、角色及用户来综合设置各类操作人员的操作权限和使用范围；⑥ 自动记录所有的用户登录和操作信息等，方便查询；⑦ 提供登录失败处理功能，并采取结束会话、限制非法登录次数和自动退出等措施。

用户登录进入系统操作应进行用户登录，用户身份验证方式至少包括以下一种方式：① 软件方式，通过账户名/密码进行身份识别和验证；② 单点登录方式，实现与运行管理系统单点登录功能。

4. 关键技术

定时技术使本地时间与授时台发播的标准时间相一致。与各种授时方法相对应，定时方法分为短波定时、长波定时、卫星定时等。短波信号覆盖面积大，设备简单，但信号传播受电离层影响产重，产生的传播时延大，定时误差达毫秒量级，应用范围有限。长波地波信号的传播时延稳定，天波信号受电离层影响时延变化不大，因此，长波定时是一种高精度的定时手段，但是长波定时接收设备比较复杂。卫星定时与短波定时、长波定时相比，由于导航电文中的时间信息丰富，可以方便地获得年、月、日、时、分、秒等信息。卫星定时接收机一般较长波、短波定时接收机更为复杂，但是其集成度高，有较高的性价比，使用较为方便。

（1）定时原理。用户终端通过接收授时系统发播的信号，从而实现本地时间与系统时间同步。以全球导航卫星系统（Global Navigation Satellite System，GNSS）定时终端工作原理介绍定时原理，GNSS 定时终端一般由天线、射频单元、信号处理单元、数据处理单元和输出接口单元组成。卫星信号由天线接收，经滤波、放大后通过射频单元转换为中频信号，再通过 A/D 转换进行信号的捕获、跟踪、解扩、解调和导航解算等处理，从而获得本地时间和 GNSS 系统标准时间的钟差，然后定时终端通过实时修正该时差来实现定时功能。GNSS 定时终端的时间系统由内部晶体振荡器建立和维持，定时精度除受定时终端内部接收机晶体振荡器影响外，还受伪距测量精度影响。

（2）定时终端。由定时原理可知定时终端是用户实现本地时间与系统时间同步的关键。基于现有的授时系统，国内科研院所和生产厂家相继研制了不同类型的定时终端，包括长波、短波和卫星定时接收机。中国科学院国家授时中心在承担国家的标准时间和标准频率的产生、保持、发播任务的同时，根据靶场、电力、通信系统和电信等部门和领域对时间、频率信号的需求，联合国内科研院所和生产厂家也相继研制了不同类型的通信用时频设备，其中包括长波、短波、低频时码和北斗接收机、GPS 接收机，以及各种时间码产生器和时码终端。为了适应计算机系统的授时需求，还研制了 ISA（Industry Standard Architecture）、PCI（Peripheral Component Interconnection）、PCI–E（PCI Express）、PCI–X（PCI Extended）、SCSI（Small Computer System Interface）、原始设备制造商的时频板，适用不同总线形式的计算机时频插卡，为通用计算机系统用户提供准确的时间和频率信号，以上这些定时设备已广泛用于国防、通信、电力、测绘、铁路、天文、航空航天、地质、地震等行业。

各级电网调度机构以及发电厂（变电站）等的时间同步系统共同构成了电力系统时间同步网。在满足技术要求的条件下，网内的时间同步系统可实现全网范围内有关设备的时间同步，时间同步网架构如图 7–39 所示。

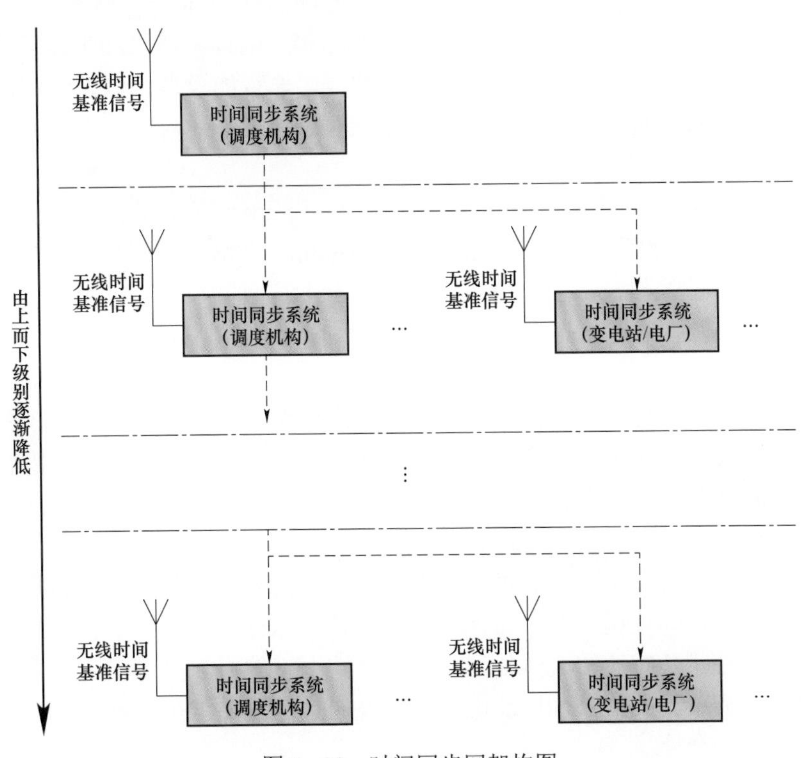

图 7–39　时间同步网架构图

在满足技术要求的前提下，网内不同时间同步系统之间的有线时间基准信号采用现有通信网络传递，以完成时间信息交换。

随着时间同步技术的日益成熟，除了变电站内的时间同步之外，调度主站与多个变电站之间的时间同步也成为电网建设的一个新课题。IEC 61850−90−1 中定义了多种涉及变电站间的操作，如纵联保护、站间互锁、平行线路多相重合闸、电流差动保护、系统完整性保护及自动化业务相关的操作，因此，要求主站及各个厂站之间能够实现满足精度要求的站间时间同步。

目前各个变电站之间的相对时间同步主要通过卫星信号同步来实现，并未实现真正的同源时间同步网络，即各个变电站各自接收卫星信号，它们之间时间信号除自卫星获得外无其他联系。

由于 GPS 卫星时钟源存在可能恶意降低精度（美国政府从其国家利益出发，通过降低广播星历精度、在 GPS 信号中加入高频抖动等方法，人为降低普通用户利用 GPS 进行导航定位时的精度的一种方法）、易受天气影响等技术和安全风险，因此，必须能够有高精度、高可靠的地面广域时间同步机制。通过地面网络部署时间同步技术，来实现一种卫星信号之外的更大范围内的时间同步，确保该范围内的多个变电站参考时钟保持在要求的精度范围内，为多个变电站的统一管理提供时钟精度的保障。

7.7.3 通信机房动力环境监测系统

1. 背景

通信机房动力环境监控系统（Dynamic Environmental Monitoring System，DEMS）针对各种通信局站（包括通信机房、基站、支局、模块局等）的设备特点和工作环境，对局站内的通信电源、蓄电池组、UPS、发电机、空调等智能、非智能设备，以及温湿度、烟雾、地水、门禁等环境量实现“遥测、遥信、遥控、遥调”等功能。

2. 系统架构

通信动力环境监控系统架构主要包括监控中心（Supervision Center，SC）、监控单元（Supervision Unit，SU）和监控模块（Supervision Module，SM）三部分。监控模块负责采集各通信站动力环境的监控信息；监控单元将监控信息上传至监控中心；监控中心完成监控数据的存储，并对监控数据进行处理分析，实现状态报警及远端控制功能，同时通过北向接口，接入电力 TMS 系统。

动力环境监控系统充分利用电力系统现有的通道资源实现监控单元与监控中心的通信，在无人值守的监控站，利用现有的数据通信网设备及传输设备，监控信息的传输承载在 E1、IP、MSTP 等通信通道，动力环境监控系统的总体架构如图 7−40 所示。

3. 功能结构

监控系统的功能结构如图 7−41 所示，对监控范围内分布的各个独立的监控对象进行遥测、遥信、遥视、遥控和遥调，实时监视系统和设备的运行状态，记录和处理相关数据，及时侦测故障，并遥控，及时通知人员处理；按照监控主站的要求提供相应的数据和报表，从而实现通信站的少人或无人值守，以及电源、环境的集中监控维护管理，提高供电系统的可靠性和通信设备的安全性。

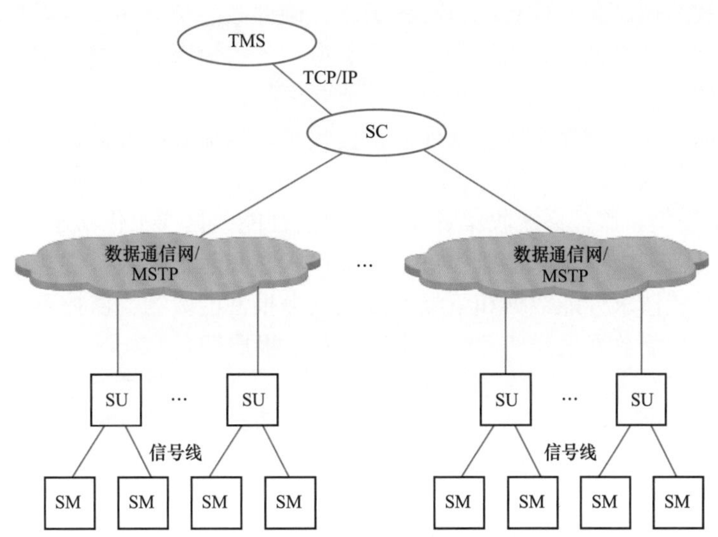

图 7-40　动力环境监控系统的总体架构图

TMS—通信管理系统；SU—监控单元；MSTP—多业务传送平台；SC—监控中心；SM—监控模块

（1）数据采集。数据采集是监控系统最基本的功能要求，应及时和准确。

（2）视频监控。视频监控主要是监视并记录通信站的安全，以及设备运行情况和运行环境，发现并处理故障，提高通信站和通信设备的安全性和可靠性，并提供分析故障的有关图像资料。

（3）设备控制。对设备的控制是为实现维护要求而立即改变系统运行状态的有效手段，应安全、可靠。

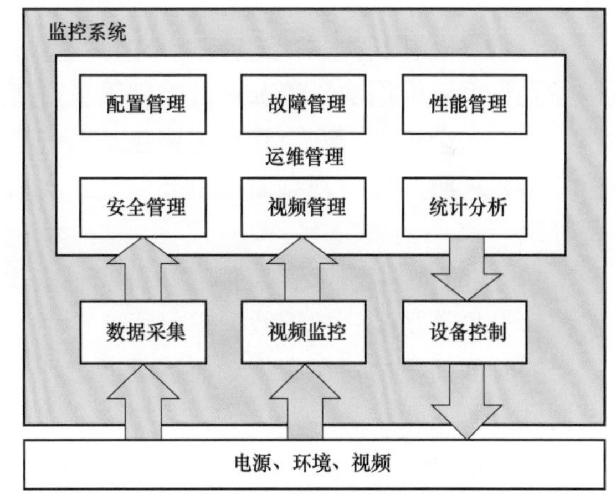

图 7-41　监控系统的功能结构

（4）运维管理。运维管理应实现配置管理、故障管理、性能管理、安全管理、视频管理、统计分析等功能。配置管理主要提供配置系统运行监控设备及参数、系统正常运行活动区间等功能；故障管理提供对监控对象运行情况异常进行检测、报告和校正等功能；性能管理提供对监控对象的状态，以及网络的有效性评估和报告等功能；安全管理提供保证运行中的监控系统安全等功能；视频管理提供对视频监控管理等功能；统计分析提供对收集数据进行统计分析等功能。

（5）配置管理。配置管理是通过对监控系统各个方面参数的设置从而保证系统正常、稳定运行和实现系统优化的重要功能。系统参数需要根据实际情况进行必要的调整，监控系统应能够为用户提供方便实用的配置管理功能。

（6）故障管理。故障管理主要包括故障信息采集、通用故障管理参数。故障信息采集包括各类监控对象故障信息和监控系统自身各级软、硬件故障信息的实时采集；通用故障管理参数包括告警级别、告警记录状态级别、告警类型、告警原因、告警级别分类表管理、告警过滤控制、告警处理、告警信息显示和告警时延要求。

（7）性能管理。性能管理主要包括性能数据收集、性能数据存储、性能分析和统计及性能门限管理。

1）性能数据收集。监控系统收集各监控对象的性能数据（工作状态、运行参数等），监控主站显示其监控范围内的全部被监控对象的工作状态和运行参数。性能数据收集的方式可以有两种：上级系统请求性能数据和下级系统主动上报性能数据。监控系统可以定义性能数据采集计划，设置性能数据采集任务的采集周期及上报周期。

2）性能数据存储。监控系统提供多种性能数据存储器。从监控对象收集到的数据需要在监控系统性能数据库中保留一年以上，关键数据保留三年以上。监控系统可对存储的历史性能数据进行检索和导出，自动定期备份到存储设备中，备份的性能数据可用来制作性能报表或系统遭到破坏时用于系统恢复。

3）性能分析和统计。监控系统以直观的形式对性能数据进行显示，并能对收集的各性能数据进行分析，从而判定电源、空调及环境是否处于异常状态。监控系统定期提供被监控对象的性能数据报告，产生规定的各种统计资料、报告、图表等并导出。

4）性能门限管理。当监控对象的性能下降并超出了门限值的范围，系统产生告警。系统运维人员可以根据实际情况对性能门限值进行设置，也可以修改性能门限值。

（8）安全管理。安全管理主要包括系统自身安全管理和系统日志管理。

（9）视频监控。视频监控主要包括：实时视频监控、视频回放、视频报警管理和功能配置管理。

1）实时视频监控。在监控主站可实时监视各监控对象的图像信息，完成图像的实时显示、监控、存储等功能。视频数据需保留 2 个月以上。视频轮巡系统具备视频自动巡视功能，在设定的时间间隔内对所有视频监控画面进行巡检，参与轮巡的对象可设定，轮巡间隔时间可设置。

2）视频回放。用户在权限范围内，可按照图像源的时间属性、位置属性、编号等检索历史图像，实现图像的回放或下载。图像回放支持不少于四画面、常速、慢速、快速、单帧、暂停、进度拖动的功能。回放时将任意一帧图像存储为 BMP 或 JPEG 格式图片；选定时、分、秒来检索需要的图像片段并具备导出功能。

3）视频报警管理。视频报警类型分为移动报警、遮挡报警、视频掉失报警，报警时间、报警内容可在监控终端优先自动弹出显示。告警自动画面联动功能，当告警发生时，根据预先设置，向指定监控终端，发出报警信息，并弹出对应摄像头画面，自动操作指定设备，自动调用摄像机预置位，并自动录像，录像时间可由用户设定。

4）功能配置管理。系统具有定义预置位、镜头分组、轮巡分组的功能；具有系统配置功能，包括监控对象信息、用户信息、组信息、视图信息、地图信息、摄像点信息、视频服务器信息等。

4. 动力环境监控平台部署方案

在电力系统中，动力环境监控平台分为动力环境监控和视频监控两部分，两部分可相互独立部署。依托电力系统生产管理的层级结构，将动力环境监控系统部署分为省公司、地市公司及监控站点三个层级。

（1）动力环境监控平台部署。根据电力系统的层级结构，动力环境监控平台可采用省公司—地市公司—监控站三级部署的方式。如图 7-42 所示，在省公司部署一套省级监控平台，各地市公司部署地市级监控平台，地市所辖的监控站的监控信息通过地市级通信通道上传至本地市监控平台，本地市监控平台再将本地市的监控信息上传至省级监控平台。省公司配置的业务工作站可调看全省监控站的监控信息，地市公司配置的业务工作站可调看本地市监控站的监控信息。

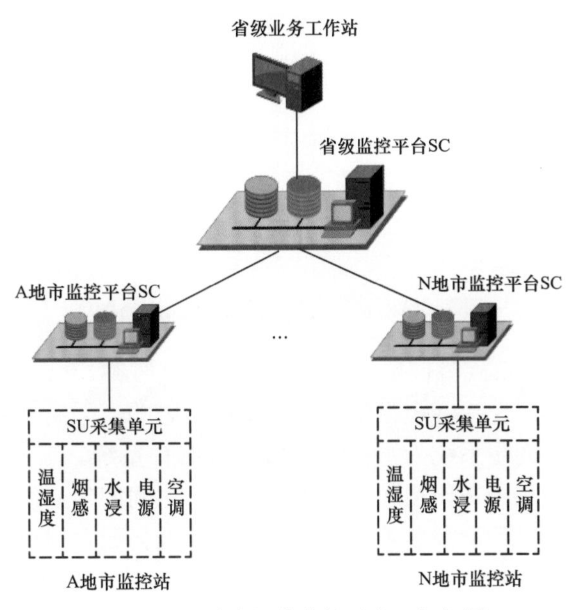

图 7-42 动力环境监控平台三级部署

SC—监控中心；SU—监控单元

（2）视频监控平台部署。采用省公司集中存储的方式，如图 7-43 所示，全省监控站点的网络式摄像头通过省级现有通信通道直接上传至省级视频监控平台，省级监控平台配置大容量磁盘阵列对全省站端视频图像进行存储。省级图像工作站可调看全省监控站点的视频图像信息，地市公司配置相应的图像工作站，通过省级视频服务器开放本地市的监控站点权限，调看本地市所辖监控站点的视频图像信息。

7.7.4 典型应用

某省的 500kV 变电站作为该省西部地区重要的供电枢纽工程，于 2004 年正式投入运行，担负着当时该省西部经济与社会发展的供电保障任务。但随着社会和经济的发展，为满足供电需求，提高供电可靠性，该省变电站于 2013 年进行了升级改造工作。下面介绍脉冲/编码同步方式在该省 500kV 变电站时间同步系统应用案例。

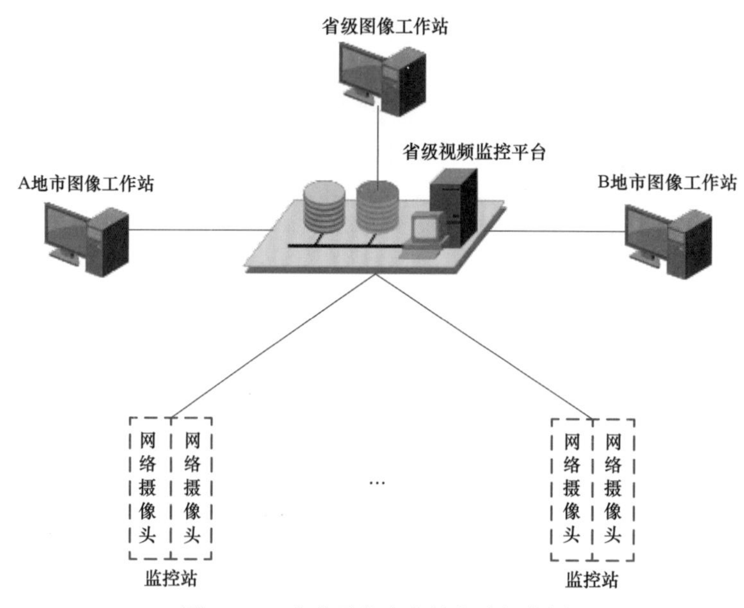

图 7-43　省公司集中存储方式拓扑图

改造前，现场设备为一体式时钟单元，由两台 GPS 主时钟、9 台扩展时钟组成。2013 年，为提高同步系统稳定性，避免对变电站的运行安全产生影响，采用了北斗信号形成双卫星时间源备份，改造后的时间同步系统为主备式 CPS/北斗时钟系统。

该省变电站时间同步系统在国内较早采用站内统一时间同步系统，实现了主时钟的冗余化配置，为国内电力系统时间同步装置的技术进步和标准化配置提供了丰富的运行经验和数据。总体部署架构如图 7-44 所示，该时间同步系统由一面主时钟屏和三面扩展时钟屏组成。其中主时钟屏安装于主控楼，屏内由两台主时钟和一台扩展时钟组成，两台主时钟各自接收 GPS 信号和北斗信号；而三面扩展时钟屏分别安装于 500kV、1 号 220kV 和 2 号 220kV 的继电小室，每面扩展时钟屏包含三台扩展时钟。

在系统中两台主时钟一主一备，当主用主时钟出现故障时自动退出，备用主时钟自动投入运行；两台主时钟进行运行切换时，时间同步系统所有输出信号保持平滑，避免跳变；同时，时钟各路信号输出在电气上均相互隔离，提高了系统的整体可靠性。

考虑到外部信源消失时时间同步系统需继续正常工作，主时钟和扩展时钟内部设计了时间保持单元，当丢失外部时间基准信号时，保持高精度自守时；当外部时间基准信号恢复时，时钟自动切换到正常状态工作，实现无缝切换。

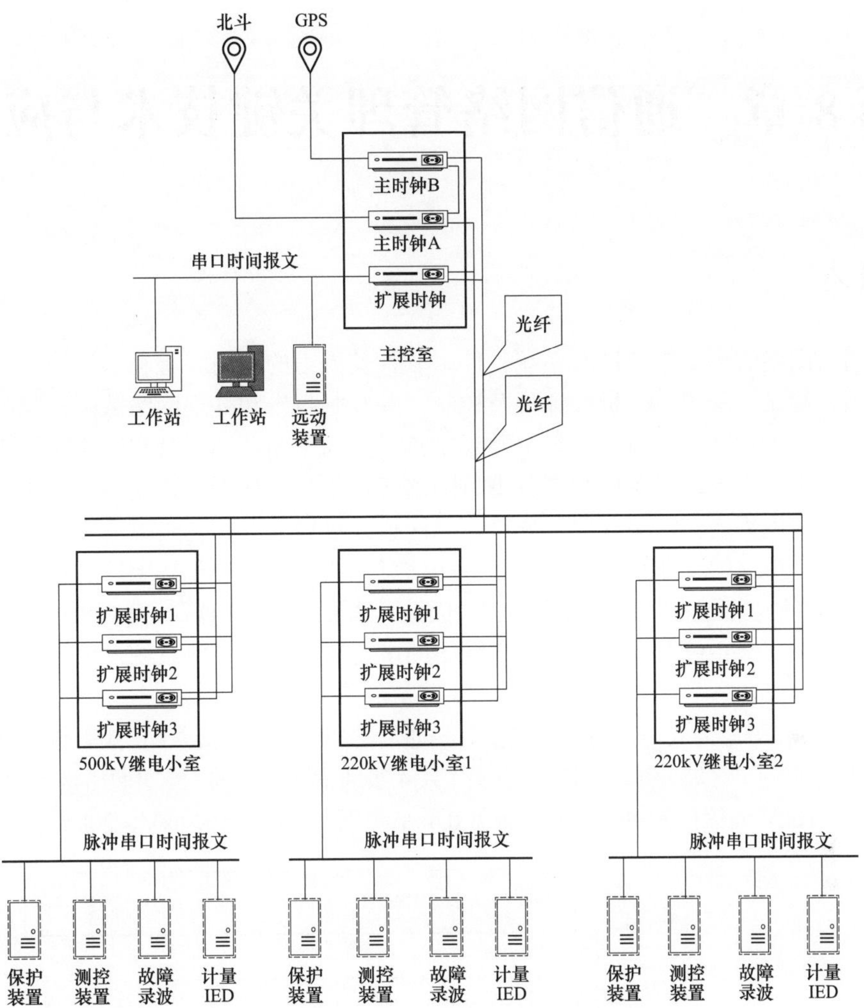

图 7-44　500kV 变电站时间同步系统部署架构图

第 8 章　通信网络管理关键技术与应用

8.1　概述

电力通信网络管理是指通过对系统硬件、软件及人力的使用、综合与协调，实现对通信资源的监视、测试、配置、分析、评价及控制，并及时报告和处理网络故障，保障网络系统的高效运行。电力通信网是电力系统中需要重点管控的生产基础，具有网络规模大、网络设备全、覆盖范围广、人均设备运维任务重、网络运行安全责任大、调度业务要求保障高等特点。长期以来，电力通信按照分层、分级、分区模式进行管理，各级电力企业已建综合网管系统基本上都是孤立的、非标准化的，业务和信息集成度相对较差，无法进行有效的数据共享，容易形成“资源孤岛”和“信息孤岛”。因此，需要通过利用新一代信息通信技术，构建包含通信管理各层级系统及系统之间互联网络的电力通信网络管理系统，保障电网安全稳定运行。

如图 8－1 所示，电力通信网的组成包括骨干通信网和终端通信接入网。骨干通信网涵盖 35kV 及以上电网，由跨区、区域、省、地市（含区县）共 4 级通信网络组成。终端通信接入网包括 0.4kV 通信接入网和 10kV 通信接入网两部分，涵盖 0.4kV 电网和 10kV（含 6kV、20kV）电网。

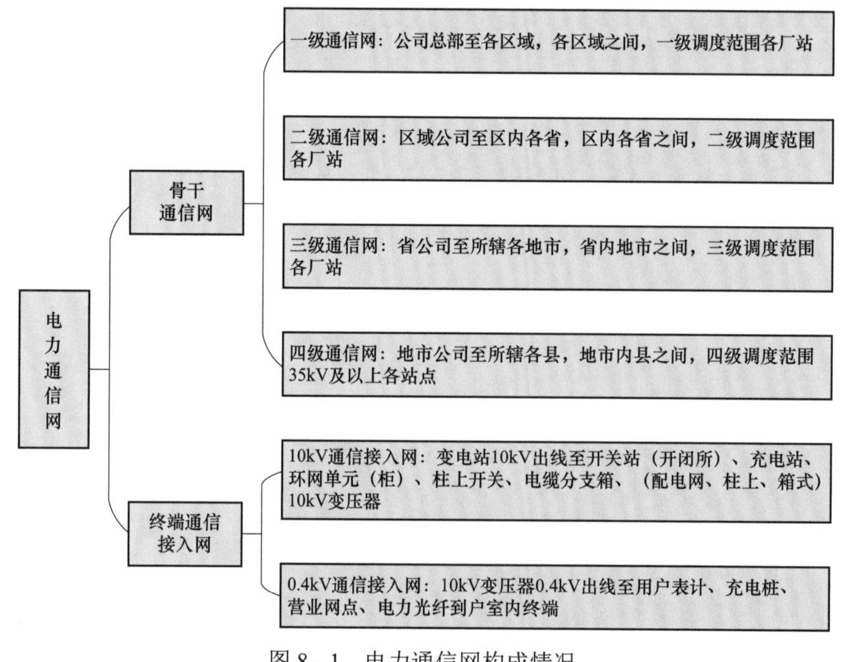

图 8－1　电力通信网构成情况

电力通信网管理的信息化建设从 1990 年开始，大体经过了三个发展阶段。

第一阶段：1990～2005 年，开展以设备网管为主、以省为单位的通信信息化建设。自 1990 年开始，电网企业总部（分部）、省、地区等通信部门分别开展了通信信息化建设工作，形成了以设备网管为主、综合网管为辅，以省为单位独自建设的通信信息化系统，以支撑各级网络的运维与管理。这个时期的综合网管系统的主要功能是通信设备的实时监视，各单位建设的系统可满足当时电力通信分级分层管理的需要。

第二阶段：2006～2011 年，开展以综合网管为主的通信信息化建设。“十一五”期间，逐渐形成电网跨区联网格局，逐步加强公司精益化、集约化管理。同时，通信网络规模不断扩大，各级网络联系日益紧密，管控难度日渐提高，为消除各层级网管系统“孤岛”，规范各单位系统的建设与应用，电网企业开展了综合网管系统的标准化研究与建设工作，以满足电力通信专业一体化运作、集约化管理的发展需要。

第三阶段：2012 年至今，开展以通信管理系统为主的通信信息化建设。2012 年开始，各电网企业在全公司范围内开展标准化的通信管理系统统一推广建设，通过借鉴公司信息化建设经验，面向流程优化和应用整合，提供一体化的通信技术支持系统整体解决方案，构建公司系统内纵向到底、横向到边的通信管理系统，实现功能和数据的本地实用化及纵向横向交互，实现通信实时运行、运行管理、专业管理的集约化、标准化、智能化。

其中，国家电网公司建立了电力 TMS 系统和终端通信接入网管理系统（Telecommunication Communication Access Network Management System，AMS），实现电力通信网的资源管理、实时监视、运行管理和专业化管理等功能大一统的格局。南方电网公司建立了通信运行管控系统（Telecommunication Operation Control System，TOCS），覆盖网、省、地三级，实现系统内各子系统横向集成、纵向贯通以及电力通信网的现代化和精细化管理。

本章着重以电网中应用广泛的通信网络管理系统（即 TMS 2.0 和 AMS）为例分析阐述通信网络管理系统的系统架构、系统功能及关键技术，最后介绍其在电网企业中的典型应用。

8.2　电力通信管理系统 TMS

8.2.1　系统架构

如图 8－2 所示，电力通信管理系统 TMS 架构由网络控制和数据采集层、平台层、管理应用层三层组成，具备跨区、跨省、跨平台的功能，由纵向接口实现各层间的数据交互，由横向接口实现各系统间的数据交互。

（1）网络控制和数据采集层。网络控制和数据采集层由各种下层系统（设备网管、动力环境和其他数据采集系统）和数据采集与智能控制系统组成。其中，设备网管包括光缆监测、传输网管、数据网管、交换网管等；动力环境监控系统包括机房环境监控、门禁系统监控、视频监控和电源监视系统等；其他数据采集系统包括电话测试、配线架监控等。

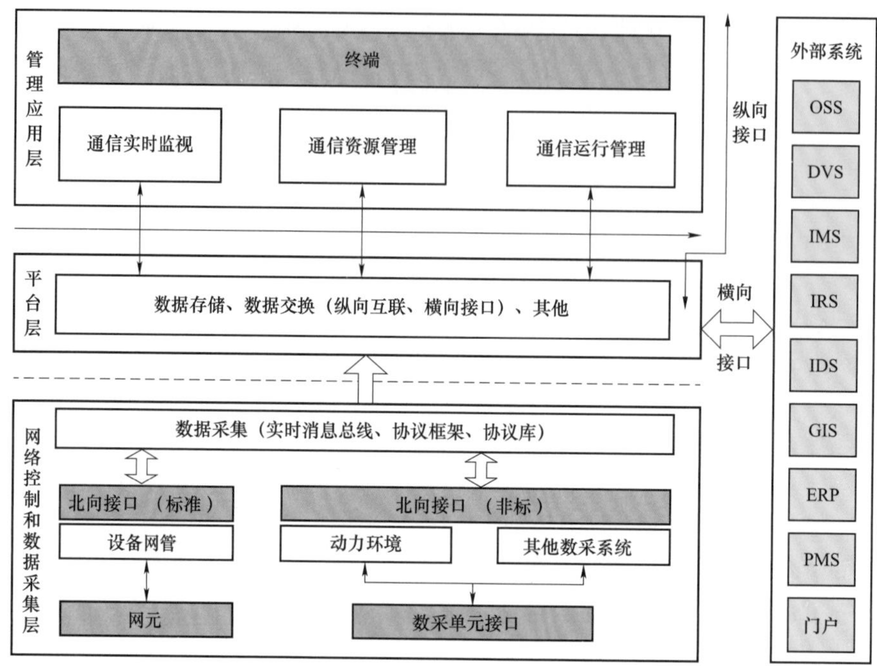

图 8－2　电力通信管理系统 TMS 架构图

OSS—运营支撑系统；IDS—入侵检测系统；DVS—通信调度集约化支撑系统；GIS—地理信息系统；IMS—IP 多媒体子系统；ERP—企业资源计划系统；IRS—信息通信业务管理系统；PMS—电力管理系统

（2）平台层。平台层提供通用性管理工具，简化上层应用功能模块的开发，包括数据建模、安全管理、系统管理、图形引擎、流程引擎、服务总线、报表管理、数据存储、数据交换及数据互联等模块。

（3）管理应用层。管理应用层提供通信系统中各类业务应用功能模块，按照应用将功能分类展现，包括实时监视、资源管理及运行管理。

分层架构中各层间的对外接口主要包括北向接口、横向接口、纵向接口及数据采集单元接口。其中北向接口由设备网管系统提供，实现与上层通信管理系统的数据交互，通信管理系统通过该接口对通信网络动态监视与管理、定义数据格式与通信协议，实现设备网管与综合网管之间数据交互的标准化。目前主流的北向接口主要分为通用标准接口和专用私有协议接口。横向接口通过标准的数据互联接口与本级公司信息系统进行数据共享、流程互通和应用交互。纵向接口通过标准的数据互联接口与上、下级通信管理子系统进行数据共享、流程互通和应用交互。数据采集单元接口部署在厂站端，实现厂站端动力环境监控设备数据的集中采集及转发。

8.2.2　系统功能

如图 8－3 所示，TMS 系统主要由网络控制和数据采集层、平台层及管理应用层三层组成，不同层级可实现不同功能，具体内容如下。

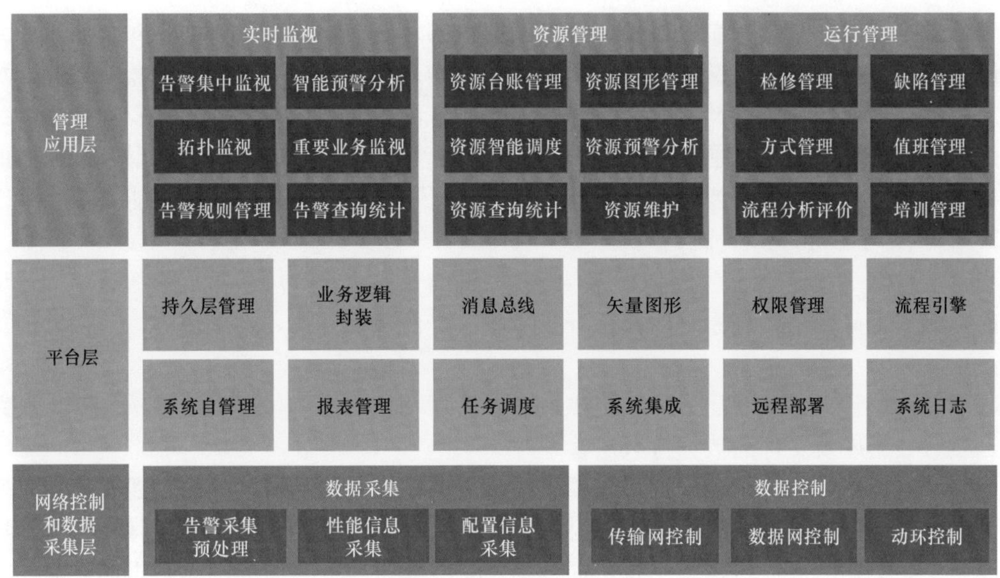

图 8-3　TMS 系统功能图

1. 网络控制和数据采集层功能

网络控制和数据采集层主要包括各种下层系统及数据采集与智能控制系统。其中，下层系统依据相关接口标准转换成北向接口接入数据采集与智能控制系统，实现数据的集中上送与配置下发。数据采集与控制系统可获取动态数据源，实现被管对象层数据的集中、自动收集、预处理和模型适配，提供数据采集和数据控制功能。其中，采集对象包括传输系统、接入网系统、数据网系统、交换网系统及机房动力环境等。采集数据类型包括告警信息、性能信息及配置信息等。主要功能如下所述：

（1）数据采集。数据采集主要完成告警采集预处理、性能信息采集、配置信息采集等功能。数据采集方式主要包括：文件、数据库主动查询访问，通过公共对象请求代理体系结构（Common Object Request Broker Architecture，CORBA）、SNMP、TCP/IP 等协议查询和推送方式。主要内容如下：

1）告警采集预处理。告警采集预处理主要提供告警采集、告警标准化和告警存储等功能。告警采集通过采集系统从设备厂家网管北向接口、设备接口及智能采集器接口中采集出原始告警信息。告警标准化实现告警信息的标准化，包括告警原因翻译、告警级别重定义、告警格式转换、告警对象匹配等。告警存储将处理后的告警信息存储到数据库中。

2）性能信息采集。性能信息采集实现传输网、数据网、交换网、接入网等设备中光功率、误码率、时延、丢包率等性能信息的实时采集、上送及存储。

3）配置信息采集。配置信息采集实现传输网系统、接入网系统、数据网系统、交换网系统、机房动力环境等通信系统配置信息的实时采集、预处理及存储。配置信息采集包括网络配置信息（系统、拓扑、通道等）和物理资源（机框、插槽、板卡、端口等）信息的采集。预处理是将采集的数据与图形模板匹配、动静态资源关联、配置数据变更处理等。

（2）数据控制。数据控制以设备厂家网管提供的北向接口为基础，实现对传输网系统、接入网系统、数据网系统、交换网系统等几大类通信系统及动力环境系统的集中控制，如传输通道的创建、销毁，VLAN 划分，空调控制等。在配置操作结束后，设备厂家网管系统应捕获配置改变，向智能电网通信管理系统上报配置改变通知，管理系统收到配置改变通知后，激活实时数据采集过程。主要包括传输网控制、数据网控制及动环控制等功能。

2. 平台层功能

平台层可满足通信管理系统中各类应用件共性的技术需求，屏蔽不同系统软、硬件运行环境的差异，提高通信管理系统的技术开发效率，进而降低开发、实施成本。主要功能如下所述：

（1）持久层管理。平台层为系统提供持久层管理功能，系统可根据需要选择基于关系数据库、实时数据库及文件的数据持久层管理。

（2）业务逻辑封装。平台层通过逻辑层提供业务逻辑封装功能，其中，逻辑层属于平台层的领域层（或服务层），介于展现层和持久层之间，一般依赖于持久层而不依赖于展现层。

（3）消息数据的可靠传递。平台层通过消息总线模块实现系统间消息数据的可靠传递，实现一对一、一对多的消息派发，通过消息持久化实现可靠消息转发，其中，消息总线主要提供消息总线安全接入、消息总线访问组件、消息总线配置及消息总线监控等功能。

（4）矢量图形。平台层提供统一的矢量图形系统功能，满足各个应用系统对于可视化应用的共性需求。各个应用系统采用可视化应用平台，可以简单快速地创建精美、专业、高效的可视化应用，而无须关注底层可视化实现的细节。主要包括支持基于可视化图形组件的统一展现、综合可视化框架、多种图形对象、编辑态和运行态支持、GIS 集成、可缩放矢量图形（Scalable Vector Graphics，SVG）支持等功能。

（5）权限管理。平台层提供不同层面、不同粒度的安全控制功能，满足业务多样化的权限控制要求。主要包括安全控制策略的安全建模、角色分级管理、动态角色互斥、角色委托、组织机构与角色叠加的矩阵式权限控制、审计日志查看、用户登录规则制定、用户登录行为审计、服务方法受信调用、数据访问独立数据库账户提供、数据加密等功能。

（6）业务流程定义及控制。平台层提供业务流程定义及控制功能，满足运行管理类工单的应用需求。主要包括业界标准化、流程嵌套、超时预警和超时处理、可视化监控和统计分析、任务聚合和同步、跨平台业务集成、流程激活多样化、表单系统集成等功能。

（7）系统自管理。平台层提供对系统资源的监视功能，实现对系统内各类主机后台服务、运行状态、数据库、网络通道等的统一监视和管理。同时，平台提供基于浏览器的、面向管理员的系统全局管理和监视界面。主要包括图形化的系统服务监管、运行日志管理、运行时性能监控等功能。

（8）报表管理。平台层提供多种展现方式、可动态定义的报表系统，满足企业日常报表生成需求。主要包括多数据源定义、标准格式的报表模板的设计、支持内嵌数据集、多种输出格式、Web 上的动态浏览、报表回填、报表打印等功能。

（9）任务调度。平台层提供统一的任务调度功能，支持统一、灵活、稳定的自动化任务的定义和执行环境，满足不同类型的自动化任务处理需求。系统以模型化、图形化的方式为用户提供快速定义过程，提高开发业务任务的快速性与便捷性。同时，以即时的监控程序保证服务运行的稳定性与连续性，并能即时输出各种任务运行时的内部运行信息，为业务任务的运行状态判断提供足够充分的依据。

（10）系统集成。平台层提供系统集成功能，可与第三方平台例如门户、目录等集成，并提供相应的标准组件，减少应用额外开发量，促使应用与第三方平台集成标准化。主要包括页面集成、待办事宜集成、目录认证、单点登录、目录用户数据的同步、以消息、Web 服务等多种方式按照电网企业既定的标准格式与总线集成、按电网企业既定的标准格式与统一选型的业务流程管理（Business Process Management，BPM）产品进行集成、按电网企业既定的格式与主数据平台、非结构化数据中心、结构化数据中心、电网空间数据中心、海量实时历史数据中心等集成、与 SAP ERP 集成方案设计、与电网企业统一权限管理系统的集成、与其他业务系统的集成等功能。

（11）远程部署。平台层支持开发平台的远程独立部署。在部署层面，将开发平台组件和应用系统业务组件分离。其中，开发平台组件单独统一部署。主要包括平台的远程加载、平台具体版本的指定、平台保密、平台功能替换等功能。

（12）系统日志管理。平台层提供系统日志管理功能，即通信管理系统本身的访问和操作行为的日志记录及管理。系统日志管理包括系统访问日志管理及系统操作日志管理，主要内容如下：

1）系统访问日志管理。系统记录用户的每次登录信息，包括用户名称、登录时间、登录是否成功、登录者的 IP、退出时间等。提供对登录日志的查询功能，查询的条件有用户名称、登录者的 IP、登录时间、登录是否成功。对于过期的日志记录，可以通过删除设置来清除，日志记录能够导出、打印。

2）系统操作日志管理。系统记录用户的每次操作信息，包括用户名称、操作时间、操作者 IP、操作的类型、操作的资源、操作内容、操作结果等。提供对操作日志的查询功能，查询的条件有用户名称、操作者 IP、操作时间、操作结果等。对于过期的日志记录，可以通过删除设置来清除，日志记录可以导出、打印。

3. 管理应用层功能

管理应用层可提供差异化通信业务应用功能，按应用类型分别实现资源管理、实时监视及运行管理等功能。主要功能如下所述：

（1）实时监视。实时监视应用是在设备网管基础上，通过扩展通信网络的监视范围，整合通信设备的各种管理信息和实时信息，为管理人员和通信运行人员提供更全面、完整的通信实时监视视图，实现在统一的界面下对多厂商设备运行状态的集中监视、面向业务的告警分析和故障处理，主要包括告警集中监视、智能预警分析、拓扑监视、重要业务监视、告警规则管理及告警查询统计等功能。

（2）资源管理。通信资源管理应用通过对通信网络各种通信资源数据进行常态化、规范化管理，实现系统资源的高效利用，主要包括资源台账管理、资源图形管理、资源智能调度、资源预警分析、资源查询统计及资源维护等功能。

（3）运行管理。通信运行管理主要是对通信核心运行业务进行管理，以实现流程电子化、自动化，主要包括检修管理、缺陷管理、方式管理、值班管理、流程分析评价及培训管理等功能。

8.3 终端通信接入网管理系统 AMS

8.3.1 系统架构

终端通信接入网管理系统 AMS 采用基于 SOA 的服务架构，服务端采用 Java 技术，客户端采用 HTML/JavaScript/HTML5 等 B/S 展现技术。基于充分借鉴并沿用某电网企业技术成果的技术原则，采用其自主知识产权的统一应用开发平台构建终端通信接入网管理系统。遵循企业统一制订的应用集成技术架构和标准，完成与外部系统之间的横向集成。其系统架构如图 8－4 所示，系统由数据采集层、应用服务层和交互展示层三层组成。

（1）数据采集层。数据采集层由统一的数据采集平台以及配置数据适配（群）、告警数据适配（群）、性能数据适配（群）组成。通过设备网管北向接口的对接，实现设备的配置、告警、性能数据的采集，并进行标准化处理，为系统提供动态基础数据。

（2）应用服务层。应用服务层由基础组件和资源分析服务、实时处理服务、性能处理服务组成。基础组件包含通用的信息系统后台服务组件，如建模工具、缓存服务、消息总线等；资源分析服务实现通信资源的数据分析、处理和存储；实时处理服务实现告警数据分析、处理和存储；性能处理服务实现海量性能数据的计算、统计和存储。

（3）交互展示层。交互展示层提供终端通信接入网管理运维的业务应用功能模块，包括通用的基础 UI 组件（如资源树、列表、属性维护、拓扑图形等），以及实时监视、资源管理、运行管理三大类应用。

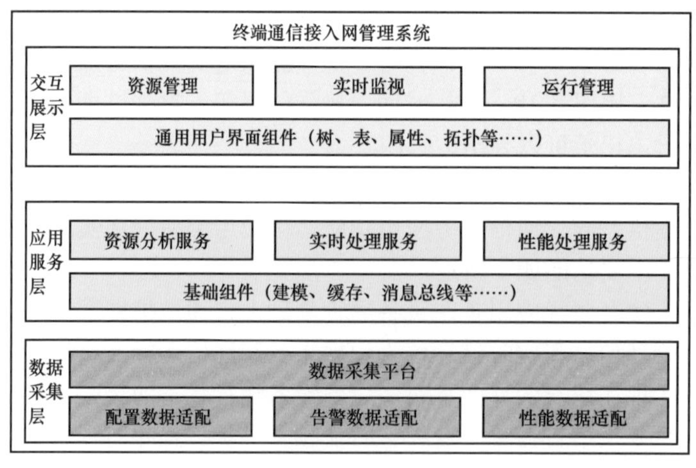

图 8－4　终端通信接入网管理系统 AMS 架构图

8.3.2 系统功能

如图 8－5 所示，终端通信接入网管理系统 AMS 可实现业务管理、统计分析、告警集中监视、告警智能分析、性能管理、资源信息管理、资源图形管理及数据采集与控制八大功能，具体内容如下：

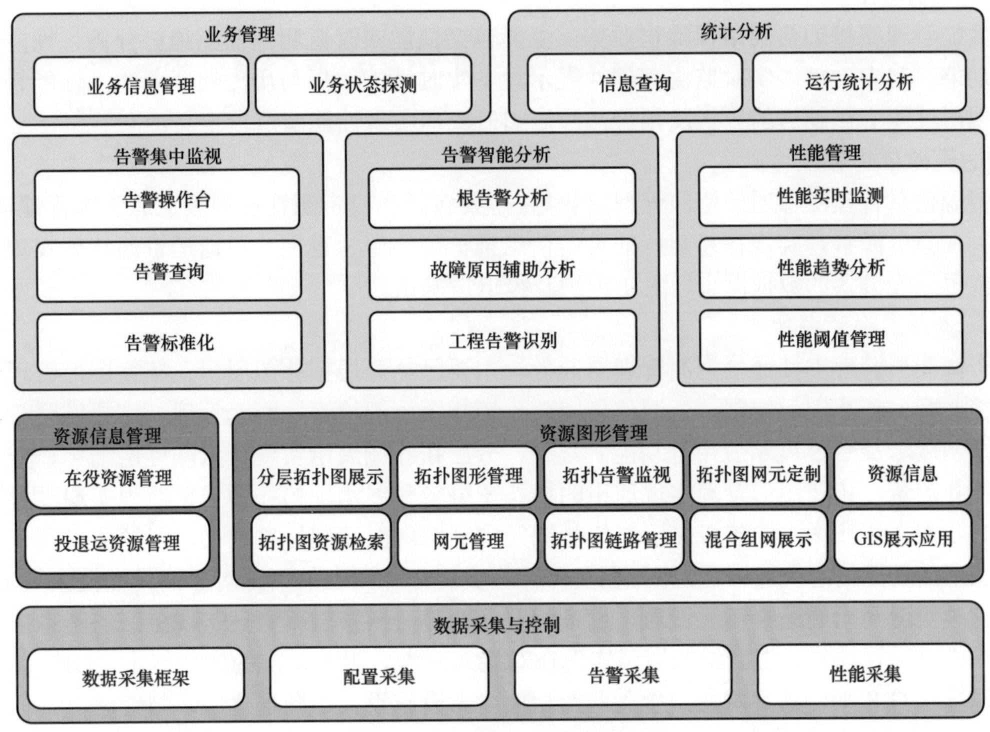

图 8－5　AMS 系统功能图

1. 业务管理功能

业务管理支撑业务决策层业务，主要包括业务信息管理及业务状态探测功能。其中，业务信息管理实现业务信息维护与查询，业务状态探测采用指令探测、横向集成等手段实现对业务状态的主动探测。

2. 统计分析功能

统计分析支撑业务决策层业务，主要包括信息查询及运行统计分析功能。其中，信息查询实现各类数据对象的查询和展示，运行统计分析对通信网络和业务的运行状态和历史记录进行综合分析。

3. 告警集中监视功能

告警集中监视模块支撑通信网络保障层业务，主要包括告警操作台、告警查询、告警标准化功能。告警操作台实现告警信息展示和告警操作，告警查询提供当前告警查询和历史告警查询，告警标准化实现不同厂家的告警标准化映射与转译。

4. 告警智能分析功能

告警智能分析支撑通信网络保障层业务，主要包括根告警分析、故障原因辅助分析及工程告警识别功能。其中，根告警分析实现对根原因告警和衍生告警的区分，突出展示重要的根原因告警；故障原因辅助分析自动识别引发告警的故障原因并推送处置建议；工程告警识别采用与电网、通信检修票关联分析的手段，辨别和标识工程施工引发的告警。

5. 性能管理功能

性能管理支撑通信网络保障层业务，主要包括性能实时监测、性能趋势分析、性能阈值管理功能。其中，性能实时监测存储并展示设备实时性能数据与历史性能曲线，性能趋势分析实现对性能变化趋势的分析及预警，性能阈值管理实现性能阈值自定义。

6. 资源信息管理功能

资源信息管理支撑通信资源管理层业务，主要包括在役资源管理和投退运资源管理功能。其中，在役资源管理实现在役运行的设备信息维护、展现、查询，投退运资源管理实现对新投运或已退役设备的数据同步、人工维护及投退运确认。

7. 资源图形管理功能

资源图形管理支撑通信资源管理层业务，主要包括分层拓扑图展示、拓扑图形管理、拓扑告警监视、拓扑图元定制、资源信息速查、拓扑图资源检索、网元管理、拓扑链路管理、混合组网展示及 GIS 展示应用等功能。其中，分层拓扑图展示实现接入网逐层细化、分权分域的拓扑展示，拓扑图形管理实现通用的拓扑图编辑和展示，拓扑图告警监视实现设备和线路实时状态在拓扑图上的告警展示，拓扑图元定制实现网元图标自定义，资源信息速查实现基于图形的资源信息快速预览，拓扑图资源检索实现拓扑图上的资源对象的模糊搜索与定位，网元管理实现网元的基本信息管理、设备配置管理等，拓扑链路管理实现链路的基本信息管理、路由路径管理等，混合组网展示实现在对接入网混合组网情况的融合展示，GIS 展示应用实现基于 GIS 平台的终端通信接入网及相关电力设施设备的图形化展示与管理。

8. 数据采集与控制功能

数据采集与控制为所有上层应用提供基础数据支撑，主要包括数据采集框架、配置采集、告警采集、性能采集功能。其中，数据采集框架实现对各类采集任务和采集协议的统一调度和标准化处理，配置采集实现对网络及设备的配置数据的采集，告警采集实现对设备告警的自动采集，性能采集实现对设备性能指标的自动采集。

8.4 关键技术

8.4.1 共性技术

1. 通信数据实时采集技术

通信数据实时采集技术通过利用基于内存数据库的多节点集群技术、分布式部署的网络时延采集技术，实现通信网络多并发性、高实时性数据处理，保障通信网络全景监控的实时性和服务质量，其具体流程如图 8-6 所示。首先，对协议栈进行一体化设计，统一封装北向接口连接，以及设备直连涉及的协议栈连接处理方法，智能调配。其次，根据采集内容，自适应识别采集模式，选择更合适的采集方式，通过结合北向接口和设备直连两种模式的数据采集，提高数据采集的完整性和个性化功能的互补性。最后，智能匹配北向接口和设备直连两种模式采集的数据，并进行双维度数据验证。

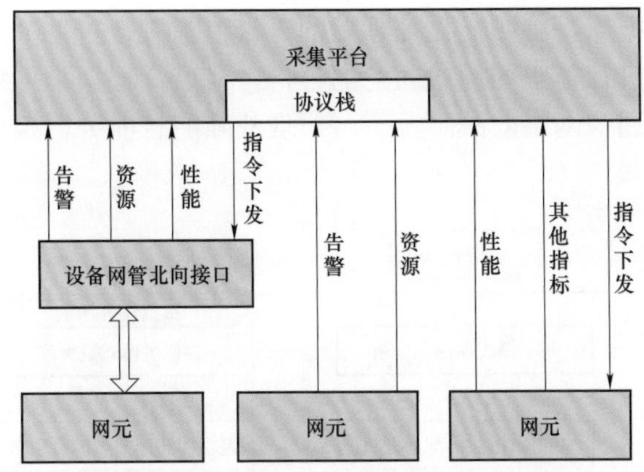

图 8-6　通信数据实时采集技术原理图

2. 基于通信监测的电力配用电业务状态监测与故障诊断技术

通过通信监测技术，不仅能够对电力通信网做到监控保障，也能够间接反应电力业务的运行状况，甚至辅助分析电力业务故障，为电力业务的运行保障提供新的技术手段。其具体流程如下：首先，建立电网配用电业务的精细化模型和电力通信网对业务逐级支撑模型，在此基础上建立全面且精细的通信状态与业务状态的影响关系，解决设备互操作性不足、业务的分段管理、信息与信道安全隐患等问题。其次，采用跨边界的通信网状态融合分析手段实现对配用电业务通信状态的分析和测准，解决故障原因和位置分析困难问题，划清通信网络故障和配用电终端设备故障之间的界限。最后，完成通信监测的业务监测与故障诊断自动化软件系统设计，实现面向配用电业务的拓扑监视和专题监视及对通信通道和业务终端告警的综合智能分析，解决故障定位难问题。

3. 数据共享技术

数据共享技术可解决不同厂家、不同技术、不同层级所导致的大量信息孤岛问题，实现跨系统、跨平台的数据共享与信息集成，有效支撑电力通信属地化运维、集中化管理。其具体流程如下：首先，针对电力通信技术体制差异大、设备类型杂等特点，制定通信网络模型范围的划分原则，将通信网络的管理范围涵盖骨干通信网与终端通信接入网。其次，通过对通信网各类技术体制的模型分析及承载关联分析，建立高度抽象的电力通信网资源承载关系与数据模型，解决跨技术体制综合监视、综合分析的专业技术疑难，实现电力通信资源数据的统一管理。最后，建立通信资源属地化数据同步机制，实现资源数据在全网范围内的唯一性、统一性和有效性，有效支撑电力通信属地化运维、集中化管理。

8.4.2　TMS 关键技术

1. 通信网络故障智能分析技术

通信网络故障智能分析技术通过对原始告警信息的标准化处理、网络级相关性分析及专家经验库匹配，增强了告警相关性分析的准确性、高效性和适应性，实现对通信故障根源的精确判断定位，降低了运维成本和操作难度。以告警标准化为例，其具体流程如图 8-7 所示。首先，针对差异化告警信息，采用常用的归一化方法对通信网络告警信息进行归一化处理。

其次，基于网络配置数据库，将归一化处理后的告警信息进行告警分组。再次，采用逻辑和物理节点的有向图方法进行基于图模式匹配的分析。最后，根据事件树模式数据库进行基于模式匹配的分析，确定通信网络的故障源头，实现故障的智能分析定位和及时抢修，完成根源告警。

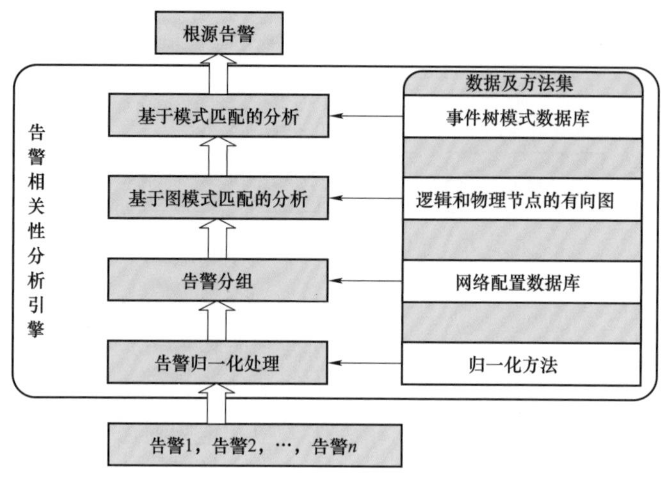

图 8-7　基于告警传播模式的告警相关性分析处理流程图

2. 通信网络隐患预警技术

通信网络隐患预警技术可实现对通信网络的事后评估分析、事前预警控制，及时发现通信网络存在的风险，将电力通信被动运维变为主动运维，保障电力通信网络的安全稳定运行，其具体流程如图 8-8 所示。首先，综合考虑不同场景电力通信业务特点，利用承载关系模型全面、准确分析电力通信业务的可靠性需求特征。其次，利用对数最小二乘排序法（Logarithmic Least Square Method，LLSM）确定指标体系的模糊权重，采用模糊层次分析法（Fuzzy Analytic Hierarchy Process，FAHP）对电力通信网进行客观评估，实现电力通信网络运行状态客观、科学的事后评估。最后，基于上述评估结果，利用最小二乘支持向量机时间序列进行预测，预警通信网的异常状态，实现面向状态的主动检修，提高通信网运行维护的水平，减少故障导致的断网损失。

3. 建立通信评价体系

建立科学完整的电力通信指标评价体系，包括电力通信、通信网络和通信业务三层健康度指数评价体系，可实现通信管理人员对通信网运行情况的全面掌握，为通信网络的建设和管理提供智能分析和决策支持，其具体流程如图 8-9 所示。首先，采用自上而下的关键因素分解法，以“改善网络质量，提升业务保障水平，加强专业管理”的管理目标为导向，从通信网络建设、通信网络运行和通信专业管理三个工作核心要素出发，自上而下逐级分解相应的关注维度和关注点，再落实到具体指标设计，形成指标体系框架和初步的指标设计。其次，采用自下而上的管理数据挖掘法，从通信网络、通信业务、运行工作和管理数据四类通信管理系统的管理对象出发，自下而上挖掘、梳理和提炼通信管理系统各模块可采集和加工的基础数据，将其与自上而下的关键因素分解法所形成的指标体系框架和初步的指标设计进行碰撞，辅助分析验证初步指标设计的可行性，补充完善指标的计算算法和系统支撑要求，最终构建科学完整的电力通信指标评价体系。

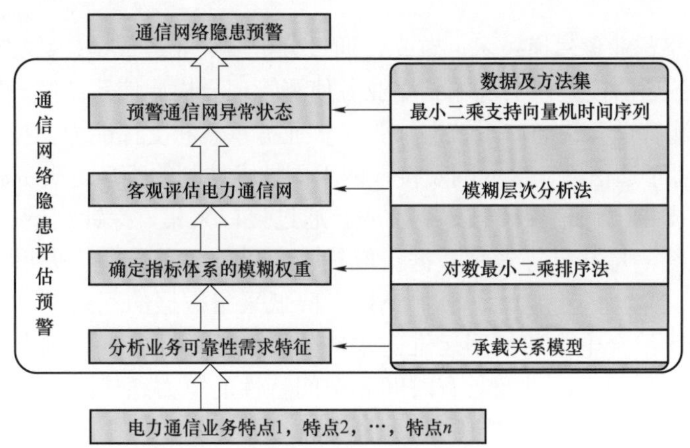

图 8－8　通信网络隐患预警技术流程图

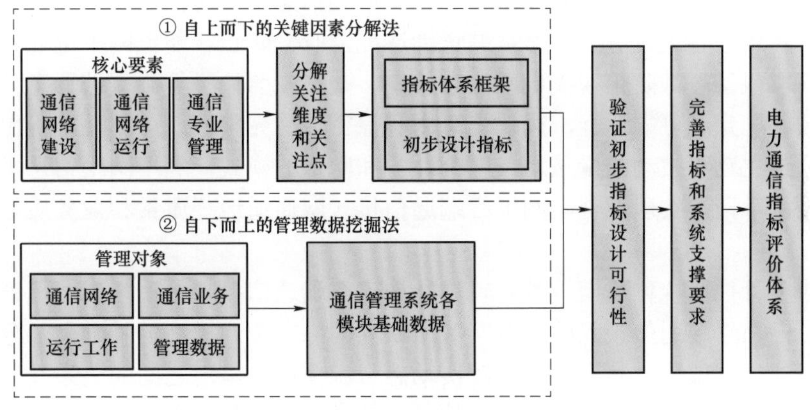

图 8－9　通信评价体系建立流程图

8.4.3　AMS 关键技术

1. 终端通信接入网端到端业务侦测关键技术

终端通信接入网端到端业务侦测关键技术通过对行业内外辅助网络运行监视和故障分析的技术手段和应用效果的分析，构建基于端到端的业务承载模型和典型应用环境的网络故障定位和故障分析策略，解决终端通信接入网运维支撑关键技术问题，实现网络故障的快速恢复，保障网络的可靠运行。其具体流程如下：

（1）终端通信接入网络运行监控和故障分析技术。首先，运用网络接口信息交互和网络探针采集等手段，获取工具所需的基础信息，分析数据采集后的清理方式，优化基础数据，提高辅助工具的工作效率。其次，分析端到端网络与业务间的承载和影响关系，结合故障分析和网络运行态势分析方法，实现故障的快速定位。并将可视化手段应用于辅助工具，为运维人员直观呈现网络运行态势和故障情况。最后，根据网络、终端和辅助工具的安全访问功能需求，设置必要的安全控制机制，提高监测数据的保密性和可靠性，保障网络的安全有效运行。

（2）端到端网络与业务建模技术。首先，通过分析节点业务数据、数据流向，构建智能终端通信接入网全业务通信模型，实现端到端业务侦测管理异构通信系统综合管控功能。其次，通过端到端业务侦测管理异构通信系统，加强对多业务承载和支撑能力，提升对接入网的管控水平，提高对涵盖骨干通信网、接入网及接入网不同技术体制的物理逻辑资源调配能力。

（3）面向业务支撑的通信保障技术。首先，通过接口采集、探针测量、深度数据包解析、深度流量解析、系统信息共享等多种数据获取技术，以及数据转换、去重、缺值补充等数据清洗操作，提高报文采集的稳定性、可扩充性，降低采集数据的冗余性。其次，基于优化后的基础数据，进一步结合电力通信网运维需求，分析大数据环境下影响电力通信设备、通道和网络运行状况的主要因素，以及具有时间和空间特性的电力通信网多维度状态指标计算依据。最后，采用基于模式识别方法的电力通信设备、通道和网络的流量、拓扑、安全、性能、故障、服务和生存性等态势分析技术和可视化展现技术，建立多维度态势分析模型。

（4）基于探针的主动安全访问技术。首先，增强信息安全防护能力，提升信息安全自主可控能力，防止承载各类业务的网络被恶意渗透或监听，防止智能电网关键业务信息系统数据或信息被窃取或篡改，防止智能电网信息管理、采集及监控类等终端被恶意控制，确保各业务系统持续、稳定、可靠运行，确保信息内容保密性、完整性、可用性，确保业务数据安全。其次，通过主动和被动测量技术，区分业务和网络的模式，利用网络信息采集、拨测、网络探针等技术手段，实现混合组网下终端通信接入网通道运行质量和业务质量相关信息的自动化采集。

（5）多粒度管控可视化建模技术。首先，构建终端通信接入网动态资源可视化模型和业务可视化模型，在终端通信接入网综合网管所研究的静态资源模型的基础上，分析终端通信接入网的可视化体系架构。其次，集中解决动态资源模型与呈现之间的关系及呈现方式、变化方式，解决业务与资源之间相互影响时的呈现技术，研究基于布局算法、节点压缩算法，以及聚类算法的站点环境可视化、设备可视化、管线可视化、容量可视化、资源调整可视化、业务运行可视化、监控可视化和演示可视化。

2. 终端通信接入网业务分级和网络资源弹性配置关键技术

终端通信接入网业务分级和网络资源弹性配置关键技术综合考虑终端通信接入网在接入技术、传输速率、系统容量、通信延时和安全稳定等方面的实际需求，实现业务分级和服务质量（Quality of Service，QoS）保障，利用软硬件资源的弹性配置方法和综合网络优化策略，保障网络资源的高效配置。其具体流程如下：

首先，分析终端通信接入网业务质量与通信网络的适应性需求。其次，根据适应性需求，采用业务分级策略、业务控制方法、业务调度技术及流量均衡算法，实现有效的 QoS 保障。采用基于网络软硬件可重构技术、业务感知的资源弹性配置方法和异构接入网资源综合优化技术，通过 QoS 保障机制驱动网络资源配置，提高 QoS。最后，采用支持上述技术的终端通信接入网架构及协议，包括多层次集中控制架构、控制接口技术与协议及网络软控制方案，保障终端通信网络电力通信业务的 QoS。

3. 自动发现和标准化归集的性能数据采集技术

自动发现和标准化归集的通信网设备性能数据采集技术通过自动发现电力通信网设备性能指标数据，完成海量性能数据的标准化归集，并对性能数据进行结构化存储，大幅提高数据采集的完整性、准确性和规范性。其具体流程如图 8－10 所示。首先，利用缓存同步技术采集通信设备性能数据，在原始数据处理模块对设备性能数据进行标准化处理，汇聚所有性能指标数据，进一步标准化归集海量设备性能数据，从而大幅提升采集数据的规范性。其次，基于性能指标唯一标识对性能数据进行结构化存储，大幅提高性能数据的查询效率，实现对电力通信设备性能数据自适应采集，弥补了传统基于任务方式采集的缺陷，从而提高数据采集的完整性、准确性和规范性。最后，通过制定采集任务与规则，系统定期地按照任务、规则和统一的规范采集指定的厂家设备的性能指标，消除采集设备数据的差异性。

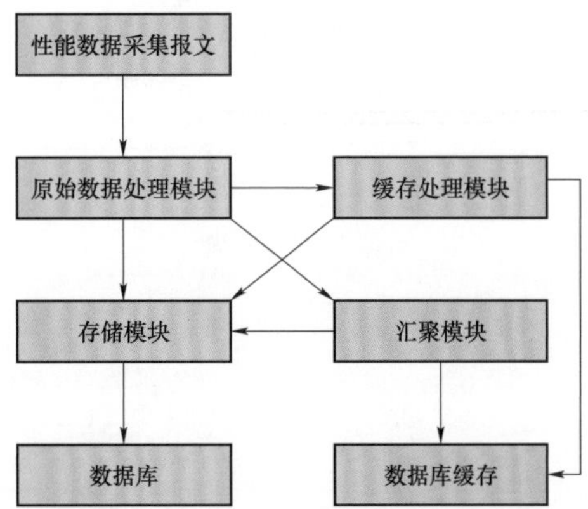

图 8－10　自动发现和标准化归集的性能数据采集技术原理图

8.5　典型应用

8.5.1　TMS 应用

电力通信管理系统 TMS 是针对专网通信打造的通信一体化管理系统，在国家电网公司全面部署应用，某省 TMS 系统部署架构如图 8－11 所示。

通信设备网管系统和对应的数据采集系统位于生产控制大区，采集系统与设备网管之间采用硬件防火墙进行逻辑隔离，采集系统的数据传输采用横向单向安全隔离装置，隔离强度应接近或达到物理隔离要求。管理信息大区主要处理生产控制大区的数据，最大限度地保证数据的完整性、有效性和高可用性。数据库和应用服务器都具有主备功能，保证当主服务器发生异常情况时不影响系统的正常使用。

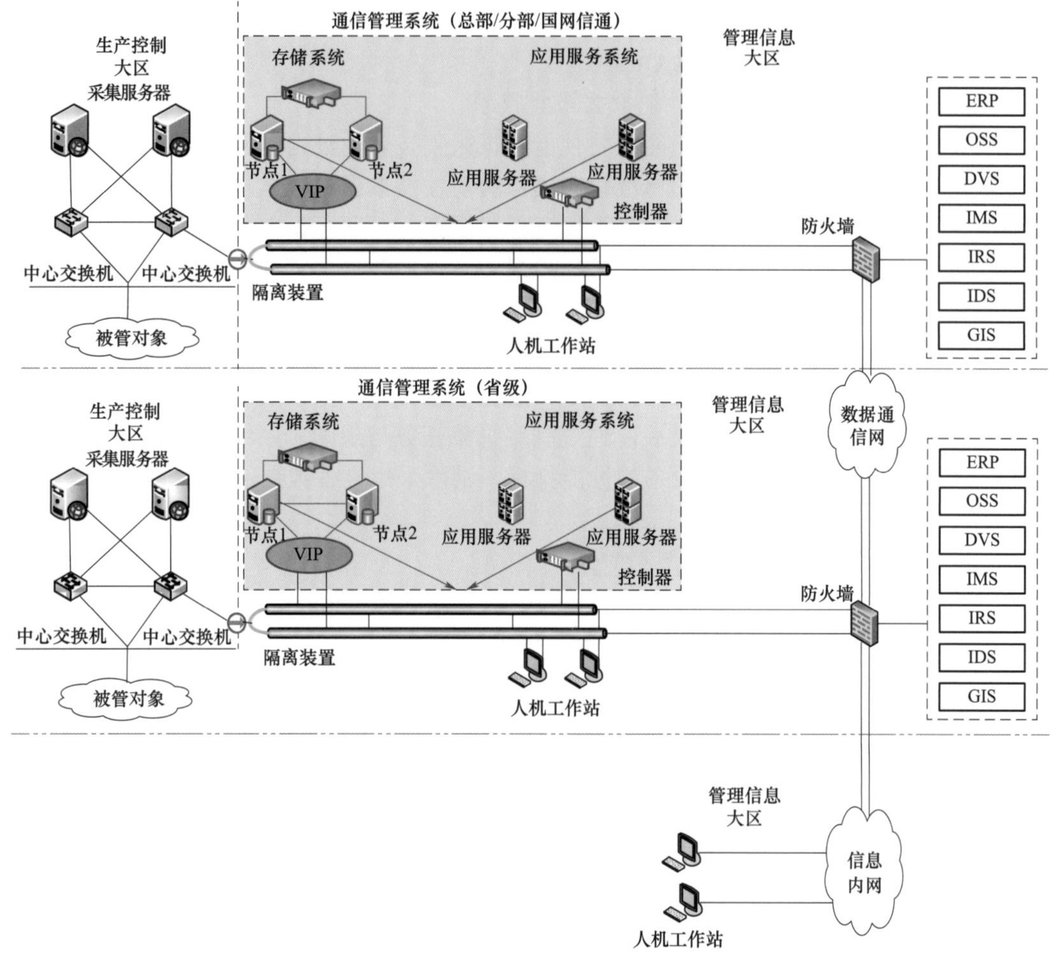

图 8－11　TMS 系统部署架构图

OSS—运营支撑系统；DVS—通信调度集约化支撑系统；IMS—IP 多媒体子系统；IRS—信息通信业务管理系统；
IDS—入侵检测系统；GIS—地理信息系统；ERP—企业资源计划系统；PMS—电力管理系统

人机工作站根据安全区统一配置，通过访问 F5 对外发布应用服务访问和处理采集数据。

TMS 系统通过一体化部署、数据集中、工作协同等工作，首次消除了以往建设中各自为政、相互独立所导致的大量信息孤岛，打破传统的习惯意识和管理的条块分割而形成的管理壁垒，推动了省级集中监控及远程运维，实现对通信专业生产运行情况、网络管理情况的实时在线监测，为电网公司通信专业的运维集约化、电子化和自动化奠定了基础。

8.5.2　AMS 应用

终端通信接入网管理系统 AMS 采用省级集中部署，省、地市两级应用的物理架构。在各省/自治区/直辖市集中部署，地市公司通过远程终端使用省级部署的系统，某省 AMS 系统部署架构如图 8－12 所示。

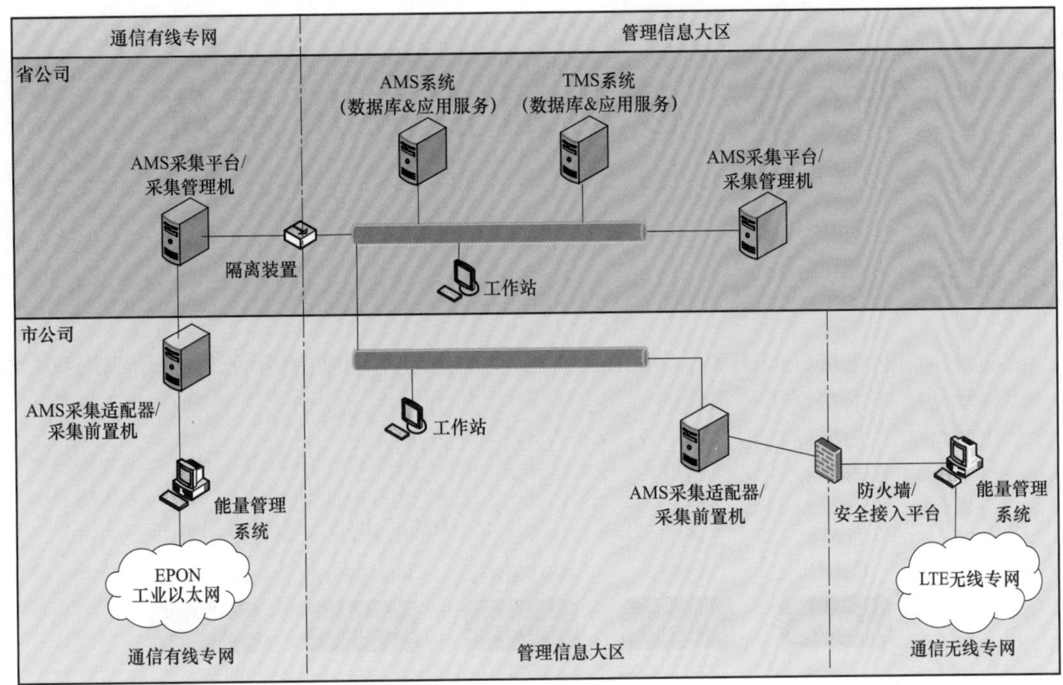

图 8－12　AMS 系统部署架构图

AMS 系统部署在省公司，地市公司只部署 AMS 采集适配器/采集前置机与工作站。地市公司用户只能通过终端远程访问省公司的 AMS。整个网络被划分为通信有线专网与管理信息大区，有线专网与管理信息大区通过隔离装置进行隔离。数据信息的采集通过能量管理系统实现，目前能量管理系统可以接入 EPON、工业以太网、电力线通信及无线专网。能量管理系统与 AMS 采集适配器连接，AMS 采集适配器负责获取能量管理系统采集得到的数据，并将获取数据上传给部署在省公司的 AMS 系统。该 AMS 系统是完全按照省级集中部署，省、地市两级应用的物理架构来部署的。

AMS 系统以对接设备厂家网管或第三方网管北向接口的方式，完成了对网络系统和设备的接入、数据采集，在已具备 EPON、工业以太网、电力线通信和无线专网接入功能的基础上，增加了无线公网接入和管理功能。针对接入网规模巨大、多种组网混合、数据量极大等特点，采用先进可靠的分布式缓存、分区存储等技术手段增强数据的存储与处理能力，通过应用服务整合及相近业务服务统一规范化等方式完成服务优化，提升业务处理性能，构建强健稳定、高效低耗、具有业务与应用扩充能力的接入网综合监控系统架构。

AMS 通过在接入网管理系统的基础上，对数据采集、资源管理、实时监视、业务管理等基础功能进行优化提升，在基础功能和数据完备的基础上实现接入网多种技术体制、多厂家通信与业务融合的综合监视。并且通过利用告警分析、故障原因分析、故障点定位和故障处置专家案例库、自动派单等功能实现综合性故障辅助处理，攻克了当前接入网运维中网络难以监控、故障难以判断和处理的核心难题。

第9章 移动通信应用系统

9.1 概述

移动技术的演进过程如图9-1所示。当前移动通信技术正以10年一代的速度快速发展，第一代移动通信技术实现了模拟语音业务；从2G开始，移动通信进入数字化时代，同时提供数字化语音服务和低速数据业务；3G开启了移动多媒体时代；4G移动通信进入全IP时代，移动带宽业务量爆发。2019年，世界各主要国家开始5G网络商用，2019年6月6日，工业和信息化部向三大运营商和广电发放5G商用牌照，中国正式进入5G商用元年。

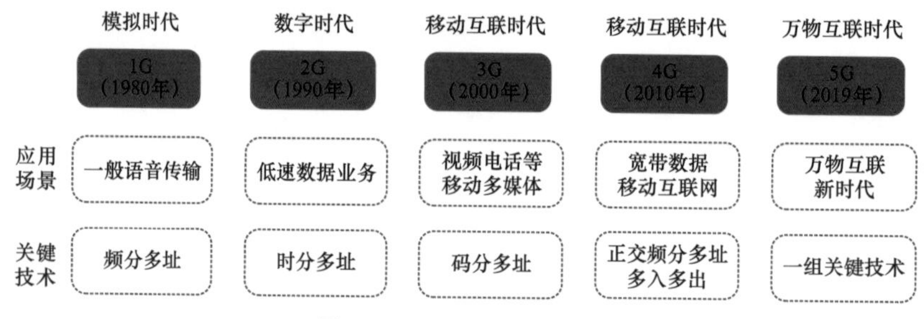

图9-1 移动技术演进图

近年来，电网企业积极建设坚强智能电网，提升电网本质安全水平，通过实施“互联网+”战略，全面提升电网信息化、智能化水平。基于“公网专用”理念，利用移动通信技术，为电网提供全面的通信服务，同时5G超高带宽、超低时延，以及超大规模连接将满足不断发展的电网各类业务需求，改变电网企业核心业务的运营方式和作业模式，全面提升电网的运营效率和决策智能化水平。5G时代，电网企业在进一步增强4G宽带无线接入能力的基础上，将重点放在提供大连接和高可靠低时延业务上，支持万物智能互联，并推进5G、区块链、人工智能等技术实用化，在相应领域形成具有显著成效且具备推广条件的典型应用。

本章着重以4G和5G移动通信系统为例，分析阐述移动通信系统架构及关键技术，最后介绍其在电网中的典型应用。

9.2 系统架构

9.2.1 4G架构

1. 4G架构概述

4G系统架构如图9-2所示。4G网络系统采用扁平化的结构，整个网络从接入网和核心网两方面分为地面无线接入网（Evolved Universal Terrestrial Radio Access Network，E-UTRAN）和分组核心网（Evolved Packet Core，EPC）两大部分。其中，地面无线接入网部分仅由基站组成，分组核心网部分主要由移动性管理设备（Mobility Management Entity，MME）、服务网关（Serving Gateway，SGW）和分组数据网关（Packet Data Gateway，PDG）等组成。

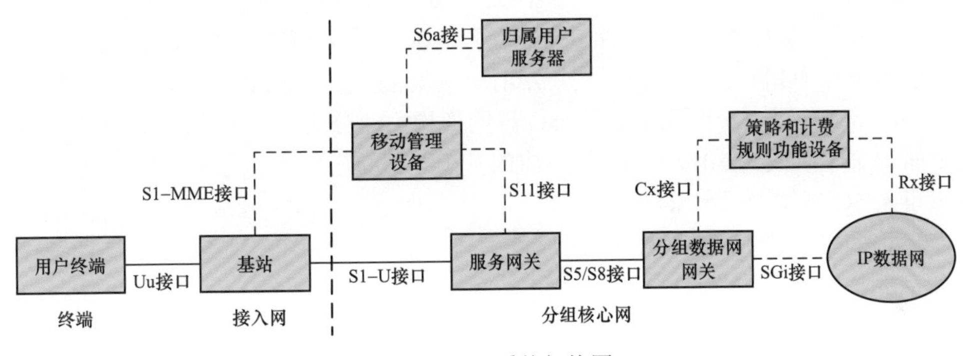

图 9-2　4G 系统架构图

2. 地面无线接入网

地面无线接入网在系统性能和能力方面主要包括以下内容：

（1）更高的空中接口峰值速率及频谱效率。

（2）在地面无线接入网中，不同基站之间底层采用 IP 传输，在逻辑上通过 X2 接口互相连接，形成无线网格网络，用于支持用户终端在整个网络内的移动性，保证用户的无缝切换。每个基站通过 S1 接口和移动性管理设备、服务网关连接，一个基站可以和多个移动性管理设备、服务网关互连，反之亦然。

（3）在地面无线接入网中，由于没有无线网络控制器（Radio Network Controller，RNC），整个地面无线接入网的空中接口协议结构与原来的接入网相比有了较大的不同，特别是不同功能实体的位置出现了很多的变化。原来由无线网络控制器承担的功能被分散到了基站、移动性管理设备和服务网关上。

3. 分组核心网

分组核心网主要提供移动性管理、用户身份的验证及用户数据的传输管理等功能，其各部分组成单元功能如下：

（1）移动性管理设备主要提供移动性管理、用户的鉴权认证及承载管理、服务网关和分组数据网关的选择等功能。通过管理和存储用户终端相关信息，并且还为用户分配临时标识，及时处理移动性管理设备和用户终端之间的所有非接入层消息。

（2）服务网关负责用户面功能，通过接口与用户终端相连，实现用户面数据包的路由转发，它还缓存无线接口空闲状态时的下行数据，对网络的寻呼消息给予支持，管理和存储用户设备的承载信息。

（3）分组数据网关主要提供网关功能，通过为用户终端分配 IP 地址，实现用户终端和多种不同的外部数据网的互联。在 4G 网络中，同一用户终端可同时接入多个分组数据网关使用不同的服务。

9.2.2 5G组网架构

1. 5G组网架构概述

5G组网可支持非独立组网模式（Non-standalone，NSA）和独立组网模式（Standalone，SA）两种组网配置形态。其中，非独立组网是指沿用4G核心网软件架构，并对现有的4G基础设备改造升级，从而实现5G网络功能。基于非独立组网架构的5G载波仅承载用户数据，控制信令仍通过原4G网络进行传输。独立组网则是指新建一张5G网络，包括新基站、回程链路及核心网等。按照3GPP标准规定，5G组网架构主要分为以下三个阶段，具体如下所述：

（1）第一个子阶段为2017年12月完成的基于分组核心网的非独立组网标准（Option3），此版本只引入5G新空口（New Radio，NR），控制面锚定在4G基站侧。分组核心网扩展接入、签约和计费功能支持新空口接入，用户设备利用新空口和LTE双连接提升热点带宽容量，增强移动宽带业务能力。

（2）第二子阶段为2018年6月完成基于5G核心网（5GC）可独立组网标准（Option2），此版本采用端到端5G系统，含5G基站和服务化架构的5G核心网，并通过N26接口实现与分组核心网的互操作。此架构提供支持增强移动宽带和基础低时延高可靠业务的能力，提供网络切片、边缘计算新功能。

（3）第三个子阶段旨在支持更多基于5G核心网的组网方案，为运营商提供更多选择。其中，Option4在Option2的基础上，借助增强LTE（eLTE）空口实现用户面与新空口的双连接能力；Option5是独立组网方案，支持eLTE接入5G核心网；Option7要求eLTE接入5G核心网互连，新空口仍作为从站（SeNB）。子阶段三标准化工作计划在2019年3月份冻结。

2. 5G非独立组网架构

5G非独立组网架构采用分组核心网升级的方式支持5G接入，以4G基站为信令锚点，适用于5G初期覆盖逐渐增强的过程。在2016年6月制定的标准中，3GPP列举了Option3/3a、Option4/4a、Option7/7a、Option8/8a的非独立组网方式，在2017年3月发布的版本中，新增了Option3x和Option7x两个模式作为5G非独立组网架构，具体如下所述：

（1）Option3/3a/3x模式。Option3主要使用的是4G的核心网络，分为主站和从站，与核心网进行控制面命令传输的基站为主站。由于传统的4G基站处理数据的能力有限，需要对基站进行硬件升级改造，变成增强型4G基站，该基站为主站，新部署的5G基站作为从站进行使用。

同时，由于部分4G基站时间较久，运营商不愿意花资金进行基站改造，故而提出Option3a/3x。Option3a就是5G的用户面数据直接传输到4G核心网。而Option3x是将用户面数据分为两个部分，将4G基站不能传输的部分数据使用5G基站进行传输，而剩下的数据仍然使用4G基站进行传输，两者的控制面命令仍然由4G基站进行传输。Option3/3a/3x模式组网架构如图9-3所示，图中实线为用户面，代表传输的数据；虚线为控制面，代表传输管理和调度数据的命令。

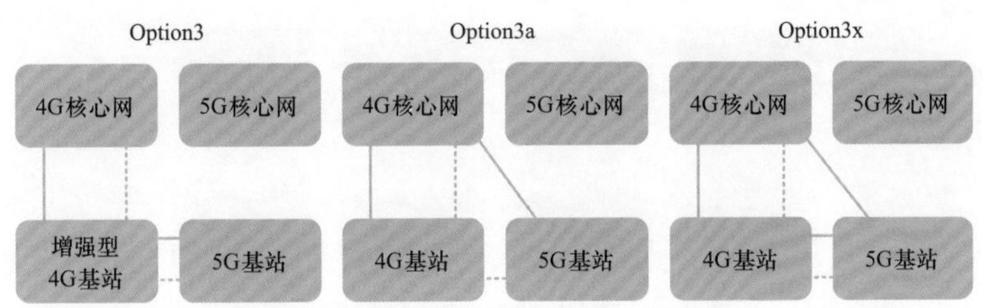

图 9-3　Option3/3a/3x 模式组网架构图

（2）Option4/4a 模式。Option4 与 Option3 的不同之处在于，Option4 的 4G 基站和 5G 基站共用的是 5G 核心网，5G 基站作为主站，4G 基站作为从站。由于 5G 基站具有 4G 基站的功能，所以 Option4 中 4G 基站的用户面和控制面分别通过 5G 基站传输到 5G 核心网中，而 Option4a 中，4G 基站的用户面直接连接到 5G 核心网，控制面仍然从 5G 基站传输到 5G 核心网。Option4/4a 模式组网架构如图 9-4 所示。

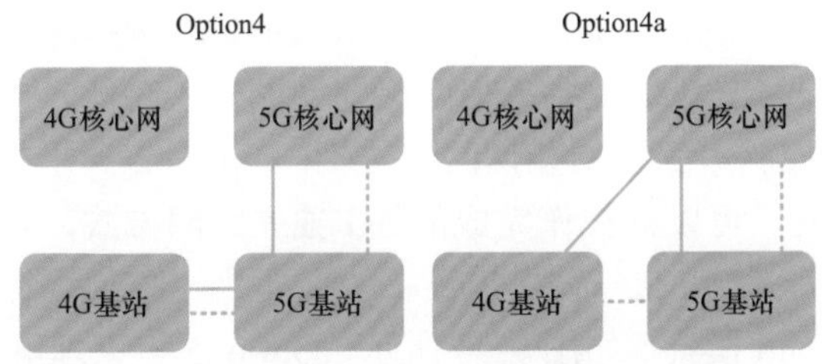

图 9-4　Option4/4a 模式组网架构图

（3）Option7/7a/7x 模式。Option7 和 Option3 类似，唯一的区别是将 Option3 中的 4G 核心网升级为了 5G 核心网，网络间传输方式与 Option3 相同。Option7/7a/7x 模式组网架构如图 9-5 所示。

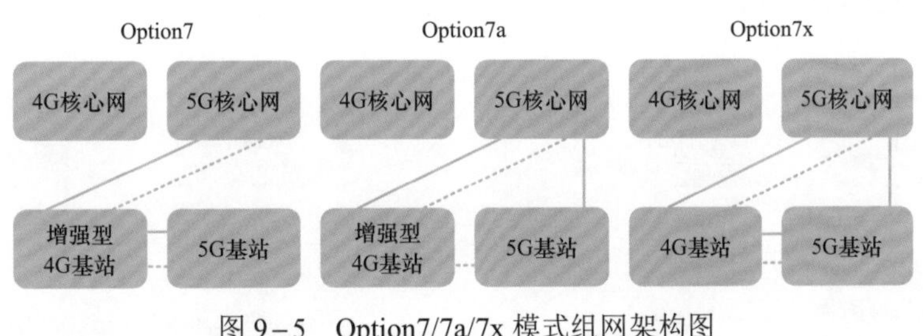

图 9-5　Option7/7a/7x 模式组网架构图

—— 一用户面；······ 一控制面

（4）Option8/8a 模式。Option8/8a 模式中使用的是 4G 核心网，运用 5G 基站将控制面命令和用户面数据传输至 4G 核心网中，由于需要对 4G 核心网进行升级改造，成本更高，改造更加复杂，所以这个选项在 2017 年 3 月发布的版本中被舍弃。Option8/8a 模式组网架构如图 9-6 所示。

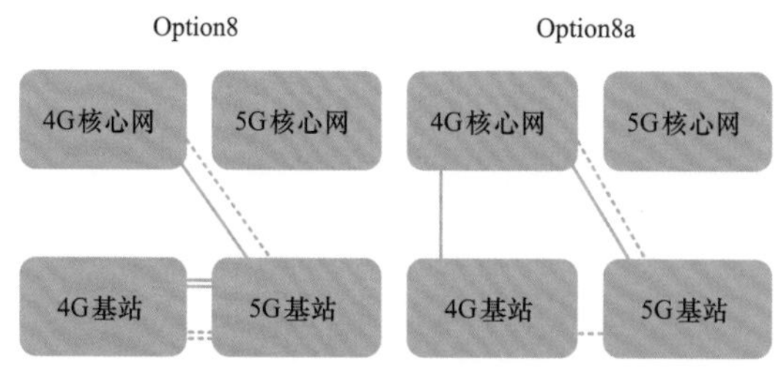

图 9－6　Option8/8a 模式组网架构图

3. 5G 独立组网架构

在 5G 独立组网架构中，3GPP 给出了多种组网方式的选择，适用于不同的部署场景。同时，3GPP 分多个阶段定义 5G 网络，在 2016 年 6 月制定的标准中，3GPP 列举了 Option1、Option2、Option5 和 Option6 的独立组网方式，在 2017 年 3 月发布的版本中，优选了 Option2 和 Option5 两个选项作为 5G 独立组网架构，最终实现 5G 核心网全新定义的服务化架构核心网。独立组网架构是真正意义上完整的 5G 组网架构。

（1）Option1 和 Option2 模式。如图 9－7 所示，Option1 是 4G 网络目前的部署方式，由 4G 的核心网和基站组成，4G 基站主要承担网络前端的接入功能，并将数据传输至 4G 核心网，4G 核心网通过下发控制命令控制整体网络传输。Option2 属于 5G 独立组网方式，使用 5G 的基站和 5G 的核心网，可以被视作完成的 5G 独立组网方式，其服务质量更好，但成本也更高。

（2）Option5 和 Option6 模式。如图 9－8 所示，Option5 可以理解为先部署 5G 的核心网，并在 5G 核心网中实现 4G 核心网的功能，先使用增强型 4G 基站，随后再逐步部署 5G 基站完成 5G 独立组网部署，相较于 Option2，该方案部署周期更长，但可以有效降低网络部署成本。而 Option6 则是先部署 5G 基站，并采用 4G 核心网进行业务数据传输，再逐步升级核心网为 5G，该方案会限制 5G 系统的部分功能，如网络切片、确定性服务等，所以 Option6 在 3GPP 后续的标准中已经被舍弃。

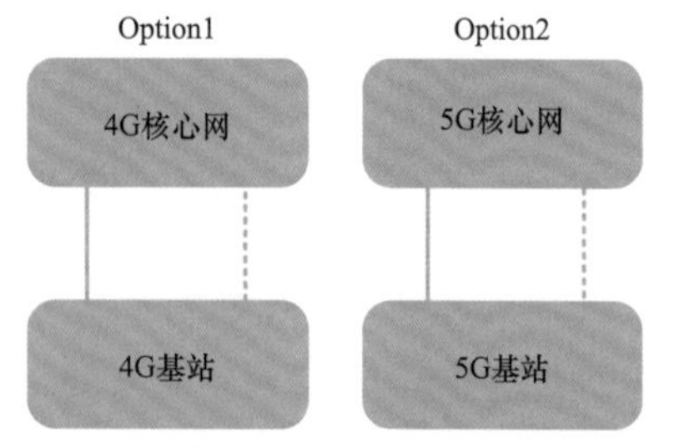

图 9－7　Option1 和 Option2 模式组网架构图

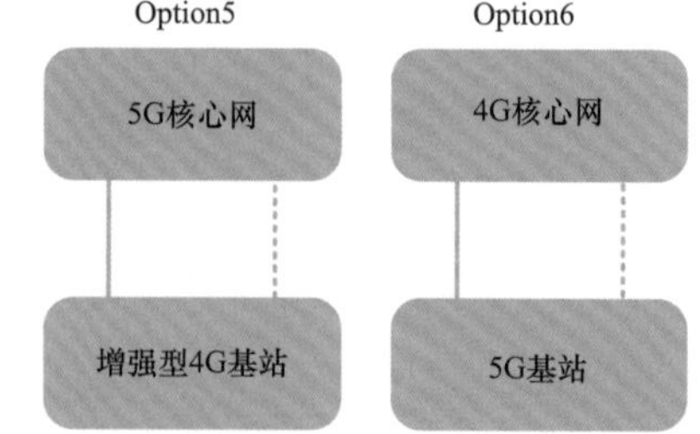

图 9－8　Option5 和 Option6 模式组网架构图

4. 5G 独立组网与非独立组网模式对比

初期 5G 组网方案在核心网方面有两种选择：一是升级现分组核心网支持非独立组网的 Option3 部署架构；二是新建 5G 核心网，支持独立组网 Option2 方案，推动架构和基础设施的跨越发展。综上所述，非独立组网无法提供完整的 5G 能力，与未来网络目标架构不兼容，表面上能占据首发的先机，但失去的可能是 4G 网稳定性和 5G 新兴市场机会。与之相对，独立组网方案是运营商网络架构和业务能力的跨越式发展，可全面满足万物互联的 5G 愿景，信息基础设施的适当超前发展有利于推动 5G 全产业生态的成熟。5G 非独立组网/独立组网架构对比见表 9–1。

表 9–1　5G 独立组网与非独立组网性能对比

<table>
<tr><th colspan="2">对比维度</th><th>非独立组网</th><th>独立组网</th></tr>
<tr><td colspan="2">业务能力</td><td>仅支持大带宽业务</td><td>较优：支持大带宽和低时延业务，便于拓展垂直行业</td></tr>
<tr><td colspan="2">4G/5G 组网灵活度</td><td>较差：异厂商分流性能可能不理想</td><td>较优：可异厂商</td></tr>
<tr><td rowspan="2">语音能力</td><td>方案</td><td>4G VoLTE</td><td>Vo5G 或回落至 4G VoLTE</td></tr>
<tr><td>性能</td><td>同 4G</td><td>Vo5G 性能取决于 5G 覆盖水平，VoLTE 性能同 4G</td></tr>
<tr><td rowspan="3">基本性能</td><td>终端吞吐量</td><td>下行峰值速率优（4G/5G 双连接，非独立组网比独立组网优 7%）
上行边缘速率优（尤其是 FDD 为锚定时）</td><td>上行峰值速率高（5G 终端双发，独立组网方式高于非独立组网方式 87%）上行边缘速率低（后续可增强）</td></tr>
<tr><td>覆盖性能</td><td>同 4G</td><td>初期 5G 连续覆盖挑战大</td></tr>
<tr><td>业务连续性</td><td>较优：同 4G，不涉及 4G/5G 系统间切换</td><td>较差：初期未连接覆盖时，4G/5G 系统间切换多</td></tr>
<tr><td rowspan="2">对 4G 现网改造</td><td>无线网</td><td>改造较大且未来升级独立组网不能复用，存在二次改造</td><td>改造较小：4G 升级支持与 5G 互操作，配置 5G 邻区</td></tr>
<tr><td>核心网</td><td>改造较小：方案一升级支持 5G 接入，需扩容；方案二新建虚拟化设备，可升级支持 5G 核心网</td><td>改造小：升级支持与 5G 互操作</td></tr>
<tr><td rowspan="2">5G 实施难度</td><td>无线网</td><td>难度较小：新建 5G 基站，与 4G 基站连接；连接覆盖压力小，邻区参数配置少</td><td>难度较大：新建 5G 基站，配置 4G 邻区；连接覆盖压力大</td></tr>
<tr><td>核心网</td><td>不涉及</td><td>难度较大：新建 5G 核心网，需与 4G 进行网络、业务、计算、网管等融合</td></tr>
</table>

9.3 关键技术

9.3.1 4G 移动通信技术

1. 载波聚合技术

载波聚合技术的核心是将多个连续或非连续的小区空闲载波聚合在一起形成一个更大带宽的载波集合来为一个终端服务，从而能够快速提高上行传输速率和下行下载速率、小区频谱利用率，以及在小区边界上用户的性能，提供更高的峰值速率和更大的系统容量。根据载波聚合中被聚合的成分载波频段位置的分布情况，载波聚合可分为三种方式，如图 9–9 所示，即带内连续载波（Continuous Carrier，CC）聚合、带内非连续载波聚合和带间非连续载波聚合。

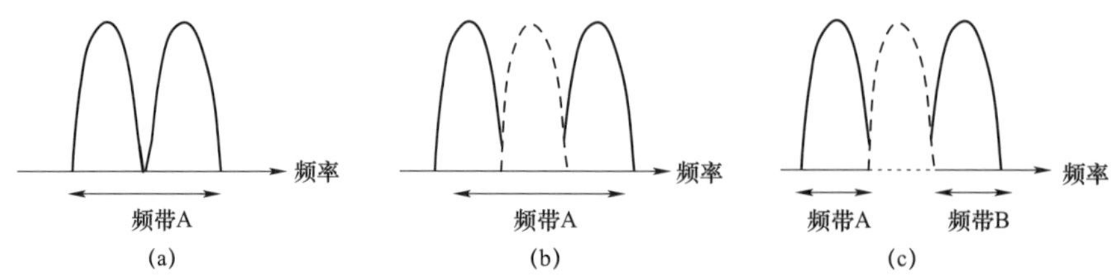

图 9-9　三种载波聚合示意图

（a）带内连续载波聚合；（b）带内非连续载波聚合；（c）带间非连续载波聚合

（1）带内连续载波聚合是指所有成分载波频谱上连续并且处在同一频带内。被聚合的相邻成分载波中心频率间隔为 300kHz 的整数倍，该聚合方式用于频谱资源较为丰富的情况下，最易实现。

（2）带内非连续载波聚合是指所有被聚合的成分载波均在同一频带内，但是其中至少有一个成分载波分布不连续的情况。在这种类型下，网络往往可以获得更高的频谱利用率，较难实现。

（3）所有成分载波至少分布在两个及以上的带内称为频带间非连续的载波聚合。通过利用不同频带的不同无线传输特性，可以提高对移动性的鲁棒性。但对终端设备处理能力要求高，难以实现。

2. 增强多天线技术

多天线（Multi Input Multi Output，MIMO）技术是 4G 提高单载波数据传输性能的主要手段之一，主要包含下行多天线和上行多天线技术。

（1）下行多天线技术。4G 将多天线配置扩展到了八流，下行单用户峰值速率提高一倍。同时，也进一步优化了四天线传输方案，以提升四天线系统的性能。另外，还增强了多用户 MIMO 技术，以支持最多四个用户的空分复用，可以实现每个用户不超过两层、总层数不超过四层的多用户 MIMO 传输。通过多用户 MIMO 透明传输增加调度灵活性，使用户可以在单用户 MIMO 和多用户 MIMO 间动态转换。

（2）上行多天线技术。随着提升上行频谱效率的需求日益强烈，4G 将上行多天线技术扩展到支持 4×4 天线，可以实现 4 倍的峰值速率。此外，多个用户可以通过“虚拟 MIMO”方式实现上行多用户 MIMO 传输，与下行多用户 MIMO 类似，上行多用户 MIMO 对用户也是透明的。

3. 多点协作传输技术

多点协作传输（Coordinated Multiple Points Transmission/Reception，CoMP）技术是对传统单基站 MIMO 的补充和扩展，可以通过基站间协同传输，改善小区边缘用户的吞吐量。CoMP 主要包括协调调度/波束赋形、动态传输点选择及联合传输三种实现方式，具体如下所述：

（1）协调调度/波束赋形和动态传输点选择方式在同一时刻只有一个接入点与用户进行通信，其中协调调度是指系统侧根据干扰等信息在多个接入点间实现联合的调度；动态传输点选择是系统在不同时刻为终端选择不同的传输点发送数据。

（2）联合传输方式则是单个用户数据通过多个协作基站并行传输，基站间通过共享数据及信道回馈信息、调度信息等，联合为目标用户提供服务。由于频分双工模式（Frequency-division Duplex，FDD）系统中联合传输所需的信令设计复杂，LTE－A FDD 系统不支持联合传输技术，而 TD－LTE/TD－LTE－A 系统可利用信道互易性实现联合传输技术。

4. 中继技术

中继技术指通过在基站与移动台之间增加了一个或多个中继节点，实现对无线信号的一次或者多次转发，即无线信号要经过多跳才能到达移动台。通过快速、灵活地部署一些节点，并且利用无线传输的方式与基站连接，中继技术可显著提高系统容量和网络覆盖范围。以较简单的两跳中继为例，通过中继技术将基站—终端链路转变成基站—中继站和中继站—终端两个链路，使用两个质量较好的链路替换原有质量较差的链路，实现更高的链路容量及更高的覆盖范围。

9.3.2　5G 移动通信技术

1. 大规模天线技术

大规模天线（Massive MIMO）技术基于多用户波束成形原理，通过空间信号隔离，在一个频率资源上同时传输多个信号，从而可以大大提高频带资源的利用率，并且提升网络的系统容量。如图 9－10 所示，其应用场景主要包括高层建筑、宏覆盖、室内外热点、异构网络和无线回传链路等。大规模天线技术具有提高空间自由度、信道硬化及支持低时延通信等优点，具体如下所述：

（1）提高空间自由度。大规模天线采用多行多列的布局，相较于传统 8 天线只能实现水平维度的波束赋形，大规模天线增加了垂直维度，充分利用了信道的垂直自由度，可以实现密集环境、三维空间上的用户区分。

（2）信道硬化。当天线数量足够多时，具有随机性的信道参数将会转变为确定性，信道相干时间相应延长，减少快衰落的影响。信道硬化可以使基站侧复杂的非线性预编码转变为简单的线性预编码，但这个特性受到天线数量和硬件的影响无法广泛应用，还需进一步研究。

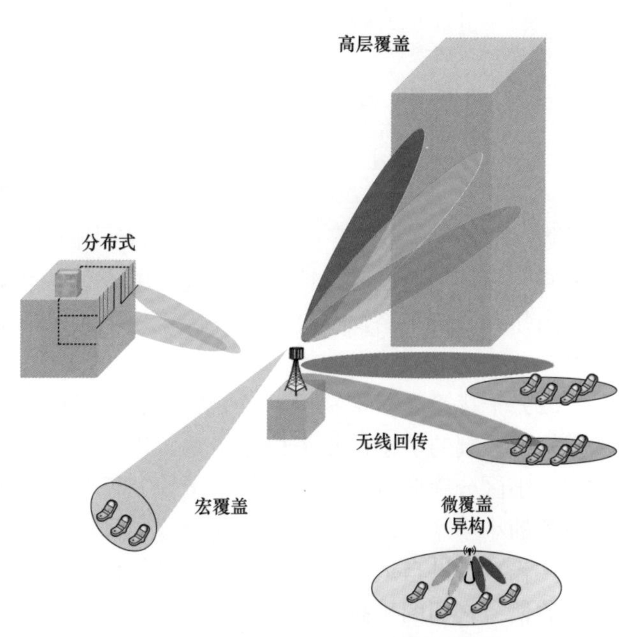

图 9－10　大规模天线应用场景图

（3）支持低时延通信。针对信道深度衰落，传统通信需要通过利用信道编码和交织器将信号糅杂，从而使连续错误分散到不同时间段上，而接收机只有在接收到所有时间段的数据后才能获得完整信息，这造成了较高的时延。大规模天线利用大数定律产生平坦衰落信道，弱化深度衰落影响，简化对抗过程，实现时延的降低。

2. 超密集组网技术

超密集组网技术是 5G 的关键技术之一，通过密集化部署无线网络基础设施，将宏基站小区和许多微小区组合成异构网络，实现超高的频率复用效率及百倍量级的系统容量提高。该技术主要应用在办公室、密集街区、密集住宅、大型集会、校园等场景。其主要包含接入和回传联合技术、干扰管理和抑制技术及小区虚拟化技术，主要内容如下：

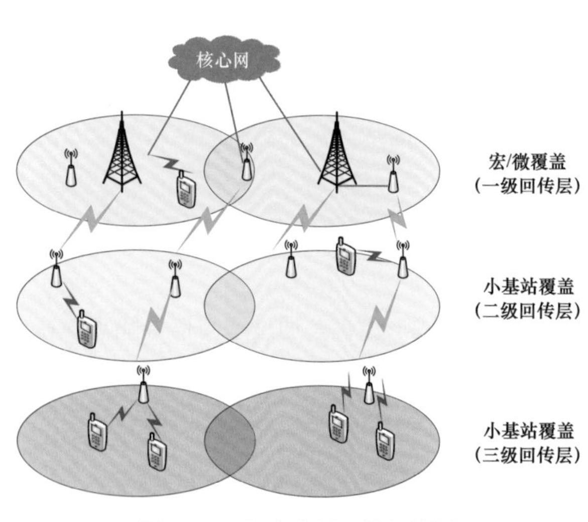

图 9－11　混合分层回传架构图

——一有线回传链路；—无线回传链路；—接入链路

（1）接入和回传联合技术。接入和回传联合技术包括混合分层回传、多跳多路径的回传、自回传技术及灵活回传技术等。其中，混合分层回传架构如图 9－11 所示，该架构中包含三层回传。一级回传层包含宏基站及具有有线回传资源的小基站，处于二级回传层的基站通过一跳的形式与一级回传层中的基站进行连接，三级及以下回传层的小基站与上一级回传层以一跳形式连接、以两跳/多跳形式与一级回传层基站相连接。通过有线与无线的结合，实现了轻快、即插即用的超密集小区组网的建设。多跳多路径的回传技术通过在无线回传小基站和相邻小基站进行多跳，实现路径建立、路径选择、承载管理、回传及接入链路的联合资源调度与干扰消除，显著提高系统容量。自回传技术是指回传链路和接入链路使用相同的无线传输技术，共用同一频带，通过时分或频分方式复用资源。灵活回传技术通过灵活分配系统资源、调整网络拓扑和回传策略，提高端到端传输效率，保障端到端业务服务质量，降低部署以及运营成本。

（2）干扰管理和抑制技术。超密集组网干扰管理和抑制技术主要包括自适应小小区分簇、基于集中控制的多小区相干协作传输，以及基于分簇的多小区频率资源协调技术。其中，自适应小小区分簇通过动态调整每个子帧、每个小小区的开关状态，关闭无用户连接或无须提供服务的小小区，动态进行小小区分簇，降低小小区间的干扰。基于集中控制的多小区相干协作传输，通过自适应联合周边小区进行协作传输，同时终端对采用先进技术消除来自不同小区的信号之间的干扰，实现系统频谱效率的显著提升。基于分簇的多小区频率资源协调，通过基于整体性能最优的频率资源划分原则，对密集小基站进行分簇，相同频率的基站为一簇，明显提升边缘用户的通信体验。

（3）小区虚拟化技术。小区虚拟化技术主要包括以用户为中心的虚拟化小区技术、虚拟层技术及软扇区技术。其中，以用户为中心的虚拟化小区技术通过围绕用户建立覆盖、提供服务，并保障虚拟小区与终端之间较高的链路质量，提高用户服务质量和体验质量。虚拟层技术原理如图 9-12 所示。其中，通过密集部署的小基站来构建虚拟层和实体层网络。虚拟层主要提供承载广播、寻呼等控制信令，负责移动性管理等功能。实体层主要提供承载数据传输功能。软扇区技术原理如图 9-13 所示。其中，集中式设备通过波束赋形手段形成多个软扇区，并提供虚拟软扇区和物理小区间统一的管理优化平台。虚拟层技术提供了一种易于部署、易于维护的轻型解决方案，可以有效降低运营商维护复杂度及成本。

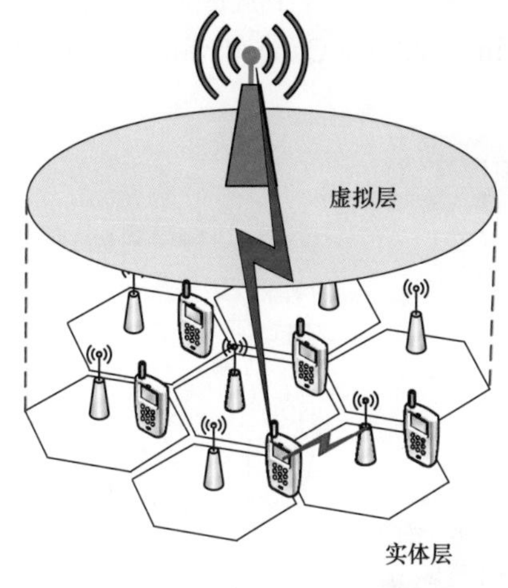

图 9-12　虚拟层技术示意图

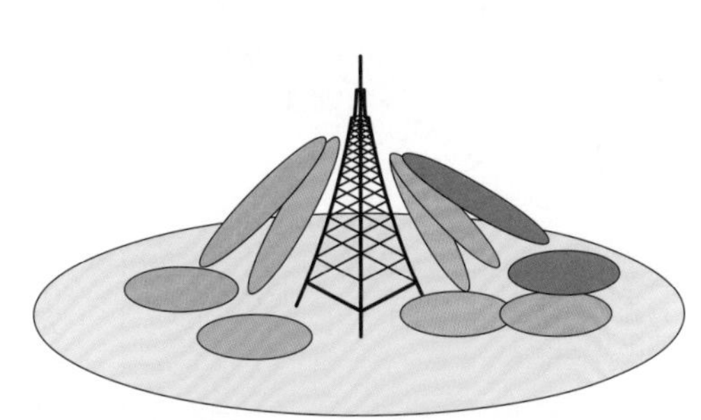

图 9-13　软扇区技术示意图

3. 新型多址技术

新型多址技术通过允许不同数据在相同资源块上进行叠加传输，并且采用免调度传输来简化信令流程，实现系统频谱效率与系统容量的显著提升，大幅降低空口传输时延。新型多址技术主要包括稀疏编码多址接入（Sparse Code Multiple Access，SCMA）技术、图样分割多址接入（Pattern Division Multiple Access，PDMA）技术、多用户共享接入（Multi-User Shared Access，MUSA）技术及非正交多址接入技术（Non-Orthogonal Multiple Access，NOMA），具体如下所述：

（1）稀疏编码多址接入技术。SCMA 是一种基于码域叠加的新型多址技术。其主要思想是结合低密度码和调制技术，通过码域扩展和非正交叠加，并采用共轭、置换，以及相位旋转等手段为用户选择最优的码本，实现同样资源数下容纳更多用户，使得在用户体验不受影响的前提下，增加网络总体吞吐量。与现有技术不同，SCMA 将比特直接映射为多维调制符号表示的码字，具体如图 9-14 所示。其中，SCMA 包含多个数据层，每一个数据层对应一个预先定义好的码本，每个码本包含多个码字，

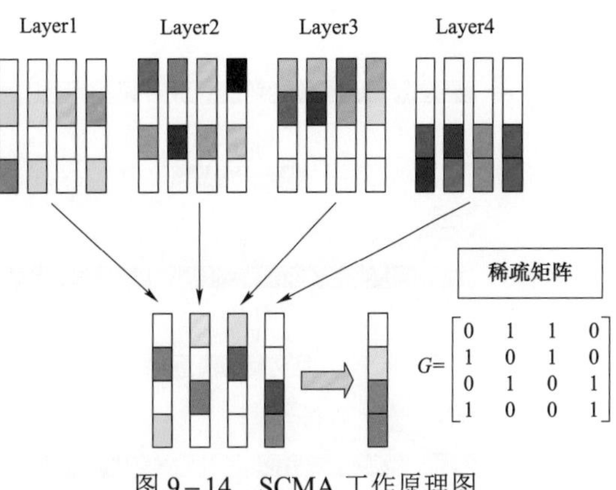

图 9-14　SCMA 工作原理图

同一个码本中的不同码字具有相同的稀疏图样。比特到码字映射时，根据比特对应的编号从码本中选择对应的码字，以非正交的方式叠加，因此，SCMA 需要考虑多个用户复用时相互之间的影响。

（2）图样分割多址接入技术。如图 9-15 所示，PDMA 以多用户信息理论为基础，其技术框架主要包括发送端及接收端。在发送端，基于时域、频域、空域等多个信号域的非正交特征图样，采用图样分割技术合理分割用户信号，提高接收端串行干扰删除的检测性能。在接收端，采用广义串行干扰删除（General Successive Interference Cancellation，General SIC）技术实现用户信号的准确接收。

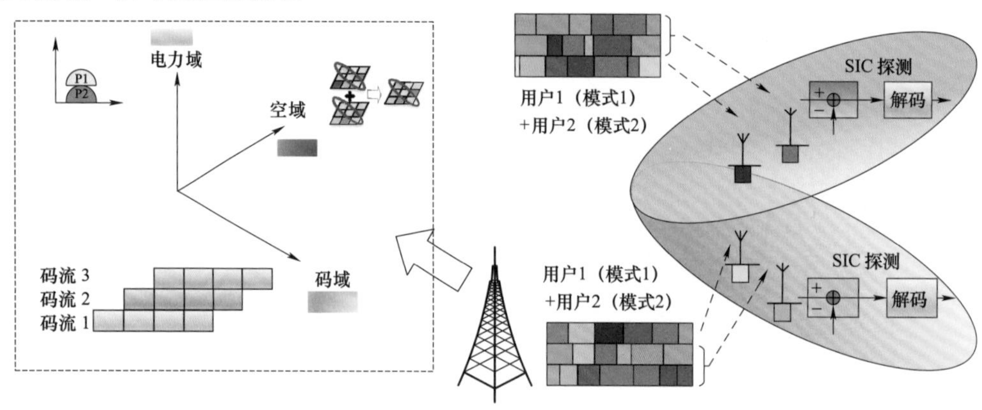

图 9-15　PDMA 下行应用技术框架图

（3）多用户共享接入技术。MUSA 是一种基于码域叠加的多址接入方案。MUSA 上行工作原理如图 9-16 所示。首先，当任务数据接入时，终端从睡眠状态切换至激活状态，并采用容易串行干扰删除的、低互相关的复数域多元码序列来扩展调制信号。其次，在相同的时频无线资源里发送扩展的调制信号。最后，在接收端采用线性处理以及码块级的串行干扰消除技术来实现不同用户信息的准确接受。

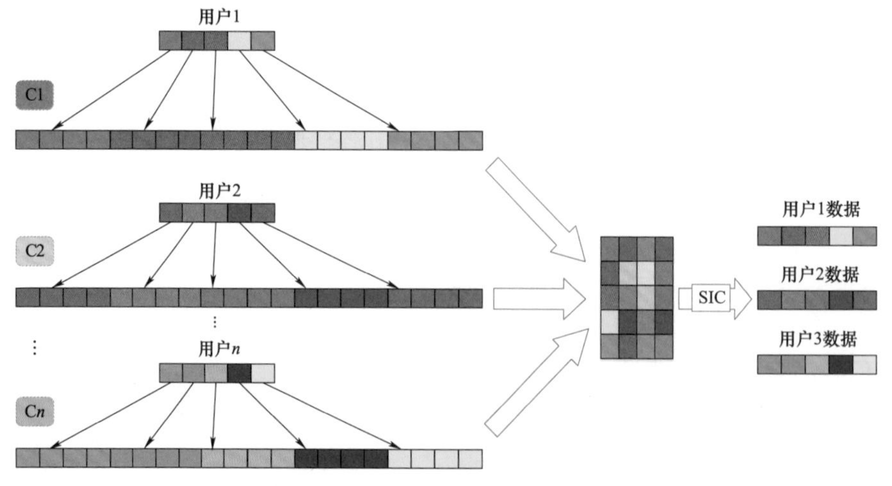

图 9-16　MUSA 上行工作原理图

（4）非正交多址技术。NOMA 可主要分为码域非正交多址和功率域非正交多址两大类。最具代表性的码域非正交多址技术包括低密度扩频 CDMA、低密度扩频 OFDM 及稀疏码分多址等。如图 9-17 所示，非正交多址技术是一种融合了 3G 串行干扰消除和 4G 正交频分复用的新技术，其基本思想是在发送端采用非正交发送，主动引入干扰信息，在接收端通过串行干扰消除检测接收机实现正确解调。非正交多址技术的子信道传输仍采用正交频分复用或者离散傅里叶变换正交频分复用技术，独特之处在于其允许多个用户共享一个子信道，从而提高频谱效率和接入容量。

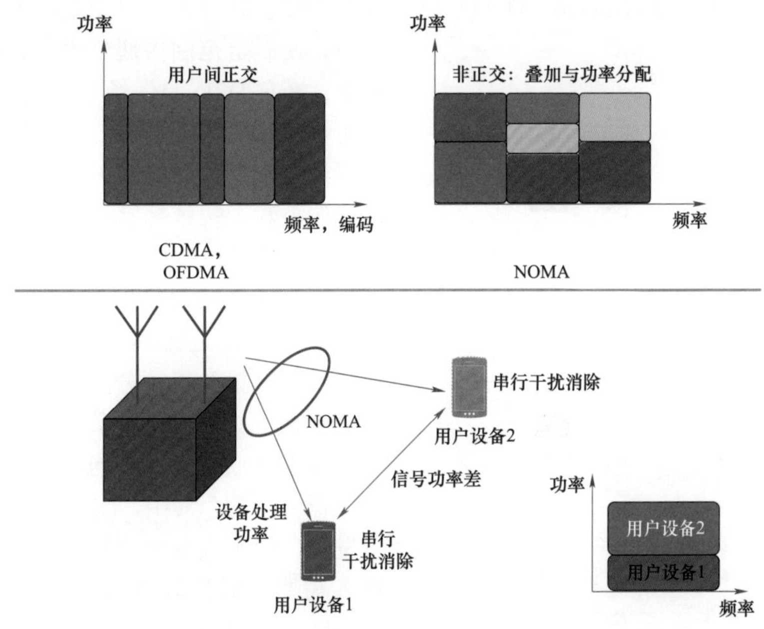

图 9-17　非正交多址技术原理图

4. 新型多载波技术

面向未来 5G 更加丰富的应用场景，包括多样化的业务类型、更高的频谱效率及更大的连接数等需求，正交频分复用技术将面临巨大挑战，如较高的带外泄露、对时频同步偏差比较敏感，以及要求全频带统一的波形参数等。新型多载波技术作为正交频分复用技术（Orthogonal Frequency Division Multiplexing，OFDM）的补充，具有高频谱效率、支持新业务、高速移动场景、灵活性、可扩展性、低复杂度及良好的兼容性等优点，可以更好地支撑 5G 的各种应用场景。

目前，新型多载波技术主要包含 F-OFDM 技术、通用滤波多载波（Universal Filtered Multi-Carrier，UFMC）技术和滤波器组多载波（Filter Bank Multi-Carrier，FBMC）技术等。新型多载波技术通过采用滤波机制，通过滤波减小子载波的频谱泄露或者小子带，具有更宽松的时频同步要求，克服了 OFDM 的主要缺点。其中，F-OFDM 通过采用时域冲击响应较长的滤波器，以及与 OFDM 相同的信号处理技术，实现与 OFDM 完美兼容。UFMC 则使用了冲击响应较短的滤波器，并且采用与 OFDM 不同的信号处理技术。二者均可以通过子带滤波实现子带之间参数配置的解耦，因此，系统带宽可以根据业务的不同，划分成不同的子带，并在每个子带上配置不同子载波间隔和循环前缀（Cyclic Prefix，CP）长度等，从而实现灵活自适应的空口，增强系统对各种业务的支持能力，提高系统的灵活性和可扩展性。FBMC 基于子载波的滤波，放弃了复数域的正交，通过一个精心设计的原型滤波器来塑形调制信号，具有良好的时域和频域特性。而且，FBMC 能够提供一定的自由度来优化波形设计，以满足用户不同的传输要求。

5. 终端直通技术

终端直通（Device-to-Device，D2D）是一种不依靠基础设施、复用基站上行链路及下行链路、使一定范围内通信设备直接信息交互的技术。蜂窝 D2D 通信场景如图 9－18 所示，它既可以在基站的统一控制和调度下进行连接和资源分配，也可以在无基础设施时完成数据链路的传输。传统蜂窝通信需要上行链路和下行链路配合，而 D2D 通信则只需一条链路，通过终端设备直接通信，进行数据的传输。在基站的协助下，近距离内终端设备借助设备发现、模式选择及资源分配技术完成通信，实现较低能耗、更短时延的数据传输。

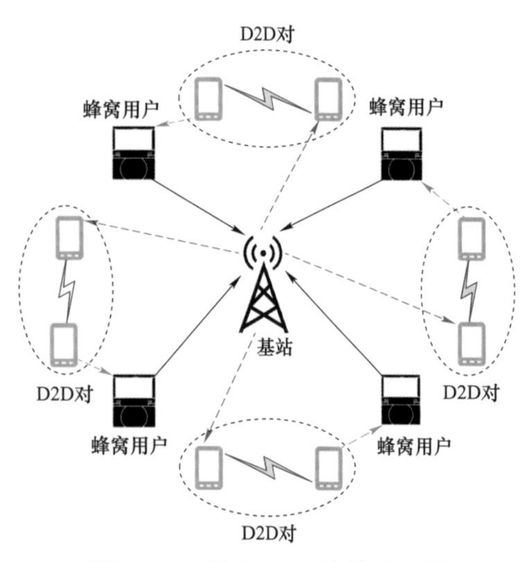

图 9－18 蜂窝 D2D 场景示意图

—D2D 链路；——蜂窝链路；
----—蜂窝对 D2D 的干扰；----—D2D 对蜂窝的干扰

终端直通技术主要包括设备发现、模式选择及资源分配。其中，D2D 通信的第一步是设备发现，由于设备的位置是实时变化的，当前设备需要及时感知到周围其他设备的位置变化。设备发现可分为设备终端感知和设备终端识别，前者是主设备向周围设备发送信息量较小的通知信息，后者是通信设备发送信息量较大的身份信息、状态信息和应用层信息。其次，第二步是模式选择及资源分配。根据频谱利用率和通信干扰情况可将 D2D 通信模式分为蜂窝模式、专用模式和复用模式。蜂窝模式和传统蜂窝通信相同，分为上行链路和下行链路两部分，频谱利用率低但是彼此之间正交；专用模式的 D2D 通信在发送端和接收端直接建立连接并进行数据传输，享有临近增益的同时不会造成信号干扰；复用模式的 D2D 通信收发端同样无须基站转发，直接建立通信链路，但是频谱资源的复用在提高频谱利用率的同时为蜂窝用户和 D2D 用户带来干扰。

6. 多接入边缘计算

多接入边缘计算（Multi-Access Edge Computing，MEC）是为网络运营商和服务提供商提供云计算能力和网络边缘服务的网络架构，采用异构的方式，深度融合传统蜂窝网络与互联网业务，使边缘计算延伸至其他无线接入网络，进一步支持 3GPP 和非 3GPP 的多址接入。该网络架构可减少移动业务的端到端时延，发掘无线网络的潜力，提升用户体验。不同于云计算聚焦非实时、长周期数据的分析方式，多接入边缘计算作为云计算的协同补充，侧重局部、实时、短周期数据的分析，通过将云计算能力下沉，在更靠近无线边缘的数据源头就近提供服务，进行数据处理、分析和存储。通过应用程序编程接口及本地化的计算存储，实现计算及存储资源的弹性利用，使网络智能。如图 9–19 所示，由于移动、固定等多种网络的同时存在，通过构建统一的 MEC，实现固定、移动网络的边缘融合，缓解回传网络压力，保障用户体验。

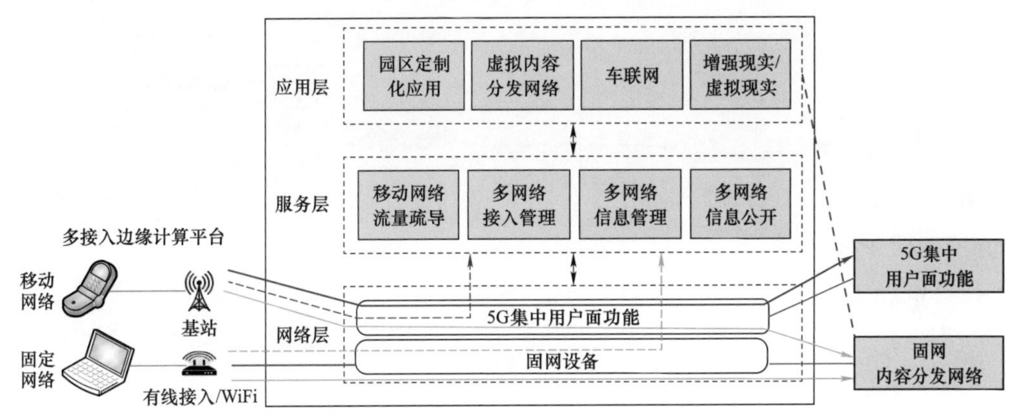

图 9–19　面向固移融合的多接入边缘计算示意图

—移动网络普通业务流；—固网普通业务流；—移动网络视频等业务流；—移动网络本地业务流；—固网本地业务流；——MEC 应用与中心内容分发网络交互

7. 网络切片

5G 网络切片技术在同一个物理基础网络上划分多个互相隔离的虚拟网络，网络切片间完全隔离，在某一切片中发生错误和障碍时不会对其他切片产生影响，每个虚拟网络根据不同的服务需求来搭建，以灵活地应对不同的网络应用场景。网络切片基于指定的网络功能和特定的接入网技术，灵活设计各切片的功能、性能、连接关系、运维等，按需构建端到端的逻辑网络，为不同的业务或用户群提供差异化的网络服务。网络切片具有端到端、定制性和隔离性等主要特征。其中，端到端体现在网络的每个层面，不仅核心网需要切片，接入网，传输网，甚至网络控制器、终端都需要切片；定制性表现为网络能力、网络性能、接入方式、服务范围和部署策略均可定制，有助于各行业分步、按需、快速地开通新业务；隔离性是指为各网络切片提供安全隔离、资源隔离与操作维护隔离等保障，使各切片之间相互绝缘，互不影响。

网络切片总体架构分为端、管、云、安全体系 4 个部分。端的层面，主要包括集中器、电能表、监控器、差动保护装置、无人机、巡检机器人、高清摄像头等不同电力终端，分别对应 mMTC、URLLC、eMBB 三大网络切片场景。管的层面，主要包括基站、传输承载网、核心网等，共同为电力物联网提供网络切片服务。在三大网络切片基础上，根据电力业务的不同分区进一步提供子切片服务，保证电力业务的安全隔离要求，同时与电力各类业务平台对接，实现电力终端至主站系统的可靠承载。此外，运营商网络通过能力开放平台，实现终端与网络信息的开放共享，进而为电力行业提供网络切片二次运营的可能。图 9–20 展示了电网信息采集切片、配电自动化切片和精准负荷切片的设计架构，分别满足对应场景的业务技术指标要求。云的层面，主要包括传统的电力业务平台和电力业务通信管理支撑平台两大类，可为电力行业客户提供更开放、更便捷的终端业务自主管理、自主可控能力。

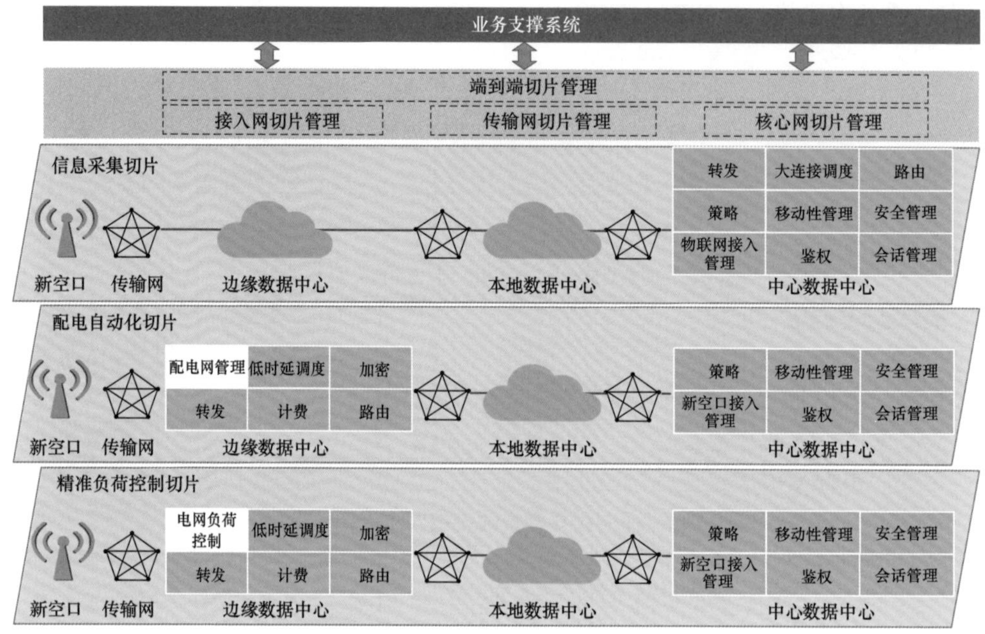

图 9-20　电网多切片设计架构图

安全体系涵盖了端、管、云三个层次，云层面根据电力行业及国家相关要求，在电力生产控制类业务进入业务平台前，将其接入安全接入区，进行必要的网闸隔离。安全防控的重点聚焦在管、端两侧，主要利用 5G 提供的统一认证框架、多层次网络切片安全管理、灵活的二次认证和密钥能力及安全能力开放等新属性，进一步提升安全性。

8. 低时延高可靠技术

低时延高可靠技术是5G URLLC场景下的关键技术，要求空口1ms和端到端毫秒级时延，低时延高可靠技术主要应用移动物联网极端场景，以提升 5G 用户体验和 5G 系统整体性能。低时延高可靠技术主要包含基于多连接的空口传输技术、免调度传输技术和动态自组织网络技术，具体如下所述：

（1）基于多连接的空口传输技术。如图 9-21 所示，在多连接传输技术中，终端保持连接的多条无线传输通道同时为终端提供业务数据传输，提供空间和频率上的冗余传输，实现在低时延下的高可靠性。终端保持多个无线连接，通常用于提高用户吞吐量或供用户选择更为经济的无线传输通道。同时意味着终端具有更多的频率资源和空间资源。在保证与终端连接的同时传输业务数据，可充分满足数据传输的高可靠与低时延需求，进一步实现频率冗余传输和空间冗余传输。举例来说，如果有两条无线链路同时为终端提供数据传输，每条链路的传输可靠性为 10^{-3}，时延为 5ms，如果在这两条无线链路上为终端传输相同的业务数据，在 5ms 内，业务数据传输可靠性可以达到 10^{-6}。

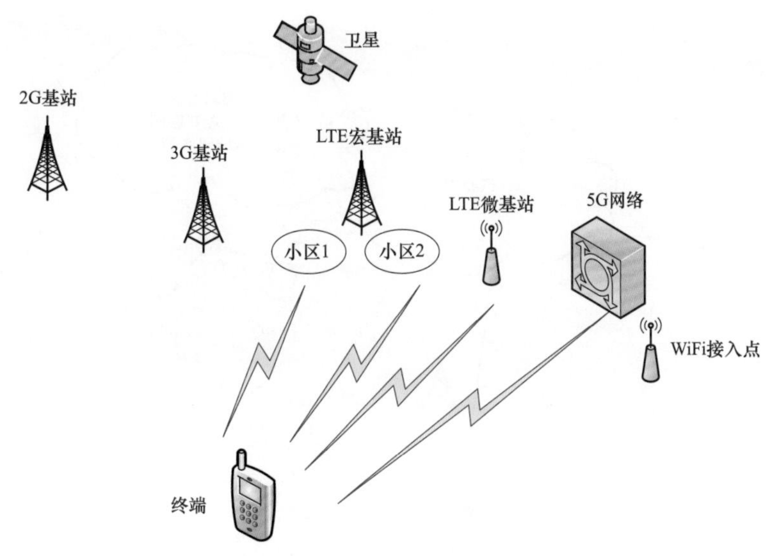

图 9-21　多空口连接示意图

（2）免调度传输技术。如图 9-22 所示，免调度传输无须经过基站终端间的资源请求和调度过程，可实现数据传输的低时延。它主要有两种资源上行传输方式，即预分配资源方式和基于竞争的上行传输方式，在预分配资源方式中，基站为用户设备（User Equipment，UE）预分配资源，UE 发送数据的资源属于 UE 专用，不存在竞争和冲突问题，传输时延最短。但由于资源不共享，易造成整体通信网络效率较低，同时不适合大量终端存在的场景。在基于竞争的上行传输方式下，发送数据的上行资源多个 UE 共享。随着 5G 引入新型多址技术，免调度传输更加高效可行。

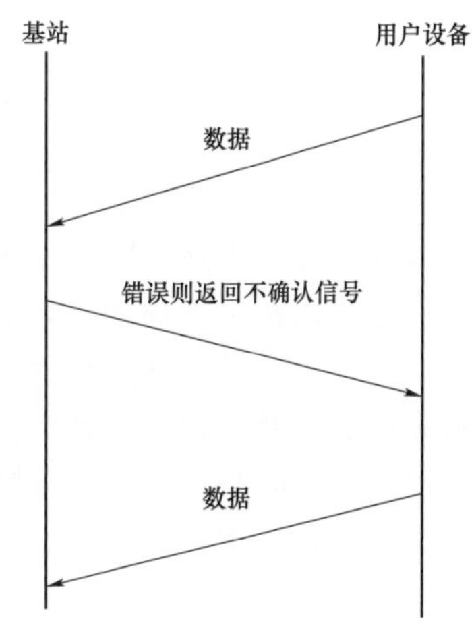

图 9-22　免调度传输方式示意图

（3）动态自组织网络技术。图 9-23 所示为三个场景下的网络组织方式示意图，其中动态自组织网络与集中控制网络相对应，具有本地管理、本地控制、数据和传输功能本地化的特点。利用动态自组织网络技术可以最小化网络侧时延，从而解决数据往返路由，排队等待等问题。动态自组织网络可以与蜂窝网基站、核心网连接，由蜂窝网全权控制，也可以由本地控制中心控制，动态自组织网络内的通信方式可以是基于蜂窝网的数据传输、基于“簇管理”的簇内传输，或终端直通通信。

9. 低功耗大连接技术

低功耗大连接技术是 5G 海量机器类通信场景下的关键技术，在海量终端连接方面，低功耗大连接技术可以为机器类设备提供无处不在的覆盖、全球范围的连接和足够的可靠性、安全性，延长设备的使用寿命，保障网络的连通性。低功率大连接技术主要包含非连续接收技术和功率节约模式，具体如下所述：

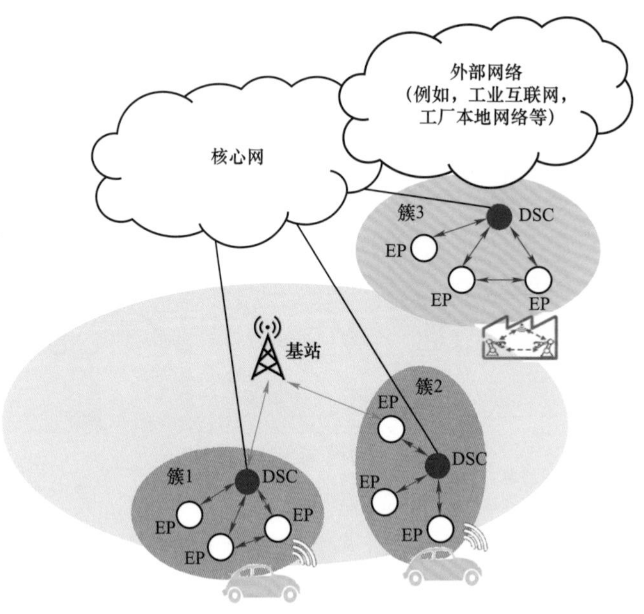

图 9-23　动态自组织网络组织方式示意图

—与基站相连；—本地空口传输；—控制面接口；—蜂窝网；
—动态自组织网络；—终端（EP）；—本地控制中心（DSC）

（1）非连续接收。非连续接收技术分为空闲态和连接态两种模式。处于空闲态时，用户设备只需在每个周期内相应寻呼帧上的寻呼时刻去监听下行物理控制信道，若无寻呼消息，用户设备进入休眠状态。否则，将在下一周期切换为连接态。连接态模式包含激活期和非激活期两种状态。其中，连接态的原理图如图 9-24 所示，在激活期利用去激活定时器记录活跃时长，并对下行物理控制信道进行监听，若在去激活计时器计时溢出之前监听到数据传输请求则重置去激活定时器，并立即执行传输任务，否则进入非活跃期；在非活跃期，若用户设备在开启态监测到调度信息则重新进入激活态，否则在开启态计时结束后进入休眠态。

（2）功率节约模式。功率节约模式定义了一种新的终端状态，即功率节约态。它允许终端在进入空闲态一段时间后，进入功率节约态，通过关闭信号的收发及接入层相关功能，从而减少待机状态天线、射频，以及信令处理的功耗开销。处于功率节约态的终端设备无法监听基站寻呼、不能执行数据收发功能，基本处于关机状态，但仍然与网络保持连接，再次启动时不需要重新进行附着申请。功率节约模式下的终端模式转换如图 9-25 所示，其中 T3412 和 T3324 分别为跟踪区更新周期定时器和活跃定时器，用于控制状态转换。当跟踪区更新（Tracking Area Update，TAU）定时器溢出或存在数据发送需求时，终端退出功率节约态并处理上下行业务。终端处理完数据之后释放无线资源控制连接，回到空闲模式同时启动 T3324 定时器，待计时溢出后终端再次进入功率节约模式。

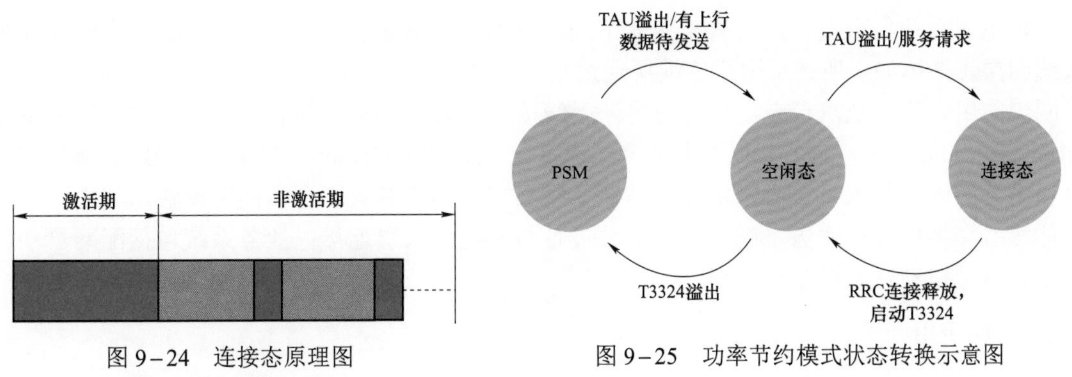

图 9-24　连接态原理图

■—休眠态；■—开启态

图 9-25　功率节约模式状态转换示意图

9.4　典型应用

9.4.1　4G 应用

电网企业将 4G 网络应用于配电网中，满足配电网设备多、业务节点多、覆盖面广、线路网络结构复杂等差异化需求，为配网自动化和计量自动化等业务系统提供支撑。如图 9-26

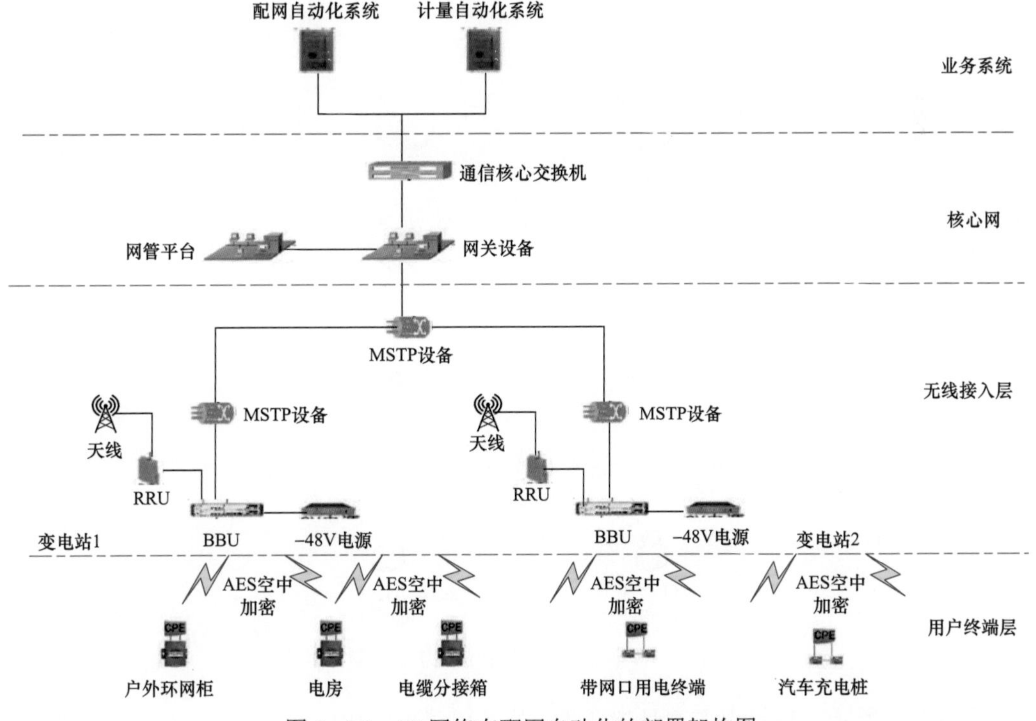

图 9-26　4G 网络在配网自动化的部署架构图

MSTP—无线接入层通过多业务传送平台；BBU—室内基带处理单元；RRU—射频拉远模块；AES—高级加密标准

所示，电网企业典型案例的部署架构从下到上分为用户终端层、无线接入网、核心网和业务系统四层，具体如下所述：用户终端层通过空口加密，支持户外环网柜、电房、电缆分接箱、带网口的用电终端及汽车充电桩等应用；无线接入层通过 MSTP 设备、天线、射频拉远单元（Remote Radio Unit，RRU）和室内基带处理单元（Building Baseband Unite，BBU）等，实现对变电站的无线接入；核心网主要包括通信核心交换机、网关平台和网关设备，其中，通过通信核心交换机连接业务系统，利用网关设备与无线接入层连接；业务系统包括配网自动化系统和计量自动化系统。

9.4.2 5G 应用

1. 5G 非独立组网应用

5G 非独立组网的部署架构主要包含双锚点方案和单锚点方案两种。5G 非独立组网共享的基本思路是双方用户（用户指运营商或电网）仅接入网共享，核心网仍然各自独立建设，在 5G 非独立组网部署应用方案下，需要一并考虑 4G 网络的部署应用问题。

如图 9−27 所示，双锚点方案是指双方用户只共享 5G 基站，4G 基站不共享，共享的 5G 基站分别与双方用户的 4G 锚点基站建立接口。双锚点方案的优势是简单、对现网改造小，但由于共享基站要与双方用户的 4G 基站同时建立连接，仅适用于双方用户采用相同设备厂家基站覆盖的区域。

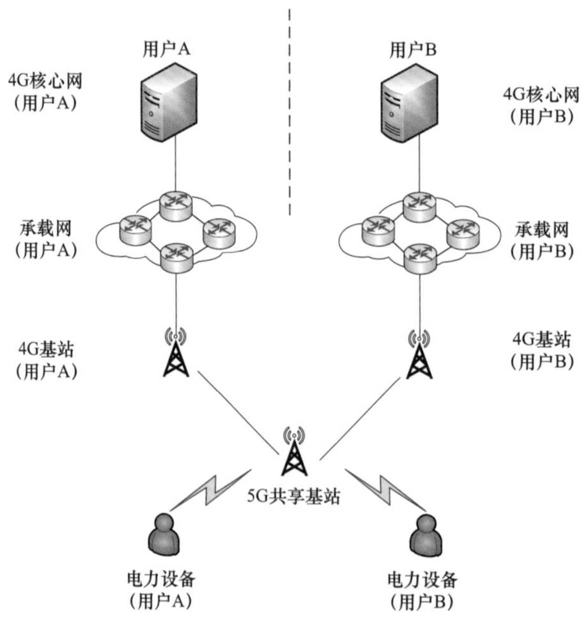

图 9−27　5G 非独立组网双锚点方案部署架构图

如图 9−28 所示，单锚点方案是指在 5G 基站覆盖范围内，4G 和 5G 基站同时共享，接入各自 4G 核心网。相较于双锚点方案，单锚点方案实现较复杂，但对适用场景无限制。

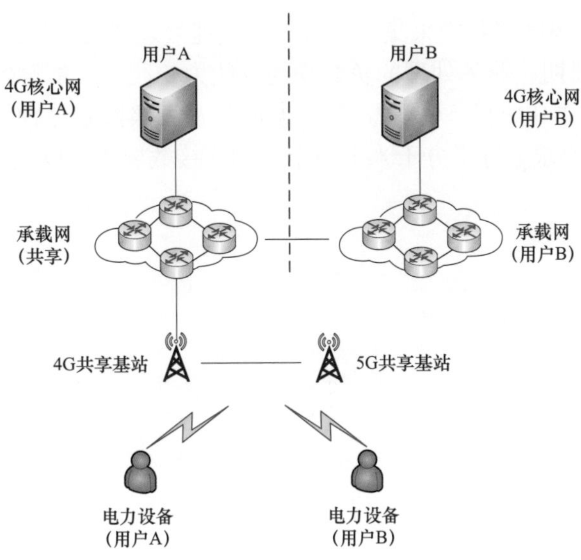

图 9-28 5G 非独立组网单锚点方案部署架构图

2. 5G 独立组网应用

电网企业目前已建成基于 5G 独立组网的 5G 智能电网实验网，包括 29 个 5G 基站及 2 套电力专用 5G 多接入边缘计算系统，确保电网业务数据在电力虚拟专网内部流通。如图 9-29 所示，智能分布式配电、5G 差动保护、电力切片安全隔离验证、变电站作业监护等应用已经完成。

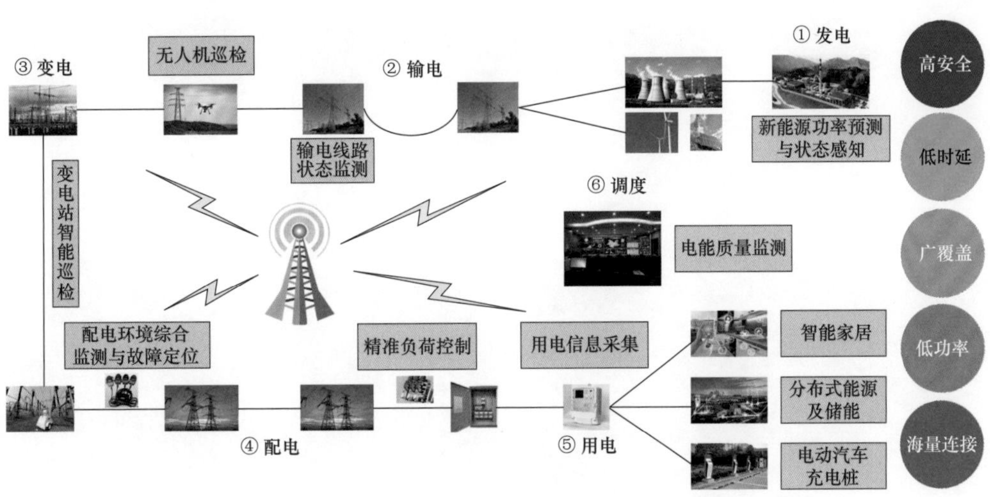

图 9-29 5G 独立组网在电力业务的典型应用部署架构图

面对智能电网各项应用场景的差异化和服务等级协议（Service Level Agreement，SLA）确定性网络需求，5G 独立组网架构下融合多接入边缘计算和多维动态切片的方案，能够实现配电网中变电站、线路等区域各类采集设备数据的快速处理能力，并按需提供确定性低时延、保障带宽、生命管理周期、业务处理的负载均衡等能力。同时，能够实现馈线智能终端故障区段时间缩短至秒级，配电网差动保护故障恢复时间从天级降到分钟级，满足差动保护小于12ms 的低时延和抖动要求，每平方千米上万个实物连接数要求，以及智能巡检大于 30Mbit/s 带宽要求。

第 10 章　电力信息通信安全关键技术与应用

10.1　概述

国家电网公司高度重视信息安全工作，以国家信息安全等级保护为抓手，严格贯彻落实国资委、公安部、能源局有关部署安排，不断深化信息安全技术研究和基础建设，完成信息安全等级保护纵深防御体系建设，大幅提升了公司安全运行保障能力与信息安全管控能力。

国家电网公司信息系统是国家八大重要行业信息系统之一，是电力安全生产和公司管理业务正常运营的关键支撑和重要保障。公司深入研究面临的信息安全工作形势，依据国家信息安全等级保护定级结果和系列标准，综合分析安全风险因素，结合电网信息安全防护的特殊性，建设企业信息内网和信息外网，并通过公司自主研发的安全隔离装置对信息内网和外网进行逻辑强隔离，最大程度保障信息安全。国家电网公司信息安全防护策略分为生产控制大区安全防护策略和管理信息大区安全防护策略。生产控制大区的系统安全防护严格遵循“安全分区、网络专用、横向隔离、纵向认证”的安全防护原则。管理信息大区在以“双网双机、分区分域、等级保护、多层防御”为核心的等级保护纵深防御策略的基础上，部署先进适用的信息安全核心装备，并进一步遵从“双网双机、分区分域、安全接入、动态感知、精益管理、全面防护”的主动防御策略，进行信息安全防护。“十一五”期间，公司建成电网信息安全等级保护纵深防护体系；“十二五”期间，全面推进并完成信息安全主动防御体系建设；“十三五”期间，开展信息安全智能防护体系建设。国家电网公司信息安全防护建设历程示意图如图 10－1 所示。

（1）信息安全防护理念。国家电网公司坚持信息安全“三个纳入”（将等级保护纳入信息安全工作中，将信息安全纳入信息化工作中，将信息安全纳入公司电力安全生产管理体系中，使其全面融入公司安全生产管理体系。按照人员、时间、精力三个百分之百的原则，实现了全面、全员、全过程、全方位的安全管理。贯彻执行信息安全与信息系统同步规划、同步建设、同步运行的“三同步”原则，持续改进等级保护防护体系建设。全面加强人防、制防、技防、物防的“四防”工作，落实安全责任，严肃安全运行纪律，确保公司网络与信息系统安全。

（2）信息安全技术手段。国家电网公司印发《国家电网公司信息化“SG186”工程安全防护总体方案》，提出针对一体化平台及八大业务应用涉及系统的安全防护策略、安全域划分的方法，采用逻辑强隔离设备、安全移动存储介质管理系统、信息运维综合监管系统、办公

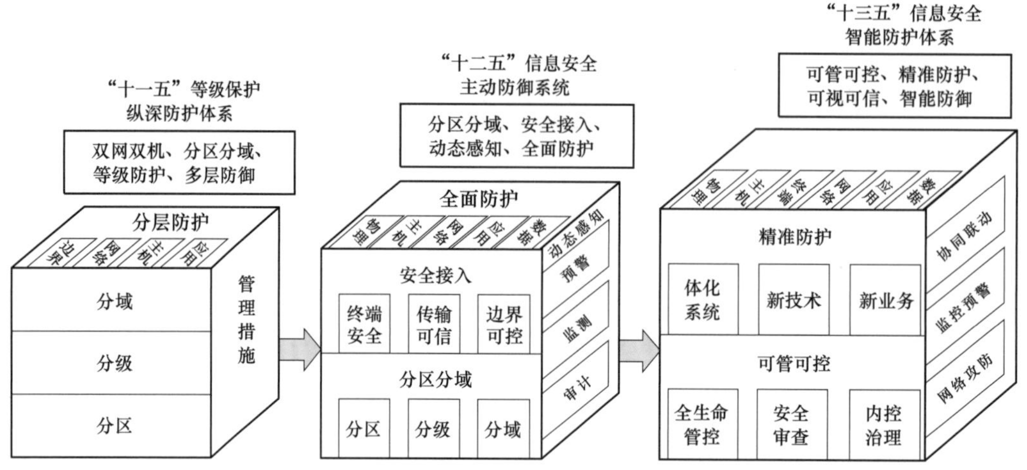

图 10－1　国家电网公司信息安全防护建设历程示意图

计算机保密自动检测系统，强化信息安全管理。公司建设并投运灾备中心，采用存储复制和数据库复制结合的技术路线，实现信息系统数据级和应用级灾备。

（3）信息安全管理手段。国家电网公司按照“谁主管谁负责、谁运行谁负责”和属地化管理原则，统一部署信息安全工作，逐级落实信息安全防护责任，建立完善的信息安全管理、信息内容保密规章制度体系，发布公司信息安全管理办法、标准体系和典型设计，开展信息安全管理工作和防护体系建设。建立与信息化发展相适应的事故调查与责任追究机制，突发事件应急机制、通报机制、安全风险管理机制，以业务需求为导向，以提升信息化价值为目标，通过信息资源优化调度与配置，建设贯穿信息系统全生命周期、支撑信息化发展战略、达到国际先进水平的信息系统调度运行体系。建立公司总部、网省公司两级信息安全技术督查工作机制，形成信息安全技术督查标准与规范，依托电力科学研究院（电力试验研究院）信息安全技术队伍，由信息化管理部门组织开展信息安全督查工作。将信息安全指标转入各单位每周、每月常态检查指标，将信息安全防护要求切实落实到日常安全运行维护工作中，将信息安全建设落实情况纳入各单位信息化水平评价。

（4）信息安全防护特色。国家电网公司全面落实国家信息安全管理要求，全面加强物理安全、运行安全、技术安全和管理安全建设，建立电网信息安全等级保护纵深防御和智能防御体系，按照“四统一”原则，在推进信息安全防护工作中，高度重视自主知识产权、自主研发、自主可控、国产化应用，强化集团化应用与创新。

10.2　电力信息通信安全体系

10.2.1　电力监控系统安全防护总体框架

如图 10－2 所示，依据 GB/T 36572—2018《电力监控系统网络安全防护导则》的相关要求，电力监控系统网络安全防护体系从安全防护技术、应急备用措施、全面安全管理三个维度进行描述。

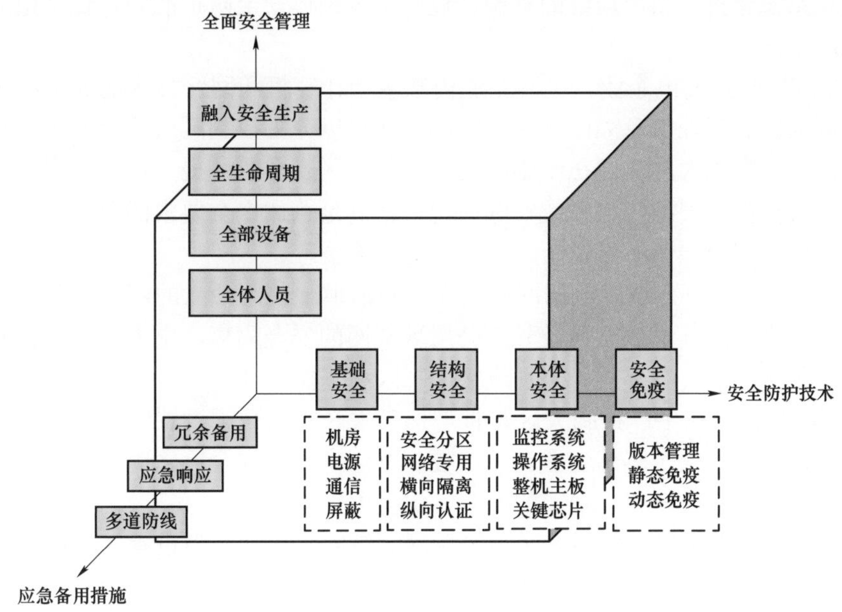

图 10－2　电力监控系统网络安全防护体系三维立体结构示意图

其中，安全防护技术维度主要包括基础设施安全、体系结构安全、系统本体安全、可信安全免疫等；应急备用措施维度主要包括冗余备用、应急响应、多道防线等；全面管理维度主要包括全体人员安全管理、全部设备安全管理、全生命周期安全管理，融入安全生产管理体系。网络安全防护体系应融入电力监控系统的规划设计、研究开发、施工建设、安装调试、系统改造、运行管理、退役报废等各个阶段，且应随着计算机技术、网络通信技术、安全防护技术、电力控制技术的发展而不断发展完善。

在电力监控系统安全防护体系方面，依据发展改革委 2014 年第 14 号令《电力监控系统安全防护规定》的相关要求，发电企业、电网企业内部基于计算机和网络技术的业务系统，应当划分为生产控制大区和管理信息大区。生产控制大区主要承载电力监控系统，即用于监视和控制电力生产及供应过程的、基于计算机及网络技术的业务系统及智能设备，以及作为基础支撑的通信及数据网络等；管理信息大区是生产控制大区以外的电力企业管理业务系统的集合，其传统典型业务系统包括调度生产管理系统、行政电话网管系统、电力企业数据网等。

电力监控系统安全防护需要确保电力监控系统及电力调度数据网络的安全，抵御黑客、病毒、恶意代码等各种形式的恶意破坏和攻击，特别是抵御集团式攻击，防止电力监控系统的崩溃或瘫痪，以及由此造成的电力系统事故或大面积停电事故。

电力监控系统安全防护的总体原则为“安全分区、网络专用、横向隔离、纵向认证”。安全防护主要针对电力监控系统，即用于监视和控制电力生产及供应过程的、基于计算机及网络技术的业务系统及智能设备，以及作为基础支撑的通信及数据网络等。电力监控系统需重点强化边界防护，同时加强内部的物理、网络、主机、应用和数据安全，加强安全管理制度、机构、人员、系统建设、系统运维的管理，提高系统整体安全防护能力，保证电力监控系统及重要数据的安全。

“安全分区”是指发电企业、电网企业内部基于计算机和网络技术的业务系统，应当划分为生产控制大区和管理信息大区。生产控制大区可以分为控制区（安全区Ⅰ）和非控制区（安全区Ⅱ）；管理信息大区内部在不影响生产控制大区安全的前提下，可以根据各企业不同安全要求划分安全区。根据应用系统实际情况，在满足总体安全要求的前提下，可以简化安全区的设置，但是应当避免不同安全区的纵向交叉连接。

“网络专用”是指电力调度数据网应当在专用通道上使用独立的网络设备组网，在物理层面上实现与电力企业其他数据网及外部公用数据网的安全隔离。电力调度数据网划分为逻辑隔离的实时子网和非实时子网，分别连接控制区和非控制区。

“横向隔离”是指在生产控制大区与管理信息大区之间必须设置经国家指定部门检测认证的电力专用横向单向安全隔离装置。生产控制大区内部的安全区之间应当采用具有访问控制功能的设备、防火墙或者相当功能的设施，实现逻辑隔离。

“纵向认证”是指在生产控制大区与广域网的纵向联接处应当设置经过国家指定部门检测认证的电力专用纵向加密认证装置或者加密认证网关及相应设施。

电力监控系统安全防护总体框架如图 10－3 所示。

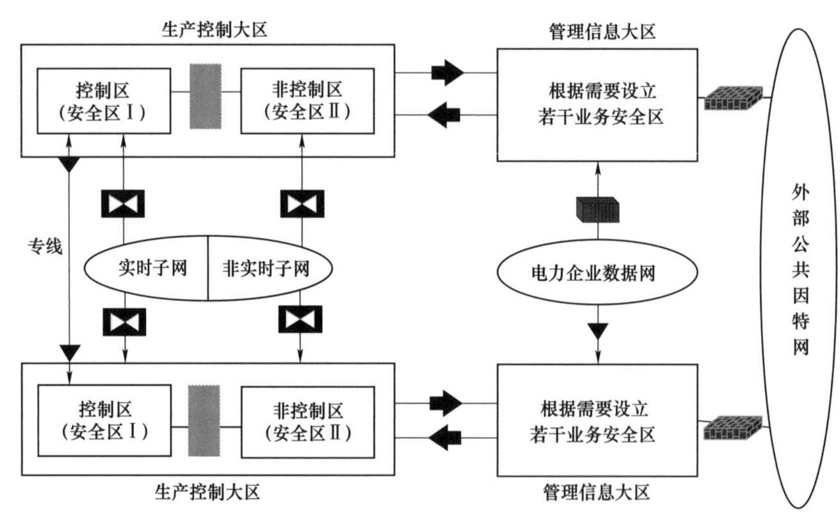

图 10－3　电力监控系统安全防护总体框架图

—正向安全隔离装置；—反向安全隔离装置；—纵向加密认证装置；—加密认证措施；—逻辑隔离装置；—安全接入平台；—防火墙

10.2.2　信息安全等级保护划分

1. 电力二次系统安全保护等级

按照 GB/T 22239—2008《信息安全技术　信息系统安全等级保护要求》，电力二次系统根据其在国家安全、经济建设、社会生活中的重要程度，遭到破坏后对国家安全、社会秩序、公共利益以及公民、法人和其他组织的合法权益的危害程度等，由低到高划分为四级。

第一级安全保护能力：应能够防护系统免受来自个人的、拥有很少资源的威胁源发起的恶意攻击、一般的自然灾难，以及其他相当危害程度的威胁所造成的关键资源损害，在系统遭到损害后，能够恢复部分功能。

第二级安全保护能力：应能够防护系统免受来自外部小型组织的、拥有少量资源的威胁源发起的恶意攻击、一般的自然灾难，以及其他相当危害程度的威胁所造成的重要资源损害，能够发现重要的安全漏洞和安全事件，在系统遭到损害后，能够在一段时间内恢复部分功能。

第三级安全保护能力：应能够在统一安全策略下防护系统免受来自外部有组织的团体、拥有较为丰富资源的威胁源发起的恶意攻击、较为严重的自然灾难、以及其他相当危害程度的威胁所造成的主要资源损害，能够发现安全漏洞和安全事件，在系统遭到损害后，能够较快恢复绝大部分功能。

第四级安全保护能力：应能够在统一安全策略下防护系统免受来自国家级别的、敌对组织的、拥有丰富资源的威胁源发起的恶意攻击、严重的自然灾难，以及其他相当危害程度的威胁所造成的资源损害，能够发现安全漏洞和安全事件，在系统遭到损害后，能够迅速恢复所有功能。

2. 技术要求和管理要求

电力二次系统安全等级保护应依据电力二次系统的安全保护等级情况保证它们具有相应等级的安全保护能力，不同安全保护等级的电力二次系统要求具有不同的安全保护能力。

安全要求是针对不同安全保护等级电力二次系统应该具有的安全保护能力提出的安全要求，根据实现方式的不同，安全要求分为技术要求和管理要求两大类。技术类安全要求与电力二次系统提供的技术安全机制有关，主要通过在电力二次系统中部署软硬件并正确的配置其安全功能来实现；管理类安全要求与电力二次系统中各种角色参与的活动有关，主要通过控制各种角色的活动，从政策、制度、规范、流程以及记录等方面做出规定来实现。

技术要求从物理安全、网络安全、主机安全、应用安全和数据安全及备份恢复几个层面提出；管理要求从安全管理制度、安全管理机构、人员安全管理、系统建设管理和系统运维管理几个方面提出，技术要求和管理要求是确保电力二次系统安全不可分割的两个部分。

安全要求从各个层面或方面提出了系统的每个组件应该满足的安全要求，电力二次系统具有的整体安全保护能力通过不同组件实现安全要求来保证。除了保证系统的每个组件满足安全要求外，还要考虑组件之间的相互关系，来保证电力二次系统的整体安全保护能力。

对于涉及密码的使用和管理，应按照国家密码管理的相关规定和标准实施。

3. 电力行业信息系统安全等级保护定级标准

针对上述安全等级划分，电力企业需要根据不同安全区域的安全防护要求，确定安全等级和防护水平。其中，生产控制大区的安全等级高于管理信息大区，电力监控系统、管理信息系统，根据《电力行业信息系统安全等级保护定级工作指导意见》进行定级，具体等级标准见表 10－1 和表 10－2。

表 10－1　　电力监控系统安全保护定级

类别	定级对象	系统级别	
		省级以上	地级及以下
电力监控系统	能量管理系统（具有 SCADA、AGC、AVC 等控制功能）	4	3
	变电站自动化系统（含开关站、换流站、集控站）	220 千伏及以上变电站为 3 级，以下为 2 级	
	火电厂监控（含燃气电厂）系统 DCS（含辅机控制系统）	单机容量 300MW 及以上为 3 级，以下为 2 级	
	水电厂监控系统	总装机 1000MW 及以上为 3 级，以下为 2 级	
	水电厂梯级调度监控系统	3	
	核电站监控系统 DCS（含辅机控制系统）	3	
	风电场监控系统	风电场总装机容量 200MW 及以上为 3 级，以下为 2 级	
	光伏电站监控系统	光伏电站总装机容量 200MW 及以上为 3 级，以下为 2 级	
	电能量计量系统	3	2
	广域相量测量系统（WAMS）	3	无
	电网动态预警系统	3	无
	调度交易计划系统	3	无
	水调自动化系统	2	
	调度管理系统	2	
	雷电监测系统	2	
	电力调度数据网络	3	2
	通信设备网管系统	3	2
	通信资源管理系统	3	2
	综合数据通信网络	2	
	故障录波信息管理系统	3	
	配电监控系统	3	
	负荷控制管理系统	3	
	新一代电网调度控制系统的实时监控与预警功能模块	4	3
	新一代电网调度控制系统的调度计划功能模块	3	2
	新一代电网调度控制系统的安全校核功能模块	3	2
	新一代电网调度控制系统的调度管理功能模块	2	

表 10－2　　管理信息系统安全保护等级标准

类别	定级对象	系统级别	
		省级以上	省级及以下
管理信息系统	ERP 系统	3（S3A2G3）	
	财务（资金）管理系统	3（S3A2G3）	
	通信设备网管系统	3（S3A2G3）	
	营销管理系统	3（S3A2G3）	

续表

类别	定级对象	系统级别	
		省级以上	省级及以下
管理信息系统	电力市场交易系统	3（S3A2G3）	
	协同办公系统	3（S3A2G3）	无
	对外门户系统	3（S3A2G3）	2（S2A2G2）
	大数据平台	3（S3A2G3）	
	一体化“国网云”平台	3（S3A2G3）	
	电网地理信息平台	3（S3A2G3）	
	电子商务平台	3（S3A2G3）	无
	信息安全风险监控预警系统	3（S3A2G3）	2（S2A2G2）
	用电信息采集系统	无	3（S3A2G3）
	内部门户系统	2（S2A2G2）	
	生产管理系统	2（S2A2G2）	
	人力资源管理系统	2（S2A2G2）	无
	邮件系统	2（S2A2G2）	无
	物资管理系统	2（S2A2G2）	
	运维综合监管系统	2（S2A2G2）	
	综合管理系统	2（S2A2G2）	
	项目管理系统	2（S2A2G2）	
	运营监控系统	2（S2A2G2）	

10.3　信息通信安全硬件系统

10.3.1　横向单向隔离装置

1. 基本原理

横向单向隔离装置是位于调度数据网络与信息网络之间的安全防护装置，用于安全区Ⅰ/Ⅱ到安全区Ⅲ的单向数据传递。该装置可以识别非法请求并阻止超越权限的数据访问和操作，从而有效地抵御病毒、黑客等通过各种形式发起的对电力网络系统的恶意破坏和攻击活动，保护实时闭环监控系统和调度数据网络的安全；同时采用非网络传输方式实现这两个网络的信息和资源共享，保障电力系统的安全稳定运行。

2. 关键技术

横向单向隔离装置采用内核裁剪、数据单向传输控制、数据隔离、综合过滤、自适应等关键技术，具体如下所述：

（1）内核裁剪。为保证系统安全的最大化，横向单向隔离装置利用安全裁剪技术去掉TCP/IP 协议栈和其他不需要的系统功能，只保留用户管理和进程管理，实现嵌入式内核的裁剪和优化。

（2）数据单向传输控制。如图 10–4 所示，数据单向传输控制技术可建立一个单向传输通道，使数据只能从低安全区（A 主板）向高安全区（B 主板）传输，有效防止网络攻击，保障电力系统的安全稳定。单向传输通道可通过单向光网卡和单工串口实现，单向光网卡的传输方向与单工串口的传输方向相反。横向单向隔离装置利用数据单向传输控制技术，在物理上控制反向传输芯片的深度，实现数据流的纯单向传输，保证数据只能从内网流向外网；在硬件上保证从低安全区到高安全区的 TCP 应答未携带应用数据，大大增强高安全区业务系统的安全性。

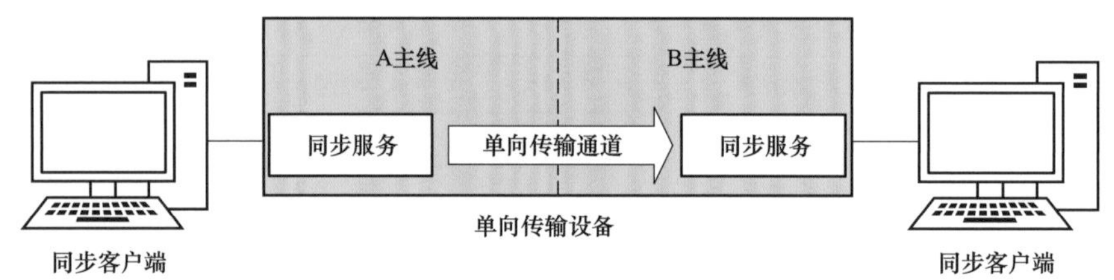

图 10–4　数据单向传输控制技术原理图

（3）数据隔离。数据隔离技术通过不可路由的协议（如 IPX/SPX、NetBEUI 等）使两个或两个以上可路由的网络（如 TCP/IP）进行数据交换，达到不同网络数据隔离的目的。当外网有数据包到达内网时，隔离装置将数据包的部分协议剥离，并将原始数据写入存储介质。一旦数据完全写入，隔离装置立即断开与外网处理单元的 TCP 连接，转而发起与内网单元的非 TCP/IP 连接，同时将存储介质中的数据交给内网处理单元。内网处理单元接收数据后，根据不同协议类型进行封装并将其发给应用系统。横向单向隔离装置采用数据隔离技术截断穿透性的 TCP 连接，剥离数据包中的 TCP/IP 头，将内网的纯数据通过正向数据通道发送到外网。同时，只允许应用层中不带任何数据 TCP 包的控制信息传输到内网，保障内网监控系统的安全性。

（4）自适应。横向单向隔离装置利用独特的自适应技术对接收帧的目的地址自动分析，根据分析结果对数据帧进一步处理，保证安全隔离装置灵活地应用于各种复杂的网络环境。同时，在网桥的转发处理过程中实现防火墙功能，并保持 IEEE802.1d 生成树网桥的转发功能及 IP 层的路由转发功能，使非法用户无法对隔离设备进行网络攻击，有效提高了系统的安全性能。

3. 典型设备

以 SysKeeper-2000 为例，横向安全隔离装置分为正向型和反向型两种。正向安全隔离装置用于生产控制大区到管理信息大区的非网络方式单向数据传输，以实现两个大区之间的安全数据交换，并且保证安全隔离装置内外两个处理系统的实时连通；反向安全隔离装置用于从管理信息大区到生产控制大区的非网络方式的单向数据传输，是管理信息大区到生产控制大区的唯一数据传输途径。正/反向安全隔离装置（百兆型）工作在 100M LAN 环境下，数据包吞吐量可达 98Mbit/s（100 条安全策略，1024 字节报文长度），满负荷状态下数据包转发时延小于 10ms，数据包丢弃率为 0。千兆型的正/反向安全隔离装置数据包吞吐量达 452Mbit/s，工作在 1000M LAN 环境中，其满负荷的状态下可实现与百兆型正/反向安全隔离装置的数据包转发时延和丢弃率相同。

10.3.2　纵向加密认证装置

1. 基本原理

纵向加密认证装置部署在电力控制系统的内部局域网与电力调度数据网络的路由器之间，可以为电力调度部门上下级控制中心多个业务系统之间的实时数据交换提供认证与加密服务，实现端到端的选择性保护，保证电力实时数据传输的实时性、机密性、完整性和可靠性。

2. 关键技术

纵向加密认证装置采用通用软件加密算法中的对称加密算法等关键技术，其主要分为电子密码本（Electronic Code Book，ECB）模式和加密块链（Cipher Block Chaining，CBC）模式。其中 ECB 模式用于纵向加密认证与装置管理中心之间的数据加解密，CBC 模式用于业务系统之间数据的加解密。

（1）对称加密算法 ECB 模式。如图 10－5 所示，ECB 模式的原理是将加密的数据分成若干组，每组的大小跟加密密钥长度相同，并且每组都用相同的密钥进行加密。

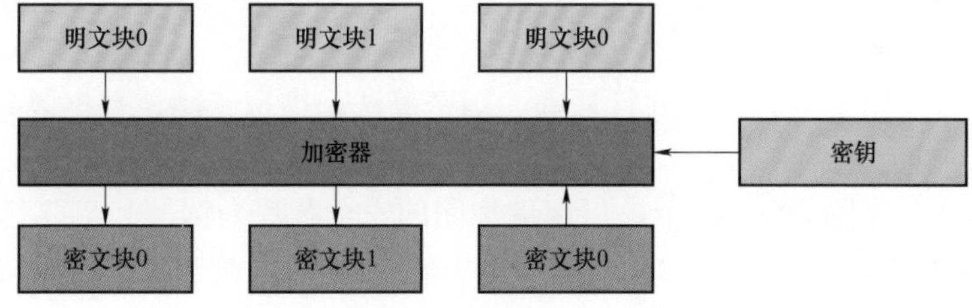

图 10－5　对称加密算法 ECB 模式原理图

（2）对称加密算法 CBC 模式。如图 10－6 所示，CBC 模式首先将明文分成固定长度的块，

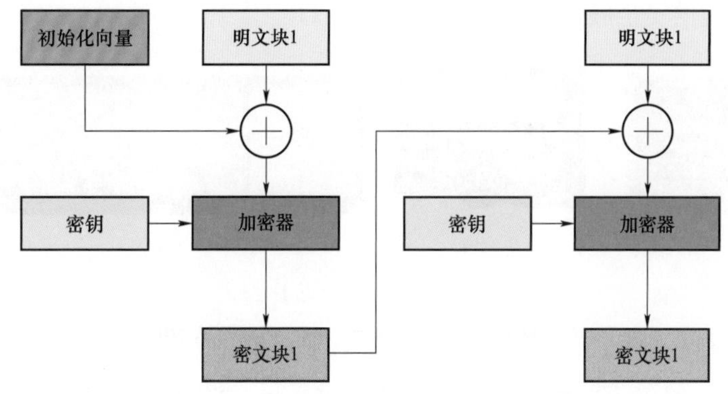

图 10－6　对称加密算法 CBC 模式原理图

然后将前面一个加密块输出的密文与下一个要加密的明文块进行异或操作，最后将计算结果再用密钥进行加密得到密文。第一明文块加密的时候，由于前面没有加密的密文，因此需要一个初始化向量。与 ECB 模式不同，CBC 模式通过连接关系，使得密文跟明文不再是一一对应的关系，破解起来更困难，避免了 ECB 模式无法隐藏明文的弱点。

纵向加密认证装置所采用的非对称算法主要为 RSA、SM2，用于纵向加密认证装置之间的密钥协商。RSA 是目前国际应用较为广泛的公钥加密算法，SM2 是国家密码管理局发布的椭圆曲线公钥密码算法。随着密码技术的发展，有关部门提出需逐步采用 SM2 椭圆曲线算法代替 RSA 算法，满足密码产品国产化要求。

3. 典型设备

纵向加密认证装置用于生产控制大区的广域网边界防护，为广域网提供认证与加密功能，实现数据传输的机密性，完整性保护，同时具有安全过滤功能。

10.3.3 安全接入平台

1. 基本原理

安全接入平台依托电网原有的防火墙、IDS 系统等物理安全基础设施，以及公钥基础设施（Public Key Infrastructure，PKI）、授权管理基础设施（Privilege Management Infrastructure，PMI）等信息安全基础设施，基于统一安全策略和统一安全管理的思想进行系统架构设计，承载各种电力业务应用，对外统一提供安全通道、身份认证、安全接入、访问控制、数据交换、集中监管等核心功能。

2. 关键技术

安全接入平台采用安全芯片、并行加密、国密算法、虚拟专网、数据隔离等关键技术，具体如下所述：

（1）安全芯片。如图 10－7 所示，以南瑞集团的安全芯片为例，其主要包括安全 TF 卡、NRSEC3000 安全芯片以及安全 USBKey。其中，安全 TF 卡为具有 SD/TF（Micro SD）接口的终端设备（如手机、PDA）提供安全服务。NRSEC3000 安全芯片采用 32 位嵌入式 RISC 架构 CPU，具有丰富的内部协处理器和对外接口，提供电压和频率检测机制、程序和数据加密存储机制以及代码保护机制，以对抗物理攻击、剖片探测等。安全 USBKey 为具有 USB 接口的 PC 终端设备提供安全服务。

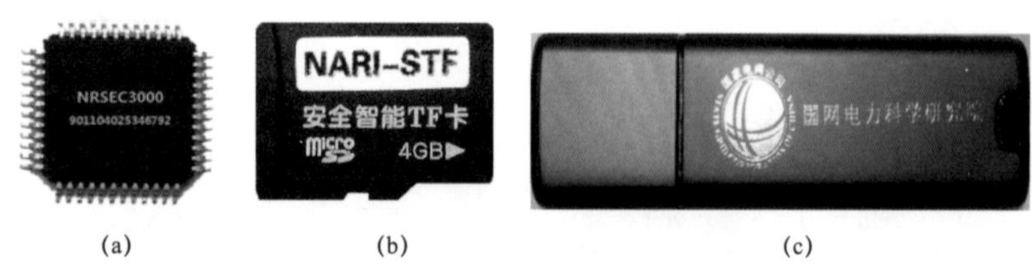

(a)　(b)　(c)

图 10－7　安全芯片

（a）NRSEC3000；（b）安全 TF 卡；（c）安全 USBKey

（2）并行加密。如图 10－8 所示，加密通信时，报文经过应用程序的截流，进入加密卡处理后再封装或者解封装发出。应用程序只需关注加密卡的 API 接口，不考虑加密卡的组成，因此，多加密卡并行对于应用程序是透明的，应用程序无需改造。

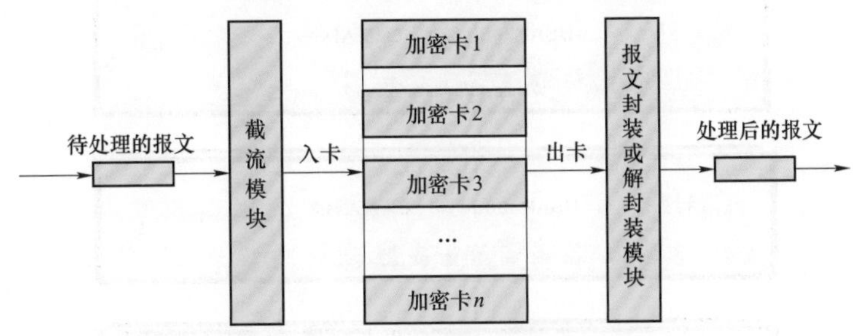

图 10－8　并行加密流程图

（3）国密算法。国密算法是国家密码局认定的国产密码算法，可实现数据加密、解密和认证等功能，包括对称加密算法、椭圆曲线非对称加密算法、杂凑算法，具体为 SM1、SM2、SM3 和 SM4 等。其中，SM1 是对称加密算法，加密强度为 128 位，可采用硬件实现；SM2 是椭圆曲线非对称加密算法，加密强度为 256 位，相比于 RSA 算法，SM2 密码复杂度更高、处理速度更快、机器性能消耗更小；SM3 是杂凑算法，采用 Merkle-Damgard 结构，在 SHA－256 基础上改进，消息分组长度为 512 位，摘要值长度为 256 位，适用于商用密码应用中的数字签名和验证；SM4 是对称加密算法，分组长度为 128bit，密钥长度为 128bit，可用于无线局域网。安全接入平台通过 SM1、SM2、SM3、SM4 等国密算法实现协商和通信数据加密，保证移动终端远程接入电力信息内网时的信息安全。

（4）虚拟专网。VPN 是指建立在公用网络上的加密专用网络。相比于传统的物理网络连接，VPN 在公共网络基础上建立逻辑隧道，所有数据包必须经过该安全隧道过滤。在数据通信过程中，VPN 设备首先根据网络管理员设置的规则，确定加密数据或直接传输；对需要加密的数据，VPN 设备将其整个数据包进行加密并附上数据签名，包括要传输的数据、源 IP 地址和目的 IP 地址，同时加上新的数据报头重新封装，包括目的地 VPN 设备需要的安全信息和一些初始化参数。接着，将封装后的数据包通过隧道在公共网络上传输。最后，目的 VPN 设备接收数据包并将其解封，核对数字签名无误后，对数据包解密。安全接入平台采用 SSL－VPN、IPSEC－VPN 等主流 VPN 技术，基于 SM1、SM2、SM3 及 SM4 国密算法实现 SSL 协议和 IPSEC 协议，适用于多场景多应用，有效降低系统部署和现场运维的难度，减少企业运营成本，保障用户数据的安全性和完整性。

（5）数据隔离。安全接入平台采用数据隔离技术截断穿透性的 TCP 连接，使内外网的纯数据通过先进先出（First Input First Output，FIFO）数据通道进行传输，同时只允许应用层不带任何数据 TCP 包的控制信息传输到内网，保证没有任何包、命令和 TCP/IP 协议可以直接穿透安全接入平台。

3. 典型设备

如图 10－9 所示，以南瑞集团的 USAP－3000 为例，由接入网关组件、数据交换系统（数据隔离组件）及集中监管系统组成。其中，接入网关组件包括 USAP3000－AG 安全接入网关、

USAP3000－CG 采集接入网关和 USAP3000－VG 视频接入网关。

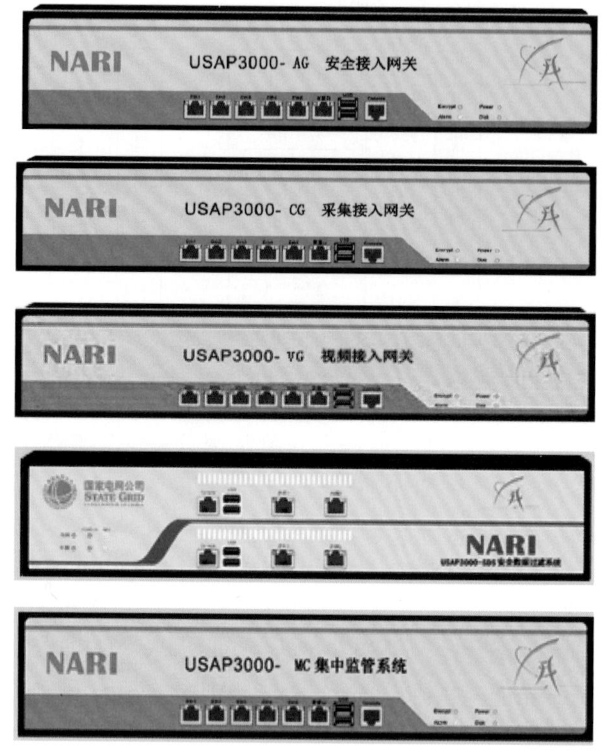

图 10－9　安全接入平台组件图

USAP－3000 可实现的功能包括保障业务终端经由第三方网络可信接入电力信息内网业务系统；充分保证数据传输过程中的机密性、完整性和不可抵赖性；实现对终端和业务系统的物理隔离，防止非法链接穿透内网进行访问；对终端进行访问控制，防止终端非法访问业务系统等。此外，USAP－3000 还具有良好的产品性能，在连接能力方面，该平台最大并发连接数大于 10 万，每秒可建立连接数大于 75；在数据传输方面，该平台最大传输时延小于 100ms，应用层数据传输率超过 300Mbit/s；在可靠性方面，该平台最短无故障间隔时间小于 50 000h。

10.3.4　信息安全网络隔离装置

1. 基本原理

信息安全网络隔离装置部署于信息外网的 Web 服务器与信息内网的服务器之间，允许具有 JDBC 驱动的特定信息外网应用服务器通过接入/加密服务、安全过滤等访问策略实现对 Oracle、SQL Server、DB2 等信息内网数据库的正常合法访问，并对客户端程序访问数据库服务器的内容和行为进行控制，实现对信息内网数据库服务器及信息内网的安全防护。

2. 关键技术

信息安全网络隔离装置采用基于业务应用的专用安全 JDBC 驱动、自定义虚拟数据库安全传输协议、自学习智能 SQL 过滤防护、基于流还原的数据库安全防护、基于软硬件部署的隔离装置集群负载均衡，以及支持多类型数据库的统一执行器等关键技术，具体如下所述。

（1）基于业务应用的专用安全 JDBC 驱动。信息安全网络隔离装置遵循 JDBC 3.0 标准，具有满足标准 JDBC 驱动的 13 个接口类，支持增、删、查、改、存储等过程，以及大对象处理等常见功能。JDBC 驱动接口为整个应用系统的用户接口。在应用服务器端，应用程序通过调用 JDBC 接口对 SQL 的各类操作进行透明过滤，并对业务应用传输的内容进行安全检查，实现对内网数据库的安全访问。

（2）自定义虚拟数据库安全传输协议。自定义安全传输协议支持国家密码管理局规定的高强度加密算法，可实现信息系统应用服务器与隔离装置虚拟数据库之间的信息安全传输。

（3）过滤防护。信息安全网络隔离装置采用模式匹配及基于动态风险值的自学习过滤技术实现对 SQL 注入攻击的安全防护。若 SQL 语句包含恶意特征，隔离装置将立即阻止该语句执行或切断其连接，否则执行放过操作。此外，信息安全网络隔离装置通过预配置和自学习相结合的方式动态更新知识库，大幅提高 SQL 注入防护效率，保障内网数据库的安全。

（4）基于流还原的数据库安全防护。信息安全网络隔离装置采用流还原技术屏蔽应用程序对数据库系统的直接访问，将连续独立的 SQL 语句还原为 SQL 流。同时，采用深度数据挖掘技术对 SQL 流进行智能关联分析，获取潜在的攻击行为及攻击趋势，实现数据类型转换，以及结果集的序列化、反序列化等功能，并提供 JDBC 结果集缓存机制，大大减少重复访问导致的网络负载。

（5）基于软硬件部署的隔离装置集群负载均衡。信息安全网络隔离装置可通过软、硬件两种方式实现负载均衡。

1）基于软件部署的隔离装置集群负载均衡。在软件部署模式下，业务系统应用服务器需配置数据库连接字符串，连接字符串中包含隔离装置集群中所有装置的 IP 地址，数据库连接驱动采用轮询方式访问隔离装置集群。

2）基于硬件部署的隔离装置集群负载均衡。基于硬件部署的隔离装置集群负载均衡一般通过硬件大集群部署实现，通过硬件负载均衡器实现负载均衡，适用于五个服务节点以上规模的隔离装置集群。在大集群部署模式下，隔离装置的集群规模基本不受限制，可根据实际情况动态扩展，且扩展过程对业务系统透明。

（6）支持多类型数据库的统一执行器。信息安全网络隔离装置具备统一执行器，基于代理技术和多线程统一适配技术实现从 JDBC 接口到 ODBC、OCI 接口的自动翻译与映射。

3. 典型设备

信息安全网络隔离装置不仅能实现系统应用对内网数据库正常合法访问，还可以对后台数据库服务器实施保护。一方面，信息安全网络隔离装置将信息内网与信息外网从网络链路上隔离断开，有效抵御病毒、黑客等非法侵入；另一方面，信息安全网络隔离装置通过安全策略对交换的数据进行细粒度安全检测，实现对 SQL 访问内容强过滤，识别非法请求并阻止超越权限的数据库访问和操作，保证电力信息内网应用系统和数据的安全。在满负荷情况下，该装置可保证数据包转发时延小于 2ms，数据包丢弃率为 0，单台最大会话连接数超过 1000 个。

10.4 信息通信安全软件系统

10.4.1 网络安全监测预警与分析平台

1. 基本原理

面向电网企业内部网络与信息安全态势感知需求，构建网络安全监测预警与分析平台，以网络与信息安全监测预警分析需求为基础，以基于攻击路径的安全场景模型为监测依据，通过情报收集、深度监测、大数据分析等手段，形成完整的安全事件处置机制。

2. 关键技术

如图 10－10 所示，以 S6000 为例，网络安全监测预警与分析平台遵循大数据处理体系架构，采用数据集成、数据存储、数据计算、数据分析、平台展现、管理配置、安全控制等技术，大幅提升信息安全可视、可信、可管、可控能力。

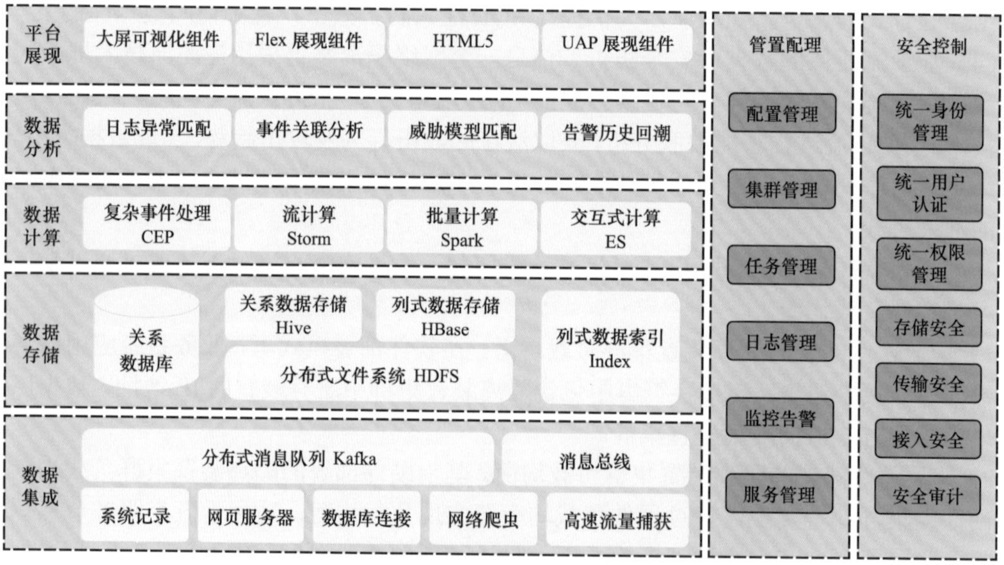

图 10－10　网络安全监测预警与分析平台关键技术架构图

数据集成采用 Kafka 组件，通过 Syslog、WebService、数据库连接、网络爬虫、网络捕获等多种方式从外部数据源抽取、采集结构化数据（关系数据库记录）及半结构化数据（日志流量、邮件等），并将实时数据放入分布式消息队列。

数据存储采用 HDFS、HIVE 组件，负责大数据的存储，针对全数据类型和多样计算需求，以海量规模存储、快速查询读取为特征，存储来自外部数据源的各类数据，支撑数据处理层的高级应用。其中，原始日志及网络流量存放到列式数据库中，标准化、加强后的日志及流量数据存放在分布式列式数据索引中，告警、事件、预警、情报、安全态势等数据存放在关系数据库中。

数据计算采用 Storm、Spark 组件，为多样化的大数据提供实时、离线、交互式的计算框架，允许平台对分布式存储的数据文件或内存数据进行查询和计算。平台通过流计算技术提供实时分析处理的计算能力，实现实时决策及预警；通过离线计算提供落地数据的计算能力，实现数据的批量数据挖掘计算；对标准化日志提供交互式计算。

数据分析通过日志异常匹配、事件关联分析、威胁模式匹配和告警历史回溯，对采集的数据进行分析，支撑电网的安全可靠运行。

平台展现采用大屏可视化、Flex 展现，HTML 5 等技术实现分析结果综合展现及安全态势研判分析。

安全控制解决在大数据环境下的数据采集、存储、分析、应用等过程中产生的诸多安全问题，包括统一身份管理、统一用户认证、统一权限管理、存储安全、传输安全、接入安全及安全审计等。

管理配置实时监测大数据处理全过程中的整体运行状态、资源使用情况和接口调用情况等性能指标，并对关键系统险情进行告警，支持大数据组件安装、配置和状态管理，具备集群管理、任务管理、日志管理、服务管理等功能。

3. 典型设备

如图 10-11 所示，S6000 依据“一平台、微应用、多场景、全数据”体系架构，将系统功能分为数据层、大数据平台、应用层和业务层，实现安全态势监控、威胁发现预警、异常深度分析、安全事件处置等功能，保证安全事件发现、处置流程的闭环管理。

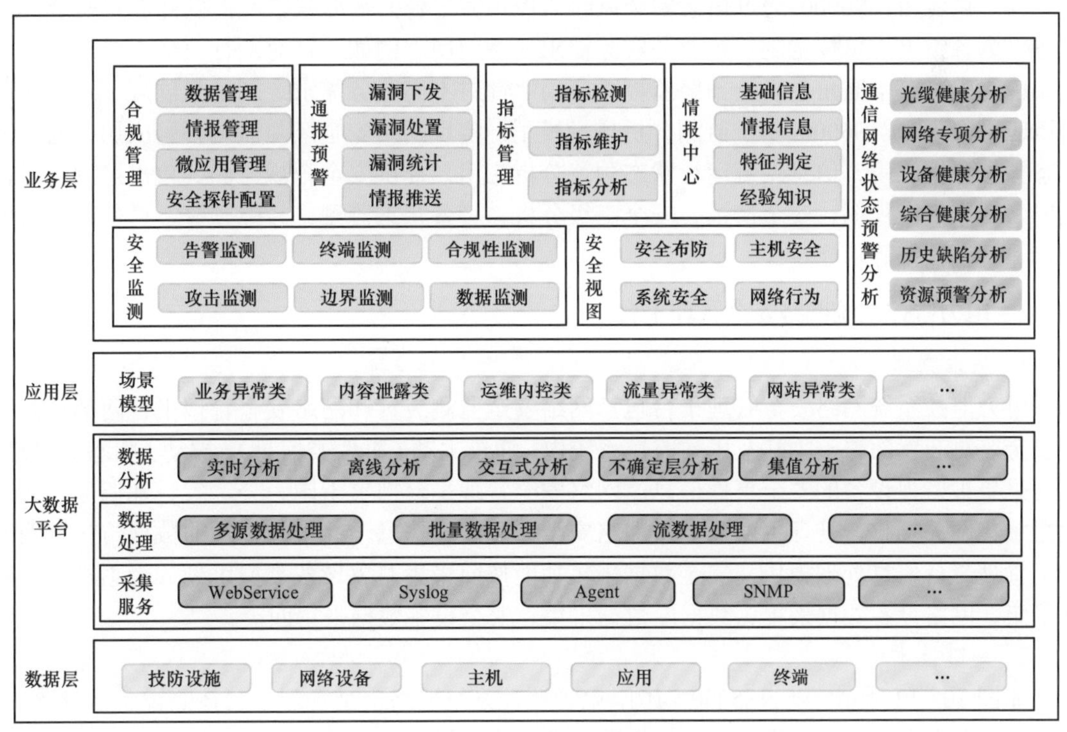

图 10-11　系统功能总体架构图

（1）全数据。S6000 实现海量信息安全基础数据的采集、监测与集中分析，统一收集信息内网、信息外网基础设备日志及各类安全监控子系统的传感器日志、行为日志、内容数据、环境数据等的海量安全监控信息，实现网络设备、安全设备、主机、终端、应用系统等基础设备及新建安全监控子系统数据全面接入。

（2）一平台。S6000 通过大数据数据采集与传统数据采集，对采集到的数据进行范式化处理，并对海量监控信息数据进行大数据存储。S6000 提供海量原始日志及历史数据的挖掘分析功能，对实时数据和历史数据进行深层分析，实现大数据的高性能快速分析查询。该平台采用新的数据分析、挖掘和展现技术，为安全事件分析提供更多、更智能、更可视化的分析手段，实现更高级的数据展现。此外，S6000 基于大数据平台，实现多源数据处理、批量数据处理、流数据处理，提供实时分析、离线分析、交互式分析、不确定层分析等多种分析服务。

（3）多场景。S6000 根据网络环境及监测分析预警需求，以收集的数据为监测分析基础，从外部攻击和内部状态两方面考虑。在外部攻击方面，针对攻击者入侵的各个阶段，S6000 监测攻击者每一步的动作，基于攻击链构建攻击监测模型，利用资产关联、高级分析、威胁情报等手段进行定位、跟踪，最终通过联动联防实现防御。在内部状态方面，S6000 构建状态预警模型，监测自身网络及系统运行状态，及时发现异常变化并产生预警。此外，场景模型支持定制化开发，可灵活扩展，根据监测分析需求，可分为业务异常类、内容泄露类、运维内控类、流量异常类、网站异常类及运行异常类。

（4）微应用。S6000 通过信息安全风险监控预警平台的数据积累，提供开放式安全 API 服务，为各级电力单位定制符合业务实际需求的微应用。例如，针对运行值班人员、安全人员、应用人员等不同角色设计预警监控微应用；针对不同业务需求定制场景展现、可视化展现微应用。同时，S6000 基于监测分析场景模型，实现网络安全风险监测预警应用、通信网状态预警分析应用、信息系统运行状态预警分析应用，提供安全合规监测、攻击监测、通报预警、资产安全视图、安全情报、安全高级分析、设备状态监测、故障预警、通信网健康度分析、资源预警等功能。

10.4.2 电力监控系统网络安全管理平台

1. 基本原理

电力监控系统网络安全管理平台包括网络安全监测装置和网络安全管理平台两部分。网络安全监测装置部署于主站及厂站监控系统内，通过主动（事件类信息）、被动（状态类信息）方式采集被监视设备的安全事件信息；网络安全管理平台部署于国、分、省、地调侧，通过数据采集网关接收、处理主站及厂站网络安全监测装置信息，并将处理后的数据传输至网络安全管理平台信息处理模块。安全数据采集功能按照采集对象设备类型可划分为主机设备数据采集、网络设备数据采集、数据库数据采集、安全设备数据采集四类。

2. 关键技术

如图 10－12 所示，以 NS5000 为例，电力监控系统网络安全管理平台按照设备自身感知、监测装置分布采集、监管平台统一管控的原则，构建感知、采集、管控网络安全监管系统技

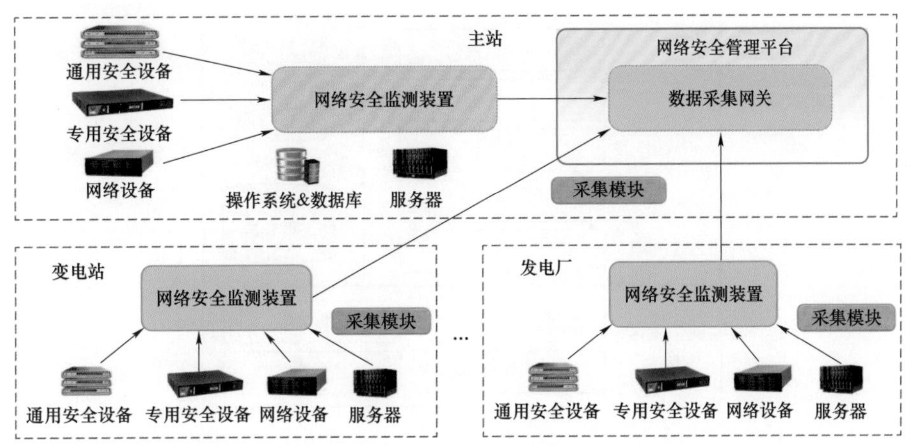

图 10－12　电力监控系统网络安全管理平台 NS5000 总体架构图

术架构。管理平台实现实时监视告警、分析定位、追踪处置、审计溯源、风险核查和协同管控等功能的集成；监测装置实现对调控机构、变电站、并网电厂等电力监控系统网络安全数据的采集，并与网络管理平台进行通信和交互；监测对象包括网络设备、防火墙、纵向加密认证设备和正反向隔离设备等，实现自身网络安全事件的感知及上报，并执行安全核查工作。

（1）自主可控主机操作系统安全监测技术。为解决大量厂站操作系统类型版本多、难以升级等问题，NS5000 提供操作系统安全监测工具，支持多个操作系统，同时自主完成平台、装置、主机采集 Agent 及核查漏扫研制。

（2）高适应性的网络流量分析技术。NS5000 采用高适应性的网络流量分析技术，在网络安全监测装置上集成网络流量分析功能，监控主机上无须部署 Agent 即可实时监测外来设备接入、远程登录、开启危险端口等操作，保障对 Syn Flood、Land Attack、UDP Flood Attack 等网络攻击事件及异常业务行为的安全监测，同时还支持 101、104 等电力工控协议解析。

（3）自主可控的基线核查和漏洞扫描主动监测技术。NS5000 通过自主可控的基线核查和漏洞扫描主动监测技术满足用户高级应用模块开发、软件集成等需求，提高工程实施的自主性，降低用户投资成本。该装置将安全事件涉及的时间、区域、人员、设备、告警类型、告警信息等各个维度的安全数据进一步细化抽取，通过自定义功能为用户提供各个维度的分析及多种图形化展现方式。同时，在平台及网络安全监测装置（Ⅱ型）技术规范的基础上扩展开发拓扑调阅功能，进一步辅助用户快速定位及分析厂站网络安全事件。

3. 典型设备

如图 10－13 所示，以 NS5000 为例，电力监控系统网络安全管理平台通过应用服务、数据采集、平台管理、模型管理等平台支撑模块。平台支撑模块具体介绍如下：

（1）数据采集。如图 10－14 所示，网络安全管理平台主要通过网络安全监测装置对主站和厂站监控系统进行信息采集，并通过管理 VPN 与主站网络安全管理平台中的数据采集网关通信。采集对象包括服务器、工作站、横向隔离装置、纵向加密装置、防火墙、入侵检测装置、防病毒系统、数据库等。

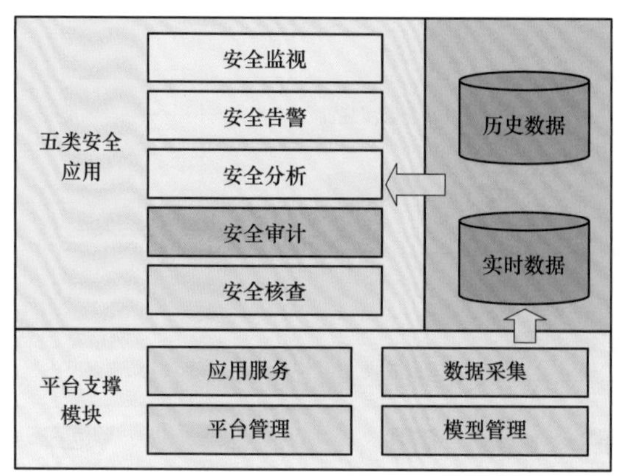

图 10－13　NS5000 安全管理平台支撑模块示意图

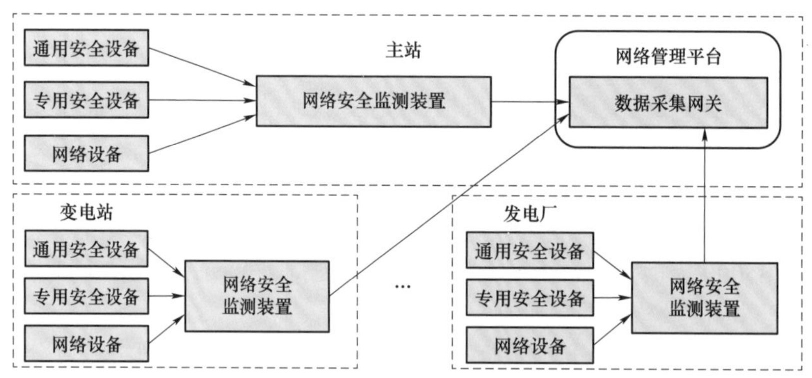

图 10－14　数据采集流程图

（2）平台管理。平台管理提供人员管理、参数管理、日志管理、业务管理、运维管理、知识库管理及核查项管理等平台自身及相关应用的配置管理功能，保障完整性和可用性，提高系统的运行效率。

（3）模型管理。模型管理从设备、区域、厂商三种维度展示与管理平台相关的模型，三个维度既相互独立，又密切相关。其中，设备管理支持对设备添加、编辑、删除、导出、筛选等功能，实现对设备的统一管理；区域管理支持对区域的添加、编辑、删除、导出、排序等功能，实现对区域的统一管理；厂商管理支持对厂商的添加、编辑、删除、导出等功能，实现设备与厂商的关联。

（4）应用服务。应用服务提供安全监视、安全告警、安全分析、安全审计、安全核查平台支撑模块五类安全应用。

10.4.3　统一数据保护与监控平台

1. 基本原理

通过数据检索、识别、加密和授权技术，实现终端及应用系统敏感信息安全保护和安全监测，完善数据安全防护体系，提升电网公司信息安全防护水平。

如图 10－15 所示，结合日常办公及各业务系统数据保护需求，在继承现有数据保护措施的基础上，借鉴国内外数据安全防护主流技术，遵循敏感数据分级、审计和监控标准规范，从主动发现、自主授权、全面防护、行为跟踪四个方面设计统一数据保护与监控平台，实现对敏感信息的检测、监控、防护全过程管控。

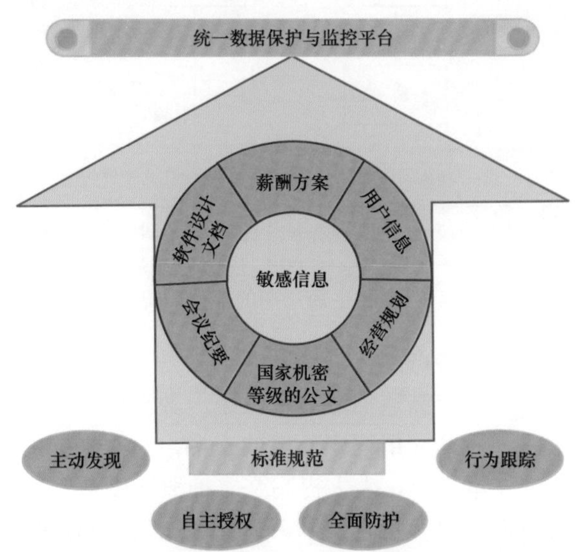

图 10－15　统一数据保护与监控平台总体思路图

具体流程包括主动发现通过敏感信息识别和搜索引擎，识别业务系统和终端的敏感信息，并嵌入标记定位文件；自主授权利用用户对敏感文件的重要性判定，自主对文件进行阅读、打印、转发等功能授权；全面防护采用智能扫描、进程保护、外发控制、水印保护、透明加解密等技术手段，实现对各类数据的安全防护；行为跟踪利用文件标记，实现敏感信息的跟踪、审计及传输的全过程回溯，保证对敏感信息的全面监控。

2. 关键技术

统一数据保护与监控平台是基于“主动发现、自主授权、全面防护、行为跟踪”构建的，统一数据保护与监控平台，采用数据安全设计思想、嵌入式文件指纹、高速抽取、文件内容反向索引及检索、国密算法管理与数据保护、数据加密、打印数据监控、移动数据安全应用保护等关键技术，具体如下所述：

（1）基于数据全生命周期过程保护与监视的数据安全设计思想。文档生命周期的部分历史状态如图 10－16 所示，统一数据保护与监控平台能够通过对数据全生命周期（生成、操作、存储、传输、销毁）过程的保护与监控，获取敏感文件信息分布状况、终端敏感操作、文件实时状态等信息，保障文件操作的可追溯性，实现文件的全生命周期过程重现。

（2）基于内容上下文关联的嵌入式文件指纹技术。统一数据保护与监控平台依据文件原始内容、上下文环境信息、文件密级、终端信息等特征信息，设计一种文件信息指纹对终端文件进行标识。该文件指纹嵌入在目标文件中，实现文件内容鉴别、分布定位及关联分析，

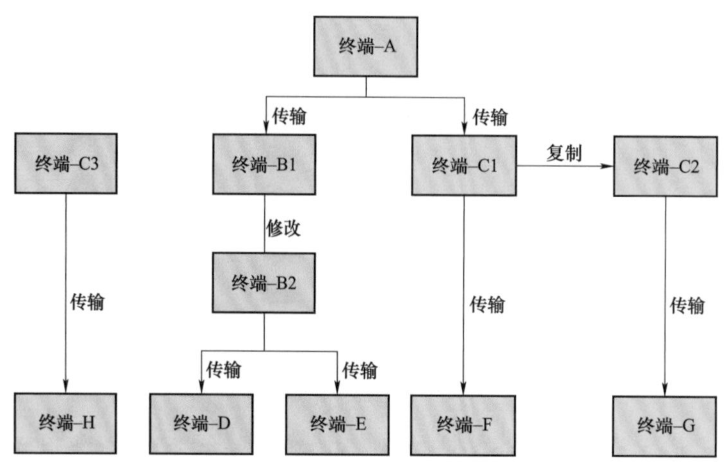

图 10-16　文档生命周期的部分历史状态图

具有唯一性、保密性、安全性等特点。

（3）基于文件解析的文本内容高速抽取技术。统一数据保护与监控平台采用基于文件格式解析的文本内容抽取技术，无须应用程序环境的支持，具有极强的可移植性。此外，该技术在文件抽取的同时剔除非文本内容，大大提高文本抽取速度。

（4）高效率文件内容反向索引及检索技术。统一数据保护与监控平台建立的反向索引机制不仅能将数据源顺序存储，还具有一个排好序的关键词列表。该列表存储关键词和文件内容的对应关系，用于索引关键词及带有关键词的文档、出现次数、出现频率、出现位置的起始偏移量和结束偏移量。此外，统一数据保护与监控平台还建立基于文件目录监控的增量式索引机制，即在扩展索引时不断创建新的索引文件，然后定期的把这些新建的小索引文件合并到已有的大索引文件中，使得索引维护的过程在不影响检索效率的前提下，提高索引效率。索引检索将查询语句提交至查询分析器和索引管理器中，对用户提交的模糊查询语句进行处理，将其转变成多个可以利用已建立的索引数据信息精确查询的语句，并通过存储器对索引文件进行分析和处理，提取相应的索引结果反馈给用户。

（5）高安全国密算法密钥管理与数据保护技术。统一数据保护与监控平台基于国密算法和“一文一密”的数据透明加解密技术实现对数据文件的加密保护。文件加密时系统自动获取不同密钥，文件解密时系统自动读取相应密钥，整个数据密钥的分发与管理过程无须用户主动干预，无法对用户操作数据产生任何影响。

（6）自主授权的数据加密和安全权限控制技术。统一数据保护与监控平台通过数据加密技术实现用户自主授权，对商密文件和敏感文件制定操作权限控制策略，保证数据文件的安全性。自主授权的策略包括文件使用次数、有效时间、是否可读/写、是否可打印、是否可复制等。授权保护的文件和终端仅能对文件进行符合权限策略的操作。

（7）基于消息驱动的打印数据监控技术。在打印受保护文件时，统一数据保护与监控平台通过数据保护模块自动获取并审计文件的用户名、文档名、打印时间、机器名等信息，同时对打印文件进行水印保护。

（8）基于 USBKey 的移动数据安全应用保护。统一数据保护与监控平台将内网文件加密存储于 USBKey 中，利用 USBKey 中的身份认证程序和文件保护控制程序实现陌生环境中的数据安全应用。授权用户访问和使用数据文件时需要进行口令认证，认证通过后 USBKey 自动启动文件安全保护控制程序，保证打开后的文件无法另存、无法复制、无法拷屏、无法打印，且文件编辑后也只能保存在 USBkey 中。

3. 典型设备

统一数据保护与监控平台是应用于信息化办公数据保护与监控的软件产品，实现信息内网终端敏感数据发现、保护和监控。该平台为电网公司和用户挖掘终端敏感数据文件，提供数据保护的安全服务，有效抵御病毒、黑客等通过各种形式发起的对电力网络的攻击入侵，防止用户有意或无意的泄露敏感数据，提高电网公司的数据安全防护水平。同时，该平台采用 C/S 架构能全方位监视敏感数据全生命周期过程，保证敏感数据文件的可控、能控和在控，维护电网公司社会形象。

统一数据保护与监控平台提供终端敏感数据全文检索与挖掘、敏感数据全生命周期过程监控与审计、办公终端环境下数据安全状态监视等功能；还可实现基于透明加解密的数据文件安全操作、传输与存储，支持口令控制、U 盘复制控制、有效期等数据文件权限控制，以及打印水印设置、打印控制、使用环境控制等数据文件外发控制；同时，该平台具有丰富的数据安全工具和 API 函数接口，提供丰富的数据安全监控分析报表、操作简单的图形化用户界面及完善的日志审计功能。

统一数据保护与监控平台工作在 Linux 操作系统中，带有 12 核 16G 以上 CPU、16G 内存以及 3TB 硬盘，支持 Oracle 和 MySQL 等数据库系统、Tomcat 和 PI3000 等中间件及 Windows 系列客户端。该平台包括数据保护安全管理系统、数据保护安全客户端、网络数据安全监测三部分，可支持 10 万余终端用户。在数据保护安全管理端性能指标方面，首页访问小于 3s；简单业务操作平均响应时间小于 5s；综合业务操作平均响应时间小于 8s；统计业务平均响应时间不超过 30s。在数据库性能指标方面，平均 SQL 响应时间不得超过 5s。在服务器性能指标方面，应用服务器和数据库服务器的 CPU 平均利用率小于 60%，内存利用率不得连续 30s 超过 80%。

10.5 典型应用

信息通信安全硬件系统及软件系统已成功应用于多个省市的电力公司和变电站，实现信息网络边界安全防护，满足电力调度、现场作业、数据采集等多个业务场景的安全需求。以下将以某省公司为具体案例，介绍信息通信安全系统的典型应用。

正/反向隔离装置 SysKeeper−2000 部署在生产控制大区和管理信息大区之间，用于生产控制大区到管理信息大区的非网络方式单向数据传输，实现两个大区之间的安全数据交换。

纵向加密认证装置通过广域网加密与认证环节实现广域网边界防护功能，部署在生产控制大区和电力调度数据网之间，可有效保障完整性、过滤安全性以及数据传输机密性。

安全接入平台 USAP－3000 部署在无线专网与信息内网之间，提供身份认证、可信接入、访问控制与集中监控管理等功能。

信息安全网络隔离装置部署在信息内网与信息外网之间，保障内网数据库的安全合法访问。

网络安全监测预警与分析平台采用应用服务一级部署，数据采集与预处理、存储二级部署。其中，在信息内网部署数据库服务器、应用服务器、预处理与采集服务器；在信息外网部署外网流量采集探针、数据采集服务器等，实现边界、终端、应用、数据等全方位监测预警覆盖和态势感知。

电力监控系统网络安全管理平台在安全Ⅰ、Ⅱ、Ⅲ区分别部署网络安全监测装置，采集服务器、工作站、网络设备和安全防护设备自身感知的安全数据；在安全Ⅰ、Ⅱ区部署数据网关机，接收并转发来自厂站的网络安全事件；在安全Ⅱ区部署网络安全管理平台，接收Ⅰ、Ⅱ、Ⅲ区的采集信息以及厂站的安全事件，实现对网络安全事件的实时监视、集中分析和统一审计。

信息通信安全系统部署架构如图 10－17 所示。统一数据保护与监控平台部署架构采用数据保护安全监控分析系统一级部署与数据保护安全管理系统二级部署相结合的方案。一级单位（信息外网）部署数据保护安全监测分析系统，并在计算机终端安装数据安全模块，实现全网监控和分析。二级单位（信息内网）部署数据保护安全管理系统，并在信息外网与互联网边界安装数据安全监测模块，实现数据保护与监控的分级管控。

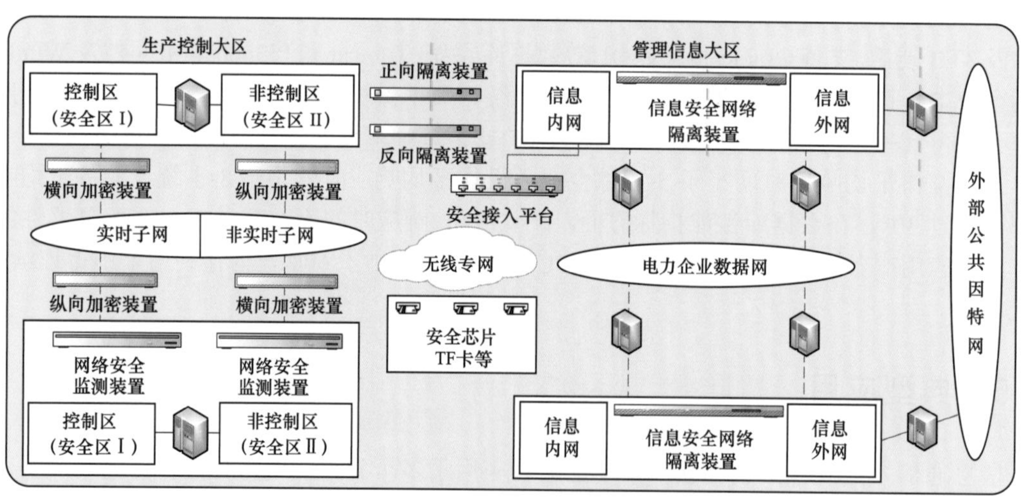

图 10－17　信息通信安全系统部署架构图

第 11 章　电力信息通信新技术展望

11.1　新技术展望

11.1.1　网络空间安全

1. 概述

网络空间安全是指网络空间基础设施及其产生、处理、传输、存储等环节的信息数据安全，涉及互联网、电信网、计算机系统、网络设备、移动终端等多个领域。1995 年，国内市场首次出现针对网络空间安全的专配 X86 微机防病毒卡，能够抵御黑客或恶意软件对网络空间的攻击和破坏。近年来，计算机技术的广泛应用为网络空间的快速发展提供了新契机，但也带来了严重的安全威胁。就电力行业而言，电力终端能够通过多种数据交换方式与多个设备互联互通，其电力数据极易被不法分子利用，威胁电网安全运行。鉴于国家网络空间面临的严峻威胁，中国于 2014 年 2 月成立中央网络安全和信息化领导小组，大力推进国家网络空间安全建设。国务院学位委员会和教育部分别在 2015 年 6 月和 2015 年 10 月增设“网络空间安全”一级学科和一级学科博士学位授权点，以培养从事各类国家网络空间安全相关工作的拔尖创新人才和行业高级工程人才。此外，中国在 2017 年 6 月正式实施《中华人民共和国网络安全法》，为国家网络空间安全建设提供坚实的法律依据。

2. 关键技术

随着国家和包括电网企业在内的各个行业对网络信息安全重视程度的不断加深，网络信息安全新技术不断涌现，主要包括基于设备指纹的硬件身份认证技术、基于无线信道的安全通信技术、云计算环境下的防御技术，以及移动智能终端用户认证技术等。基于设备指纹的硬件身份认证技术利用网络空间接入设备的特有指纹实现对终端的识别和追踪，包括基于瞬态特征、基于调制信号、基于内部传感器三类设备指纹身份认证技术。在电力系统中应用较为广泛的是基于内部传感器的设备指纹身份认证技术，该技术主要应用于应用软件对智能终端的唯一识别。基于无线信道的安全通信技术利用无线信道特征生成高安全性、低计算复杂度的密钥，以保证通信安全，主要分为基于接收信号强度（Received Signal Strength，RSS）、基于信道相位等密钥生成方法。由于 RSS 参数容易获取，在密钥生成方法中得到了广泛应用。云计算环境下的防御技术主要包括虚拟机安全监控、虚拟机隔离性保护和虚拟机监控器安全防护三方面。其中，虚拟机安全监控能够发现对虚拟机系统的恶意攻击，虚拟机隔离性保护通过多租户访问控制技术实现虚拟机隔离，虚拟机监控器安全防护技术可抵御来自虚拟机监控器的攻击。移动智能终端用户认证技术根据认证事件的发生时间不同，可分为登录期间的认证技术和对话期间的认证技术。登录期间的认证技术通过用户与系统之间事先协商的秘密信息、用户所持有的特殊物品、用户生物特征等实现用户身份认证，对话期间的认证技术通过击键、步态、触控等行为特征实现用户身份认证。

3. 未来展望

随着电力等多个行业数字化进程的加速，网络空间安全将成为数字化社会发展的重要底层架构与基石。未来，网络空间安全技术体系将涵盖信息和网络两个层面，具备网络防御、信息保护和安全防护能力。在网络防御方面，国家将移动互联网、物联网、大数据、云计算和工业互联网等新技术纳入国家网络空间安全等级保护测评系统，不断推进新兴信息技术的安全评估、咨询和整改，构建包括电力物联网在内的关键信息基础设施安全防护体系，以及全天候全方位感知的国家网络空间安全态势，设置多种检测预警和应急处置手段。在信息保护方面，国家将持续加大对技术专利、数字版权、数字内容产品及个人隐私等数据信息的保护力度，从而有效保障国家网络空间数据信息安全。

11.1.2 天地一体化信息网络

1. 概述

天地一体化信息网络是由位于不同轨道的多颗卫星、地面关口站、测控站构成的天基网络基础设施，以及由地面移动基站、WiFi、光纤网络等构成的地基网络基础设施，通过一体化、融合设计所实现的多维立体信息网络，可为天、空、地、海等不同应用场景的用户提供全球泛在通信服务。卫星通信业界对天地一体融合的探索已接近20年，而地面移动通信网络从5G阶段开始，也开始探索卫星和地面融合的技术途径。虽然美国转型卫星系统（Transformational Satellite，TSAT）、欧洲全球化卫星通信系统（Integrated Space Infrastructure for Global Communications，ISICOM）、卫星和地面5G网络联盟（Satellite and Terrestrial Network for 5G，Sat5G）、3GPP等对天地融合进行了一些早期探索，但当前天地一体化信息网络整体上仍然处于起步阶段。为了促进该领域的发展，我国科技部于2016年启动了天地一体化信息网络重大项目，并列入国家“十三五”规划纲要和《“十三五”国家科技创新规划》。中国电科院率先启动了天地一体化信息网络先导工程，构建“天地双骨干”架构的概念演示系统，自主研发天地一体化网络协议，对激光微波混合传输、天基路由交换、异构网络互联等技术体制进行了试验验证。之江实验室携手中国电科共建天地一体化信息网络创新中心，清华大学联合中国电科院成立天地一体化信息网络联合实验室，目前已开展地面信息港试点应用。

2. 关键技术

目前，构建天地一体化信息网络的关键技术主要包括多波束天线技术、星上数字化信道转发技术、星间高速传输技术、星上路由技术、全电推进卫星平台技术及天基信息港技术。多波束天线技术利用星载多波束天线可实现有限频率资源的高效空间复用和极化复用，极大地提升了系统容量。星上数字化信道转发技术利用数字带通滤波器组对传输频段内信号进行滤波，提取单个或多个子带采样信号，通过采样数据在转发器之间的高速交换，实现任意带宽、载频子带信号的灵活转发。星间高速传输技术主要包括星间激光通信技术和太赫兹通信技术，其中星间激光通信技术为当前星间链路构建的主要选择，太赫兹通信技术是解决空间高速传输与组网问题的重要技术手段之一。星上路由技术采用基于快照序列的路由算法，将一个周期内的卫星网络拓扑划分为许多单独的拓扑快照，通过星间链路实现空间组网和路由，支持业务不落地的空间多跳转发，从而缓解全球部署信关站带来的协调压力。全电推进卫星平台技术包括电推进技术与化学推进技术，电推进主要有静电式、电加热式和电磁式，电推技术相比于化学推进技术，具有比冲高、控制精度高和可重复启动的突出优势，可有效提升卫星的载荷比。天基信息港技术以同步轨道上共位的模块化卫星为硬件基础，卫星通过星间微波/激光链路相互连接，其关键技术包括多星共位和编队保持技术、星间高速传输和多址技术、多星分布式组网和计算技术等。

3. 未来展望

天地一体化信息网络是当今全球科技和产业发展的热点，作为将人类活动拓展至空间、远海乃至深空、以实现未来全空间军用与民用为目的的大型网络信息基础设施，具有广阔的发展空间。在天基网络方面，天基网络作为未来信息网络基石将实现网络规模的快速增长。在工作模式方面，将实现透明转发和星上处理长期共存模式，通过在轨重构和软件定义按需为服务赋能。在卫星系统方面，将实现高低频、高低轨系统协同发展，持续提升天地一体化信息网络容量和效益。在技术融合方面，天基计算技术将重构卫星通信价值链，人工智能技术将为天地一体化信息网络的有效管理和特色服务提供新动力。有关行业和关键技术的垂直与横向整合为天地一体化信息网络提供了强大的发展支撑，将为未来天地一体化信息网络多维发展带来巨大的成本优势及商业机遇。

11.1.3 大数据

1. 概述

大数据是指一定时间内经过全新处理模式处理后，具有更有效优化能力的大规模和多样化的数据信息资产，其战略意义在于对数据的开发挖掘，以实现数据资产的潜在价值。随着科技不断发展，在应用领域方面，大数据具有数据规模大、数据种类多、处理速度快、数据价值高、数据真实性高等五个基本特征。目前，大数据在社会各个领域都得以广泛应用。在交通领域，通过利用大数据分析技术辅助管理城市交通、建设信息，有效提高城市管理的智能化水平。在医疗领域，利用大数据对医疗数据信息进行有效存储与查询，通过数据挖掘获取医疗数据潜在价值。在电力领域，大数据贯穿于电力系统各个环节，以国家电网公司为代表的电网企业对电力大数据的深度挖掘，使电力大数据呈现资产化、智慧化、价值化的趋势，并在其发展规划中将大数据技术应用在电力系统可靠性分析、电力资源合理配置及人工智能电力系统等多个领域。

2. 关键技术

大数据关键技术主要包括分布式数据库、分布式存储、流计算、图数据库等技术。分布式数据库技术在物理上将分散的多个数据库单元通过连接组合形成逻辑上统一的数据库，分布式数据库主要分为 OLTP、OLAP，以及混合事务和分析处理（Hybrid Transaction and Analytical Process，HTAP）。分布式存储技术包括基于硬件处理的分布式存储技术、基于融合存储的分布式存储技术和与人工智能技术融合的分布式存储技术等关键技术。流计算技术是在数据流入的同时对数据进行处理和分析的技术，用于处理高速并发、时效性要求高的大规模计算场景，其计算引擎可有力支撑增量计算、事件触发、流量控制等计算任务。大数据共性通用技术在任意应用场景下均可实现与大数据系统各个环节的完全适配。在数据接入环节，大数据技术基于规范化的传输协议和数据格式，提供丰富的数据接口以支持多种应用。在数据预处理环节，大数据技术对数据进行整理、清洗、转换等过程，支撑后续数据处理、查询、分析等进一步应用。在数据存储环节，大数据技术采用分布式存储代替集中式存储，使海量数据存储的成本大大降低。在数据可视化环节，大数据技术通过自定义配置可视化界面直观反映数据变化趋势，支撑用户对数据源的分析、监控和数据价值挖掘。在数据治理环节，采用元数据管理、数据标准管理、数据质量管理、数据安全管理等多个技术实现数据治理。

3. 未来展望

大数据已广泛应用于以电力行业为代表的各个行业中，在生产、经营、管理等方面带来了巨大效益，但仍然需要开展进一步研究以满足实际应用过程中的需求。大数据未来研究方向主要在数据获取、数据存储、数据分析等方面。在数据获取方面，复杂的数据来源使得电力数据在结构和形式上无法统一，因此，仍需研究如何在融合不同形式数据的情况下，自动定义数据的结构形式并保证数据有效性。在数据存储方面，由于电力数据海量规模及匹配数据类型的多样性，为使大数据发挥出更大程度的价值，如何优化数据存储仍需要进一步研究。在数据分析方面，大数据规模大、种类多，因此，仍需继续探索数据分析方法以满足不同电力场景下的应用需求。正是大数据发展过程的多样化需求，促进了大数据技术的不断创新，未来大数据将逐步突破共性关键技术，建成全国范围内数据开放共享的标准体系和交换平台，形成面向典型应用的共识性应用模式和技术方案，形成具有全球竞争优势的大数据产业集群。

11.1.4 新一代人工智能

1. 概述

新一代人工智能是基于新兴理论技术及社会发展强烈需求，用于模拟、延伸和扩展人工智能的理论、技术、方法及应用系统的一门新技术科学。新一代人工智能领域的研究方向主要包括机器人、图像识别、语言识别、自然语言处理和专家系统等。在移动互联网、大数据、传感网等新理论、新技术及社会发展强烈需求的共同驱动下，传统人工智能发展已进入新阶段，呈现出深度学习、跨界融合、人机协同、自主操控等新特征。大数据驱动知识学习、跨媒体协同处理、人机协同增强智能、群体集成智能、自主智能系统成为新一代人工智能的发展重点。当前，新一代人工智能正在引发链式突破，相关学科发展、技术创新、理论建模、软硬件升级可持续推动社会各领域从数字化、网络化向智能化方向跃升。作为新一代信息技术的制高点，新一代人工智能将进一步重构社会活动，并形成从宏观到微观各领域的智能化新需求，催生出新产品、新技术、新业态。我国电力行业正值工业化、信息化的攻坚阶段，迫切需要加快推动新一代人工智能在电力领域的创新作用，促进整个行业提质增效。

2. 关键技术

新一代人工智能关键技术的研发是以算法为核心，以数据和硬件为基础，以提升感知识别、知识计算、运动执行、认知推理、人机交互能力为重点，形成开放兼容、稳定成熟的技术体系。新一代人工智能技术在发展过程中持续迭代升级，其关键技术主要包括深度强化学习和对抗性神经技术。深度强化学习技术将深度神经网络和具有决策能力的强化学习相结合，通过端到端学习的方式实现感知、决策及感知决策一体化。深度强化学习具有无须先验知识、网络结构复杂性低、硬件资源需求少等特点，能够显著提升机器智能适应复杂环境的效率和健壮性。面向电力行业，基于深度学习等人工智能技术建设的电网智慧调度大脑能够通过电网运行机理深度分析、调控规程自主理解学习实现精准、快速的电网智能调度。对抗性神经网络技术架构由一个不断产生数据的神经网络模块与一个持续判别所产生数据是否真实的神经网络模块组成，可创造出近似真实的原创图像、声音和文本数据。在电力行业长距离电力线路巡检场景中，对抗性神经网络技术可提高线路巡检泛化学习能力，实现多角度、高精度采集图像，对采集图像进行联合语义理解及分析，实时监测线路状态、设备故障，执行协同检修，从而有效克服传统人工智能在恶劣环境下线路巡检分析识别水平低、学习能力差等缺点。

3. 未来展望

新一代人工智能作为全球新一轮科技和产业变革的关键驱动力，将进一步释放科技革命和产业变革积蓄的巨大能量。在前瞻性技术的持续驱动和用户需求的升级培育下，新一代人工智能将在智能金融、智能零售等重点领域开展试点应用，提升机器视觉、语音语义识别等技术的行业服务能力，实现服务智能化、个性化、定制化。随着新一代人工智能技术在电力领域的深入应用，未来的电力系统将结合多种智能技术的研究和探索实现少人化、智慧化，同时电力设备及系统将在新一代人工智能下形成有机整体，实现高度智能化的电网运营形态。

11.1.5　区块链

1. 概述

区块链是分布式数据存储、点对点传输、共识机制、加密算法等计算机技术在互联网时代的创新应用模式，本质上是一个分布式的共享账本和数据库，具有去中心化、不可篡改、全程留痕、可以追溯、集体维护、公开透明等特点。区块链最早起源于中本聪（Satoshi Nakamoto）学者的《比特币：一种点对点式的电子现金系统》，之后该技术以其优异的信息存储和传递的功能特性而迅速发展，被认为是继大型机、个人电脑、互联网之后计算模式的颠覆式创新。近年来，联合国、国际货币基金组织，以及美国、英国、日本等国家对区块链的发展给予高度关注。我国国家互联网信息办公室于 2019 年 1 月 10 日发布《区块链信息服务管理规定》，强调把区块链作为核心技术自主创新的重要突破口，加快推动区块链技术和产业创新发展。目前，区块链的应用已延伸到金融服务、智能制造、供应链管理、电力物联网，甚至文化娱乐、社会公益以及教育就业等多个领域，为各行各业的发展带来新的机遇，引领新的技术革新和产业变革。

2. 关键技术

区块链并非单一信息技术，其基于时间戳的“区块+链式”数据结构，通过分布式节点共识算法添加和更新数据，依据密码学原理确保数据传输和访问的安全，利用由自动化脚本代码组成的智能合约进行编程和数据操作，涵盖共识机制、密码技术、分布式存储及智能合约等多个技术。共识机制通过预设规则指导各方节点在数据处理上达成一致，使所有的数据交互都按照严格的规则和共识进行，保证区块链在去中心化的条件下有序运行。常用的共识机制主要有工作量证明（Proof of Work，PoW）、股权证明（Proof of Stake，PoS）、股权权益证明（Delegated Proof of Stake，DPoS）、实用拜占庭容错（Practical Byzantine Fault Tolerance，PBFT）等。目前区块链所应用的密码技术主要有哈希算法、对称加密、非对称加密、数字签名等。哈希算法针对不同输入，产生一个唯一的固定长度的输出，防止存储数据被篡改，并结合默克尔树（Merkle Tree）数据结构实现部分区块数据的哈希值验证。对称加密算法或非对称加密算法通过一个密钥对或公钥和私钥两个密钥实现收发双方信息的加密和解密。数字签名将哈希函数和公钥加密算法结合起来，保证区块链中数据的完整性和真实性。分布式存储是指每个参与的节点都将独立完整地存储写入区块的数据信息，解决由于单点故障导致的数据丢失问题，有效规避恶意篡改历史数据的现象。智能合约允许在没有第三方的情况下进行可信交易，只要一方达成了协议预先设定的目标，合约将自动执行交易，具有透明可信、自动执行、强制履约的优点。

3. 未来展望

尽管国内外诸多组织和机构均对区块链进行了研究，目前区块链还存在着应用实践无法落地、平台重置成本较高及统一技术标准缺乏等问题。因此，区块链仍需将云计算、大数据等新一代信息技术作为支撑，利用云计算资源弹性伸缩、快速调整、低成本、高可靠性的特质，以及大数据海量数据存储和灵活高效的数据分析优势，提升区块链性能，扩展区块链的应用范围，保证技术应用落地。同时，结合我国区块链技术研究和应用发展现状，国家需及时出台区块链技术和产业发展扶持政策，重点支持关键技术攻关、系统解决方案研发和公共服务平台建设。相关监管部门也将密切关注区块链技术的发展动向，加强研究和技术储备，及时建立并完善区块链产业监管规则和技术应用标准。

11.2 通信新技术展望

11.2.1 量子信息技术

1. 概述

量子信息是量子物理与信息技术相结合发展起来的新学科，主要包括量子通信和量子计算两个领域。量子通信主要研究量子密码、量子隐形传态、远距离量子通信等技术；量子计算主要研究量子计算机和适合于量子计算机的量子算法。

量子信息技术以量子力学基本原理为基础，利用量子系统的各种相干特性进行编码、计算和信息传输，包括量子通信、量子计算、量子测量等专业领域，具体内容如下：

量子信息科学（Quantum Information Science，QIS）基于独特的量子现象，如叠加、纠缠、压缩等，以经典理论无法实现的方式来获取和处理信息，技术应用包括量子传感与计量、量子加密通信、量子模拟及量子计算等方面，它将在传感与测量、通信、仿真、高性能计算等领域拥有广阔的应用前景，并有望在物理、化学、生物与材料科学等基础科学领域带来突破，未来可能颠覆包括人工智能领域在内的众多科学领域。

1）量子传感与计算。利用纠缠现象，可将不同的量子系统彼此相连，对一个系统的测量会影响另一个系统的结果——即使这些系统在物理上是分开的。两个量子系统处于略有不同的环境中，可通过彼此干涉提供有关环境的信息，从理论上讲，这种原子干涉仪提供的感知性能要比传统技术高出几个数量级。原子干涉仪除用于惯导外，还可改装为重力仪，以及用于地球系统监测、矿物质精确定位等。量子授时装置，如美国国家标准技术研究院（NIST）研制的量子逻辑钟，是目前世界上精度最高的授时装置之一。光子源及单光子探测技术可提高光敏探测器的校准精度，用于微量元素的探测。

2）量子加密通信。传统加密技术使用密钥，即发送方使用一个密钥对信息进行编码，接收方使用另一个密钥对信息进行解码，但这样的密钥有可能被泄露，从而遭到窃听。不过，信息可以通过量子密钥分布（Quantum Key Distribution，QKD）进行加密。在 QKD 中，关于密钥的信息通过随机偏振的光子发送，这限制了光子仅在一个平面中振动。如果此时窃听者测量信息，量子状态就会坍塌。只有拥有确切量子密钥的人，才能够解密信息。量子通信还应用于虚拟货币防伪和量子指纹鉴定等等。未来，量子网络将连接分布式量子传感器，用于全球的地震监测。而在 5～10 年内，有望开发出可靠的光子源及相关技术，实现远距离量子信息传输，并推动量子处理器之间数据共享协议的相关理论研究。

3）量子模拟器使用易操控的量子系统，来研究其他难以直接研究的量子系统属性。对化学反应和材料进行建模是量子模拟最有可能的一个应用。研究者可以在计算机中研究数百万美元的候选材料，而无须再花费数年、投入数亿美元，却只能制造和定性少量材料。不管目标是更强的飞机用高分子材料、更有效的车用触媒转化器、更好的太阳能电池材料和医学品，还是更透气的纤维等，加快开发环节将会带来巨大价值。基于不同技术的量子模拟器原型已在实验室环境得到了验证。

4）量子计算是通过叠加原理和量子纠缠等次原子粒子的特性来实现对数据的编码和操纵。在过去的几十年里，量子计算只存在于理论上，但近些年的研究开发并验证了多种量子算法，研制出了量子计算机实验原型机，未来的 5～15 年里，很有可能制造出一款有实用意义的量子计算机。量子计算机的出现将给气候模拟、药物研究、材料科学等其他科研领域带来巨大的进步。不过，最令人期待的还是量子密码学。一台量子计算机将可以破解目前所有的加密方式，而量子加密也将真正无懈可击。

2. 关键技术

1）量子通信。量子通信是指利用量子纠缠效应进行信息传递的方式，基于量子纠缠态理论，使用量子隐形状态实现信息传递。具有纠缠态的两个粒子无论相距多远，只要一个发生变化，另外一个也会瞬间发生变化。量子通信的实现过程如下：事先构建一对具有纠缠态的粒子，将两个粒子分别放在通信双方，将具有未知量子态的粒子与发送方的粒子进行联合测量，则接收方的粒子瞬间发生坍塌，坍塌为某种状态，这个状态与发送方的粒子坍塌后的状态是对称的，然后将联合测量的信息通过经典信道传送给接收方，接收方根据接收到的信息对坍塌的粒子进行逆转变换，得到与发送方完全相同的未知量子态。与传统通信技术相比，量子通信具有时效性高、抗干扰性能强、保密性能好、隐蔽性能好、应用广泛等优势。

2）量子计算。量子计算利用量子态叠加特性、量子纠缠性、量子坍塌和量子相干性等物理特性，在信息运算和处理时提供强大并行计算能力。量子计算的发展可划分为两大分支，即量子算法和量子衍生算法。其中，量子算法是基于量子叠加性、纠缠性和相干性等物理特性，在量子计算机上通过操控量子态来进行计算的方法，包括量子傅里叶算法、大数因子分解 Shor 算法、无序数据库搜索 Grover 算法、线性系统求解 HHL 算法等。量子衍生算法利用量子力学原理对经典信息处理技术进行改进，引入带有量子物理特性的高性能信息处理方法，实现更高效的非线性处理。将量子计算原理应用于其他经典算法，可以实现具备更强并行搜索能力的量子遗传算法、用于高速大数据聚类的量子群智能技术、收敛速度快和寻优能力强的量子退火算法等。

3）量子测量。量子测量基于微观粒子量子态精密测量，完成被测系统物理量的执行变换和信息输出，在测试精度、灵敏度和稳定性等方面与传统测量技术相比具有明显优势。量子测量涵盖电磁场、重力应力、方向旋转等物理量，应用范围涉及基础科研、空间探测、材料分析、惯性制导、地质勘测、灾害预防等诸多领域。以量子目标识别、量子重力测量、量子时间基准和量子磁场测量等为代表的一批新型量子测量技术，在国防建设和军事应用领域极具战略价值。

3. 未来展望

量子技术能够助力信息安全，在电网中具有广阔的应用前景。在电力物联网的感知层，通过离线加密保护终端通信；在网络层，利用在线 IP 加密和非 IP 光路加密保护网络安全；在平台层，通过数据库量子加密保护数据安全；在应用层，通过量子安全云服务全面覆盖电力物联网的安全通信需求。用量子算法库中的机器学习算法来分析威胁信息、判断安全态势，可提升安全监测态势感知的效率。量子算法的高算力优势还有可能在电网潮流计算和稳态分析中发挥作用。

11.2.2 5G/6G 融合的卫星互联网技术与应用

1. 概述

卫星互联网是利用位于地球上空的卫星平台向用户终端提供宽带互联网接入服务的新型网络。卫星互联网指基于卫星通信的互联网，其可实现全球性的互联网连接。卫星互联网以卫星为中继站转发微波信号，从而实现多个地面站之间进行通信。系统由空间段、地面段、用户端三部分组成。空间段由卫星构成，主要负责接收和转发地面站传输的信号，完成地面站与卫星以及卫星之间通信；地面段主要包括地面站、控制站，负责对卫星下达相关指令；用户端则指各种接收终端等，主要用来发出和接收信号。当太空中的通信卫星达到一定数量的时候，将相互交错形成一个辐射整个地球的卫星互联网，为地面和空中终端提供宽带互联网接入服务。

卫星互联网是建设天地一体化信息网络的重要基础设施，下游应用场景广阔。与光纤、5G 等地面通信相比，卫星互联网不受地理条件限制，对地面设施依赖程度较低，是对光纤互联网、移动互联网很好的补充，广泛应用于航海、航空、陆地、轨道交通等领域。只有发展卫星互联网、建设天地一体化信息网络，才能实现全球无缝隙覆盖。当前，卫星互联网以日益凸显的国家战略地位、潜在的市场经济价值、稀缺的空间频轨资源成为全球各国关注的焦点，世界各国纷纷将卫星互联网视为重要发展战略，相继发布卫星通信网络建设计划。

近些年来，卫星通信引起了国内外的广泛关注。美国东部时间 2020 年 10 月 24 日 11 时 31 分，美国太空探索技术公司（SpaceX）顺利完成“星链计划”第 15 批卫星的发射任务，用一枚“猎鹰 9 号”火箭将 60 颗卫星送入太空。猎鹰 9 号火箭和 60 颗星链卫星，截至目前，SpaceX 已累计发射 893 颗“星链”卫星（如果算上 2018 年 2 月发射的两颗测试卫星，则是 895 颗）。

2020 年 4 月 20 日，国家发改委发布公告，首次明确新型基础设施的范围，卫星互联网被纳入通信网络基础设施范畴。我国低轨卫星互联网发展迎来重大发展机遇。低轨卫星通信发展迈出实质性步伐，中国航天迎“超级大年”。2018 年，鸿雁、虹云、行云工程纷纷亮相，标志着我国新型卫星互联网布局启动，构建全球覆盖、天地融合、安全可靠和自主可控的卫星互联网系统跃跃欲试。2018 年我国全年卫星发射 39 次，首次超越美国成为全球单一年度发射次数最多的国家。2019 年我国完成卫星发射 34 次，依旧占据全球首位。

2. 关键技术

6G 的核心愿景主要包含：

（1）天地融合通信。天地一体化网络将卫星通信技术与地面通信技术融合，实现泛在无线覆盖。

（2）技术指标提升百倍。传输速度、定位精度和时延等指标均大幅提升。

（3）泛在无线智能。提供无处不在的智能服务和应用。

（4）数字孪生。真实物体数字化，虚拟与现实高度融合。在可预见的未来，卫星互联网将作为地面通信的补充，参与到 6G 网络的整体建设中，卫星互联网是目前 6G 确定性最高的技术之一。

在国家科技“十四五”规划中，已经将 5G/6G 融合的卫星互联网技术研究作为极具前沿的研究方向。主要包括如下方面：

1）支撑 5G/B5G 巨链接、大流量、低时延快速演进的新型网络技术研究。聚焦互联网对超大容量、超高带宽、超低时延的 5G/B 5G 网络的支撑和快速演进能力不足的问题，开展支撑 5G/B5G 巨链接、大流量、低时延快速演进的新型网络技术和试验研究，重点突破可演进的网络资源规划，智能的路由控制和管理，高效的端网协同传输，灵活的网络功能部署，以及试验网络构建等技术难题。

2）与 5G/6G 融合的卫星通信技术研究与原理验证。聚焦卫星通信与 5G/6G 地面移动通信融合的技术问题，与 3GPP 等地面移动通信标准化组织统筹推进天地一体融合通信标准体系研究，突破基于 SDN/NFV 的卫星 5G/6G 融合架构、星地融合的无线传输技术、大时空组网优化，面向空间组网的多粒度微波光电混合信号交换等核心关键技术，完成面向 5G/6G 的卫星通信地面原型系统试验验证及系统集成。

3）基于全维可定义的天地协同移动通信技术研究。聚焦未来超大容量广域信息网络应用需求，开展天地协同的创新体制移动通信技术研究，针对大时空跨度的多变业务特性，重点突破基于全维可定义的天地协同移动通信体系架构、适应长变延时的信号传输格式、基于时空特性的智能处理及安全接入单元等关键技术，通过业务处理的天地协同控制实现资源全局动态优化，为各类用户提供智能、安全的多元化移动通信接入与处理服务模式，形成天地有机融合的移动通信多模态空口标准及基站、终端规范。

3. 应用展望

应用场景主要包括以下内容：

（1）基础联网服务，全球互联网无缝覆盖。卫星互联网使得互联网能够覆盖乡村等偏远地区人口，地面互联网建设遇瓶颈的情况下，卫星互联网成为刚需。

（2）移动网络通信业务，满足“动中通”场景。“动中通”是“移动中的卫星地面站通信系统”的简称，随着卫星互联网技术发展，船载和车载“动中通”技术发展迅猛。

（3）物联网服务，2022 年预计 80%以上的地球面积无陆基网络覆盖，物联网应用在很多领域受限，因此，天基星座物联网应用前景将十分广阔。

11.2.3 确定性网络

1. 概述

确定性网络（Deterministic Networking，DetNet）是指能保证业务的确定性带宽、时延、抖动、丢包率指标的网络，是一种新型的服务质量保障技术。目前，IEEE、国际互联网工程任务组（The Internet Engineering Task Force，IETF）等各组织均已开启在确定性技术领域的研究。IEEE 时间敏感网络（Time Sensitive Network，TSN）工作组在同步、时延、可靠和管理 4 个方面已发布确定性网络基本协议 13 个，保证数据传输的低时延、低抖动和极低的丢包率，实现高效可靠的确定性网络传输。然而，目前已发布的确定性网络基本协议仅涉及基于 IP 层的可靠性保障机制，而没有基于 IP 层的转发时延控制，无法很好地应用于大规模网络，大规模确定性网络技术研究成为时下研究热点。在电力物联网的多样化研究场景中，其对通信网络的带宽、时延等能力的需求呈现多样化趋势，确定性网络的应用可保障电力物联网业务的安全性与可靠性，从而更好地适配智能电网发展要求。

2. 关键技术

确定性网络关键技术主要包括灵活以太网技术、音视频桥接/时间敏感网络技术等。灵活以太网技术是第三代以太网技术，用于实现确定性网络物理层和介质访问控制层的解耦，可满足大带宽灵活接入需求。灵活以太网技术支持链路捆绑模式、子速率模式、通道化模式等应用模式。链路捆绑模式将多个物理通道捆绑起来以形成一个大的逻辑通道，从而实现大流量的业务传输。子速率模式将多条客户速率汇聚起来共享一条物理通道，从而有效提高物理通道的带宽利用率。通道化模式是在多条物理通道上的多个时隙上进行业务传输。音视频桥接/时间敏感网络技术主要应用于确定性网络数据链路层，满足业务的低时延和抖动需求，提供预留带宽、流量优先级、时间同步等服务，可有效降低音视频数据在以太网传输中的最差时延，保证数据具有确定的低时延和低抖动，满足数据传输的 QoS 要求。确定性网络技术应用于网络层，其技术目标是在第二层桥接和第三层路由段上实现确定传输路径，提供延迟、丢包和抖动的最坏情况界限，以此保证确定的延迟。

3. 未来展望

确定性网络发展方向涵盖以下几个方面：实现跨广域网确定性业务，避免在跨域和多条确定性业务流场景下，每条流的特性配置和节点内部针对确定性业务流的资源分配技术复杂性所导致的应用局限性；在确定性网络革新式架构和演进式部署的融合方向上不断演进，权衡现有基础架构与新基础架构之间的部署，确立一种混合应用的模型，减少兼容传统网络所造成的开销；在设计故障和容错等安全机制方面，对确定性网络架构和协议的安全性开展进一步研究，为行业和消费者市场提供可靠保证；确定性网络应确保各层技术间的高度可靠融合，实现网络资源的充分利用。

参 考 文 献

[1] 马彪，颜佳，许劭庆．智能电网环境下电网企业信息安全关键技术 [J]．吉林电力，2012，40（02）：30－32.

[2] 伍雪丹．某电力企业生产管理系统的设计与实现 [D]．成都：电子科技大学，2018.

[3] 黄晶．基于智能电网的国网蒙东电力信息化建设评价研究 [D]．长春：吉林大学，2017.

[4] 高峰．工业用户用电信息互动通信平台技术经济特性分析 [J]．能源技术经济，2010，22（04）：51－55.

[5] 陈慜．面向智能电网的信息安全技术展望 [J]．信息化建设，2016（05）：100.

[6] García De Prado A.，Ortiz G.，Boubeta-Puig J.，et al. CARED－SOA：A Context-Aware Event-Driven Service-Oriented Architecture [J]．IEEE Access，2017，5：4646－4663.

[7] 王勇，利韶聪，陈宝仁．电力通信业务应用及发展分析 [J]．电力系统通信，2010，31（11）：44－47＋52.

[8] 张金华．新疆地区电力通信骨干网优化研究 [D]．北京：华北电力大学，2018.

[9] 朱杰．大唐（赤峰）新能源有限公司信息系统基础平台集约化建设模式研究 [D]．吉林大学，2015.

[10] 吴建华．神华集团国华电力公司信息化建设规划研究 [D]．长沙：湖南大学，2014.

[11] Erol-Kantarci M.，Mouftah H.T.，et al. Energy-Efficient Information and Communication Infrastructures in the Smart Grid：A Survey on Interactions and Open Issues [J]．IEEE Communications Surveys & Tutorials，2015，17（1）：179－197.

[12] 唐良瑞，吴润泽，孙毅，等．智能电网通信技术 [M]．北京：中国电力出版社，2015.

[13] Shu Y.，Tang Y.，et al. Analysis and Recommendations for the Adaptability of China's Power System Security and Stability Relevant Standards [J]．CSEE Journal of Power and Energy Systems，2017，3（4）：334－339.

[14] 于侯健，黄毕尧，周振宇．多种新能源接入通信网的差异化 QoS 研究 [J]．电力信息与通信技术，2017，015（010）：19－25.

[15] 李鑫蕾．基于 GIS 的电力光纤线路故障精确定位方法的研究 [D]．长春：长春理工大学，2019.

[16] 吴昆霖，曾波．云计算技术在电力信息化建设中的应用及其措施 [J]．现代农机，2020（05）：55.

[17] 赵振兵，张薇，翟永杰，等．电力视觉技术的概念、研究现状与展望 [J]．电力科学与工程，2020，36（01）：1－8.

[18] 贾燕燕．基于 OTN 技术的本地承载网 [D]．南京邮电大学，2018.

[19] 郝玺民．基于 PTN 技术的网络搭建及其在移动超大环改造项目中的应用 [D]．长春：吉林大学，2019.

[20] 陈龙．探究北斗卫星通信技术在航标遥测遥控系统中的应用 [J]．珠江水运，2020（16）：18－19.

[21] 王清．基于电力线载波通信的区间监测系统的研究 [D]．成都：西南交通大学，2017.

[22] 刘晓露．基于 EPON 技术的精确时钟同步在电力系统中的应用 [D]．杭州：浙江工业大学，2017.

[23] 殷廷俭．基于 GPON 技术的光接入网应用研究 [D]．长春：吉林大学，2018.

[24] 赵璐．基于新型调制技术的 WDM－PON 系统研究 [D]．兰州：兰州交通大学，2016.

[25] 吕金泉．工业以太网分布式环网的设计与实现 [D]．北京：中国科学院大学，2016.

[26] 张华峰，李炜，张小东，等．基于 IVS 的电网统一视频监控平台研究与应用 [J]．电力信息与通信技

术，2015，13（001）：95－98.

［27］张鑫，黄鑫，汤效军，等. 电网统一视频监控平台部署方案及检测技术研究［J］. 电力信息与通信技术，2015，13（1）：15－20.

［28］孙立峰，胡文，马茗，等. 基于边缘计算的高效视频内容分发关键技术与挑战［J］. 无线电通信技术，2020，046（003）：261－270.

［29］Nayyef Z.T.，Amer S.F.，Hussain Z.，et al. Peer to Peer Multimedia Real-Time Communication System based on WebRTC Technology［J］. International Journal for the History of Engineering & Technology，2019，2.9（7）：125－130.

［30］周封，刘闻博，刘志刚，等. 智能视频技术在电力系统领域的应用［J］. 哈尔滨理工大学学报，2015，20（05）：14－19.

［31］何书毅，何启远，郑丁，等. 基于视频图像技术的变电站智能化应用系统研究［J］. 测试技术学报，2018，032（001）：65－70.

［32］宫健，吴蒙. 基于 Gstreamer 的安全视频流传输系统的实现［J］. 计算机技术与发展，2016，026（004）：177－181.

［33］Abdel K.A.，Caramanis C.，Heath R.W.，et al. Loss Visibility Optimized Real-time Video Transmission over MIMO Systems［J］. IEEE Transactions on Multimedia，2015，17（10）：1802－1817.

［34］章兵，魏永，郑春着. 基于 ESB 的电网 GIS 平台与生产管理系统集成实现与应用［J］. 能源与环保，2017，39（10）：204－207.

［35］张德金，曹齐，余运波. 电力生产管理系统指标模型配置的研究与实现［J］. 电力信息与通信技术，2015，013（004）：98－101.

［36］路辉，何小燕. 生产管理系统监控平台的评价模型构建［J］. 科学与信息化，2019，000（015）：168－169+171.

［37］Hongxia C. Development of Production Management System for Pure and Blended Cashmere Scarf［J］. Wool Textile Journal，2017，45（12）：27－33.

［38］余运波，张德金. 统一电网资源模型的快速数据交换和服务共享技术研究［J］. 电力信息与通信技术，2015，13（7）：28－31.

［39］赵晓锋，周庆捷，王志利，等. PMS 实用化分析评价体系和数据质量提升的研究［J］. 电力信息与通信技术，2015，13（07）：101－106.

［40］Pinceti P.，Vanti M.，Brocca C.，et al. Design Criteria for a Power Management System for Microgrids with Renewable Sources［J］. Electric Power Systems Research，2015，122：168－179.

［41］刘佳鑫，杜威. 基于 PMS2.0 的带电检测数据管理系统［J］. 东北电力技术，2015（04）：46－49.

［42］杨连营，杨亚，汪文杰，等. 一种电力信息通信机房智能巡检机器人设计与应用［J］. 微处理机，2017，38（005）：89－94.

［43］Yao N.，Zhao X.，Liu H.，et al. Design of Photovoltaic Power Intelligent Patrol Robot［C］. Medical Imaging and Computer-Aided Diagnosis（MICAD），in Springer，Singapore，2020.

［44］宋鑫，赵家庆，丁宏恩，等. 智能电网调度控制系统的省地一体化架构设计［J］. 电力系统及其自动化学报，2018，030（012）：118－124.

[45] 周振宇，蔡骥然，师瑞峰，等. 智能电网需求响应通信架构综述[J]. 电气应用，2013，32(S1)：68-74.
[46] 麻建，周静，李中伟，等. 云计算环境下的信息系统运维模式研究 [J]. 电力信息与通信技术，2015，013（008)：140-144.
[47] 李果，张福铮，张乾坤. 基于云计算技术的电力运维统一管理平台设计 [J]. 电子设计工程，2020，028（008)：57-60，65.
[48] Qu Z.Y.，Huang J.Y. A Fast Scene Constructing Method for 3D Power Big Data Visualization[J]. Journal of Communications，2015，10（10)：773-777.
[49] 张弛，张自强，赵博，等. 三维可视化技术在电网企业桌面系统的应用 [J]. 电气时代，2016（4)：107-109.
[50] 王德文，孙志伟. 电力用户侧大数据分析与并行负荷预测 [J]. 中国电机工程学报，2015，35（003)：527-537.
[51] 文莉雅，王松瑞，楚慧刚，等. 电力 SG-TMS 数据治理分析[J]. 中国新通信，2019，21(17)：74-74.
[52] 刘建戈，张鹏宇，姜蒙娜，等. 适应电网运行模式的电力通信管理系统演进分析 [J]. 电力信息与通信技术，2020，18（09)：111-117.
[53] Zhou Z.，Sun C.，Shi R.，et al. Robust Energy Scheduling in Vehicle-To-Grid Networks[J]. IEEE Network，2017，31（2)：30-37.
[54] 孟凡博，赵宏昊，王杰. 电力终端通信接入网建设研究 [J]. 电力系统通信，2012，33（06)：19-22.
[55] Li C.C.，Ji Z.S.，Wang F.，et al. The Design of Real-Time Communication System Based on RFM and MRG Real Time for EAST [J]. IEEE Transactions on Plasma Science，2018，46（6)：2267-2271.
[56] Masoud H.，Nazari，et al. Communication-Failure-Resilient Distributed Frequency Control in Smart Grids：Part I：Architecture and Distributed Algorithms [J]. IEEE Transactions on Power Systems，2019，35（2)：1317-1326.
[57] 工业和信息化部. 关于重新发布 1785～1805MHz 频段无线接入系统频率使用事宜的通知 [EB/OL]. 2015-03-09.
[58] 李永嫚，朱蔚然. 现代光传送网技术及其在电力传输网中应用的探讨 [J]. 通信技术，2020，53（06)：1569-1574.
[59] 蒋超. 现代通信及微波中继通信传输技术探析 [J]. 山东工业技术，2017，000（024)：112-112.
[60] 宋星莹. 北斗卫星导航应急通信应用分析 [J]. 青海师范大学学报（自然科学版)，2020，36（03)：29-32.
[61] 杨颖晖，纪项钟，周振宇，等. 微网通信建模 [J]. 电力信息与通信技术，2017，015（010)：61-67.
[62] 张程. 配用电接入网组网技术研究 [J]. 信息通信，2012，000（005)：280-281.
[63] Lee C.，Rhee J.K.K.，et al. Efficient Design and Scalable Control for Store-and-Forward Capable Optical Transport Networks [J]. Journal of Optical Communications and Networking，2017.
[64] 王继业. 电力大数据技术及其应用 [M]. 北京：中国电力出版社，2017.
[65] 赵腾，张焰，张东霞. 智能配电网大数据应用技术与前景分析[J]. 电网技术，2014，38(12)：3305-3312.
[66] 张羽，高博. 基于大数据中台的电力营销信息化建设 [J]. 科技经济导刊，2020，28（34)：49-50.
[67] 李信鹏，刘威，杨智萍，等. 电网企业数据中台方案研究 [J]. 电力信息与通信技术，2020，18（02)：

1－8.
[68] 苏萌，贾喜顺，杜晓梦，等. 数据中台技术相关进展及发展趋势［J］. 数据与计算发展前沿，2019，1（05）：116－126.
[69] 熊学锋，周苏，宋凯. 泛在电力物联网的用户侧电力大数据关键技术［J］. 信息技术，2020，44（10）：149－154.
[70] 刘圆，王峰，杨明川. 面向大数据的分布式存储技术研究［J］. 电信技术，2015（06）：33－36.
[71] 张尼，张云勇，胡坤，等. 大数据安全技术与应用［M］. 人民邮电出版社：中国联通研究院创新研究系列丛书，2014.
[72] Zheng Y., Wu W., Chen Y., et al. Visual Analytics in Urban Computing: An Overview[J]. IEEE Transactions on Big Data，2016，2（3）：276－296.
[73] 王继业. 大数据在电网企业的应用探索［J］. 中国电力企业管理，2015（17）：18－21.
[74] 王继业，季知祥，史梦洁，等. 智能配用电大数据需求分析与应用研究［J］. 中国电机工程学报，2015，35（08）：1829－1836.
[75] Hu J., Vasilakos A.V., et al. Energy Big Data Analytics and Security: Challenges and Opportunities[J]. IEEE Transactions on Smart Grid，2016，7（5）：2423－2436.
[76] Xindong W.，Gongqing W.，Xingquan Z.，et al. Data Mining With Big Data［J］. IEEE Transactions on Knowledge and Data Engineering，2014，26（1）：97－107.
[77] 申小霜. 4G通信技术在电力系统的应用研究［J］. 技术与市场，2017，24（10）：86＋88.
[78] 石红晓，程永志. 基于5G核心网的网络演进及策略研究[J]. 通信与信息技术，2020(04)：39－41＋50.
[79] 梁雪梅，方晓农，朱林. 3GPP R15冻结后的5G核心网关键技术研究[J]. 通信与信息技术，2018(06)：33－35＋70.
[80] 王涛，张健，李承基. 广电700M 5G网络组网架构及业务发展策略研究[J]. 中国传媒科技，2020(08)：11－14.
[81] 刘雁. 5G核心网的建设与演进［J］. 邮电设计技术，2018（11）：23－28.
[82] 刘毅，郭宝，张阳，等. 5G独立组网与非独立组网浅析［J］. 电信技术，2018（09）：86－88.
[83] 于娟. 面向5G的三种无线接入网络方案及优劣势比较［J］. 通讯世界，2019，26（11）：33－34.
[84] Gopal R.，Benammar N.，et al. Framework for Unifying 5G and Next Generation Satellite Communications［J］. IEEE Network，2018，32（5）：16－24.
[85] 汪林华. 5G物联网及NB－IoT技术详解［M］. 北京：电子工业出版社，2018.
[86] Anand A.，Veciana G. D.，Shakkottai Sanjay.，et al. Joint Scheduling of URLLC and eMBB Traffic in 5G Wireless Networks［J］. IEEE/ACM Transactions on Networking，2020.
[87] 陶志强，王劲，汪梦云. 5G在智能电网中的应用［M］. 北京：人民邮电出版社，2019.
[88] Gao X.，Edfors O.，Rusek F.，et al. Massive MIMO Performance Evaluation Based on Measured Propagation Data［J］. IEEE Transactions on Wireless Communications，2015，14（7）：3899－3911.
[89] IMT—2020新型多址专题组. 新型多址技术研究报告［R］. IMT—2020（5G）推进组，2019.
[90] IMT—2020终端直通专题组. 终端直通技术报告［R］. IMT—2020（5G）推进组，2019.
[91] Zhou Z.，Zhang C.，Xu C.，et al. Energy-Efficient Industrial Internet of UAVs for Power Line Inspection in

Smart Grid [J]. IEEE Transactions on Industrial Informatics，2018，14（6）：2705－2714.

［92］IMT—2020 低时延高可靠专题组. 5G 低时延高可靠技术研究报告［R］. IMT—2020（5G）推进组，2019.

［93］IMT—2020. 5G 网络架构设计白皮书［R］. IMT—2020（5G）推进组，2015.

［94］国家发展和改革委员会. 电力监控系统安全防护规定［EB/OL］. https://www.ndrc.gov.cn/xxgk/zcfb/fzggwl/201408/t20140814_960784.html，2014－08－14.

［95］周振宇，陈亚鹏，潘超，等. 面向智能电力巡检的高可靠低时延移动边缘计算技术［J］. 高电压技术，2020，46（6）：1895—1902.

［96］中国电力企业联合会. GB/T 36572—2018，电力监控系统网络安全防护导则［S］. 中国标准出版社，2018.

［97］国家电力监管委员会. 电力行业信息系统安全等级保护定级工作指导意见［EB/OL］. http://wk.superlgr.com/views/29513.html，2017－11－16.

［98］高夏生，黄少雄，梁肖. 电力监控系统安全防护要素［J］. 电脑知识与技术，2017，13（08）：212－214＋222.

［99］季嘉琪. 纵向加密认证装置常见缺陷实例分析与处理［J］. 数字化用户，2018，024（050）：237.

［100］曹翔，胡绍谦，张阳，等. 基于双重隔离的电力通用安全接入区设计与实现［J］. 电力工程技术，2019，000（002）：152－158.

［101］李承林. 基于光闸单向传输数据交换技术研究［J］. 激光杂志，2018，39（004）：134－138.

［102］Zhang X.，Liu C.，Poslad S.，et al. A Provable Semi-Outsourcing Privacy Preserving Scheme for Data Transmission from IoT Devices［J］. IEEE Access，2019，7：87169－87177.

［103］贾晓东，张冰. 网络空间安全智能主动防御关键技术的思考与实践［J］. 科技创新与应用，2020（32）：152－153.

［104］谭可，马清勇，谢曦，等. 网络空间安全体系与关键技术分析［J］. 通讯世界，2020，27（6）：133－135.

［105］梁浩，陈福才，季新生，等. 天地一体化信息网络发展与拟态技术应用构想［J］. 中国科学：信息科学，2019，49（07）：799－818.

［106］方静，彭小圣，刘泰蔚，等. 电力设备状态监测大数据发展综述［J］. 电力系统保护与控制，2020，48（23）：176－186.

［107］袁智勇，肖泽坤，于力，等. 智能电网大数据研究综述［J］. 广东电力，2020，12（21）：1－12.

［108］Zhou Z.，Sun C.，Shi R.，et al. Robust Energy Scheduling in Vehicle-To-Grid Networks［J］. IEEE Network，2017，31（2）：30－37.

［109］汪春霆，翟立君，徐晓帆. 天地一体化信息网络发展与展望［J］. 无线电通信技术，2020，46（05）：493－504.

［110］中国电子学会. 新一代人工智能产业白皮书（2019 年）—主要应用场景研判［R/OL］. 2020－01－12.

［111］Jabbar S.，Malik K.R.，Ahmad M，et al. A Methodology of Real-Time Data Fusion for Localized Big Data Analytics［J］. IEEE Access，2018：6：24510－24520.

［112］中国数字经济百人会. 新一代人工智能四大趋势［J］. 信息化建设，2020（01）：12－14.

［113］张亮，刘百祥，张如意，等. 区块链技术综述［J］. 计算机工程，2019，45（05）：1－12.

［114］何蒲，于戈，张岩峰，等．区块链技术与应用前瞻综述［J］．计算机科学，2017，44（04）：1－7＋15．

［115］Ong Y. S.，Gupta A．AIR5：Five Pillars of Artificial Intelligence Research［J］．IEEE Transactions on Emerging Topics in Computational Intelligence，2019，3（5）：411-415．

［116］姚惠娟，耿亮．面向计算网络融合的下一代网络架构［J］．电信科学，2019，35（09）：38－43．

［117］Wang J.，Wu L.，Choo K.K.R.，et al．Blockchain-Based Anonymous Authentication With Key Management for Smart Grid Edge Computing Infrastructure［J］．IEEE Transactions on Industrial Informatics，2020，16（3）：1984—1992．

［118］魏月华，喻敬海，罗鉴．确定性网络技术及应用场景研究［J］．中兴通讯技术，2020，26（04）：67－72．

［119］Nasrallah A.，Thyagaturu A.S.，Alharbi Z.，et al．Ultra-Low Latency（ULL）Networks：The IEEE TSN and IETF DetNet Standards and Related 5G ULL Research［J］．IEEE Communications Surveys & Tutorials，2019，21（1）：80－145．

［120］施泉生，阎怀东，李勇健，等．电力物联网概论［M］．北京：中国电力出版社，2019．

［121］王红凯，张文杰，洪建光，等．电力企业网络与信息安全教程［M］．北京：中国电力出版社，2019．

［122］胡超．基于 IEC62351 的电力系统通信安全技术的研究［D］．华南理工大学，2016．

［123］王继业．信息化企业理论、方法与实践［M］．北京：中国电力出版社，2018．

［124］中国电力企业联合会．中国电力行业信息化年度发展报告 2018［M］．北京：中国电力企业联合会，2018．

［125］吴克河．电力信息系统安全防御体系及关键技术［M］．北京：科学出版社，2011．

索　引